René R. J. Rohr

Die Sonnenuhr

HORIZON
LONGITUDO
ORTUS SOLIS
1 2 3 4 5 6 7 8 9 10 11 12 13 14 15
0·48 1·36 2·24 3·12 4·0 4·48 5·36 6·24 7·12 8·0 8·48 9·36 10·24 11·12 12·0
16 17 18 19 20 21 22 23 24 25 26 27 28 29 30

René R. J. Rohr

Die Sonnenuhr

Geschichte ◦ Theorie ◦ Funktion

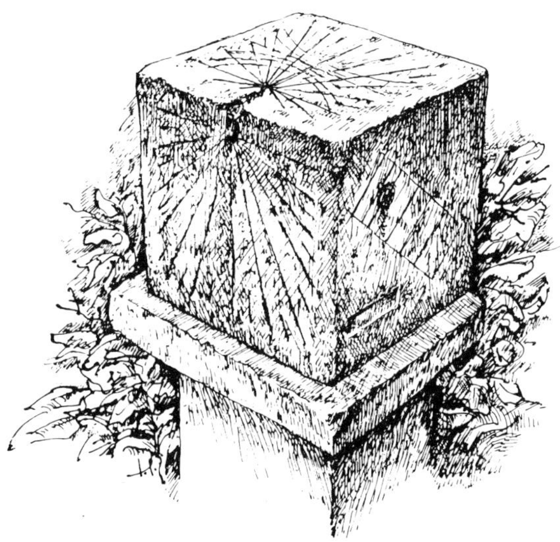

Callwey Verlag München

Wir danken der Bayerischen Versicherungskammer, München, für die freundliche Überlassung der Farbtafeln IV, X, XIII, XV unten, XVIII, XXXIII und XXXIV sowie der Telenorma Uhren-GmbH., Frankfurt/M., für die Farbtafel XLII.

Abbildung auf Seite 2
Tafel I Die aus der Zeit um 1642 stammende, immer wieder renovierte Sonnenuhr eines Hofs *(Old Court)* des Queens College in Cambridge ist gleichzeitig eine der wenigen heute noch bekannten alten Monduhren. In der darunter angebrachten Tabelle stehen in der ersten und dritten Zeile die Mondalter und in der mittleren die entsprechenden Stunden und Minuten, die zusammen mit der Angabe des Mondschattens die wahre Ortszeit ergeben (s. S. 132).

CIP-Kurztitelaufnahme der Deutschen Bibliothek
Rohr, René R. J.:
Die Sonnenuhr: Geschichte, Theorie, Funktion/
René R. J. Rohr. – München: Callwey, 1982.
Einheitssacht.: Les cadrans solaires ‹dt.›
ISBN 3-7667-0610-1

Schutzumschlag Baur + Belli Design, München, unter Verwendung der Tafeln XIII und XVIII
Herstellung Helga Vesper, Tutzing
Lithos Brend'amour, München
Satz und Druck Kastner & Callwey, München
Bindung Grimm & Bleicher, München
Printed in Germany 1982

Inhalt

Vorwort

Das hier vorliegende Handbuch ist eine ins Deutsche übertragene, verbesserte und erheblich vermehrte Fassung meines 1965 von Gauthier-Villars in Paris veröffentlichten Werkes *Les Cadrans solaires,* das unter dem Titel *Sundials* einige Zeit später bei University of Toronto Press in Toronto auch in englischer Sprache erschien.

Der damals von mir unternommene Versuch, den Leser in konkreter, aber nutzbringender Form durch das ganze heute bekannte Gebiet des Sonnenuhrenwesens zu führen, fand rasch den erhofften Anklang. Beide Auflagen erwiesen sich als zu klein und waren in kürzester Zeit vergriffen. Ihre Neuerscheinungen sind mit der deutschen Fassung als Grundlage vorgesehen.

In dieser seit Jahren geplanten Fassung habe ich viele der in den ersten Auflagen gebrachten Erläuterungen in Anlehnung an frühere Erfahrungen, u. a. an die in Stengels *Gnomonica* (1706) gezeigten, oft sehr einfachen Anleitungen umgearbeitet. Die von den alten Autoren nie gebrachten Beweise für die Richtigkeit ihrer Ausführungen habe ich diesen jeweils beigefügt.

Dem erprobten Aufbau der ausländischen Erstauflagen folgend wendet sich auch das neue Buch an dreierlei Leserkreise. Es will zunächst dem handwerklich arbeitenden Bastler die Möglichkeit vermitteln, ohne jede mathematischen Kenntnisse den Bau von Sonnenuhren zu Ende zu führen. In zweiter Linie werden sodann diejenigen Leser angesprochen, die über einige Vertrautheit und etwas Praxis im geometrischen Zeichnen verfügen. Es sollen schließlich auch diejenigen Sonnenuhrenfreunde auf ihre Rechnung kommen, deren Hobby sich auf die Arbeit mit Logarithmen oder mit dem Elektronenrechner erstreckt.

Unzählige Leserbriefe aus aller Welt verschafften mir Klarheit darüber, daß in sehr vielen Fällen das Interesse an Sonnenuhren über die Freude am Basteln weit hinausging, und ein allgemeines Bedürfnis nach weiteren Informationen bestand, das sich vorzugsweise in der Nachfrage nach Auskunft über weitere, weniger bekannte und beschriebene Sonnenuhren äußerte. Dieses Bedürfnis erklärt sich als eine Art Neugier nach eigenartigen Instrumenten oder Methoden, die durch eine Erweiterung des Gesichtsfeldes die Möglichkeiten der Bastler vermehrten. Bei einigen jedoch schien eine Art von verspieltem Drang nach mathematischer Unterhaltung die Ursache zu sein. Um diesen Anregungen stattzugeben, fühlte ich mich veranlaßt, nach Möglichkeit auf alles zurückzugreifen, was in den letzten Jahrhunderten und auch in neuerer Zeit an ungewöhnlichen, aber vollwertigen Ideen und Erfindungen bekanntgeworden ist.

Schließlich ist dadurch mein Handbuch in seinem Fache zu einem auf dem Weltmarkt bis heute nicht vorliegenden, geschlossenen Sammelwerk geworden, in dem so ziemlich alles zumindest Erwähnung findet, was jemals an gültigen Lösungen ersonnen wurde.

Es ist also über die herkömmliche Gnomonik hinaus die Rede von den Bifilaruhren des Mathematikers Michnik, und auch von den erst kürzlich von dem Holländer de Vries dazu berechneten Ergänzungen zur Erzeugung paralleler Stundenlinien auf diesen Uhren. Es ist ferner die Rede von Sternuhren und Sternzeituhren, von Gezeitenuhren und von der kaum bekannten und unseres Wissens in nur drei Exemplaren gebauten Uhr des Parent, von der Foster-Lambert-Uhr, von eigenwilligen Sonderfällen der analemmatischen Sonnenuhren und von rektilinearen Uhren, von Oughtreds stereographischer und Macrez' orthographischer Uhrenprojektion. Wo eine Abhandlung über die Theorie ganz eigenartiger und ausgefallener, meist jüngerer Erfindungen zu weit geführt hätte, ist auf das erreichbare, allerdings in deutscher Fassung nicht immer verfügbare Schrifttum verwiesen. Dies gilt beispielsweise für die nur Mathematikern zugängliche Theorie der breitenunabhängigen Sonnenuhr des Amerikaners Freeman[23]*.

Durch die so gebrachten Erweiterungen ist nur das letzte, den Uhrensprüchen gewidmete Kapitel nicht umfangreicher geworden. Dennoch mußte wegen der zahlreichen Sonderbeschreibungen ein früher nicht vorhandenes Kapitel eingeführt werden.

Als eine Neuerung in abendländischen Sonnenuhrenbüchern überhaupt bringt die vorliegende Fassung ein ausführliches Kapitel über die in westlichen Ländern kaum je erwähnte, in weitesten Kreisen völlig unbekannte Gnomonik der Völker des Islam. Hier wurden insbesondere die heute sogar in diesen Ländern nur noch sporadisch verstandenen, auf fast allen Sonnenuhren auftretenden Gebetskurven gezeigt und erklärt, und dabei ein jahrhundertealtes Kontinuum zwischen Sonnenuhr und Astrolabium aufgezeigt.

Bei der Vielseitigkeit des Buches war ein Ineinandergreifen der einzelnen Gebiete nicht immer zu vermeiden.

Die Zusammenstellung des Buches und seiner Bebilderung hat Jahre gedauert. Die Zahl der Freunde und Bekannten, der Museen, Institute und Sammler, die mich dabei unterstützt haben, übersteigt das Hundert. Ihnen allen möchte ich auch an dieser Stelle meinen verbindlichsten Dank aussprechen.

Der Verfasser

* Die hochgestellten Ziffern beziehen sich auf das Literaturverzeichnis.

I Anfänge und Entwicklung der Sonnenuhr

Tafel II Armillarsphäre als Sonnenuhr in einer Züricher Parkanlage. ▷

Irgendwann im gletscherstarrenden Rahmen der Eiszeiten muß es geschehen sein, da in unseren Breiten das geistige Abenteuer der Menschheit langsam zu dämmern begann.

Nicht ganz ohne Mühe stellen wir uns rauhe und unberührte Landschaften vor, über denen der Himmel wohl öfter grau als sonnig gewesen sein mag und deren urschöpfungsklare und morgenfrische Luft auf alles Lebendige befruchtend wirkte. Nur an wenigen Stellen mögen sich kleine Herden untersetzter und haarbedeckter Menschen nomadisierend von Ort zu Ort bewegt haben, von deren Aussehen uns zwischen Heidelberg und Cromagnon fossile Reste nur nebelhafte Begriffe vermitteln.

Sie hatten es bestimmt nicht leicht. Von früh bis spät war der Preis um den Fortbestand ihrer Art ein ununterbrochener Kampf gegen Hunger und Kälte und zahllose Gefahren einer unerbittlichen Natur. Von früh bis spät in der Tat, denn dies wird wohl äonenlang die einzige Zeiteinteilung gewesen sein, die ihrem Begriffsvermögen entsprach. Der ewige Wechsel von Tag und Nacht, der von jeher von der Alge zum Baum und bis zum mächtigen Mammut alles irdische Leben beherrschte, bestimmte auch ihren Lebensrhythmus. Jahrhunderttausende hindurch müssen die Auf- und Untergangszeiten der Sonne die einzigen wichtigen Tagesstunden geblieben sein, die jeweils eine Änderung des Tagesablaufs bestimmten. Erst aus viel späterer Zeit hallt wie ein schwaches Echo in den ersten Versen der biblischen Genesis eine Andeutung aus diesen Urzuständen durch die Jahrtausende: »Und es ward Abend, und es ward Morgen; der erste Tag« (I, 5).

Mühsam hatte sich der primitive Mensch schlecht und recht durch die Generationen gerungen, bevor er eines Tages ein Werkzeug zu gebrauchen begann. Es war nur ein roher, faustgroßer Stein, und dem, der ihn zum ersten Mal in der Hand hielt, war gewiß nicht bewußt, daß er, und mit ihm die Menschheit, ein neues Kapitel der Urgeschichte anzutreten im Begriffe stand. Andere, zahlreiche weitere Schwellen waren zu überschreiten, bevor die ersten Menschen seßhaft wurden. Und damit stellte sich fast unmerklich, und vorerst nur dunkel erahnt, ein bisher unbekanntes Bedürfnis ein.

Noch heute bezeigen die Angehörigen der Naturvölker eine abergläubische Scheu vor der Nacht. In der Urzeit muß diese Scheu allgemein gewesen sein. Wer sich also von den Wohnhöhlen, den Jurten oder Hütten des Stammes etwas weiter entfernen wollte, hatte mit dem Zeitpunkt der Umkehr zu rechnen, um vor Einbruch der Nacht zurückgekehrt zu sein. Da das Leben sich im Freien abspielte, wußte man um den täglichen Weg der Sonne, wußte auch, daß man sich ohne Sorge immer noch weiter begeben konnte, solange die Sonne am Firmament nicht zu steigen aufhörte, man aber auf der Hut sein mußte, wenn sie ihren Abstieg begann. Zweifellos hatte man schon sehr früh die Feststellung gemacht, daß die Schatten der Bäume in der ersten Hälfte des Tages kürzer und in der zweiten länger wurden, und hieraus ergab sich bald eine mehr oder weniger genaue Ermittlung der Mittagszeit, der alsbald auch wohl eine bedeutsame Rolle im Ablauf des Alltagslebens zukam. Und dies war der erste, wenn auch ganz harmlose Schritt in eine Entwicklung, die ganz zuletzt, und zwar nicht sehr zu ihren Gunsten, die heutigen Erben jener elementaren Anfänge in ein Netz von Minutenzwang und Zeitnot verstrickt hat.

Nichts kann uns hindern, in unseren Vorstellungen einen Schritt weiter zu gehen und anzunehmen, daß der Urmensch alsbald aus der Veränderung der eigenen Schattenlänge neue Schlüsse über den Tagesablauf zu ziehen begann. Und warum sollte er nicht mit wachsender Denkgewohnheit zu Stäbchen gegriffen haben, mit deren Schattenlänge er den Zeitpunkt einer Begegnung mit Jagdgenossen bestimmen konnte?

Damit wäre dann zum ersten Mal, wenn auch ganz primitiv, der Gnomon in Gebrauch gekommen, dessen unverändertes Prinzip Tausende von Jahren später die Anwohner des südöstlichen Mittelmeers auf den Gedanken brachte, auf großen Plätzen ihrer Städte monumentale Obelisken aufzurichten (Abb. 1). Heute sind – mit dem Faustkeil im Vordergrund – in den Museen der Welt ungezählte Gerätschaften aus der Steinzeit zur Schau gestellt. Aber es wäre na-

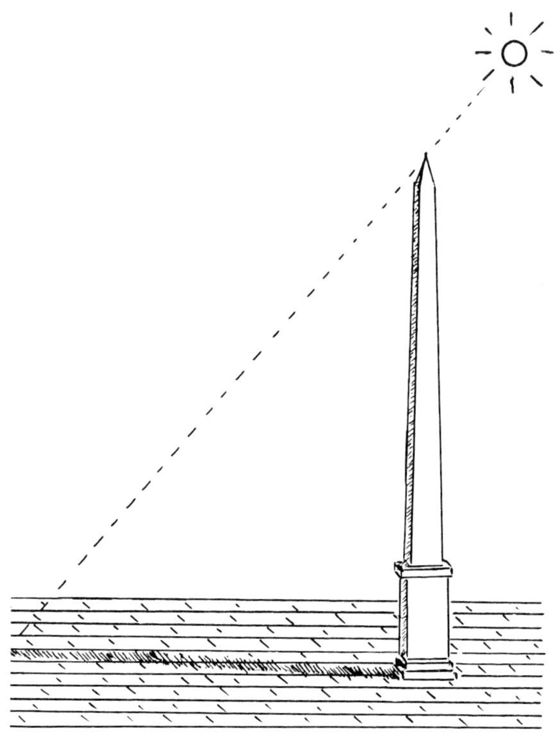

1 Der Schatten des Gnomons – hier ein Obelisk – erreicht um die Mittagsstunde seine größte Länge.

2 Stonehenge in Südengland, die berühmteste aller Steinsetzungen des Neolithikums, hat jahrtausendelang ihr Geheimnis nicht preisgegeben. Heute setzt sich langsam die Erkenntnis durch, daß es sich um eine vorzeitliche, erstaunlich umfassende Kalenderanlage handelt.

türlich aussichtslos, dort mit dem Vorhandensein eines vorzeitlichen Holzgnomons zu rechnen.

Gewiß liegen unseren bisherigen Erörterungen schlechterdings nur Vermutungen zugrunde. Es ist aber in der Entwicklungsgeschichte der Völker der Fortschritt keineswegs in simultanem Gleichschritt erfolgt, und wir können daher unter den heute lebenden Resten von Steinzeitmenschen in Melanesien, Neu-Guinea und Australien noch zahlreiche Stämme finden, deren Sitten und Gebräuche noch vor wenigen Jahrzehnten unsere Anschauungen bestätigten.

Im Gegensatz zu den Schwierigkeiten, die sich einer Erforschung der Zeitmessung in der Altsteinzeit entgegenstellen, hat uns die Jungsteinzeit von Schweden über Norddeutschland und Westfrankreich, vor allem aber auf den Britischen Inseln ebenso zahlreiche wie erstaunliche Zeugnisse hinterlassen, deren jahrtausendealte Rätsel erst vor wenigen Jahren entschleiert worden sind.

In nördlicheren Breiten steigt die Sonne weniger hoch, ihre Tagesbögen sind abgeflachter und die Höhenunterschiede weit weniger augenfällig als in den Ländern am östlichen Mittelmeer, wo diese Höhenunterschiede für die Zeitmessung insbesondere in den Moscheen des Islam bis in die jüngste Zeit eine wichtige Rolle spielten. Dagegen ist im Norden der Unterschied zwischen den einzelnen Jahreszeiten so ausgeprägt, daß er schon immer zu einer völligen Umstellung der gesamten menschlichen Lebensweise geführt hat. Mit dem Beginn des Ackerbaus mußte sich der Schwerpunkt des Interesses jeglicher Sonnenbeobachtung in erster Linie auf die Feststellung der Jahreszeiten und deren Unterteilung verlegen.

Nun wußte man schon seit Urzeiten um das alljährliche Schwanken der Tageslängen zwischen zwei Extremen. Aus alter Erfahrung war auch bekannt, daß man von einem gegebenen Standpunkt aus die Sonne am Horizont stets an Punkten auf- und untergehen sieht, die sich jährlich in einem gleichbleibenden Sektor hin- und herbewegen. Es war ein leichtes, festzustellen, daß die Tageslänge und die Jahreszeiten mit den Richtungen dieser Punkte in engstem Zusammenhang standen, und dann kam der Gedanke auf, die Richtungen der Sonnwenden und der in der Mitte dazwischen liegenden Tagundnachtgleichen durch Steinpaare festzulegen. Das war die Geburtsstunde der merkwürdigen megalithischen Steinkreise, denen man in späterer Zeit den bretonischen Namen *Cromlech* zugelegt hat und die man als die ersten Kalender unserer Vorfahren betrachten darf. Diese Steinsetzungen sind nun bei weitem nicht alle kreisförmig, jedoch scheinen ihre Formen bestimmten Regeln unterworfen. Ein Cromlech, dessen Rolle als Kalenderanlage auch dem Laien nicht entgehen kann, befindet sich bei Crucuno unweit der Bucht von Quiberon in der Bretagne. Die Steine bilden dort ein Rechteck, dessen Diagonale genau nach den Auf- bzw. Untergangspunkten der Sonne an Sonnwendtagen weist.

Die wohl berühmteste dieser Anlagen ist das einsam in Zeit und Raum in einer welligen Ebene südlich von Salisbury in England gelegene Stonehenge, dessen geheimnisvolle und vielfältige Anordnung jahrtausendelang die Forschung geradezu herausforderte (Abb. 2). Erst in jüngster Zeit gelang dem englischen Astronomen Hawkins unter Inanspruchnahme von Computern der Nachweis, daß die in den Steinen enthaltenen Richtungen die Sonnen- und Mondaufgänge für alle im Kreislauf dieser Gestirne besonderen Daten anführten. Es wurde mit begreiflicher Überraschung festgestellt, daß den vor 3500 Jahren lebenden Erbauern Stonehenges unter anderem der 18,67 jährige Zyklus bekannt gewesen war, nach dessen Ablauf der Mond jeweils seine größte Deklination und Amplitude erreichte. Es war eben diese Bruchzahl, die Hawkins auf die Spur seiner Entdeckung brachte, denn eine solche Zahl läßt sich in einer derartigen Anlage durch Steine oder Löcher nicht darstellen, wohl aber ihre fast genau dreifache Größe, nämlich die Zahl 56, die der Anzahl der

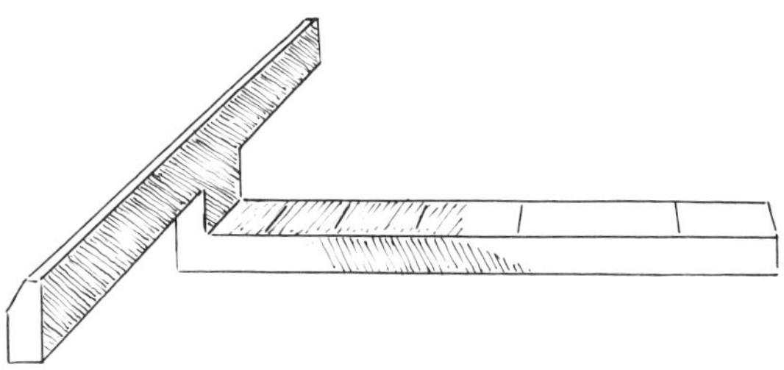

3 Die ägyptische Sonnenuhr aus der Zeit des Pharaos Thutmosis III. (15. Jh. v. Chr.) gilt als die älteste bekannte Sonnenuhr überhaupt.

Löcher in einem der konzentrischen Ringe in Stonehenge entspricht. Man erkannte schließlich, daß zur Verwendung der Anlage sechs gezeichnete Steine oder vielleicht Stäbe in einer gewissen Reihenfolge in diese Löcher gestellt und jährlich um ein Loch weiter gesetzt wurden. Die Einrichtung spielte also gewissermaßen die Rolle eines Zahnrads in einer astronomischen Uhr, dessen Umdrehungsdauer 56 Jahre betragen würde. Und jedesmal, wenn gewisse dieser Zeichen in dem durch besondere Steine und eine Richtungsallee gekennzeichneten Sommersonnwendpunkt eintrafen, wurden Mondereignisse fällig.[29] Damit waren also die Daten insbesondere der Mondfinsternisse auf Jahre hinaus vorherbestimmt, wobei die Maschine gewissenhaft auch diejenigen Finsternisse anmelden mußte, die in Stonehenge selbst nicht sichtbar waren. Es leuchtet ein, daß solche Entdeckungen auf eine völlige Umstellung der hergebrachten Ansichten über den Wissensstand der Jungsteinzeitmenschen drängen muß . . .

Die Forschung über die Anfänge der Zeitmessung fand vor allem im Nahen Osten ein dankbares Arbeitsfeld. Es unterliegt keinem Zweifel, daß dort der Gnomon als erstes Mittel diesem Zweck gedient hat (Abb. 1). Das griechische Wort *Gnomon* ist gleichbedeutend mit Weiser. Der Gnomon konnte keine Zeitdauer messen, sondern nur bestimmte Zeitpunkte des Tagesablaufs festlegen, diese also angeben oder »weisen«.

Die absolute Einfachheit eines hierzu geeigneten Gegenstandes läßt natürlich bei archäologisch ausgegrabenen Fundstücken einen Schluß für eine solche Verwendung nicht ohne weiteres zu. Es lag daher in der Regel näher, die alten Schriften nach einschlägigen Hinweisen zu durchsuchen und dabei jeden Gegenstand mit größter Genauigkeit zu studieren, wenn seine Verwendungsmöglichkeit mit Zeitmessung in irgendeinem Zusammenhang stehen konnte. Ein solcher Ariadnefaden führt über altägyptische Papyrustexte zu der Erkenntnis, daß man sich schon um 1450 v. Chr., also in der Entstehungszeit von Stonehenge, für Zeitmessung und Kalenderwesen des Gnomons vornehmlich in der Form von Obelisken bediente. Der Pharao Thutmosis III. (1501–1448 v. Chr.) war im Besitz einer Reisesonnenuhr, über deren Aussehen der Papyrus zwar nichts andeutet, von der aber angenommen werden kann, daß sie einer aus seiner Zeit stammenden, in Ägypten aufgefundenen Sonnenuhr wenigstens ähnlich war und als Gnomon arbeitete, wenn sie schon in ihrer Ausführung dies nicht unmittelbar erkennen läßt.

Sie bestand (Abb. 3) aus einer steinernen, etwa 30 cm langen vierkantigen Leiste, auf deren umgeknicktem Ende eine ähnliche, aber fünfkantige Querleiste von gleicher Länge angebracht war. Das Ganze wurde, wie in Abbildung 3 gezeigt, in der Weise auf eine waagerechte Ebene gestellt, daß die obere, getragene Leiste sich auf der Sonnenseite und in der Nord-Südrichtung befand. Ihr Schatten ergab dann die Tageszeit auf der Oberseite der unteren, ost-westlich liegenden und mit Zeitmarken versehenen Leiste. Um die Mittagszeit, wenn die Sonne durch den Meridian ging und der Schatten verschwand, mußte das Ganze um 180° gedreht werden. Es leuchtet ein, daß mit wachsender Sonnendeklination (s. Kapitel II) die angezeigten Zeitmaße nicht von gleicher Dauer bleiben konnten. Die von einigen Autoren vertretene Ansicht, daß die untere Leiste jeweils in der Schattenrichtung zu liegen hatte, ist deshalb unhaltbar, weil dann die obere Querleiste überflüssig und der aufsteigende Teil der anderen für die Schattenspendung ausreichend gewesen wäre.

Unser chronologischer Ariadnefaden führt aus Ägypten zunächst in das China des 11. vorchristlichen Jahrhunderts, wo in zeitgenössischen Berichten über astronomische Beobachtungen von stetiger Verwendung des Gnomons die Rede ist. Man hatte mit seiner Hilfe nacheinander den Mittagszeitpunkt, die Daten der Sonnwenden und die Neigung der Ekliptik festzustellen vermocht, wobei für diese eine Größe von 23° 54′ notiert wurde, während die genaue Größe damals 23° 50′ betrug, eine Leistung also, die in Anbetracht der gebrauchten Mittel volle Anerkennung verdient. Aus der Erwägung heraus, daß sich solche Arbeiten nicht improvisieren lassen, darf daher auf einen damals schon langjährigen Gebrauch des Gnomons in China geschlossen werden. Schließlich handelt es sich hier ja auch um die ältesten bekannten Berichte, während die astronomische Tätigkeit in China viel älter ist, gehen doch andere Berichte auf das 23. vorchristliche Jahrhundert zurück und erzählen u. a., daß der etwas sagenumwobene Kaiser Yao zwei seiner Astronomen hinrichten ließ, weil ihm das Eintreten einer Sonnenfinsternis nicht angekündigt worden war.

Hier soll noch eine wenig bekannte neuere Entdeckung des belgischen Gelehrten Henri Michel[59] Erwähnung finden, dessen Interesse jahrelang dem Studium altchinesischer

Instrumente gewidmet war und von dem hier auch später noch die Rede sein wird (S. 163).

Michels Aufmerksamkeit galt u. a. gewissen alten, aus Jade gearbeiteten Gegenständen, die bisweilen von chinesischen Antiquitätenhändlern feilgeboten wurden und deren sonderbare Formen in ihrer systematischen Anordnung auf einen mysteriösen, aber in Vergessenheit geratenen Zweck hindeuteten. Es sind dies Täfelchen von etwa 36, manchmal 44 cm Länge mit 3 bzw. 4 weiten Bohrlöchern (Abb. 4), deren Stellung zueinander eine gewisse Gesetzmäßigkeit vermuten ließ. Unter Heranziehung alter Schriften und neuerer Forschungsergebnisse gelang es Michel nachzuweisen, daß es sich um eines der ältesten astronomischen Instrumente Chinas, den *Tu-Kwai,* handelte, dessen Löcher die Mittagsschattenlänge in gewissen Städten eines 8 bzw. 10 Fuß hohen Gnomons am Tage der Sommersonnenwende bestimmten. Hier ging es also nicht um eine Tageszeit, sondern um ein Datum.

Altchinesische Texte melden des weiteren, daß schon sehr früh die Gnomonspitzen mit Lochscheiben versehen wurden, einer Vorrichtung, die in den Mittelmeerländern im 10. Jahrhundert n. Chr. in Gebrauch kam und dem arabischen Astronomen Ibn Junis zugeschrieben wurde. Tatsächlich gewinnt mit zunehmender Höhe des Gnomons die Schattenmessung an Genauigkeit, jedoch nur theoretisch, denn die Sonne strahlt ihr Licht nicht als Punkt, sondern als Scheibe aus und die dadurch verursachten Halbschatten machen ein genaues Erkennen der

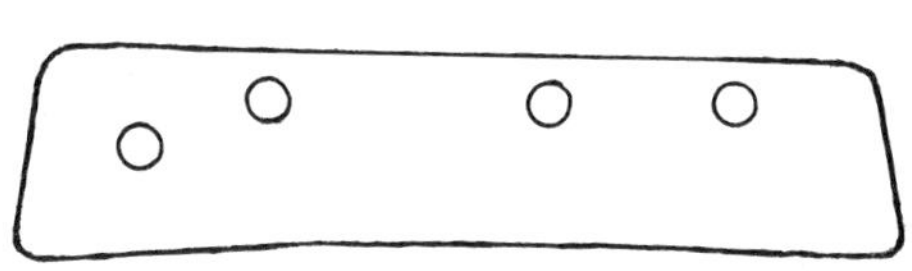

4 Das *Tu-Kwai,* ein Meßinstrument aus dem chinesischen Altertum, diente nicht der Bestimmung der Tageszeit, sondern eines Datums.

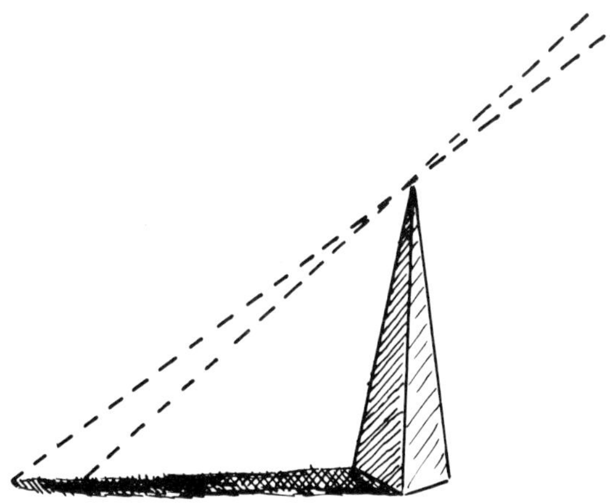

5 Je höher der Gnomon, um so genauer die Zeitangabe durch seine Schattenspitze. Der beträchtliche Durchmesser der Sonne bewirkt dann aber verschwommene Schattenränder, die eine Messung erschweren.

Gnomonschattenspitze praktisch unmöglich (Abb. 5). Die Neuerung bestand nun darin, daß man die Spitze des Gnomons mit einer durchlochten Scheibe versah (Abb. 6), so daß am Boden ein ellipsenförmiger, schattenumrahmter heller Fleck entstand, dessen Ränder allerdings ebenfalls undeutlich waren, dessen Mittelpunkt dagegen leicht zu bestimmen war. Übrigens erschien um etwa 500 v. Chr., vielleicht im Sinne einer Normung, eine kaiserliche Verordnung, die unter Androhung schwerer Strafen für alle in Gebrauch befindlichen Gnomone eine einheitliche Länge vorschrieb.

Schon im Altertum fand in Indien der Gnomon in Verbindung mit einem oder mehreren konzentrischen Kreisen für die Bestimmung der Meridianrichtung Verwendung. Von dem diesbezüglichen, sehr einfachen und auch heute noch brauchbaren Verfahren

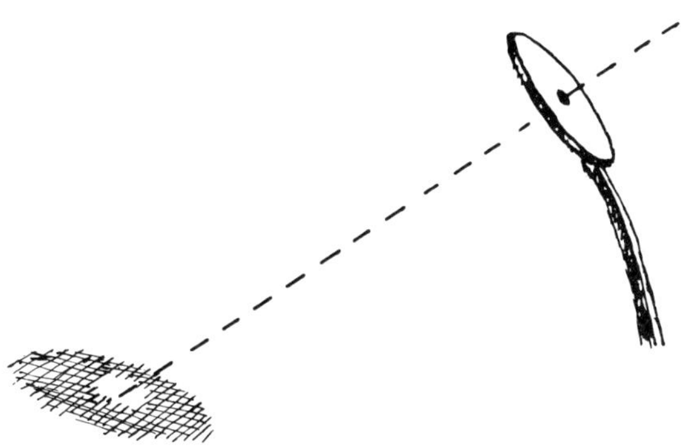

6 Der Lichtfleck eines Lochscheibengnomons ist ellipsenförmig; die Bestimmung seines Mittelpunktes bietet keine Schwierigkeit.

soll später noch die Rede sein (S. 46f.). Es wurde schnell von anderen Völkern übernommen und die Bezeichnung *Indische Kreise,* unter der es allgemein bekannt blieb, läßt über seinen Ursprung keinen Zweifel.

Im 5. vorchristlichen Jahrhundert, der Zeit Herodots, genossen in Mesopotamien sowohl die Babylonier als auch die Chaldäer einen schon alten Ruf als Astronomen. Herodot erzählt von der alljährlichen Neuverteilung des Agrarbodens und der aus dieser Tätigkeit erwachsenen Geometrie, die, so sagt er (II, 109), von den Griechen übernommen wurde, denn, meint er wörtlich, »was die Verwendung des Polos, des Gnomons und die Teilung des Tages in zwölf Teile betrifft, so haben die Griechen dies von den Babyloniern gelernt«.

In den äußerst spärlichen zeitgenössischen Schriften, die die Zeitmessung auch nur berühren, erscheint hier zum ersten Mal das Wort Polos und wird um so bedeutsamer, als Herodot schon ziemlich deutlich zwischen Polos und Gnomon zu unterscheiden scheint. In späteren Jahrhunderten wurde es in einzelnen Ländern zum Fachausdruck für erdachsparallele Schattenwerfer an Sonnenuhren, während mit Gnomon der stets zur Uhrenfläche senkrecht stehende Schattenwerfer bezeichnet wird. Es gilt, diesen Unterschied genau zu beachten. Wir werden nämlich feststellen, daß die bisher betrachteten Verfahren des Altertums infolge der sich ständig ändernden Sonnendeklination nie über mehrere Tage hinaus für die Angabe gleichbleibender Zeitspannen brauchbar waren. Es kann in der Tat um die gleiche Tagesstunde an zwei sich folgenden Tagen die Schattenlänge des Gnomons nie die gleiche sein, wobei der Unterschied je nach der Jahreszeit kaum merklich, aber auch ganz bedeutend sein kann. An Wintertagen ist sie ein Vielfaches der Sommerlänge. Natürlich ändert sie sich auch auf Polos-Sonnenuhren, aber dort überdecken sich die Schattenlinien jahraus, jahrein auf das genaueste. Man könnte also annehmen, daß Herodot mit dem Worte Polos auf eine Sonnenuhrenart anspielte, von der er möglicherweise in Ägypten Kenntnis erhalten hatte, wir aber bis heute nur diese einzige Nachricht besitzen. Was übrigens seine so ganz nebenbei über die Griechen gemachte Bemerkung betrifft, so sei daran erinnert, daß er es mit der Nachprüfung der überlieferten Berichte nicht sonderlich genau zu nehmen pflegte. Denn bei der uns bekannten geistigen Höhe der griechischen Welt in jener Zeit und insbesondere der frühen Entwicklung der griechischen Geometrie kann mit Sicherheit angenommen werden, daß man längst mit dem Gnomon umzugehen wußte. Außerdem ist bekannt, daß schon um 560 v. Chr., also lange vor Herodot, Anaximander aus Milet in Lakedämonien (Sparta) eine Sonnenuhr eingerichtet hatte, über deren Aussehen uns allerdings nichts bekannt ist, und daß sich die Griechen um 600 v. Chr., ähnlich wie die Chinesen, bei astronomischen Beobachtungen des Gnomons bedienten. Schließlich wurde erst vor ganz kurzer Zeit die Entdeckung einer griechischen Polossonnenuhr aus der Zeit Alexanders des Großen bekannt (S. 19 u. 24).

Wir wissen ferner, daß im 5. Jahrhundert v. Chr. in Ägypten kleinere tragbare Sonnenuhren existierten, wo der Schatten einer waagerechten Kante die Stunden auf der Strichteilung einer ebenfalls waagerechten Ebene und auf den Stufen einer treppenförmigen Skala anzeigten (Abb. 7), und deren eigenartiges Aussehen an einen Altar oder vielleicht an die Zikkurats des alten Mesopotamien erinnerte. Auf ihren möglicherweise

7 Tragbare ägyptische Sonnenuhr aus dem 6. vorchristlichen Jahrhundert. Ihre Stufen erinnern an mesopotamische Vorbilder. Der im 2. Buch der Könige erwähnte Altar des Königs Achaz könnte dieses Aussehen gehabt haben.

8 Tragbare ägyptische Sonnenuhr aus dem 4. vorchristlichen Jahrhundert. Die Stunden werden in den Monatskolonnen abgelesen. Die Zeilen sind nicht parallel. Stände in der Abbildung die Sonne im Osten und wäre es Mai, so würde der Schatten die Mitte der dritten Tagesstunde anzeigen.

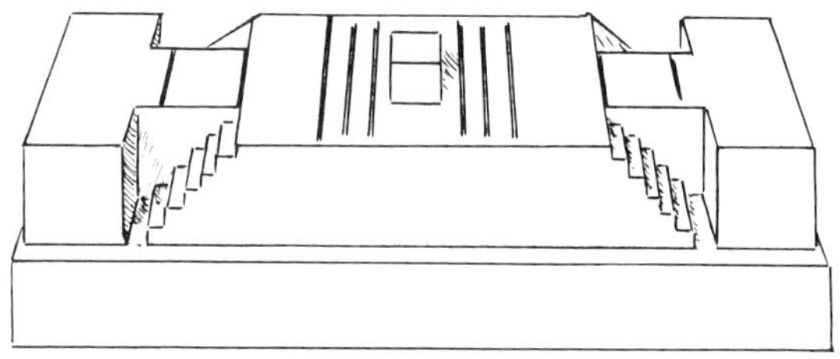

chaldäischen Ursprung kommen wir zurück. Es wurde auch ein aus dem 4. vorchristlichen Jahrhundert stammendes Modell gefunden, das in seiner Ausführung gegenüber dem vorigen einen wesentlichen Fortschritt darstellt. Hier fällt der Schatten der ebenfalls waagerechten Kante auf eine schiefe Ebene, wo in 7 Monatsspalten der sich ändernden Sonnenhöhe Rechnung getragen ist. Damit wird also zum ersten Mal in der Geschichte der Gnomonik die jahreszeitlich bedingte Änderung der Sonnendeklination berücksichtigt (Abb. 8). Im Gegensatz zu dem in Abbildung 3 betrachteten Modell ist diesmal aber die Schattenkante quer zur Sonnenrichtung zu stellen. Zu bemerken ist, daß zwischen den beiden Modellen ein Jahrtausend liegt, in dessen Verlauf wohl immer Sonnenuhren gebraucht worden sind, von denen uns aber bei der außergewöhnlichen Seltenheit einschlägiger Funde bis heute keinerlei Kunde vorliegt.

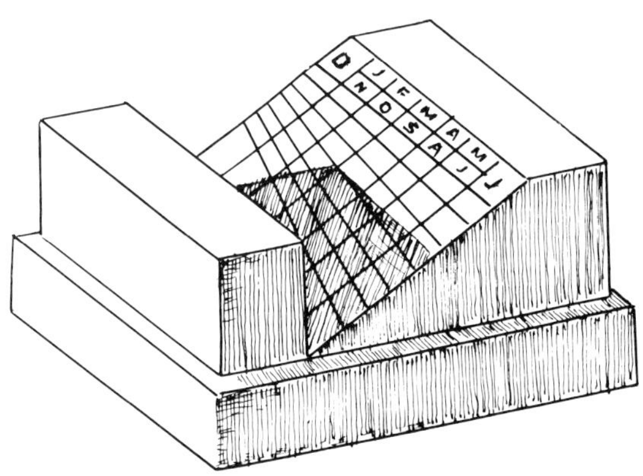

Tafel III Der vielgenannte Engel mit der Sonnenuhr an der Kathedrale von Chartres. Sonnenuhr und Engel gehörten ursprünglich nicht zur Kathedrale, sondern sind mitsamt den Flügeln des Engels aus Stücken verschiedenster Herkunft zusammengestellt. ▷

Es wird von Interesse sein, hier einige Ideenzusammenhänge näher zu erörtern, die sich aus der Betrachtung der in Abbildung 7 gezeigten ägyptischen Treppensonnenuhr aufdrängen. Wegen ihrer Stufen erinnert diese Uhr nämlich an einige besonders merkwürdige Bibelstellen, wo von der Sonnenuhr des Königs Achaz die Rede ist, der von 740 bis 728 v. Chr. in Juda regierte, zu einer Zeit also, und hierauf sei besonders hingewiesen, die rund zwei Jahrhunderte zurückliegt.

Die Bibel berichtet folgendes: »Isaias antwortete (nämlich dem Ezechias, der als Sohn des Achaz diesem auf dem Thron gefolgt war): ›Folgendes soll dir vom Herrn als Zeichen dienen, daß er die Verheißung, die er gegeben hat, erfüllen wird: Soll der Schatten zehn Stufen vorwärts oder zehn Stufen rückwärts gehen?‹ Ezechias antwortete: ›Es ist für den Schatten ein leichtes, zehn Stufen abwärts zu gehen. Nein, der Schatten soll um zehn Stufen rückwärts gehen.‹ Der Prophet Isaias rief nun zum Herrn, und dieser ließ den Schatten auf den Stufen, die er auf den Stufen des Achaz schon herabgestiegen war, zehn Stufen zurückgehen« (II Könige, XX, 9–11).

An einer anderen Stelle wird das Ereignis noch einmal geschildert:

»›Siehe, ich will den Schatten an den Stufen, die er infolge des Sonnenscheins auf den Stufen des Achaz abgestiegen ist, um zehn Stufen zurückgehen lassen‹. Da kehrte die Sonne die zehn Stufen, die sie auf den Stufen hinabgestiegen war, wieder zurück« (Isaias, XXXVIII, 8).

Wiederum heißt es im Buch Sirach (in manchen Bibeln Ecclesiasticus genannt):

»In seinen Tagen ging die Sonne zurück, und verlängerte dem König das Leben« (Sirach, XLVIII, 23–24).

Als einziger Hinweis auf das Aussehen der Sonnenuhr wird also nur mitgeteilt, daß der Schatten den Ablauf der Zeit auf Treppenstufen vermittelte. Nun fördert aber ein aufmerksameres Studium des Buchs der Könige andere Stellen zutage, die einen weiteren Zusammenhang vermuten lassen. Zu einer gewissen Zeit war nämlich Achaz gleichzeitig in einen Krieg gegen die Aramäer und die Israeliten verwickelt und erlitt Rückschläge. Er wandte sich um Hilfe an den damals allmächtigen Assyrerkönig Tiglatpileser III., der sich ebenfalls auf Kriegszügen befand und seit 10 Jahren die Stadt Damaskus besetzt hielt. Dort trafen sich die beiden Könige, wobei Achaz einen Altar erblickte, der ihn in hohem Maße entzückte. Die Bibel erzählt: »Als der König den Altar erblickte, sandte er an den Priester Urias den Grundriß des Altars und das der ganzen Ausführung entsprechende Modell. Der Priester Urias ließ den Altar bauen. Genau nach der Anweisung, die König Achaz von Damaskus gesandt hatte, verfuhr der Priester Urias . . .« (II Könige, XVI, 10–11).

Diese Schilderung läßt auf zwei Möglichkeiten schließen: Entweder war dieser ungewöhnliche Altar in Damaskus schon älteren Datums, wobei also mindestens an die Zeit vor dem Kriege oder der schon zehnjährigen Anwesenheit der Assyrer in der Stadt zu denken wäre, und dann wäre er doch jedenfalls den Priestern oder höheren Beamten des Achaz oder auch diesem selbst bekannt gewesen. Denn auch in der biblischen Zeit war eine Reise von Jerusalem nach Damaskus – etwa 250 km – kein außergewöhnliches Ereignis, und dies wird übrigens auch durch das Treffen der beiden Könige in der letzteren Stadt bestätigt. Aus der Begeisterung Achaz' geht aber hervor, daß ihm der Altar etwas Neues bedeutete und jedenfalls von den Assyrern seit ihrer Anwesenheit in der Stadt zu Ehren ihrer eigenen Götter errichtet worden war. Das in der Bibel hervorgehobene, von Achaz bezeigte Interesse dafür läßt nun die Vermutung zu, daß er möglicherweise das Urbild der danach in Jerusalem errichteten Treppensonnenuhr gewesen sein könnte. Nun waren aber damals die Chaldäer Untertanen der Assyrer und galten in astronomischen Dingen als führend, so daß man annehmen darf, daß Tiglatpilesers Hofastronomen Chaldäer waren und der Altar ihr Werk war. Daß es sich um eine fremde und ketzerische Einrichtung handelte, geht aus der in der Bibel mehrfach erwähnten ablehnenden Haltung des Propheten Isaias hervor. Somit konnte, wie schon angedeutet, Chaldäa als Urheimat dieser Sonnenuhr in Frage kommen. Trotz dieser Abneigung des Propheten wurde sie aber nach dem Tode des Achaz nicht zerstört und kann also noch von den Ägyptern vorgefunden worden sein, als diese ein Jahrhundert später Judäa eroberten. Und wiederum 100 Jahre später tauchten dann in Ägypten die kleinen, oben beschriebenen Treppensonnenuhren auf, so daß tatsächlich die Möglichkeit besteht, daß diese Art Sonnenuhren in langsamer Wanderung von Chaldäa über Jerusalem an die Ufer des Nils gelangt ist.

Der Leser wird unser etwas längeres Verweilen bei dieser biblischen Uhr verstehen, wenn er erfährt, daß bis auf den heutigen Tag keine andere Sonnenuhr der Geschichte eine ähnliche Berühmtheit erlangte und zu einer ähnlichen Flut von Studien, Büchern und Erfindungen Anlaß gegeben hat. Das Rätselraten um ihr Geheimnis begann schon gleich in den ersten Tagen der Zeitrechnung in den Geschichtswerken des jüdischen Chronisten Josephus Flavius und setzte sich unablässig bis in die jüngste Zeit fort. Sein Widerhall geistert durch die Schriften Pedro Nuñez' (1564) ebenso wie in den Werken von Camille Flammarion (1885) oder eines Claudio Pasini, dessen *Orologi solari* im Jahre 1900 erschienen sind. Die Schriften, in denen immer wieder neue Erklärungen für das sog. Wunder der Sonnenuhr des Achaz versucht wurden, sind unzählig. Da die Bibel deren Aussehen im Dunkeln läßt, stellten einige Kompaßmacher Modelle von Sonnenuhren her, deren ausgeklügelte Einrichtung ein natürliches Rückschreiten des Schattens ermöglichte. Als Paradebeispiel einer solchen Konstruktion möge hier ein Instrument erwähnt sein, das sich im Museum der *Philosophical Society of Philadelphia* (USA) befindet und von dem berühmten Augsburger Christoph Schissler I. (um 1531–1608) hergestellt wurde. Der Hauptbestandteil der Uhr ist eine mit zwei Kurvenscharen versehene Schale, in der der Schatten eines Gnomons durch Strahlenbrechung rückwärts schreitet, wenn sie mit Wasser gefüllt wird . . .

Natürlich wurde das Rätsel nie gelöst, da ja die Bibel selbst es als einen unnatürlichen Vorgang betrachtet. Dennoch blieben die Anstrengungen der Sucher nicht unfruchtbar, da sie etwas Licht in das Dunkel der ersten hier zitierten Bibelverse brachten. Im hebräischen Urtext erscheint dort nämlich dreimal hintereinander das Wort *ma'aloth,* das gleichzeitig Linie, Grad und Treppenstufe bedeuten kann. Nun hatte bei seiner Bibelübersetzung der hl. Hieronymus die unglückliche Idee, in Anlehnung an die schon im 2. Jahrhundert erfolgte griechische Übersetzung des Symmachus, jedesmal ein anderes dieser Worte zu gebrauchen, wodurch später dann ein unbeschreibliches und abwegiges Gedankenwirrwarr entstand . . .

In Ägypten war man auch schon sehr früh auf den Gedanken gekommen, an den Südwänden mancher Gebäude unter einem waagerechten Durchmesser Halbkreise anzubringen, die durch Radien in zwölf gleiche Sektoren zerlegt waren, auf denen der Schatten eines im Kreismittelpunkt senkrecht zur Wand stehenden kurzen Gnomons eine primitive Tageseinteilung vermittelte. Von diesen wohl ältesten Wandsonnenuhren soll später noch die Rede sein, da sie in der Zeit der karolingischen Renaissance im Abendland in ähnlicher Ausführung wieder in Gebrauch kamen und hernach das ganze Mittelalter überdauerten. Unter der Bezeichnung *kanoniale Sonnenuhren* bilden heute ihre letzten Überreste einen der Hauptanziehungspunkte mancher alten romanischen Kirche.

Schon viele Jahrhunderte vor König Achaz hatten die Chaldäer ein einfaches Mittel erdacht, um die Stellungen von Sonne, Mond und Planeten auf ihren Bahnen in Worte zu kleiden. Sie teilten den Himmelsgürtel, der diese Bahnen enthält, in 12 gleiche Teile, die die Namen der darin enthaltenen Sternbilder erhielten. Das Ganze bildete den Tierkreis. Logischerweise teilte man dann das Jahr in 12 Monate, dann die Woche als Viertel eines Mondumlaufs in 7 Tage und den lichten Tag, d. h. die Zeit zwischen Auf- und Untergang der Sonne, in 12 Stunden, die allerdings im Ablauf der Jahreszeiten von unterschiedlicher Dauer waren und die wir heute *temporale Stunden* nennen. Desgleichen hatte die Nacht 12 solcher Stunden, deren Dauer aber nur in der Zeit der Tagundnachtgleichen mit der Dauer der Tagesstunden übereinstimmte. Seit undenklichen Zeiten kannten die Priester den mit *Saros* bezeichneten Mondzyklus von 18 Jahren und 11 Tagen, nach dessen Ablauf sich alle Finsternisse mit annähernder Genauigkeit wiederholen.

Im 3. Jahrhundert v. Chr. kam der in Alexandrien lebende chaldäische Priester Berosos auf die Idee, der Sonnenuhr die Form einer hohlen Halbkugel zu geben, deren Schattenwerfer sich in ihrem Mittelpunkt befand und aus der Spitze eines lotrecht in der Kugelfläche gestellten Metallstabs bestand (Abb. 9).

Berosos dachte sich seine Halbkugel als das winkeltreue Gegenbild der sichtbaren Himmelshalbkugel, deren Mittelpunkt er als mit dem der Halbkugel zusammengelegt annahm. Damit entsprach jedem Himmelspunkt ein Punkt in der Hohlkugel, wenn ihre Verbindungslinie durch diesen Mittelpunkt führte. Zwischen Auf- und Untergang der Sonne beschrieb nun der Schatten des Kugelzentrums auf der Innenfläche der Hohlkugel von West nach Ost eine Kreislinie. Diese teilte er in 12 gleiche Stundenteile. Da aber die Deklination der Sonne zwischen den Tagen der Winter- und der Sommersonnenwende langsam von $-23° 27'$ auf $+23° 27'$ ansteigt und ihre Mittagshöhe im gleichen Zeitraum dadurch um ebendenselben Winkelunterschied sich vergrößert, erhielt Berosos für jeden weiteren Tag in seiner Halbkugel neue Kreise und zusätzliche Stundenpunkte, deren gruppenweise Verbindung die Stundenlinie seiner Uhr ergaben. In den äußeren Kreisen seiner Schattendurchgänge erkannte er die genauen Abbilder der Wendekreise des Steinbocks und des Krebses, deren Daten ihm den Zeitpunkt der betreffenden Sonnwenden vermittelten, und im mittleren Kreis das Gegenbild des Himmelsäquators und damit die Angabe der Tagundnachtgleichen. Berosos hatte solchermaßen einen Weg gefunden, mittels seiner Sonnenuhr nicht nur die in seiner Zeit üblichen Tagesstunden, sondern darüber hinaus mit einiger Genauigkeit noch das Datum und die Sonnendeklination zu bestimmen.

Man gab diesen Sonnenuhren den Namen *Hemispherium*. Berosos erkannte später, daß der ganze, unterhalb vom Wendekreis des Krebses befindliche Teil des Blocks, in den die Uhr gearbeitet war, ohne Schaden entfernt werden konnte und die Uhr dadurch nicht nur leichter, sondern auch eleganter wurde (Abb. 10). Das so entstandene Modell nannte man *Hemicyclum*. Der Metallstift, der im Hemispherium im tiefsten Punkt der Kugelfläche stand, mußte jetzt in der oberen waagerechten, durch den Mittelpunkt dieser Fläche gehenden Ebene befestigt werden.

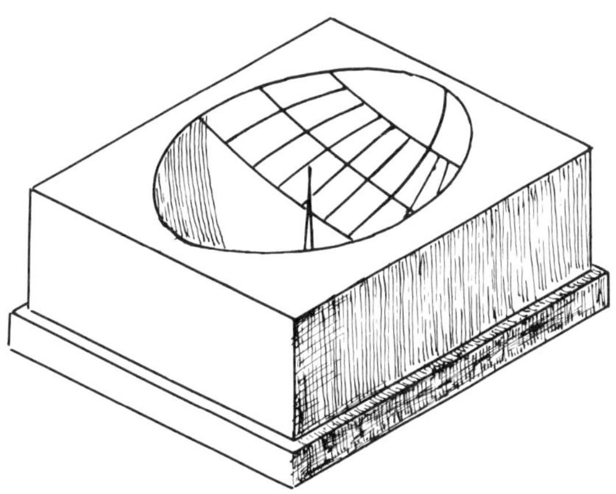

9 Das *Hemispherium* des Berosos zeigt in verkleinertem Maßstab den Weg der Sonne über die Himmelskugel.

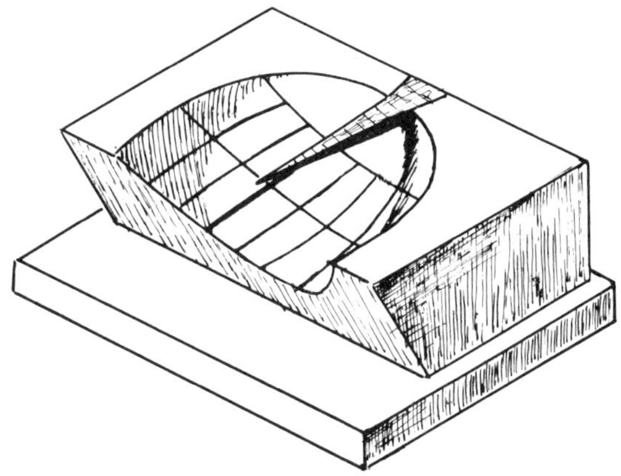

10 Im *Hemicyclum* ist der unter dem Wendekreis des Krebses liegende Teil als überflüssig entfernt.

11 Griechische Sonnenuhr (Hemicyclum) aus Pergamon (Kleinasien). Museum Bergama.

12 Römische Sonnenuhr in Timgad (Algerien).

In dieser neuen Form fand das Hemicyclum in der ganzen antiken Welt eine ungeahnte Verbreitung. Es wurde in den verschiedensten Abwandlungen hergestellt.[26] Von den Griechen, die es *Heliotrop* nannten, wird berichtet, daß Aristarchos von Samos um 250 v. Chr. solche Sonnenuhren anfertigte und ihnen den Namen *Skaphe* gab, der später als technischer Sammelname für alle Hohlkugelsonnenuhren beibehalten worden ist. Aus einer Schrift des Albategnius (al-Battání) geht hervor, daß die Araber sich noch im 10. Jahrhundert solcher Uhren bedienten.

In Italien, Griechenland und Ägypten fanden sich einige seltener vorkommende Skaphen, deren Uhrenfläche nicht mehr kugelförmig ist, sondern den Mantel eines Kegels bildet, dessen Achse nach dem Himmelspol gerichtet und dessen Liniennetz der Stunden und Jahreszeiten den Regeln der Kugelskaphen angepaßt geblieben ist. Die Neuerung hatte den Vorteil einer besseren Übersichtlichkeit, es fehlte ihr aber die bei den Griechen besonders geschätzte einwandfreie geometrische Grundlage, obschon das Ergebnis richtig blieb. Es ist nicht ausgeschlossen, daß sie mit dem Erscheinen von Apollonios' (von Perga) berühmtem Werk über die Kegelschnitte aus der 2. Hälfte des 3. Jahrhunderts in Zusammenhang steht. Es ist aber mindestens ebenso wahrscheinlich, daß man damit einem gewissen Drang nach Neuem folgte. Neue Moden beruhen bekanntlich nicht immer auf logischen Grundlagen. Eine Konzession aber möge diesen Skaphen zugestanden sein: ihre konische Innenfläche gestaltete ihre Herstellung einfacher und damit billiger.

In Rom standen die Skaphen im Rufe einer ständigen Ungenauigkeit, was vielleicht auf ihr kleines Format, eher aber wohl auf die Leichtfertigkeit und ungenügende Fachkenntnis der Hersteller zurückzuführen war. Der Übergang von sphärischen zu konischen Uhren mag das Ablesen der Zeit erleichtert haben, die Qualität des Zifferblatts hat er nicht gehoben. Bedeutsam ist in diesem Zusammenhang ein Ausspruch, den Seneca getan haben soll, wonach zu seiner Zeit zwei gleichdenkende Philosophen leichter zu finden waren als zwei gleichlaufende Sonnenuhren.

Wir haben gesehen, daß die Dauer der Temporalstunden bei Tage und in der Nacht nicht gleich war, daß aber diese Stunden bei Tagundnachtgleiche übereinstimmten. Sie hatten dann die Dauer unserer heutigen Stunden und im Gegensatz zu den Temporalstunden auch unter anderen Breiten immer die gleiche konstante Dauer. Sie wurden daher schon sehr früh stets dort verwendet, wo genaue Zeitpunkte festgelegt werden mußten, also etwa bei der Eintragung astronomischer Beobachtungen.

Dann kam eine Zeit, wo rund um das Mittelmeer in allen römischen Städten Skaphen als öffentliche Uhren aufgestellt waren. Es wurde schon erwähnt, daß Aristarchos aus Samos sich mit ihrer Herstellung befaßte. Nach und nach jedoch verbreitete sich das Fachwissen, und bald gab es in Griechenland und Italien spezialisierte Werkstätten, die mit der Fertigung der Skaphen vertraut waren und bei Fernlieferungen sogar die geographische Breite des Bestimmungsortes berücksichtigten. Es wurden in Pompeji u. a. Skaphen aus Marmor, in Castelnuovo und Rignano andere aus örtlichem Gestein ausgegraben. Sonderbarerweise trugen die Stunden der römischen Uhren keinerlei Ziffernangabe, während die griechischen mit Buchstaben bezeichnet waren, die mit

A, B, Γ, Δ, E beginnen, dann aber mit Buchstaben enden, die im Zusammenhang gelesen das griechische Wort für *Leben* ergeben, wohl bestimmt nur eine zufällige Anordnung, die aber bisweilen als erster Versuch eines Uhrensinnspruchs gedeutet worden ist. Ein hervorragend schönes Beispiel dieser letzteren Skaphen wurde in Alexandrien am Fuße einer der später nach England und Amerika gebrachten Kleopatranadeln gefunden und befindet sich heute im Britischen Museum. Das Wiener Kunsthistorische Museum besitzt ein ähnlich schönes Stück aus griechischem Marmor, das im Siebengebirge gefunden wurde. Die Hohlkugel hat einen Durchmesser von 30 cm, und alle 11 Stundenlinien sowie die 3 Kurven der Jahreszeiten sind erhalten. Dazu trägt die Vorderfront zwei prächtig ausgeführte Reliefamphoren. Wir werden auf weitere Beispiele noch zurückkommen (S. 182), jedoch soll hier noch von einem Sonderfall die Rede sein.

Es versteht sich, daß alle bisher erwähnten Skaphen für Temporalstunden eingerichtet[26] waren, und tatsächlich kennt die Fachliteratur keine Ausnahme. Nun wurde aber im Jahre 1978 in Istanbul auf einem Brachgelände bei der Irenenkirche (6. Jahrhundert) eine sauber ausgeführte und erhaltene Skaphe mit italischen Stundenlinien und 10-Minutenteilung ausgegraben und im Topkapi-Museum aufgestellt. Und ausgerechnet in diesem einmaligen Fall hat die Tücke des Schicksals es gewollt, daß der ausführende Steinmetz beim Einmeißeln der Stundenlinien 23, 22, 21 usw. in der Kugelfläche an der Westseite der vorderen schiefen Ebene (Abb. 13) statt an der Ostseite der oberen waagerechten Ebene zu arbeiten begann und so die Linien verkehrt eintrug. Natürlich wurde die Uhr danach als unbrauchbar auf irgendeine Abfallstelle gebracht.

Es wäre interessant, ihre Geschichte zu kennen, da sie die Frage aufwirft, zu welchem Zeitpunkt in Byzanz italische, d. i. gleichbleibende Stunden (S. 104) in Gebrauch gekommen sind. Diese Frage scheint bis heute unbeantwortet zu sein.

Im Jahre 293 v. Chr. wurde in Rom in der Nähe des Jupiter-Quirinustempels als erste Sonnenuhr überhaupt eine Skaphe aufgestellt (Plinius, *Naturalis Historia,* VII, 213). Einige 30 Jahre später erschien dann auf einem öffentlichen Platze eine zweite, die man im Ersten Punischen Krieg als Beute aus Catania herbeigeschafft hatte. Catania war eine griechische Kolonie und sicher stammte diese Sonnenuhr ebenfalls aus Griechenland. Da sie aber für die Breite von Sizilien berechnet war, mußten in Rom zwangsläufig ihre Angaben unrichtig werden. Bei dem Mangel an Interesse der Römer für exakte Wissenschaften erscheint es nicht verwunderlich, und Plinius berichtet mit bitterer Ironie, daß es 99 Jahre gedauert hat, bis der Zensor Markus Philippus sich davon überzeugte und eine weitere – für Rom berechnete – Sonnenuhr daneben stellen ließ. Damals gehörte die Überwachung der öffentlichen Sonnenuhren zu den Befugnissen der Zensoren.

Indessen tat zu jener Zeit das Vorhandensein dieser Sonnenuhren dem Weiterbestehen des Gnomons keinerlei Abbruch. Nach wie

13 Die 1978 bei der Irenenkirche in Istanbul gefundene Hohlkugeluhr, heute im Topkapi-Museum, ist die einzige bekannte antike Uhr dieser Art, die keine Temporalstunden, sondern gleichbleibende (italische) Stunden zeigt. Durch ein Versehen des Steinmetzen wurde sie unbrauchbar.

14 Hohlkugelsonnenuhr mit italischen und babylonischen Stunden zum Vergleich mit Abbildung 13. Die letzte italische Stundenlinie läuft korrekt rechts oben am Halbkugelrand entlang, während sie in Abb. 13 vorne links steht. Hersteller unbekannt, datiert 1561. Wohl deutsch.

vor tat auf dem Marsfelde der große Augustinische Obelisk als Zeitmesser seinen Dienst (S. 23). Alte Bräuche starben auch in Rom nur langsam aus, und auf dem Lande hielt sich der Gnomon noch jahrhundertelang. Das gleiche gilt wohl auch für Griechenland. Dort liest man in der Komödie von der Weibervolksversammlung (»Die Ekklesiazusen«) des Aristophanes, wie Praxagore zu ihrem Gatten spricht: »Wenn der Stocheion zehnmal die Länge deines Fußes mißt, brauchst du dich nur noch zu parfümieren und zu Tische zu kommen.« (V. 651–662) Mit dem Worte *Stocheion* bezeichnete man die Länge des Körperschattens einer Person.

Doch fanden die Sonnenuhren sehr rasch große Verbreitung. Zwei Jahrhunderte später steht in der *Böoterin,* einem, wie man glaubt, von Plautus verfaßten Theaterstück (Aulus Gellius, *Noctes atticae,* II, 13) der folgende Gefühlsausbruch eines römischen Schmarotzers: »Die Götter mögen den verderben, der zuerst den Tag in Stunden teilte, den ersten, der in dieser Stadt eine Sonnenuhr aufgestellt hat. Zu unserem Unglück hat er den Tag in Stücke zerschnitten. In meiner Kindheit gab es keine andere Uhr als meinen Magen. Für mich war er die beste und genaueste Uhr; man aß, wenn er es wollte, es sei denn, daß es nichts zu essen gab. Heute ißt man auch bei Überfluß, nur wenn es der Sonne gefällt. Die Stadt ist voller Sonnenuhren, aber allerwärts sieht man die Leute sich halbverhungert dahinschleppen.«

In anderen Komödien handeln ähnliche Szenen immer wieder von der Essenszeit, wobei ausgiebig von der Verwechslungsmöglichkeit von Vor- und Nachmittagsstunden Gebrauch gemacht wird. Gewiß handelt es sich aber nicht mehr um ein Lustspiel, wenn der Grieche Philoxenes wie folgt von seinem Arzt beraten wird: »Wenn du noch irgendeine Anordnung zu treffen hast, dann beeile dich, denn du wirst binnen sieben Fuß sterben.«

Infolge der in Rom bald allgemein eingeführten Temporalstunden begann man, die verschiedensten tragbaren Sonnenuhren herzustellen, von denen einige erhalten sind. So fand man im Jahre 1755 bei Ausgrabungen in Portici eine kleine Taschensonnenuhr, die wegen ihrer besonderen Form *Schinken von Portici* genannt wird. Sie befindet sich heute im Museum von Neapel und muß etwa um das Jahr 50 n. Chr. entstanden sein. Beim Gebrauch wurde sie an einem kleinen Ring aufgehängt und das spitze, jetzt verbogene Ende des »Schinkens« diente als Gnomon, dessen Schatten auf einer flachen Seite in einem Liniennetz die Indikationen ergab (Abb. 15). Dieses besteht aus sieben senkrechten und sieben mehr oder weniger waagerechten Linien. Von diesen ist nur die obere nicht gebogen, nach unten nehmen die Krümmungen zu. Die senkrechten Linien tragen am unteren Ende die Abkürzungen der Monatsnamen, sie beziehen sich jedoch

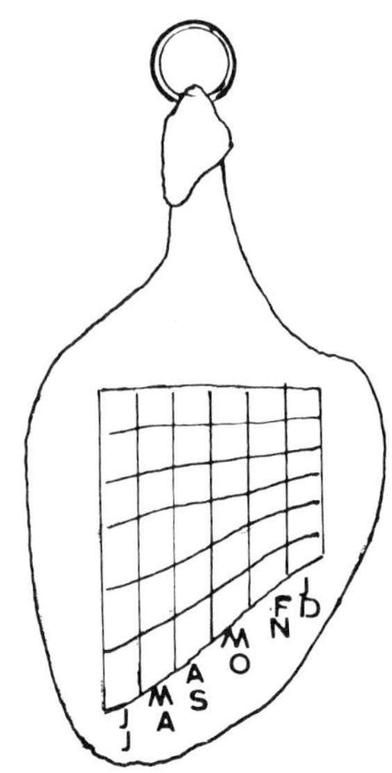

15 Der Schinken von Portici.

16 Die auf dem Herapel bei Forbach in Lothringen gefundene römische Taschensonnenuhr.

auf die Tage der wechselnden Tierkreiszeichen. Der Gnomon befand sich ursprünglich auf der Höhe der waagerechten oberen Linie, die morgens und abends die Temporalstunden 0 bzw. 12 anzeigte. Das hängende Instrument wurde in der Weise gedreht, daß die Schattenspitze auf die senkrechte Datenlinie fiel. Die Tagesstunde wurde dann auf den Querlinien abgelesen. Sedillot[103] berichtet übrigens, daß diese Sonnenuhr den Arabern bekannt war und mit dem Namen *Saq-al-Dscheradat,* d. i. das Heuschreckenbein, bezeichnet wurde.

In Lothringen kam bei Ausgrabungen auf dem Herapel, einem Hügel bei Forbach, eine kleine runde Dose aus Bronze ans Tageslicht, in deren Boden wie bei einer Taschenuhr ein kleiner drehbarer Zeiger angebracht ist. Vom Bohrloch der Zeigerachse gehen sieben entsprechend gerichtete Strahlen nach unten, die wie im vorigen Fall die Monatsdaten anzeigen (Abb. 16). Die Winkel, die sie bilden, enthalten spinnennetzartig sechs Stundenlinien, während die siebente als Mittagslinie im Rande des Dosenbodens liegt. Beim Gebrauch wurde das Instrument

Tafel IV Kupfervergoldete Becheruhr von Markus Purmann 1602. Die Zeichnung dieser Becheruhr weist Zusammenhänge mit den konischen Skaphen des Altertums auf.

mit den Monatslinien nach unten aufgehängt und der Zeiger zur besseren Sicht in den Monatslinien auf das Tagesdatum gedreht. Jetzt wurde es so gehalten, daß ein Sonnenstrahl durch ein in Höhe der Zeigerachse in den Dosenrand gebohrtes Loch auf den Zeiger fiel, wo alsdann zwischen den Stundenlinien die Zeit abgelesen werden konnte. Das Instrument war nur für eine bestimmte Breite gedacht.

Eine andere Ausführung dagegen konnte von 30° bis 60° nördl. Breite, d. h. in allen Teilen des Römischen Reichs gebraucht werden. Es war dies eine runde Bronzescheibe, deren leicht erhöhter Rand eine Gradteilung für die geographische Breite trug (Abb. 17). Eine zweite, in der ersten drehbare Scheibe zeigte sieben in Tierkreiswinkelteilung gezeichnete Durchmessersegmente. Endlich trug eine ins Zentrum der Scheiben gestellte Drehachse den Gnomon in Form eines rechtwinkligen Dreiecks mit eingebauchter Hypotenuse, über deren spitzem Winkel sich ein Stab von der Länge der kürzesten Dreiecksseite erhob. Die Stundenmarken befanden sich auf der gebogenen Dreiecksseite.

Auch hier wieder wurde das Instrument zum Gebrauch aufgehängt. Eine auf dem

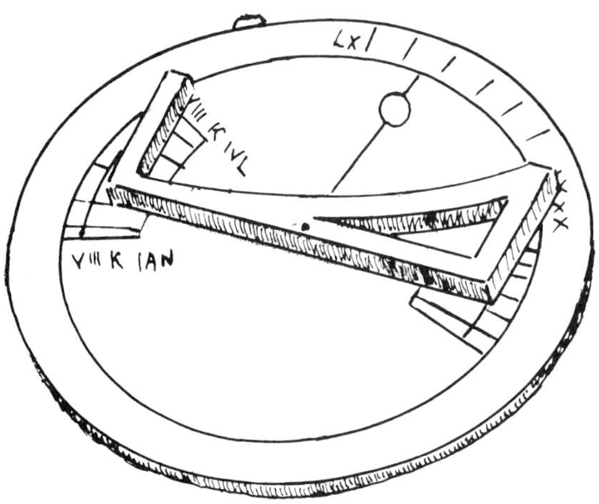

17 Römische, für sämtliche Provinzen des Reichs verwendbare Reisesonnenuhr. Vitruvius könnte mit der von ihm genannten *pros pan klima* diese Uhr bezeichnet haben.

18 Die Mosaikwand aus der Trierer Römerstadt (Landesmuseum Trier).

Rande der inneren Scheibe angebrachte Marke wurde auf den entsprechenden Breitengrad und der Gnomon auf das Tierkreiszeichen des Datums geführt. Man drehte nun die hängende Scheibenebene, bis der Schatten des am Dreieck befestigten Stabs auf die gebauchte Dreiecksseite fiel, wo er dann die Stunden anzeigte.

Ein gut erhaltenes Instrument dieser Art wird im Museum of the History of Science in Oxford aufbewahrt.

Eine in der alten Römerstadt Trier erhalten gebliebene und im Landesmuseum ausgestellte sehr schöne Mosaikwand zeigt einen Greis, der in den Händen eine Sonnenuhr trägt. Diese ähnelt einer mit einem Gnomon versehenen, geöffneten Klappsonnenuhr und besteht aus zwei Dreiecksscheiben, die an einem senkrecht gehaltenen Scharnier einen Winkel bilden. Das Instrument scheint um letzteres zusammenlegbar gewesen zu sein. Das Mosaik zeigt die Dreiecke perspektivisch, jedoch läßt sich erkennen, daß ihre oberen Seiten zum Scharnier senkrecht stehen und der Gnomon in ihrer Ebene liegt (Abb. 18). Diese Seiten bilden die oberen Stundenlinien, also Null und Zwölf, die Stunden des Sonnenauf- oder Untergangs. Es folgen 6 weitere, nach unten immer stärker geneigte Stundenlinien. Die Zeichnung ist unvollständig, da von oben nach unten Monatslinien vorhanden sein sollten. Daß in Trier der Greis für Anaximander gehalten wird, könnte mit dessen Betrachtungen über Zeit und Ewigkeit in Zusammenhang stehen . . .

Die Frage, ob nicht doch im Altertum der Versuch gemacht wurde, eine Sonnenuhr mit gleichbleibenden Stunden herzustellen, blieb lange unbeantwortet. Zweifellos ist die oben (s. S. 19) erwähnte mißlungene Hohlkugelsonnenuhr mit italischen Stundenlinien eine Antwort. Wir weisen ferner auf eine ebenfalls erst vor kurzem gemachte Entdeckung einer griechischen Sonnenuhr hin, die 1975 im oberen Afghanistan gefunden wurde und mit einem erdachsparallelen Zeiger arbeitete, der aber Temporalstunden vermittelte, und dessen Erfinder um Haaresbreite an der Darstellung moderner Stundenlinien vorbeiglitt (s. S. 24). Übrigens steht im Museum von Neapel ein aus Pompeji stammendes Mosaik, auf dem in der dargestellten Szene eine Sonnenuhr mit geneigtem Schattenstab zu erkennen ist. Astronomische Hinweise lassen sich in den uns bekannten alten Schriften kaum finden. Kleomedes berichtet, daß Eratosthenes (276–195) mit einer Skaphe den Breitenunterschied zwischen Alexandrien und Syene bestimmte, eine Mitteilung, die über die damalige Kenntnis der Kugelgestalt der Erde keinen Zweifel läßt. Eudoxos aus Knidos baute eine mit Kurven versehene Sonnenuhr, die später *arachne* genannt wurde. Man darf vermuten, daß es sich um die Sonnwendhyperbeln und die Gerade der Tagundnachtgleiche handelte, deren Anblick diesen Namen (d. i. Spinne) rechtfertigen würde. Damit wäre Eudoxos der erste gewesen, der von solchen Kurven auf Sonnenuhren Gebrauch gemacht hat.

19 Man vermutet, daß die anfangs des 19. Jahrhunderts in der Vigna Cassini an der Via Appia gefundene Sonnenuhr die von Vitruvius mit *discus in plano* bezeichnete und dem Aristarch aus Samos zugeschriebene sein könnte. Die Zeichnung stammt aus Francesco Peter, *Di un antico orologio solare,* Rom 1815.

20 Rekonstitution der auf Anregung des Kaisers Augustus auf dem Marsfeld in Rom eingerichteten Sonnenuhr. Der erste, aus Ägypten nach Rom gebrachte Obelisk sollte als Gnomon dienen und wurde für die Ausmaße der Anlage bestimmend: 400 Meter von Westen nach Osten.

Erst aus der Zeit Julius Cäsars ist ein Text erhalten, in dem von Sonnenuhren mehr als nur beiläufig die Rede ist. Es ist *De architectura,* ein Werk des Baumeisters Vitruv, der in den Diensten Cäsars und Augustus' stand. Im 9. Buche seines Werks werden die damals bekannten Sonnenuhrenarten unter ihrer Bezeichnung und den Namen ihrer vermutlichen Erfinder aufgeführt. Es sind dies:

Das *hemicyclum* des Berosos
Die *Skaphe* des Aristarchos von Samos
Der *discus in plano* von demselben
Die *arachne* des Eudoxos aus Knidos
Das *plinthium* des Skopinas aus Syrakus
Die *prosta istoroumena* des Parmenion
Die *pros pan klima* des Theodosios
Das *pelecinon* des Patroklos
Der *conus* des Dionysodoros
Der *Köcher* des Apollonius.

Vitruv vervollständigt seine Liste mit den Worten: »Diese Männer und andere haben uns auch noch andere Arten von Sonnenuhren hinterlassen, wie das *conarachne,* das *eugeniaton* und das *antiboreum.*«

Übrigens hält er Aristarchos für den Erfinder der Skaphen. Dieser hat tatsächlich solche Sonnenuhren hergestellt. Da aber Berosos ein Jahrhundert vor ihm gelebt hat und das hemicyclum am Grundprinzip des hemispheriums nichts ändert, ist diese Angabe Vitruvs natürlich unzutreffend.

Die meisten von Vitruv genannten Sonnenuhren sind unbekannt geblieben, jedoch glaubt man aus einzelnen ihrer Namen Schlüsse ziehen zu können. Auf den sehr wahrscheinlichen Ursprung des Namens *arachne* haben wir schon hingedeutet. Vom *discus* wird angenommen, daß es sich um eine Horizontaluhr von der Art des in Aquileia getätigten Fundes handelt. Letztere Uhr ist in Abbildung 19 wiedergegeben, wo in Punkt M ein senkrechter Gnomon stehen mußte. Liegt dann die Linie AB im Meridian und M im Süden, so beschreibt die Schattenspitze – in Rom, dem Bestimmungsort der Uhr – zu gegebener Zeit die Sonnwendhyperbeln. Die Stundenlinien sind in der Weise eingezeichnet, daß sie auf jeder Kurve gleiche Zeitabstände bestimmen, wobei auf den beiden Kurven die Teilungspunkte vielleicht durch Versuche festgelegt und dann durch Gerade verbunden worden sind. Das Resultat ist mathematisch nicht einwandfrei, aber von ausreichender Annäherung. Jedenfalls besaß Aristarchos für eine solche Arbeit die nötigen Kenntnisse. In unserer Abbildung, die das Original nur schematisch wiedergibt, ist die eigentliche Uhr von einem kreisförmigen Band umgeben, das im Original die Namen der Winde *Desolinus, Eurus, Auster, Africus, Faonius, Aquilo, Septentrio, Boreas* sowie die Unterschrift *Antistius Euporus fecit* enthält.[26]

Durch den Umriß ihrer Linien erinnert diese Uhr an eine Stelle bei Plinius, wo von dem ersten aus Ägypten nach Rom gebrachten Obelisken die Rede ist. Er war auf dem Marsfeld als Gnomon einer sehr großen Sonnenuhr aufgestellt worden, die dort von dem Mathematiker *Facundus Novus* auf den Quadersteinboden gezeichnet worden war. Die Anlage war auf Anregung von Kaiser Augustus ausgeführt worden, der im Jahre 9 v. Chr. persönlich ihrer Einweihung beiwohnte. Nach Plinius hätte diese Uhr das in Abbildung 20 dargestellte Aussehen haben können und sich von Osten nach Westen auf eine Breite von etwa 400 m erstreckt.

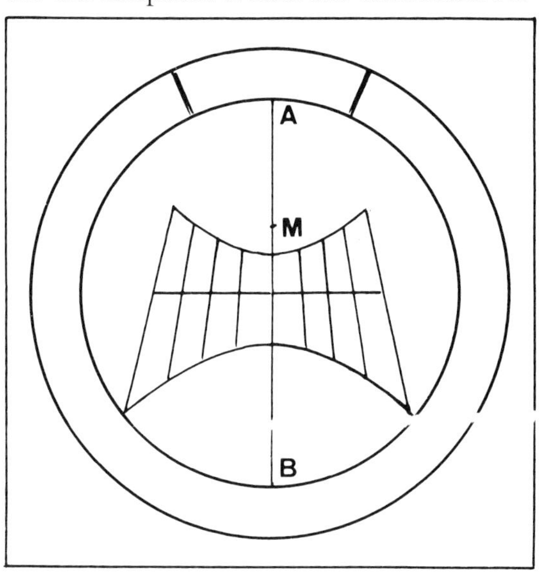

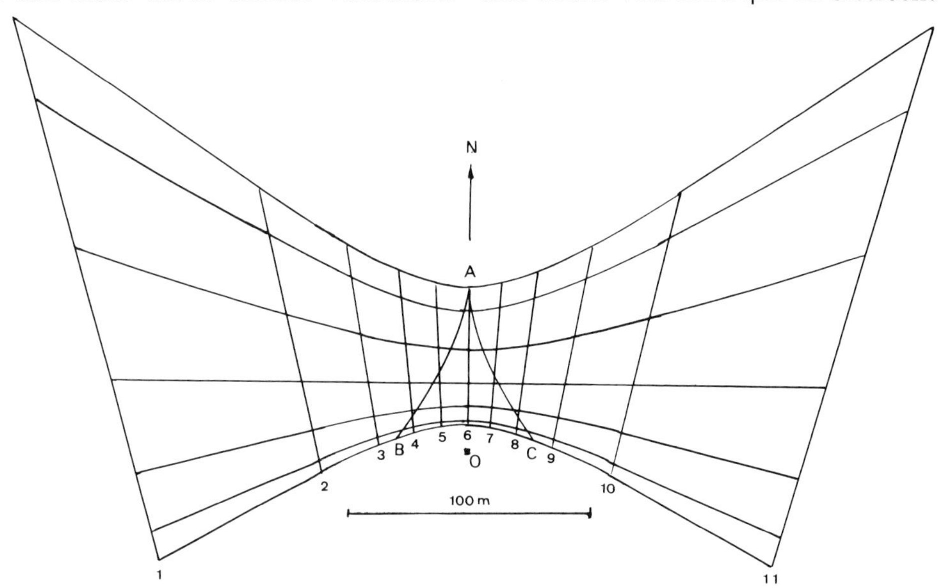

Die in dieser Abbildung gezeichneten Kurven AB und AC sind bei Plinius nicht erwähnt. Da Gibbs[26] solchen Kurven auf mehreren römischen Bodensonnenuhren begegnete, könnten sie auf der immerhin außergewöhnlichen Uhr des Augustus vorhanden gewesen sein. Die auf einer Tageshyperbel gemessene Entfernung ihrer Punkte zeigt die Zunahme der Tageslänge in der Zeit zwischen der Winter- und der Sommersonnenwende.

Beim Kegel, dem conus, der, wie erwähnt, eine Abwandlung des hemicyclum darstellt, befand sich die Gnomonspitze auf der Kegelachse, die die Ebenen der täglichen Schattenkreise senkrecht schneidet. Die Konstruktion dieser Kreise für die Tage der Sonnwenden und der Tagundnachtgleichen ist aus der Abbildung 21 leicht ersichtlich. Abbildung 22 zeigt die Wiedergabe einer solchen Uhr.

Schließlich hat man die rätselhafte Bezeichnung *antiboreum* mit einer etwas selteneren römischen Sonnenuhr in Zusammenhang gebracht, die eine Abwandlung der Skaphen darstellt und sich im Berliner Pergamonmuseum befindet. Es handelt sich um eine in einen Steinblock gehauene hohle Halbkugel

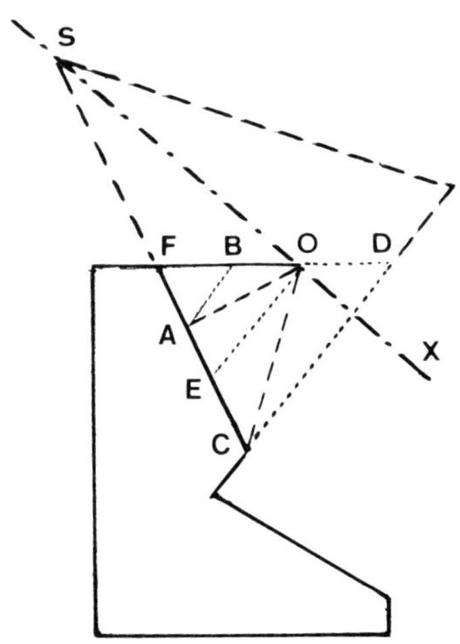

21 Schnitt durch die konische Skaphe.

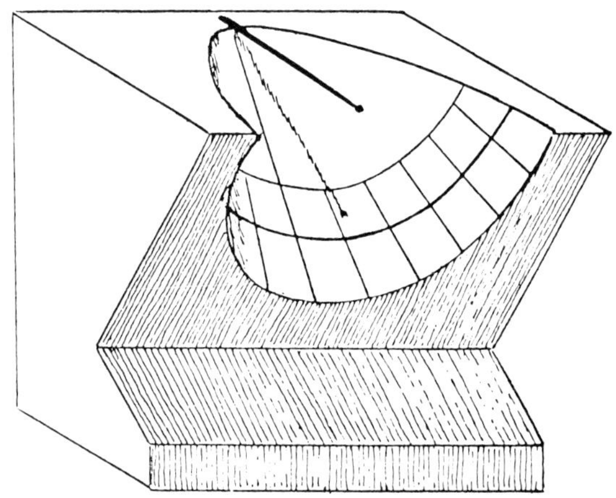

22 Die kegelförmig gewordene Innenfläche der Hohlkörpersonnenuhren zeigte wie die Uhren des Berosos genaue Temporalstunden an.

(Abb. 23), deren Öffnung schief nach unten gerichtet ist und die an ihrem höchsten Punkte ein kleines Loch aufweist, durch welches ein ins Innere dringender Sonnenstrahl auf einem dort gezeichneten Liniennetz die Stunden anzeigt.

Das Buch Vitruvs bringt die interessante Bemerkung, daß in der damaligen Zeit mehrere Werke über die Konstruktion tragbarer Sonnenuhren im Umlauf waren, und daß diese Konstruktion von jedem ausgeführt werden könne, dem die *analemma* geläufig sei. Das Wort analemma ist auch heute noch im Gebrauch und der Leser wird ihm insbesondere im Kapitel VI begegnen, wo von der eigenartigen Sonnenuhr die Rede ist, die danach benannt ist. In Ptolemäus' Tagen jedoch bezog es sich auf eine vereinfachte Armillarsphäre, aus der später das Astrolabium entwickelt wurde, und darüber hinaus auf ein damals verbreitetes Verfahren, das eine zeichnerische Lösung von astronomischen Problemen ermöglicht, die wir jetzt trigonometrisch berechnen. Im heutigen Sprachgebrauch hat dieses Wort international die Bedeutung einer orthographischen Projektion und wird in der Sonnenuhrenpraxis auch in diesem Sinne verstanden. Es ist jedenfalls so, daß im Altertum das Studium der analemma elementare Kenntnisse in Geometrie und Astronomie voraussetzte, woraus geschlossen werden darf, daß man in jener Zeit über eine rein praktische Konstruktionsmethode für Sonnenuhren nicht verfügte, wie sie im Ausgang des Mittelalters allgemein gebräuchlich war.

Eine schon erwähnte (S. 22) besonders interessante Sonnenuhr kam 1975 im nordöstlichen Afghanistan beim Ausgraben einer von Alexander dem Großen am ehemaligen Oxus (jetzt Amu Dariah) gegründeten Stadt ans Tageslicht (Abb. 24).

Die Stundenlinien dieser Uhr befinden sich auf der Innenfläche eines in eine Steinplatte gehauenen Hohlzylinders, in dessen Achse sich ein erdachsparalleler Zeiger befand. Bei richtiger Neigung der Platte hätten für die Angabe gleichbleibender Stunden diese Stundenlinien parallel sein müssen. Sie sind es aber nicht. Dem Erbauer der Uhr, wahrscheinlich ein eingewanderter Grieche, gelang es, durch die Lagerung der Zeigerspitzen in die Außenebenen der Platte und eine jahreszeitlich bedingte Neigung der Stundenlinien sie für Temporalstunden einzurichten[94–96]. Sie muß um das 2. vorchristliche Jahrhundert entstanden sein.

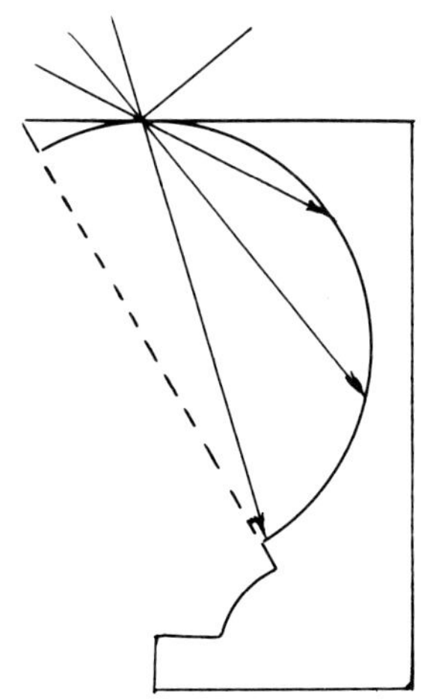

23 Das *antiboreum:* Das Zifferblatt lag im Schatten, wo die Zeit von einem Lichtpunkt angegeben wurde (Pergamonmuseum Berlin).

24 Die erst 1975 im nordöstlichen Afghanistan entdeckte griechische Sonnenuhr aus der Zeit Alexanders des Großen besaß einen erdachsparallelen Zeiger und wirft in der Geschichte der antiken Gnomonik einige Fragen auf.

25 Blick auf den oberen Teil des *Turms der Winde* in Athen. Die acht Sonnenuhren, die rund um den Turm unter den Bildern der Winde eingemeißelt sind, besitzen zum Teil noch ihre Gnomone und zeigen Temporalstunden. Ihr Alter und ihre Herkunft sind nicht bekannt.

Im Zusammenhang mit seinen Erörterungen über Architektur erwähnt Vitruv den *Turm der Winde* in Athen, der damals *Turm des Andronikos* genannt wurde (Abb. 25). Dieser im ersten Jahrhundert n. Chr. errichtete oktogonale Turm ist das einzige heute noch vollständig erhaltene Bauwerk der Antike. Jede der acht Seiten trägt im oberen Teil als Reliefbildwerk die Darstellung des Windes, der ihrer Richtung entspricht. Jedoch sind bei Vitruv die acht unmittelbar darunter in den Stein der Mauer gemeißelten Sonnenuhren, die noch heute vollständig mit ihren Schattenwerfern erhalten sind, nicht erwähnt. Letztere sind senkrecht in die Mauer eingelassene Gnomone, deren kugeliges Ende den Indikationsschatten gibt. Über Ursprung und Alter dieser Uhren ist nichts bekannt, jedoch dürften sie erst längere Zeit nach dem Turmbau entstanden sein. Delambre hat ihnen eine längere Studie gewidmet.

Ein anderer Text, der aber nur vom Gebrauch des Gnomons handelt, findet sich in dem Werk *De re rustica* des Agronomen Palladius, der im 4. Jahrhundert lebte und in Sizilien und der Gegend von Neapel bedeutende Landgüter besaß. Es ist etwas überraschend, vier Jahrhunderte nach dem Erscheinen von Vitruvs Sonnenuhrenabhandlung und aus einer Zeit, wo nach Plautus die Städte zahlreiche Sonnenuhren besaßen, eine allerdings für Landbebauer bestimmte Schrift vorzufinden, aus der zu schließen ist, daß für die Tageseinteilung auf dem Lande immer noch und wahrscheinlich ausschließlich der Gnomon in Gebrauch war. Man versteht aber, daß dieses Hilfsmittel überall und jederzeit zu Gebote stand und auf dem Land aus rein praktischen Gründen jedem anderen vorzuziehen war. Was Palladius Neues bringt, sind die in seinem Werke enthaltenen Tabellen mit den jahreszeitlich bedingten Schattenlängen. Es handelt sich natürlich um den Stocheion, den Schatten des eigenen Körpers. Solche Tabellen waren wahrscheinlich in vielen Auflagen vorhanden, konnten aber nie genau sein, da sie zum ersten nur für eine bestimmte Breite berechnet sein konnten, und dann, wiederum aus praktischen Gründen, nur ganze Zahlen aufweisen durften. So liefert beispielsweise die Tabelle des Palladius für Januar und zum Gebrauch in Sizilien die folgenden Angaben:

Hora I et XI	Pedes XXIX
Hora II et X	Pedes XIX
Hora III et IX	Pedes XV
Hora IV et VIII	Pedes XII
Hora V et VII	Pedes X
Hora VI	Pedes IX

26 Wohl die älteste kanoniale Sonnenuhr überhaupt befindet sich auf dem steinernen Balken eines ehemaligen Kreuzes auf dem Friedhof des unbedeutenden Ortes Bewcastle (Cumberland). Sie stammt aus dem Jahr 690 n. Chr.

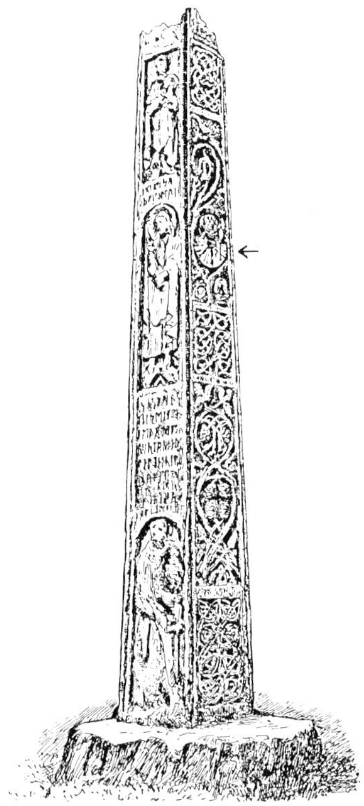

27 Die berühmte kanoniale Sonnenuhr der Kirche von Kirkdale (Yorkshire) entstand um 1055 n. Chr.

Der Mittagsstunde, also der 6. Temporalstunde, entsprach der kürzeste, 9 Fuß lange Schatten. Für je zwei in gleicher Entfernung von dieser Stunde liegende Zeiten gab es eine gleiche Schattenlänge. Natürlich konnten wegen der ständigen Änderung der Sonnendeklination die angegebenen Werte höchstens für eine Gruppe von Tagen der einzelnen Monate annähernd richtige Angaben vermitteln.

Aus dem 5. und 6. Jahrhundert fanden sich ähnliche Tabellen auch in Nubien auf der Mauer eines antiken Tempels in Tehsa, unweit Syene, dem heutigen Assuan. Andere wieder sind für das nördliche England in einem Werk des Mönches Beda, *De mensura horologii* aus dem 8. Jahrhundert enthalten.

Nach dem Untergang des Weströmischen Reiches ging zwar das Wissen um die Sonnenuhren nicht ganz verloren, jedoch weisen nur noch ganz spärlich erhaltene Reste aus den ersten darauffolgenden Jahrhunderten auf sein Weiterbestehen.

Es ist dies die Zeit, in der die aus Rom gekommenen, seit dem 7. Jahrhundert in England wirkenden Benediktiner sich über das Festland auszubreiten begannen. In den Klöstern, die alsbald in großer Anzahl gegründet wurden, bestand die Tagesordnung u. a. in einer Reihe von Gottesdiensten, die auf gewisse Tagesstunden festgelegt waren und deren Namen sich bis in unsere Tage erhalten haben. Es sind dies die *Mette* oder *Prim* bei Sonnenaufgang, die *Terz* nach Ablauf des halben Vormittags, die *Sext* zur Mittagsstunde, die *None* in der Mitte des Nachmittags, die *Vesper* bei Sonnenuntergang, und schließlich ein Nachtgebet, das *Completorium*. Die meisten dieser Namen leiten sich von den entsprechenden Temporalstunden ab. Das Bedürfnis, diese Folge einzuhalten, wurde im Mittelalter zum Anlaß für eine gewisse Wiedergeburt der Gnomonik. Die alten Sonnenuhren der Römer waren verschwunden und jede Erinnerung daran im Chaos der Völkerwanderung untergegangen. Was übrig blieb, war nur die alte Tageseinteilung in zwölf temporale Stunden.

Der genannte Beda ist unter dem Namen *Beda venerabilis* als einer der größten Gelehrten seiner Zeit in die Geschichte eingegangen (673–735). Ein anderes seiner Werke, *De natura rerum,* enthält alles, was er aus den Schriften der Antike, insbesondere bei Plinius, in Erfahrung bringen konnte, während das obengenannte Werk die ganze gnomonische Wissenschaft seines Jahrhunderts beschreibt. Es wurde sehr bald zum Ausgangspunkt einer großen Zahl von primitiven Sonnenuhren, die gegen Ende des 8. Jahrhunderts auf den Südmauern von Klosterkirchen und anderen Gebäuden einge-

28 Primitive kanoniale Sonnenuhr für Vormittagsstunden an der Kirche von Pfaffenheim im Elsaß.

29 Drei sogenannte *Massdials* (Messuhren) an einer alten Dorfkirche in Yorkshire.

richtet wurden. Ähnliche Sonnenuhren waren früher schon in Ägypten und in Rom in Gebrauch gewesen. Ihre Formen konnten verschieden sein. Meistens waren es mehr oder weniger genau nach Süden ausgerichtete, in die Mauern geritzte, oben durch einen waagerechten Durchmesser geschlossene Halbkreise, die durch Radien in 4, 6, 8 oder 12 gleiche Sektoren geteilt waren. Der Schattenwerfer war ein im Mittelpunkt senkrecht zur Mauer stehender eiserner oder hölzerner Stab. Diese Entwicklung ging mit den Mönchen auf den Kontinent, wo man bisweilen auch die in England geübte Gewohnheit übernahm, besondere, für die Gebetszeiten wichtige Linien durch ein Kreuz zu kennzeichnen. Schließlich war es so, daß die gesamte mittelalterliche Gnomonik fast ausschließlich religiösen Zwecken diente. Ein späteres Kapitel wird zeigen, daß dieser Vorgang sich in den Ländern des Islam genau gleich abspielte.

Wegen ihrer Rolle gab man später diesen Uhren die Bezeichnung *kanoniale Sonnenuhren*. Quer durch ganz Europa, aber hauptsächlich in England und in Frankreich finden sich auf alten romanischen Kirchen noch die letzten Zeugen dieser neuen Anfänge, von denen die Abbildungen 26 bis 39 (ohne Abb. 37) die häufigsten Ausführungen zeigen.

Um das Jahr 1000 waren die Araber die eigentlichen Erben der griechischen Wissenschaft. Allein aus der Zeit vom 9. zum 14. Jahrhundert sind von ihnen 15 Abhandlungen über Sonnenuhren bekannt. Wir werden später noch näher auf die arabischen Arbeiten und Erfolge eingehen. Schon jetzt sei aber darauf hingewiesen, daß der marokkanische Gelehrte *Ali Abul Hassan* schon im 12. Jahrhundert den Polstab verwendet und die arabische Sonnenuhrenkunst eine Entwicklung erreicht hatte, die von der abendländi-

30 Kanoniale Sonnenuhr für Vormittagsstunden an der romanischen Kirche von Marmoutier (Maursmünster) im Elsaß.

31 An der Westfassade der romanischen Kirche von Alspach (Elsaß) angebrachte kanoniale Sonnenuhr mit nur halbtägiger Besonnung und nur zur Hälfte gezeichnet. Es dürfte schwierig sein, die technischen Überlegungen ihres Urhebers zu erraten.

32 Mittelalterliche Sonnenuhr an der Abteikirche von La-Chaise-Dieu (Frankreich).

33 An der Kirche von Sigolsheim (Elsaß) geriet die im Hochsommer ausgeführte kanoniale Sonnenuhr beim Eintreffen der kalten Jahreszeit in den Schatten der gegenüberstehenden Häuser. Eine zweite Uhr wurde etwas höher an der gleichen Wand angebracht.

34 Kanoniale Sonnenuhr an der Kirche von Châlons-sur-Marne (Frankreich).

35 Hoch oben an einem der Turmpfeiler des Straßburger Münsters hält ein vom grellen Licht geblendeter Wächter der Sonne seine Uhrenplatte entgegen. Die Stunden wurden von den diensthabenden Turmwächtern je nach Wache und Jahreszeit mit Kreide angestrichen.

36 Kanoniale Sonnenuhr auf dem *Ponte Vecchio* in Florenz.

Seite 29:
37 Im Beiwerk von Hans Holbein d. J. Bildnis der Gesandten Dinteville und Selve kommt die Vorliebe der Zeit für wissenschaftliche Instrumente lebhaft zum Ausdruck. Holbeins persönliches Interesse dafür erhellt insbesondere auch aus seinem Bildnis des Astronomen Kratzer.

schen auch 500 Jahre später, in der Zeit ihrer höchsten Blüte, nicht übertroffen wurde.
Nach den Kreuzzügen tauchten allerorts in Europa nach und nach Sonnenuhren auf, auf denen der Schattenstab erdachsparallel ausgerichtet war. Über ihre Herkunft ist nichts bekannt, doch darf man annehmen, daß Kreuzfahrer und Pilger im Vorderen Orient mit arabischen Sonnenuhren in Berührung gekommen sind. Erdachsparallele Schattenstäbe werden auch Polos genannt und sind die Schattenwerfer unserer heutigen modernen Sonnenuhren.
Die Seltenheit von Überbleibseln europäischer Sonnenuhren aus der Zeit nach den Kreuzzügen läßt sich vielleicht daraus erklären, daß nach dem Auftreten der Polossonnenuhren womöglich viele kanoniale Sonnenuhren systematisch entfernt worden sind. Jedenfalls hatte in der Geschichte der Gnomonik jetzt eine neue Entwicklung begonnen, da die Grundlage für eine einwandfreie Zeitangabe gegeben und nichts Wesentliches mehr zu erfinden war. Dafür wurden dann aber in der Praxis besonders die tragbaren Sonnenuhren in Hunderten von Varianten hergestellt. Der Phantasie der Gestalter waren keine Grenzen gesetzt. Auf mathematischer sowohl als auch auf künstlerischer Ebene erstanden nach der Renaissance erstaunliche Kleinode, in denen bisweilen versucht wurde, der Schönheit der geometrischen Linien gleiche Geltung mit der künstlerischen Gestaltung zu geben und wo der äußere Glanz den Objekten einen Wert verlieh, der zu ihren Verwendungsmöglichkeiten in keinem Verhältnis stand. Es entstanden monumentale steinerne Gartensonnenuhren mit Indikationen auf Flächen jeder Art, tragbare Sonnenuhren erschienen als flache, runde oder rechteckige Klapp- oder offene Gehäuse, als Ringe, die

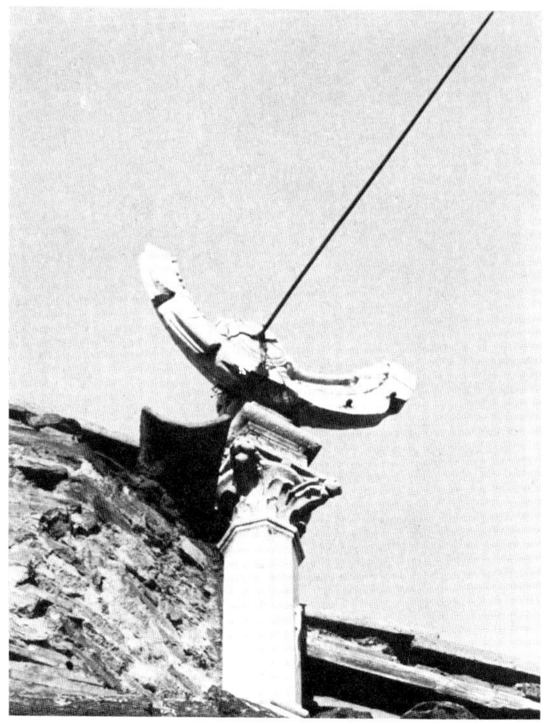

ÆTATIS SVÆ 2

38 Der Jüngling mit der Sonnenuhr am Straßburger Münster (um 1240).

39 Der Engel mit der Sonnenuhr an der Kathedrale von Metz (Lothringen). Die ursprünglich kanoniale Uhr wurde vor Jahren durch eine Polosuhr ersetzt.

sogar Fingerringe sein konnten, als Würfel oder als Armillarsphären.

Das Jahrhundert der Renaissance brachte auch die Entdeckung Amerikas. Aber erst viel später erfuhr man in Europa, daß in Mittelamerika genau wie in der Alten Welt die Völker sich seit undenklichen Zeiten zur Beobachtung der Sonnwenden und Finsternisse des Gnomons bedient hatten und ihr Kalenderwesen sich mit dem unsrigen als gleichwertig erwies.

Eigentlich hätte die Erfindung der Räderuhr das Ende der Sonnenuhren bedeuten müssen. Wegen der chronischen Ungenauigkeit der neuen Uhren war dem aber bei weitem nicht so. Im praktischen Leben hat zwar ihr Gebrauch den Fortschritt der Zeiteinteilung in gleiche Stunden stark beschleunigt, aber die Notwendigkeit, sie immer wieder richten zu müssen, verlieh der Rolle der Sonnenuhr eine Wichtigkeit, die ihr bis dahin in ihrer langen Geschichte nie zugekommen war. Diese Notwendigkeit führte später sogar zur Ausführung des sogenannten *Heliochronometers* (Abb. 40), einer Art Äquatorialuhr, deren fadenförmiger Schattenwerfer größte Präzision ermöglichte. Es ist eine wenig bekannte Tatsache, daß dieses Instrument bis gegen 1900 bei einigen der damaligen Eisenbahngesellschaften Frankreichs in abgelegenen Bahnhöfen für das einheitliche Richten der Dienstuhren Verwendung fand. Das Problem dieser unentbehrlichen Uhreneinstellung, die später auf telegraphischem und schließlich auf drahtlosem Wege erfolgte, hatte früher zur Einrichtung zahlloser sogenannter *Mittagsweiser* oder *Méridiennes* geführt, die in vielen Fällen den Augenblick des wahren Mittags mit außerordentlicher Präzision anzugeben vermochten. Zu diesem Zweck befand sich in der Südwand oder dem Südteil des Daches eines Hauses eine kleine Öffnung, durch die ein schmaler Sonnenstrahl beim Durchgang auf eine am Boden oder auf der gegenüberliegenden Wand gezogene Meridianlinie fiel und so den wahren Mittag wies. Auch die Daten der wichtigsten unbeweglichen Feste wurden gezeigt.

Einige der bedeutendsten monumentalen Mittagsweiser befinden sich noch heute in der Kathedrale von Florenz, in der Kirche San Petrone in Bologna, in der Kirche St. Michel in Brüssel und in einer Halle des Palazzo della Regione in Bergamo. Im Elsaß sind an Kirchen und Rathäusern Mittagsweiser in kleinerem Maßstab aus dem 19. Jahrhundert in sehr großer Anzahl erhalten.

Die Sonnenuhr hat heute alle Rollen eingebüßt, die sie Jahrhunderte hindurch im Leben unserer Vorfahren gespielt hat. Sie bleibt nichtsdestoweniger ein hervorragendes und lebendiges Andenken an frühere Zeiten, ein lehrreiches Zeugnis von einstigem Tun und Brauch. Mehr denn je gibt heute ihr Anblick Anlaß zu beschaulicher Besinnung und weckt im Unterbewußtsein atavistische Erinnerungen an menschliches Streben in grauer Vorzeit.

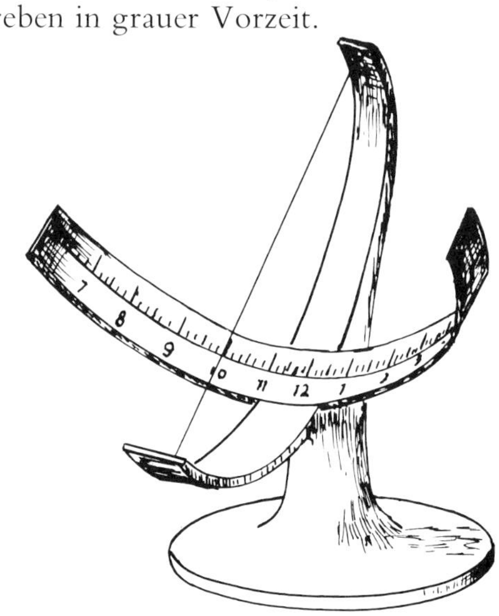

40 Es ist wenig bekannt, daß bis zur Jahrhundertwende die Uhren gewisser Bahnhöfe der damaligen französischen Eisenbahngesellschaften mit dem sogenannten *Heliochronometer* gerichtet wurden. Zu der abgelesenen Zeit wurden die Korrekturen für Länge und Zeitgleichung gefügt. Das Ergebnis erreichte Minutengenauigkeit.

Tafel V Seltene alte Sonnenuhrenhandbücher aus Deutschland, Frankreich, Italien und Spanien.

Johann Peterson Stengels/
SUECI,
GNOMONICA
UNIVERSALIS,
Oder
Außführliche Beschreibung
Der
Sonnen-Uhren/
Worinnen
Allerhand Arthen derselben in hierzu
dienlichen Figuren vorgestellet werden / wie
solche auf allerley flachen Ebenen/ so wol unter
der Sphæra Recta als Obliqua, Geo-
metrisch aufzureissen;
Samt einem Anhang von Reflex- auch aller-
hand beweglichen Universal- und Particular-
Sonnen-Uhren.
Anjetzo mit neuen Observationibus und Fi-
guren / obgedachte Uhren auch Trigonome-
trice, und auf andere angenehme Manier
aufzureissen / vermehret
Von
Einem Liebhaber dieser Kunst.

Ulm / Verlegts Daniel Bartholomæ 1706.

LA
GNOMONIQUE
PRATIQUE,
OU L'ART DE TRACER
LES CADRANS SOLAIRES
AVEC LA PLUS GRANDE PRÉCISION,
PAR LES MEILLEURES MÉTHODES, MISES A LA
PORTÉE DE TOUT LE MONDE.
AVEC
Des Observations sur la maniere de regler les Horloges.
DÉDIÉ
A MM. de l'Académie Royale des Sciences de Bordeaux.
Par Dom François Bedos de Celles, Bénédictin de la
Congrégation de S. Maur, de la même Académie.

Prix, 6 liv. en feuilles, & 7 liv. relié, même dans les Provinces.

A PARIS, rue S. Jacques.
Chez { Briasson, à la Science.
Despilly, à la vieille Poste.
Hardy, à la Colonne d'or. }

M DCC LX.
Avec Approbation, et Privilege du Roi.

TAVOLE
GNOMONICHE
PER DELINEARE OROLOGJ A SOLE
Che mostrino l' ore conforme a quelle degli Orologj,
che suonano
CON ALTRE TAVOLE
Che servono per la construzione de' medesimi,
e per altri usi
CALCOLATE DA GIO: LODOVICO QUADRI
Associato all' Accademia dell' Instituto delle Scienze
DI BOLOGNA.

IN BOLOGNA

Nella Stamperia di Lelio dalla Volpe. MDCCXXXIII.
CON LICENZA DE' SUPERIORI.

LIBRO DE RELOGES
SOLARES
COMPVESTO POR PEDRO ROIZ
Clerigo Valenciano, discipulo del Maestro Hieronymo Muñoz,
en el qual muestra a hazer reloges, en llano, y en paredes
a qualquier viento descubiertas, leuantadas a plo-
mo, o inclinadas hazia tierra, y otras
cosas para esto necessarias.
DIRIGIDO AL MVY ILLVSTRE SEÑOR DON
Ioan de Borja, hijo del Illustrissimo y Reuerendissimo Señor
Don Pedro Luys Galceran de Borja, Maestre de
Montesa, y Marques de Nauarres.

CON LICENCIA
Impresso en Valencia en casa de Pedro de Huete. Año de 1575
Vendense en casa de Francisco Castillo librero a la Corregeria vieja

II Grundbegriffe der Himmelskunde

Tafel VI Ringsonnenuhr, Messing, mit Breitenangaben für verschiedene Städte. ▷

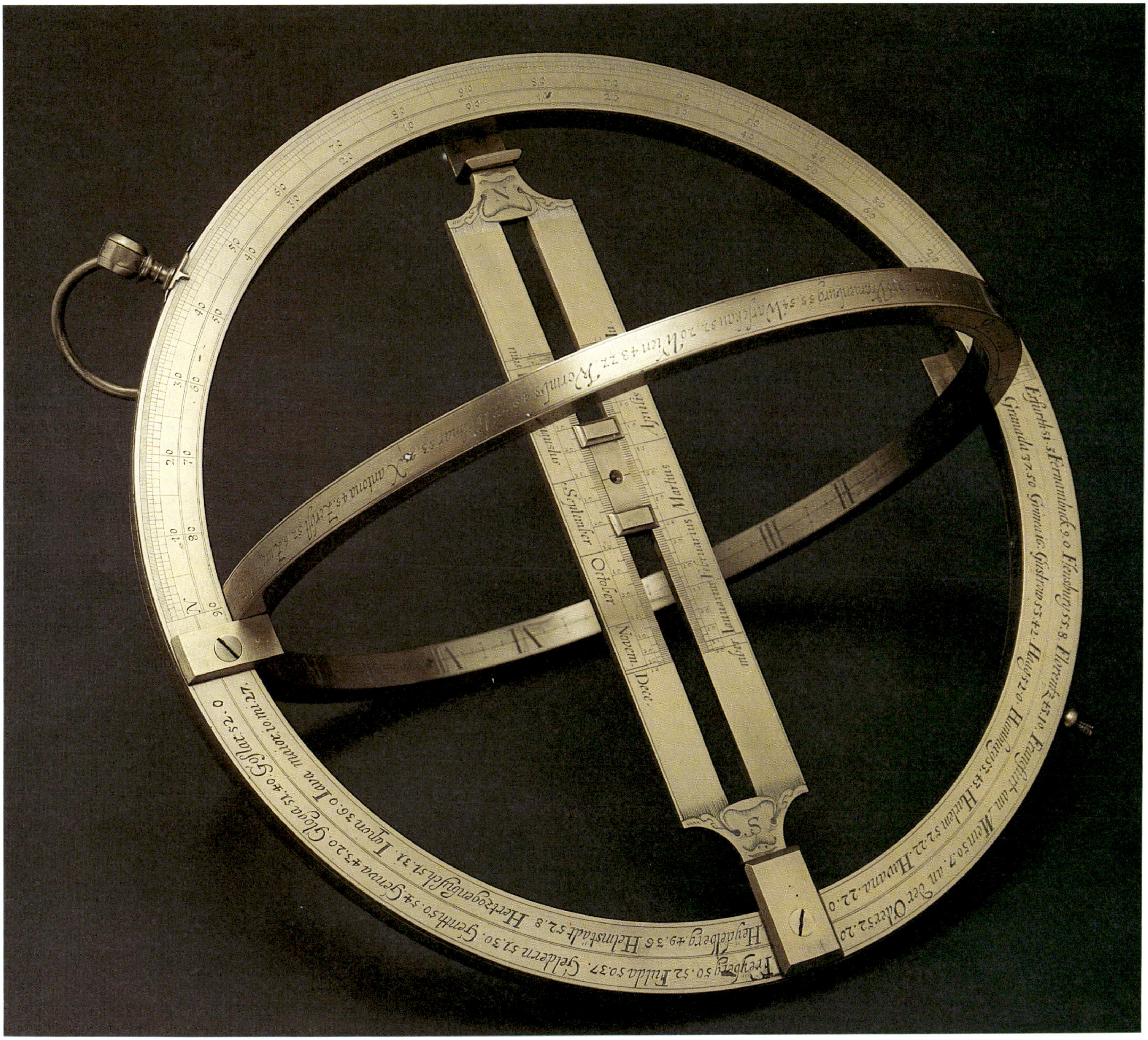
N
S
Martius
October
Novem.
Dec.

1 Allgemeines

Für das Verständnis des Wesens der Sonnenuhr sind keineswegs ausgedehnte mathematische oder astronomische Kenntnisse erforderlich. Wir werden auch sehen, daß die Anwendung einfacher, später hier erklärter Methoden ihre Konstruktion ohne Belastung durch Theorie ermöglicht.
Es kann aber keinem Zweifel unterliegen, daß einige Vertrautheit mit den Bewegungen von Sonne, Mond und Erde von großem Nutzen sein kann und sich deshalb jeder Sonnenuhrenfreund wenigstens den Inhalt des hier folgenden, absichtlich kurz gehaltenen Kapitels näher ansehen sollte. Es genügen wenige Stunden, um die wichtigsten Vorgänge des Sonnensystems zu erfassen. Ganz nebenbei bemerkt sind diese Vorgänge auch von so packendem Interesse, daß sich der Kenner bisweilen über die fast unglaubliche und weitverbreitete diesbezügliche Unwissenheit der meisten seiner Mitmenschen wundert.
Wer aber schon mit den Grundbegriffen der Himmelskunde vertraut ist, wird verstehen und entschuldigen, wenn er ihnen hier in gedrängter Fassung wieder begegnet.
Die Sonne ist Spender und Erhalter alles irdischen Lebens. Mit unfehlbarer Regelmäßigkeit geht sie täglich im Osten auf und im Westen unter. In ebenso regelmäßigem Rhythmus folgen sich die Jahreszeiten und unser nächster Nachbar, der Mond, zieht Tag und Nacht, jedem sichtbar, seine Bahn. Das Himmelsschauspiel hat die Aufmerksamkeit der Menschen schon von Anbeginn an erregt und die Astronomie wurde zur ältesten Wissenschaft, die alle anderen gebar. Mit der steigenden Vertrautheit mit dem Himmelsgeschehen werden dem weniger erfahrenen Freunde der Gnomonik deren Geheimnisse immer weniger rätselhaft erscheinen. Und wer einmal die Grundelemente verstanden hat, dem wird seine Sonnenuhr doppelt Freude bereiten und geistigen Gewinn bringen. Täglich erkennt er dann in der Bewegung des Schattens, den der Polos wie ein Zauberstab vermittelt, den Weg der Sonne und die Bewegung des gesamten sichtbaren Alls.

2 Geographische Koordinaten

Die Erde ist keine vollkommene Kugel, sondern ein abgeplattetes Sphäroid, dessen Form sich aus der ungleichen Dichte des Erdinnern erklären läßt. Da es keinen geometrischen Körper gibt, der diese Form besitzt, hat man dafür den konventionellen Namen *Geoid* geschaffen. Doch sind die Abweichungen dieses Geoids von der Kugelform so gering, daß sich die nachfolgenden Erklärungen ohne Nachteil auf die perfekte Kugelform beziehen können.
Jedermann weiß, daß sich die Erde in 24 Stunden einmal um ihre Polachse dreht. Im Laufe dieser Umdrehung beschreibt ein Punkt A ihrer Oberfläche einen Kreis, dessen Ebene zu dieser Achse senkrecht steht (Abb. 41). Es ist dies der Breitenkreis des Punktes A und er wird durch den Winkel φ bezeichnet, den der Radius OA mit der Äquatorebene bildet. φ ist dann die *geographische Breite* des Punktes A sowie aller anderen Punkte auf dem gleichen Kreis. Man weiß vom Schulatlas her, daß diese Breite vom Äquator ausgehend in Grad von 0 bis 90 gemessen wird und daß man je nach Lage des Punktes A zum Äquator von nördlicher oder südlicher, bei Berechnungen entsprechend auch von positiver und negativer Breite spricht. Die Breite des Äquators ist Null. Er ist ein Breitenkreis wie jeder andere, unterscheidet sich aber dadurch, daß er den Erdradius zum Radius hat, also ein Großkreis der Erdkugel ist.
Die *Vertikale* im Punkt A ist in diesem Zusammenhang die in A stehende Senkrechte zur Erdoberfläche, wobei angenommen wird, daß diese eine vollkommen regelmäßige, waagerechte Ebene sei, wie es die Oberfläche einer ruhig stehenden Flüssigkeit wäre. Eine solche Ebene wird Horizontalebene oder ganz einfach Horizont genannt und man denkt sie sich dann auch als nach allen Richtungen unendlich ausgedehnt. Diese Ebene, der wir immer wieder begegnen werden, berührt die Erdoberfläche. In unserer Annahme einer kugelförmigen Erde geht die Vertikale durch den Erdmittelpunkt. Daß dies wegen der Abplattung nicht überall der Fall ist, spielt für uns keine Rolle. Die geographische Breite eines Punktes der Erdoberfläche ist gleich dem Winkel seiner Vertikalen mit der Äquatorebene.

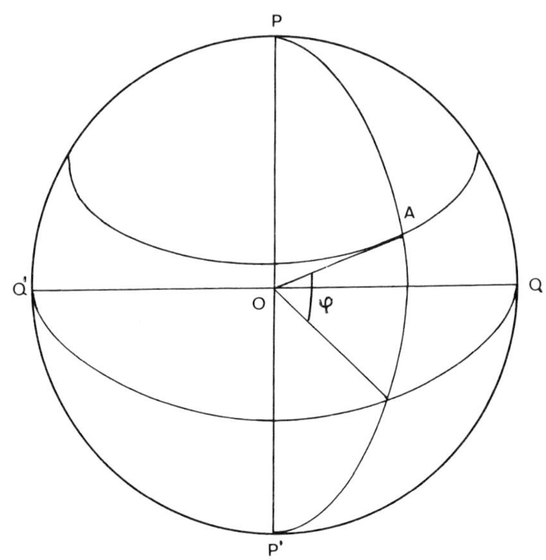

41 Die geographische Breite von A.

42 Eine der ältesten Polos-Sonnenuhren des Elsaß am Kirchturm von Gressweiler (1523).

43 Die Sonnenuhr von 1669 über dem Eingang eines ehemaligen Priorats in Molsheim (Elsaß) zeigt römisch-gotische Ziffern über einer zeitgenössischen Inschrift.

Ein auf der Erdoberfläche von einem Pol zum andern gezogener halber Großkreis wird *Meridian* genannt. Jeder Punkt A der Erdoberfläche liegt auf einem Meridian. Der Meridian, der durch die alte Sternwarte von Greenwich geht, wurde als Nullmeridian bestimmt, und der Winkel, den die Ebene eines anderen Meridians mit seiner Ebene bildet, ist dessen *geographische Länge,* die nach Osten oder Westen ebenfalls in Grad von 0 bis 180 gemessen wird.

Auf diese Weise ist die Lage jedes Punktes der Erdoberfläche durch seine Breite und Länge genau festgelegt. Die beiden Größen bilden seine *geographischen Koordinaten.*

Die geographische Länge kann auch in Zeitmaßen ausgedrückt werden, denn eine Erdumdrehung von 360° entspricht einer Zeitdauer von 24 Stunden. Die Verwandlung der Meridiangrade in Stunden und umgekehrt beruht auf den Vergleichswerten:

$$360° = 24 \text{ Stunden}$$
$$15° = 1 \text{ Stunde}$$
$$1° = 4 \text{ Minuten}$$
$$1' = 4 \text{ Sekunden.}$$

Mit Hilfe der im Anhang gebrachten Tabelle I lassen sich die Winkelgrößen ohne Berechnung verwandeln.

3 Die Bewegungen der Erde

Die Beleuchtung der sich drehenden Erde durch die Sonne bewirkt die Aufeinanderfolge von Tag und Nacht. Des weiteren bewegt sich die Erde auf einer elliptischen Bahn, in deren einem Brennpunkt die Sonne steht. Sie braucht dabei 365,2422 Tage, um an einen bestimmten Ausgangspunkt zurückzukehren. Diese Zeitspanne ist unser Kalenderjahr, das in anderen Zusammenhängen auch das tropische Jahr genannt wird.

Diese doppelte Erdbewegung vollzieht sich mit der sehr wesentlichen Eigentümlichkeit, daß die Drehachse der Erde nicht senkrecht zur Ellipsenebene steht, sondern mit der Senkrechten zu dieser Ebene einen Winkel von 23° 27′ bildet.

Sie behält außerdem im All nicht ständig die gleiche Richtung bei, die gegenwärtig in die Nähe des Polarsterns weist, sondern ist einer sehr langsamen Drehbewegung um diese

Senkrechte unterworfen, die sie einmal in etwa 26000 Jahren vollbringt, und die dabei jährlich rund 50″ (Bogensekunden) mißt. Trotz dieser kaum merklichen Bewegung hat sich seit der Antike der Himmelspol bedeutend verschoben. Die Bewegung ist rückläufig, d. h. ihre Richtung ist entgegengesetzt zur Erddrehung und ihrer Bahnrichtung. Man nennt sie die Präzession oder auch das Vorschreiten der Nachtgleichen. Für unsere Betrachtungen kann sie ohne Nachteil außer acht gelassen werden.

In Abbildung 44 bezeichnen die Punkte S die Sonne und A, B, C und D die vier Stellungen der Erde auf ihrer Bahn. Die Stellungen A und C sind so gewählt, daß die Sonne S in der Ebene des Erdäquators liegt. Anders gesagt, wenn T den Mittelpunkt der Erde darstellt, so soll der Radius TS der Erdbahn sowohl in A als in C senkrecht zur Erdachse stehen. Dagegen soll er in B und D, wie in der Abbildung ersichtlich, mit dieser Ebene den größtmöglichen Winkel, also 23° 27′, bilden.

Hier muß bemerkt werden, daß die Entfernung der Sonne von der Erde so ungeheuer groß ist, daß auf der ganzen Erde ihre Strahlen als parallel zueinander laufend angesehen werden können. Wenn also in A diese Strahlen parallel zur Äquatorebene verlaufen, werden sie die Pole als Tangenten berühren. Dann haben auf der ganzen Erde die Tage und Nächte die gleiche Dauer und um die Mittagszeit geht die Sonne am Äquator durch den Zenit. Dies geschieht alljährlich am 21. März, dem Tag der Frühlingsnachtgleiche und des Frühlingsanfangs.

Wenn die Erde sich von A nach B bewegt, verläßt der Radius ST die Äquatorebene und bildet mit ihr einen stets größer werdenden Winkel, der in B mit 23° 27′ sein Höchstmaß erreicht. Es ist dies die in Abbildung 45 dargestellte Lage. Die Sonnenstrahlen sind einem Großkreis entlang einander parallel; dieser teilt sie in eine beleuchtete und eine unbeleuchtete Hälfte, trennt also den Tag von der Nacht. Ein auf der nördlichen Halbkugel liegender Punkt M wird dann im Laufe der Erdumdrehung auf seinem Tageskreis in der besonnten Erdhälfte einen längeren Bogen beschreiben als auf der Nachtseite. Anders gesehen werden auf der nördlichen Halbkugel die Tage länger als die Nächte und auf der südlichen die Nächte länger als die Tage sein. Von B nach C geschieht der umgekehrte Vorgang, und in C, am 23. September, ist wieder Tagundnachtgleiche. Am 21. Juni, dem Tag der Sommersonnenwende, geht die Sonne durch den Punkt B. Es ist dies auf der nördlichen Halbkugel der längste Tag und die kürzeste Nacht des Jahres; auf der südlichen Halbkugel ist es umgekehrt. Der Frühling dauert von A bis B, der Sommer von B bis C, und auf diesem Teil der Erdbahn nehmen im Norden die Tage wieder ab und erreichen in D, am 21. Dezember, den kürzesten Tag, die Wintersonnenwende. Dies alles geht aus einer aufmerksamen Betrachtung der Abbildungen 44 und 45 hervor. Es wird dabei ebenfalls ersichtlich, daß am Äquator dauernde Tagundnachtgleiche herrscht und an den Polen die Tage oder Nächte je 6 Monate dauern. Demnach hat der Wechsel der Jahreszeiten seinen Ursprung in der Neigung der Erdachse, ohne die in den höheren Breiten der nutzbare Lebensraum weit geringer wäre.

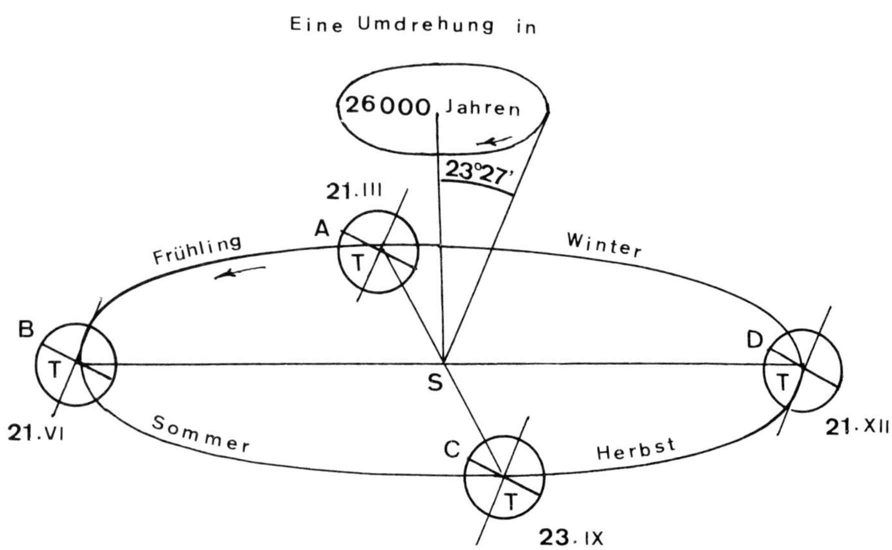

44 Die Jahreszeiten.

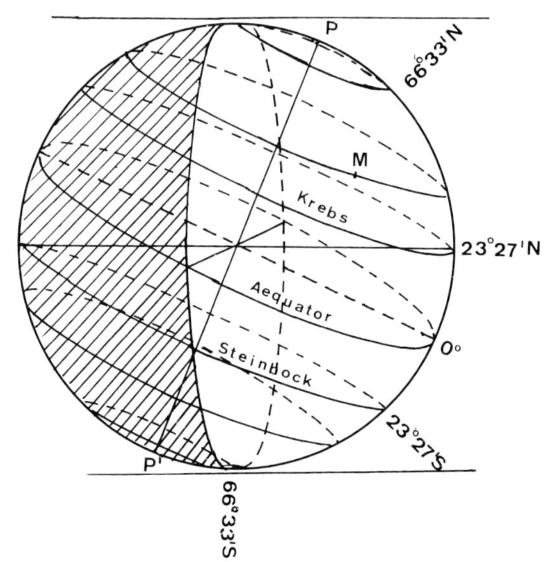

45 Die Beleuchtung der Erde am 21. Juni (Sommersonnenwende).

Die hier geschilderten Vorgänge ergeben für gewisse Breitengrade besondere Eigenschaften. Die in Abbildung 45 gezeigte Beleuchtung der Erde am Tag der Sommersonnenwende macht deutlich, daß an diesem Tag bei einer Breite von mehr als $66^\circ 33'$ die Sonne gar nicht mehr untergeht. Man nennt diesen Breitengrad den *nördlichen Polarkreis;* vom Pol ist er noch $23^\circ 27'$ entfernt. Bei einem anderen Breitenkreis von gleicher Größe geht am selben Datum die Sonne um Mittag durch den Zenit; dies ist der *Wendekreis des Krebses*. Nördlich von ihm kann die Sonne den Zenit nie erreichen. Auf der südlichen Halbkugel heißen die entsprechenden Kreise *südlicher Polarkreis* und *Wendekreis des Steinbocks*. Diese vier Kreise teilen die Erdoberfläche in die *heiße Zone* zwischen den Wendekreisen, dann die *gemäßigten Zonen* zwischen diesen und den Polarkreisen und die *kalten Zonen* zwischen den Polarkreisen und den Polen.

Derjenige Punkt der Erdbahn, der in Abbildung 44 der Position A entspricht, wird Frühlingspunkt genannt und gewöhnlich mit dem griechischen Buchstaben γ (gamma) bezeichnet. Wir werden ihm bei der Erklärung der Himmelskoordinaten wieder begegnen. Jetzt können wir auch das tropische Jahr etwas genauer als die Zeitdauer definieren, die zwischen zwei sich folgenden Durchgängen der Sonne im Punkt γ abläuft. Es wurde schon gesagt, daß dieser Punkt sich jährlich um 50 Bogensekunden rückläufig bewegt und in etwa 26000 Jahren die gesamte Ekliptik umkreist. Da sich die Schnittlinie der Ebenen von Ekliptik und Äquator mit ihm dreht, und die Sonne diese bei Tagundnachtgleiche passiert, spricht man von seiner Bewegung als dem *Vorschreiten der Nachtgleichen,* manchmal von der *Präzession*.

4 Das Azimutsystem (Höhen- und Azimutkreise)

Dem Laien, der sich mit astronomischen Problemen beschäftigen möchte, stellt sich als erste Schwierigkeit die Art der Darstellung des Himmels in einer Zeichnung entgegen. Er selbst befindet sich auf der Erdoberfläche, die ihm als waagerechte, von der Horizontlinie begrenzte Ebene erscheint, und über ihm erstreckt sich wie eine endlose riesige Halbkugel der Himmelsdom. Mit Recht denkt er sich unter dem Horizont eine ähnliche Halbkugel, die mit der ersteren ein Ganzes bildet.

Dieses Ganze kann er jetzt als Kreis darstellen, in dessen Zentrum sich die Erde befindet, und nun die Horizontebene durch einen weiteren, aber perspektivisch in Form einer Ellipse gezeichneten Kreis einfügen (Abb. 46). Der Himmelspunkt, der sich senkrecht über dem Beobachter befindet, ist der *Zenit,* der diesem gegenüberstehende der *Nadir*.

Um nun die Stellung eines Sterns in dieser Zeichnung festzulegen, wurde ein Koordinatensystem ersonnen, dessen Elemente aus der *Höhe* des Sterns über dem Horizont und seiner vom wahren Norden oder Süden aus gemessenen Richtung, dem *Azimut,* bestehen. Die beiden Größen nennt man auch die *lokalen* oder *horizontalen Koordinaten*.

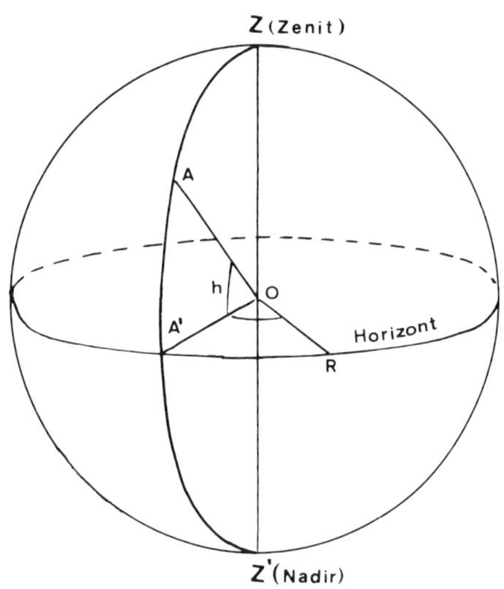

46 Das Azimutsystem.

47 Blumen und Besinnlichkeit auf der Freske einer Sonnenuhr in Monthey (Schweiz).

Es sei nun A ein derart dargestellter Stern. Die Ebene ZAZ' ist die *Vertikale* (gemeint ist die Vertikalebene) des Sterns, und der Winkel h zwischen den Radien OA und OA' die in Grad gemessene Höhe. Manchmal wird es von Nutzen sein, den Winkel $\widehat{ZOA}$, als Komplementwinkel von h und Zenitdistanz des Sterns zu kennen. Um weiter die Stellung von A zu bestimmen, genügt es, den Winkel $\widehat{ROA'}$ der Richtung der Sternvertikalen mit der gewählten Anfangsrichtung OR zu haben. Ist diese der Süden, dann wird der gemessene Winkel mit *Azimut* bezeichnet und im Uhrzeigersinn über Westen, Norden und Osten gemessen. Manche Seeleute messen je nach der Lage des Sterns (oder eines Objekts) dessen Azimut vom Süden oder Norden nach Osten oder Westen. Dies ergibt dann für einen etwa im Südosten stehenden Gegenstand den Azimut S45O (lies Süd 45 Ost).

48 Trauben als Beiwerk der Sonnenuhr am Hause eines Winzers in Riquewihr (Reichenweier) im Elsaß.

49 Die Bestimmung des Meridians durch Sternhöhen.

50 Pole und Weltachse; Horizont- und Äquatorebene.

Um den wahren Süden zu bestimmen, gibt es mehrere Möglichkeiten.
Wenn man z. B. den Lauf eines Sterns beobachtet, den man am besten südlich der Ost-Westachse wählt, und dabei stündlich seine Azimutkoordinaten notiert, so wird sich herausstellen, daß er genau wie die Sonne zwischen Auf- und Untergang am Himmel einen Bogen beschreibt; er steigt auf dessen erster und sinkt auf der zweiten Hälfte. In jeder Hälfte durchläuft er eine gewisse Höhe *h*. Werden nun beim Durchlaufen dieser Höhen seine Azimutrichtungen bestimmt, so ergibt sich die wahre Südrichtung aus deren Mittelwert. Wenn also (Abb. 49) OR die gewählte Anfangsrichtung ist, und A_1 und A_2 die gemessenen Richtungen des jeweils beim Steigen und Sinken in Höhe *h* stehenden Sterns bedeuten, dann wird in bezug auf OR die Südrichtung den Winkel

$$A_m = \frac{A_1 + A_2}{2}$$

bilden. Gleichzeitig ergibt der Mittelwert der entsprechenden Uhrzeiten die Zeit des Meridiandurchgangs des Sterns.
Werden die Uhrzeiten der Meridiandurchgänge von Fixsternen beobachtet und notiert, so stellt man fest, daß zwischen den einzelnen Durchgängen ein Zeitraum von ungefähr 23 Stunden und 56 Minuten vergeht. Dieser Zeitraum ist die Dauer eines Sterntags. Beobachtungen von Sternen, die im Norden stehen, führen zum gleichen Ergebnis. Man wird aber sehen, daß ein Großteil dieser Sterne nie untergeht. Sie ziehen in der obengesagten Zeit konzentrische Kreise um einen in der Nähe des Polarsterns gelegenen Himmelspunkt. Diese Sterne heißen *Zirkumpolarsterne,* der Himmelspunkt, um den sie kreisen, ist der *Himmelsnordpol,* dem diagonal gegenüber, uns nicht sichtbar, der Südpol steht. Die Gerade, die die beiden Himmelspole verbindet, ist die *Weltachse,* um die sich das ganze All zu drehen scheint. Die zu dieser Achse in O senkrecht stehende Ebene (Abb. 50) ist die Äquatorebene der Himmelskugel, die diese genau wie die Erde oder einen Globus in zwei gleiche Hälften schneidet.
Es sei (Abb. 50) QQ′ die Äquatorialebene und Z der Zenit; dann ist der Winkel $\widehat{Q'OZ}$ die geographische Breite. Dieser Winkel ist aber gleich dem Winkel $\widehat{POH}$, d. h. der

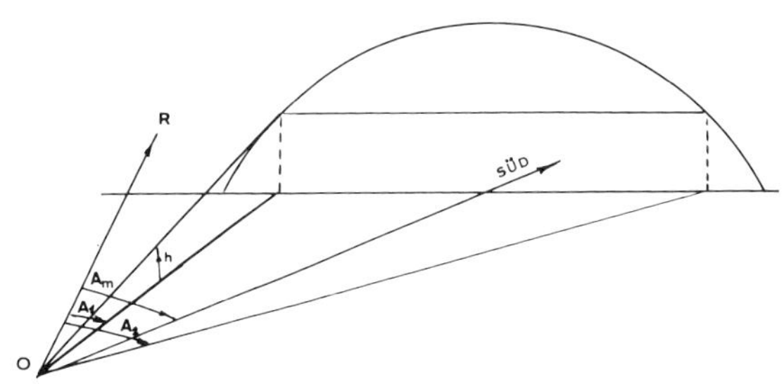

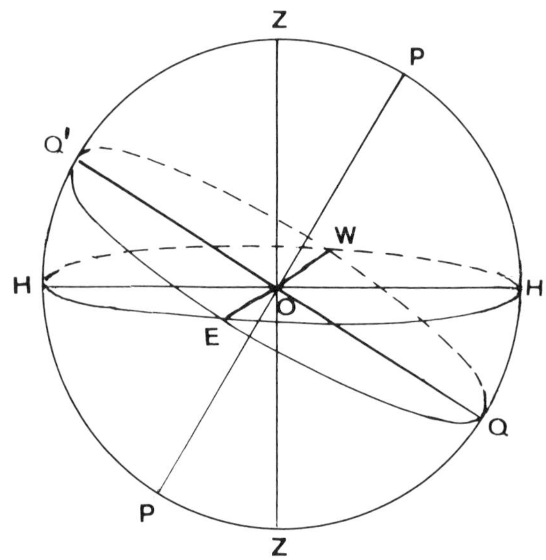

Polhöhe über dem Horizont. Es ist dies die Bestätigung der sehr wichtigen Gleichheit von Polhöhe und geographischer Breite.
Die in Abbildung 50 gezeigte Darstellung der Himmelskugel ist für das Studium wohl am geeignetsten. Es ist bekannt, daß sich nicht das Weltall um uns dreht, sondern daß die Drehung der Erde um ihre Achse diese Illusion erzeugt. Dennoch sei hier, weil es für unsere Betrachtungen bequemer ist, die Erde weiterhin als feststehend und das Sternenall als drehend angesehen. Das Ergebnis bleibt gleich und unsere Denkweise ändert keinerlei Zusammenhang, doch darf sie die tatsächliche Wirklichkeit nicht vergessen lassen.

5 Äquatoriale Koordinaten

Das oben geschilderte Azimutsystem mit seinen horizontalen Koordinaten hat den sehr großen Nachteil, sich auf Zenit und Horizont, also auf Ausgangsbasen zu beziehen, die sich mit der Erde drehen. Die Be-

51 Deklination und Rektaszension.

52 Messung der Deklination von Gestirnen.

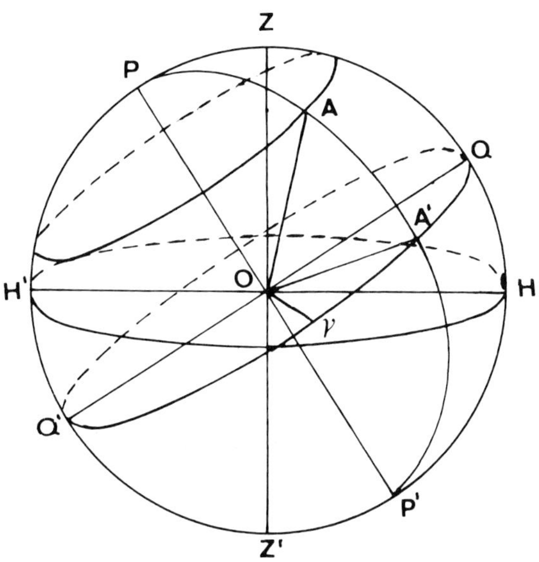

trachtung von Abbildung 51 bietet eine Lösung, die auf den Polen und dem Äquator beruht, die beide mit der Himmelskugel starr verbunden sind. In dieser Abbildung wird der Halbkreis PAP′ *Stundenkreis* des Sterns A genannt und der Winkel, den seine Ebene mit der des Meridians PZP′ bildet, ist sein *Stundenwinkel*. Dieser auf dem Äquator gemessene Stundenwinkel wäre also $\widehat{QOA'}$, wobei A′ den Schnittpunkt des Stundenkreises PAP′ mit dem Äquator bezeichnet. Der Stundenwinkel wird in Grad gemessen, d. h., daß seine Größe vom Meridiandurchgang des Sterns ab ständig zunimmt. Wir haben schon gesehen, daß sein Stundenwinkel ungefähr 23 Stunden und 56 Minuten, also einen Sterntag braucht, um von 0° bis 360° zuzunehmen, d. h. einen Kreis zu vollenden. Wie der Sonnentag wird auch der Sterntag in 24 Stunden zu je 60 Minuten zu 60 Sekunden geteilt. Der Zeitangabe in diesen Einheiten folgt aber stets das Wort *Sternzeit*.

Die *Deklination* eines Sterns ist seine Winkelentfernung $\widehat{A'OA}$ vom Äquator. Sie ist nördlich oder südlich, also positiv oder negativ, je nach der Halbkugel, über der sich der Stern befindet. Mit dieser Definition ist eine Meßbasis gegeben, die von der täglichen Erddrehung unabhängig bleibt.

Die Bestimmung des Stundenwinkels, der von Meridiankreisen ab gemessen wird, ist nicht so einfach. Außerdem wurde schon festgestellt, daß dieser Winkel mit dem Ablauf der Zeit ständig zunimmt. Um eine Messung zu ermöglichen, hat man auf dem Himmelsäquator als feststehenden Anfangspunkt den Frühlingspunkt γ gewählt. Der in Zeiteinheiten gemessene Winkel $\widehat{\gamma OA'}$ trägt den Namen *Rektaszension* des Sterns. Er wird wie ein Stundenwinkel gemessen.

Der Vorteil dieser Maßbestimmung liegt auf der Hand. Es gibt nämlich sogenannte astronomische Uhren, deren Zeiger die 24 Stunden des Zifferblatts in 23 Stunden 56 Minuten, also in einem Sterntag, durchlaufen. Eine solche Uhr zeigt zwischen zwei sich folgenden Meridiandurchgängen eines Fixsterns dann volle 24 Stunden an, und wir werden später noch sehen, daß die Sonne in diesem Zusammenhang nicht als Fixstern zu betrachten ist. Nun sind aber diese Uhren in einer Weise gerichtet, daß sie beim Meridiandurchgang des Frühlingspunkts auf Null stehen. Somit zeigt die Uhr beim Meridiandurchgang eines jeden Sterns dessen Rektaszension an, und die jeweils angezeigte Zeit ist der Stundenwinkel des Frühlingspunktes. Man nennt sie die Sternzeit.

Im Prinzip – allerdings besteht hier ein Vorbehalt – tut für die Sonne eine gewöhnliche Uhr das gleiche, jedoch ist ihre Angabe dann der Stundenwinkel der Sonne.

Die Messung der Rektaszension eines Himmelskörpers ist demnach äußerst einfach. Anders steht es mit der Deklination.

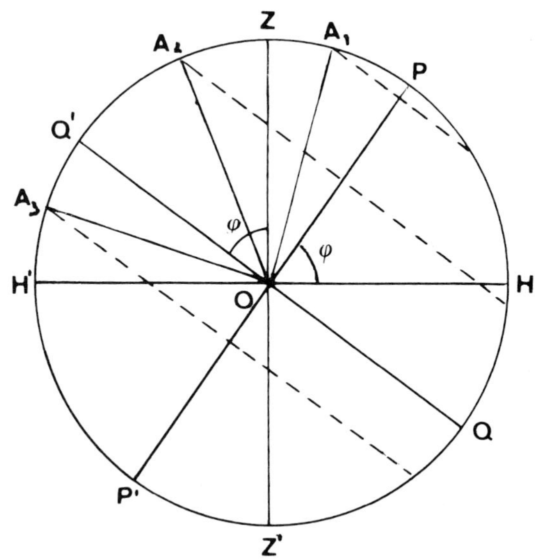

Hier wird zunächst beim Meridiandurchgang des Sterns seine Höhe gemessen, die man auch mit *Kulmination* bezeichnet. Unter einer Breite φ gibt es dann zwei Möglichkeiten (Abb. 52):

1. Die Kulmination erfolgt zwischen Z und P, d. h. nördlich vom Zenit. Dann ist der Winkel $\widehat{Q'OA_1}$ die Deklination. Aber dieser Winkel ist gleich $\varphi + (90° - h)$, also gleich der Summe von Breite und Zenitdistanz.

2. Die Kulmination erfolgt südlich vom Zenit. Die Deklination $\widehat{Q'OA_2}$ ist gleich $\varphi - (90° - h)$, d. h. die Differenz zwischen Breite und Zenitdistanz. Im Falle des Sterns A_3 wird diese Differenz negativ. Der Stern hat eine negative Deklination und steht südlich vom Äquator am Himmel.

Es muß hier daran erinnert werden, daß die Strahlenbrechung der Luft die Sternhöhen größer erscheinen läßt. Eine Sternhöhenmessung muß also um die Größe dieser Brechung korrigiert werden, die von Sternhöhe, Lufttemperatur und Barometerdruck abhängig ist.

Im Anhang gibt Tabelle II mittlere Werte für die verschiedenen Sternhöhen an.

53 Der Eingang zum Benediktinerkloster in Engelberg (Schweiz).

54 *Ihr könnt mich verschwenden, aber nicht aufhalten,* steht auf der Sonnenuhr der Gedächtniskirche für den 1649 enthaupteten König Karl I. in Tunbridge Wells, Kent, den das Kirchenschild einen Märtyrer nennt.

6 Die Sonne

Jedermann weiß, daß die Sonne im Osten auf- und im Westen untergeht, nachdem sie um die wahre Mittagsstunde bei ihrem Meridiandurchgang ihre größte Höhe erreicht hatte. Es wurde schon erwähnt, daß bei ihrem Aufgang der Schatten der Gegenstände am Boden unendlich lang ist, dann aber immer kürzer wird und am Mittag ein Minimum erreicht. Am Nachmittag ist das Schauspiel dann genau umgekehrt.
Es wurde außerdem festgestellt, daß für den Erdenbewohner die Dinge sich abspielten, wie wenn die Erde unbeweglich sei und die Sonne sich um die Erde drehe. Das war übrigens in Europa bis in die Zeiten Galileo Galileis die einzige von den Obrigkeiten geduldete Vorstellung.
Im Gegensatz zum Sterntag, dem Zeitraum zwischen zwei Meridiandurchgängen eines Sterns, ist ein wahrer Tag, also ein Sonnentag, der Zeitraum zwischen zwei aufeinander folgenden Durchgängen der Sonne. Wir haben gesehen, daß der Sonnentag um 4 Minuten länger ist als der Sterntag.

Würde man täglich ein Jahr lang die Stellung der Sonne in Äquatorialkoordinaten auf einer Himmelskarte eintragen, so würde man feststellen, daß sie sich in dieser Zeit langsam um den ganzen Himmelsglobus bewegt hat. Für einen Beobachter in nördlichen Ländern, der die Sonne im Süden sieht, bewegt sich diese in bezug auf die Sterne nach links. Ihre Verspätung beim Meridiandurchgang vergrößert sich auf die Sterne bezogen von Tag zu Tag; hieraus entsteht der Unterschied zwischen Sonnen- und Sterntag. Angenommen, es gehe eines Tages ein Meridian der sich drehenden Erde gleichzeitig über einen Stern und die Sonne, so muß er sich am folgenden Tag nach dem Passieren des Sterns noch 4 Minuten weiterdrehen, um den in der Zwischenzeit von der Sonne gemachten Weg zu durchlaufen und diese einzuholen. Zu beachten ist, daß diese hier gesagten 4 Minuten als Mittelwert zu betrachten sind, da die Geschwindigkeit der Sonne am Himmel leichten Schwankungen unterworfen ist.
Alle diese Feststellungen hatten die Astronomen der Antike schon sehr früh gemacht. Die Einteilung der jährlichen Sonnenbahn in zwölf Sternbilder geht auf die Chaldäer zurück. Ihre Reihenfolge ist bekannt:
Steinbock, Wassermann, Fische, Widder, Stier, Zwillinge, Krebs, Löwe, Jungfrau, Waage, Skorpion, Schütze.
Bedeutung haben diese Einteilung und diese Namen heute höchstens noch für die Spalten der Tages- und Wochenzeitungen, in denen phantasiebegabte Leute Horoskope für Leser veröffentlichen, deren Sternglaube in den astrologischen Lehren der alten Babylonier wurzelt. Daneben sind aber in der Gnomonik und auf alten astronomischen Instrumenten die Symbole der Tierkreiszeichen aus dem einfachen Grund besonders geschätzt, weil sie gewissermaßen in Kurzschrift die Stellung der Sonne auf ihrer jährlichen Bahn und dadurch auch ihre Deklination und die Jahreszeiten anzugeben vermögen. Nicht zuletzt trägt auch eine künstlerische Gestaltung dieser Symbole auf einer Sonnenuhr in hohem Maße zu ihrer Verschönerung bei. Auf ihre Nutzanwendung auf unserem Gebiet kommen wir zurück.
Der Streifen mit den genannten 12 Sternbildern ist der sogenannte *Tierkreis,* der *Zodiakus,* aus dem griechischen Worte *Zodion* für das Bild eines Tieres, obwohl einige der Zeichen sich auf Menschen beziehen und eines sogar eine Waage darstellt.
Der griechische Mathematiker Hipparch brachte etwas Ordnung in die chaldäische Zodiakusteilung, indem er den einzelnen Zeichen Abschnitte von je 30° zuwies, die Namen aber zum bequemeren Gebrauch beibehielt. Das Vorschreiten der Nachtgleichen, dessen Entdeckung man übrigens auch Hipparch zuschreibt, hatte zur Folge, daß der ganze Tierkreis, der mit dem Widder am Frühlingspunkt beginnt, sich mit diesem seit jener Zeit in bezug auf die Sterne

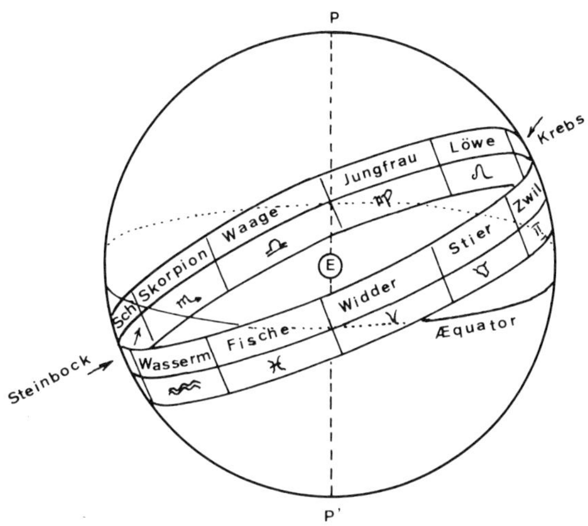

55 Die Ekliptik und die Zeichen des Tierkreises.

um ein ganzes Tierkreiszeichen verschoben hat.

In Abbildung 55 ist die scheinbare Sonnenbahn auf der Himmelskugel mit den Sternbildern des Zodiakus so dargestellt, wie sie zu Hipparchs Zeiten sichtbar waren.

Die Beobachtung der täglichen Stellung der Sonne am Himmel oder, einfacher, das Studium der Tabellen eines astronomischen Jahrbuchs ergeben das Folgende:

1 Die Rektaszension nimmt täglich um ungefähr einen Grad oder 4 Zeitminuten zu. Die Ursache hiervon ist das tägliche Fortschreiten der Sonne auf der Himmelskugel.

2 Am 21. März ist die Sonnendeklination Null. Sie steigt und erreicht am 21. Juni ihr Maximum mit $+23° 27'$, nimmt dann wieder ab, geht am 23. September durch den Nullpunkt und wird negativ. Am 21. Dezember erreicht sie ihren tiefsten Stand mit $-23° 27'$, steigt dann erneut und gelangt am 21. März wieder auf den Nullpunkt.

Werden die täglichen Koordinaten der Sonne auf einem Himmelsglobus eingetragen, so entsteht als Sonnenbahn ein Großkreis, dessen Ebene mit der Äquatorebene einen Winkel von 23° 27′ bildet. Dieser Kreis ist die *Ekliptik*.

Dies wurde weiter oben schon gezeigt (Abb. 44).

Die Ekliptik verläuft in der Mitte des Zodiakus oder Tierkreises. Der Punkt γ, von dem auch bereits die Rede war, ist der Schnittpunkt des aufsteigenden Bogens der Ekliptik mit dem Himmelsäquator. Es sei daran erinnert, daß er sich infolge des Vorschreitens der Nachtgleichen jährlich um 50″ in Uhrzeigerrichtung verschiebt. Der Zeitraum zwischen zwei sich folgenden Durchgängen der Sonne in diesem Punkt, dem Frühlingspunkt, ist ein *Kalenderjahr,* ein sogenanntes *tropisches Jahr* von 365,2422 Tagen oder 365 Tagen, 5 Stunden, 48 Minuten und 46 Sekunden.

Steht die Sonne im Punkt γ, so sind Tag und Nacht von gleicher Dauer; man sagt dann, es ist Tagundnachtgleiche oder kürzer auch einfach Nachtgleiche. Da die Sonne täglich auf ihrer Himmelsbahn in bezug auf den Frühlingspunkt um 4 Minuten zurückbleibt, erreicht ihre Verspätung nach einem Jahr die ganze Länge ihrer Bahn, so daß sie dann wieder mit diesem Punkte zusammenfällt. In diesem Zeitraum sind also dessen Meridiandurchgänge um eine Einheit größer als die der Sonne. Somit wird der Sterntag

$$24 \text{ Stunden} \times \frac{365{,}2422}{366{,}2422} = 23 \text{ St. } 56 \text{ Min. } 4$$

Sek. betragen. Wir finden somit hier wiederum die schon erwähnte Differenz von 4 Minuten.

7 Die Zeitmessung

Die Zeitdauer einer Umdrehung der Himmelskugel ist ein Sterntag. Die astronomische Definition des Sterntags ist der Zeitraum zwischen zwei Meridiandurchgängen des Punktes γ. Die Sternzeit ist, wie schon erklärt wurde, die seit dem letzten Meridiandurchgang des Punktes γ vergangene Zeit; sie ist, anders gesagt, der Stundenwinkel dieses Punktes. Die Uhrzeit dagegen ist der Stundenwinkel der Sonne. Gewöhnliche Uhren und Sternzeituhren zeigen verschiedene Uhrzeiten und Stunden von verschiedener Dauer.

Selbstverständlich wäre es äußerst unpraktisch gewesen, das Leben nach der Sternzeit einzurichten. Es war natürlicher, eine wahre Sonnenzeit oder kürzer eine *wahre Zeit* einzuführen, die durch den Stundenwinkel der Sonne bestimmt wird und die man von der Mittagsstunde ab zählt. Es ist dies die von der Sonnenuhr angezeigte Zeit. Wegen der elliptischen Form der Erdbahn und ihrer Neigung auf dem Äquator hat sie den Nachteil, daß ihr Zeitablauf nicht streng regelmäßig ist. Je nach der Jahreszeit entstehen sehr geringe Veränderungen ihrer Stundendauer, die aber doch nicht unbeträchtliche Unterschiede zwischen der Sonnenzeit und einer mittleren Zeit verursachen. Diese *mittlere Zeit,* die dann auch den Gebrauch mechanischer Uhren möglich machte, ist die Zeit einer fiktiven Sonne, die sich mit konstanter Geschwindigkeit um den Himmelsäquator bewegen, gleichzeitig mit der wahren Sonne den Frühlingspunkt passieren und nach Ablauf eines tropischen Jahres wieder mit ihr dort eintreffen würde.

Damit entstand nun auch der mittlere Sonnentag von je 24 Stunden zu je 60 Minuten zu je 60 Sekunden. Es ist dies das von unseren öffentlichen Uhren angezeigte Stundenmaß, das aber nur in seltenen Fällen dem Ortsmeridian entspricht.

Die Differenz zwischen wahrer und mittlerer Zeit ändert sich im Laufe des Jahres. Man nennt sie die *Zeitgleichung*. Wenn ihr Wert

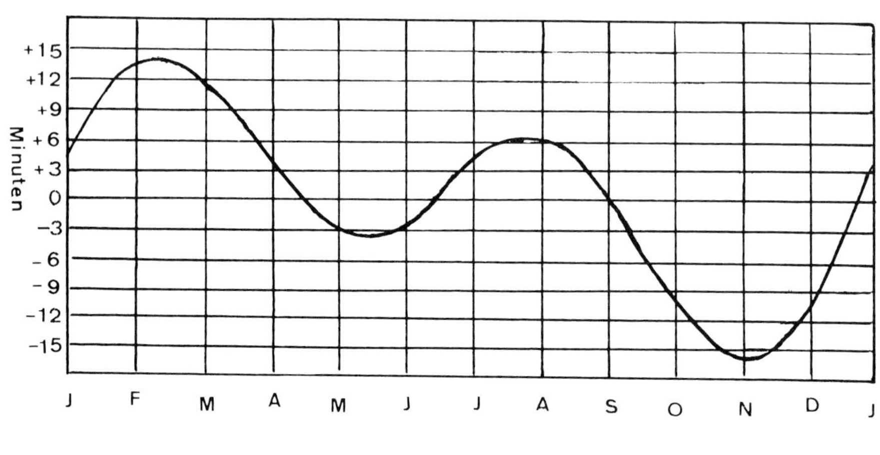

56 Die Zeitgleichung.

57 Die Darstellung der Zeitgleichung auf der Horizontaluhr im botanischen Garten in Bremen (s. S. 196).

durch E, die mittlere Zeit durch T_m und die wahre durch T_w dargestellt wird, ergibt sich $T_m = T_w + E$

In Tabelle III des Anhangs sind die mittleren Werte der Zeitgleichung enthalten, denn infolge der Verschiebung durch die Schaltjahre sind ihre täglichen Größen an den entsprechenden Tagen aufeinanderfolgender Jahre leicht verschieden (Abb. 56). Bemerkt sei noch, daß in angelsächsischen Ländern die Definition von E das umgekehrte Vorzeichen hat. Man schreibt dort also in der obigen Gleichung statt + E an der gleichen Stelle – E.

Die hier beschriebene wahre wie auch die mittlere Ortszeit werden vom Meridiandurchgang der wahren oder der mittleren Sonne ab gezählt, das heißt also von dem Augenblick an, den wir Mittag nennen. Diese Zeiten sind somit gleich den Stundenwinkeln der wahren oder der mittleren Sonne.

Natürlich wäre nun die so gezählte Zeit für unseren täglichen Gebrauch wiederum nicht sehr praktisch oder zum mindesten sehr ungewohnt. Dieser Schwierigkeit wurde einfach dadurch begegnet, daß man die Zeiten um 12 Stunden erhöhte, d. h. die Uhrzeit ab Mitternacht zählte. Diese Art der Zählung ist die sogenannte *zivile Zeit*.

Nun gilt aber diese wahre oder mittlere Zeit nur für den Meridian, auf dem die wahre oder die mittlere Sonne um Mittag im Meridian steht. Es ist die sogenannte *wahre* oder *die mittlere Ortszeit*. Uhren, die etwa in Trier oder in München nach der Ortszeit gerichtet sind, zeigen nicht die gleiche Uhrzeit, denn der Meridiandurchgang der Sonne erfolgt in Trier später als in München.

Noch zu Beginn des vorigen Jahrhunderts, als man sich nur verhältnismäßig langsam von einem Ort an einen anderen zu begeben vermochte, spielte dieser Zeitunterschied keine Rolle und wurde auch meistens gar nicht bemerkt. Als aber nach dem Bau der Eisenbahnen diese fahrplanmäßig verkehren sollten, führte die Verschiedenheit der Ortszeiten zu unüberwindlichen Schwierigkeiten. Es wurde dann in den einzelnen Staaten eine vom Lauf der Sonne in einem gewissen Maße unabhängige Zeit eingeführt, die im ganzen Staatsgebiet anzuwenden war. Es ist dies die gesetzliche, oder auch die Zonenzeit. In Deutschland ist sie die Zeit des Meridians 15° Ost, d. h., daß deutsche Uhren eine Stunde vor den Uhren in Greenwich, der Sternwarte auf dem Nullmeridian, Mittag anzeigen.

In manchen Ländern wird zum Zwecke von Energieeinsparung in den Sommermonaten die Uhr um eine Stunde vorgerückt, um auf diese Weise den Sonnenuntergang fiktiv um eine Stunde hinauszuschieben. Man spricht dann von der *Sommerzeit*.

Hier sei nun als Beispiel eine Umrechnung der wahren – etwa von einer Sonnenuhr angezeigten – Zeit in die gesetzliche Landeszeit gegeben. Der Standort möge auf dem Meridian 8° 33′ Ost liegen, dessen Länge in Stunden ausgedrückt nach Tabelle I $0^h\ 34^m\ 12^s$ beträgt. Die Zeitgleichung am Beobachtungstag sei $-5^m\ 30^s$ und die wahre Ortszeit $14^h\ 25^m\ 12^s$. Es wird nun die Zeitgleichung je nach ihrem Vorzeichen zu der Ortszeit addiert oder von ihr abgezogen; das gleiche gilt für die geographische Länge – westliche Längen werden addiert, östliche abgezogen. Das Resultat ist dann die mittlere Uhrzeit des Nullmeridians, d. h. des durch Greenwich gehenden Meridians. Da aber in Deutschland die Uhren nach dem 15° Ost-Meridian (Zeitzone 1) gerichtet sind, wird diese Greenwich-Zeit um eine Stunde erhöht. Die Berechnung ist dann wie folgt:

$$\text{Gesetzliche Uhrzeit} = 14^h\ 25^m\ 12^s - 5^m\ 30^s - 34^m\ 12^s + 1^h = 14^h\ 45^m\ 30^s$$

Mit der Einführung der gesetzlichen Landeszeit war es jedoch im Hinblick auf den zunehmenden internationalen Flugverkehr

58 Die neue, 1979 am *Marine Society and Nautical Institute* in London angebrachte Sonnenuhr zeigt oben die gewöhnliche Zeit (GMT) und auf dem Außenkreis die um eine Stunde vorgerückte Sommerzeit.

abermals nicht mehr getan, da eine Verkehrsmaschine in jedem angeflogenen Lande einer anderen Uhrzeit begegnete. Es wurde daher 1925 eine Abmachung zur Einführung einer *Weltzeit* getroffen, für die man die in der Astronomie längst gebrauchte Zeit des Greenwicher Meridians wählte. Lange vorher schon hatte man versucht, wenigstens in Ländern mit annähernd gleicher geographischer Länge ein einheitliches Zeitmaß einzuführen. Zu diesem Zweck teilte man die gesamte Erdoberfläche in 24 *Zeitzonen,* deren jede die gleiche Uhrzeit haben sollte. Diese Zonen wurden – vom Nullmeridian beginnend – von 0 bis 23 nach Osten gezählt und nach ihren Nummern benannt. Jede Zone umfaßt 15 Längengrade. Die Zone 0 (Null) erstreckt sich von 7° 30′ West bis 7° 30′ Ost, die Zone 1, in der Deutschland liegt, von 7° 30′ Ost bis 22° 30′ Ost usw. Teile von Ländern, die nur wenig in eine benachbarte Zone übergreifen, behalten, entsprechend der Abmachung, die Uhrzeit der Zone ihres Landes bei. Dies ist in Deutschland für große, westlich des Meridians 7° 30′ Ost gelegene Gebiete der Fall, die zur Zone 0 gehören, aber der Zonenzeit 1 unterstellt sind. Länder wie Rußland, Kanada oder die Vereinigten Staaten von Amerika erstrecken sich über mehrere Zonen und haben mehrere Zonenzeiten, und zwar gibt es deren in den Vereinigten Staaten 4, in Kanada 6 und in Rußland mit Sibirien 10, die um je eine Stunde voneinander abweichen.
Es gibt nun noch eine letzte Schwierigkeit. Man nehme an, in einem Orte der Zone 0 sei es 6 Uhr morgens an einem Montag. In der Zone 1 ist es dann 7 Uhr, in der Zone 2 natürlich 8 Uhr, und in der Zone 23 wird es schließlich Dienstag 5 Uhr morgens sein, während es in der nächsten, der Zone 0, wie schon gesagt, 6 Uhr Montag ist. Somit hat also das Datum gewechselt. Ein Schiff, das nach Osten um die Welt segelt und die Uhr bei jedem Wechsel von einer Zone in die nächste um eine Stunde vorrückt, kommt also im Heimathafen mit einem Schiffsjournal an, dessen letztes Datum um einen Tag vordatiert sein wird.
Um dies auszuschalten wurde der 180. Längengrad als Datumsgrenze bestimmt. Das nach Osten fahrende Schiff behält beim Überfahren dieses Meridians das Tagesdatum einen weiteren Tag lang bei, und die beiden gleichen Daten werden mit den Nummern 1 und 2 versehen. Schiffe dagegen, die die Datumsgrenze mit Kurs nach Westen kreuzen, überspringen in ihrem Bordbuch einen Tag.
In der Praxis wird auch dieser Meridian nicht als genaue Zonengrenze betrachtet, da diese die politischen Grenzen der einzelnen Archipele im Pazifik berücksichtigt, um auf zu diesen gehörenden Inseln eine einheitliche Zeit zu gewährleisten.

8 Der Mond

Der von Liebespaaren und romantischen Dichtern besungene Mond interessiert den Sonnenuhrenfreund vor allem wegen der Möglichkeit, auch bei Nacht die Stunde auf der Sonnenuhr abzulesen. Dies geschieht, wie wir sehen werden, unter der Voraussetzung, daß der Betrachter aus der jeweiligen Mondphase, d. h. dem Anblick des Mondes, das sogenannte Mondalter abzuleiten vermag.
Wie die Erde ist der Mond ein erkalteter kugelförmiger Himmelskörper, der sein Licht von der Sonne erhält. Für die Astronomen ist er von vielseitigem Interesse, auch deshalb, weil er im Vergleich mit den Monden anderer Planeten und mit der Erde selbst von außerordentlicher Größe ist. Diese Eigenheit, zusammen mit geologischen und anderen Erkenntnissen gab zu der Vermutung Anlaß, daß er sich in grauer Vorzeit von der Erde getrennt haben könnte.
Er dreht sich um die Erde in der gleichen Richtung, in der sich diese um die Sonne dreht. Seine scheinbare Bewegung ist daher mit jener der Sonne vergleichbar, weil auch bei ihm die tägliche Verspätung des Meridiandurchgangs in bezug auf die Sterne ständig zunimmt. Aber bei seiner relativ großen Erdnähe ist diese Verspätung weitaus beträchtlicher als bei der Sonne. Sie beträgt täglich immerhin 54 Minuten auf die Sterne und 50 Minuten auf die Sonne bezogen. Bei angenommener gleicher Deklination von Sonne und Mond würde der Mondtag, d. h. die Zeit zwischen seinem

59 Die Mondphasen.

60 Das Mondalter im Laufe der Phasen einer auf 29,5 Tage angenommenen Lunation.

Tafel VII Dreiteilige Äquatorialsonnenuhr auf Sokkel mit Kompaß. Einstellvorrichtung für horizontale Lage und geographische Breiten. 1726. Vermutlich von Johann Willebrand. ▷

Auf- und Untergang, länger sein als der entsprechende Sonnentag.

Wenn die Mondbahn in ähnlicher Weise, wie es bei der Sonnenbahn angenommen wurde, auf eine Himmelskarte getragen wird, so entsteht ebenfalls ein Großkreis, der sich aber im Gegensatz zur Sonnenbahn in langsamer Bewegung befindet und mit ihr einen Winkel bildet, dessen Größe zwischen 5° und 5° 18′ schwankt. Die Folge davon ist, daß die Deklination des Mondes die Extremwerte von $+23° 27' + 5° 18'$ und $-23° 27' - 5° 18'$, d. i. $+28° 45'$ und $-28° 45'$ erreichen kann. Die beiden Schnittpunkte der Mondbahn mit der Ekliptik heißen der *aufsteigende* und der *absteigende Knoten,* je nachdem, ob der Mond sich über sie nach der nördlichen oder der südlichen Halbkugel bewegt.

Der Vollständigkeit halber sei hier auf eine Besonderheit hingewiesen, die dem Leser beim Studium umfangreicherer astronomischer Jahrbücher zu Gesicht gekommen sein kann. Für die Berechnung der Bahnelemente von Sonne, Mond und Planeten ist es nämlich für den Astronomen bequemer, sich eines Koordinatensystems zu bedienen, das nicht auf dem Äquator und den Himmelspolen, sondern auf der Ekliptik und deren Polen beruht. Diese sogenannten *Ekliptikalkoordinaten* werden in Grad gemessen und haben ebenfalls den Punkt γ als Nullpunkt, aber an die Stelle der Namen Deklination und Rektaszension treten hier entsprechend die Worte *Breite* und *Länge.*

Für die Bewegung des Mondes um die Erde kommen verschiedene Umlaufzeiten in Betracht, je nach dem Punkt, wo der Umlauf endet. Am wichtigsten ist für uns diejenige, in der der Mond in die gleiche Stellung in bezug auf Sonne und Erde zurückkehrt, d. h. wieder die gleiche Phase zeigt. Sie heißt

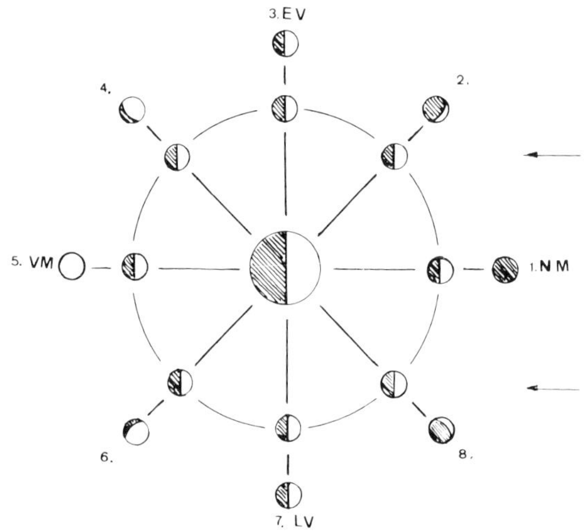

synodische Umlaufzeit und ist der Zeitraum zwischen zwei aufeinanderfolgenden Neu- oder Vollmonden. Man spricht auch von einem *synodischen Monat* oder von einer *Lunation.* Ihre Dauer ist 29 Tage, 12 Stunden 44 Minuten, oder rund $29^1/_2$ Tage.

Die Mondphasen ergeben sich aus der Beleuchtung des Mondes durch die Sonne, durch die er, genau wie die Erde, in eine helle und eine dunkle Hälfte geteilt bleibt und man ihn im Laufe einer Lunation unter einem ständig wechselnden Blickwinkel, d. i. in einer anderen Phase sieht. Abbildung 59 zeigt den Mond auf seiner Bahn in 8 charakteristischen Stellungen in bezug auf die in der Mitte stehende Erde und zugleich den Anblick, den die jeweilige Phase dem auf der Erde stehenden Beobachter gewährt. Die Ausdrücke Neumond, 1. Viertel, Vollmond und letztes Viertel sind jedermann vertraut. Die Reihe der sich folgenden Phasen ist in Abbildung 60 gezeigt.

Der für uns wichtige Ausdruch *Mondalter* ist die in Tagen gezählte, seit dem letzten Neumond vergangene Zeit. Im 1. Viertel wird das Mondalter 29,5/4 Tage betragen. Jedoch werden in der Gnomonik die Werte des Mondalters auf halbe Tage abgerundet und die Lunation auf 30 Tage angesetzt. Dann beträgt im 1. Viertel das Mondalter $7^1/_2$ Tage.

9 Das Bestimmen der Nord-Südrichtung

Die Nord-Südrichtung ist die Richtung des Meridians. Es gibt in der Praxis eine ganze Reihe von Verfahren zu ihrer Bestimmung.

1. Das Einfachste, aber auch Unzuverlässigste, ist der Gebrauch eines guten und nicht zu kleinen Kompasses. In diesem Falle muß aber die magnetische Mißweisung, die sogenannte *magnetische Deklination,* für den eigenen Standort bekannt sein. Es ist dies der Winkel, um den die Magnetnadel von der wahren Nordrichtung nach Westen oder Osten abweicht. Sie ändert sich langsam von Ort zu Ort und im Laufe der Jahre auch am gleichen Ort. Größere Jahrbücher enthalten bisweilen Karten des betreffenden Landes, die die magnetische Deklination mittels *Iso-*

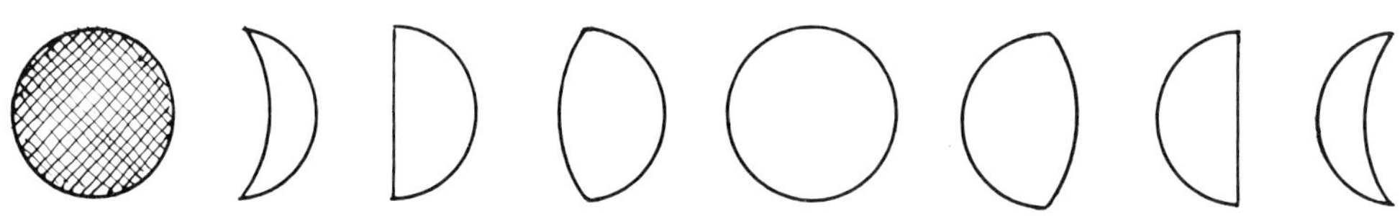

Phasen:	1. NM	2.	3. EV	4.	5. VM	6.	7. LV	8.
Mondalter: (in Tagen)	0	3,7	7,5	11	14,7	18,5	22	26

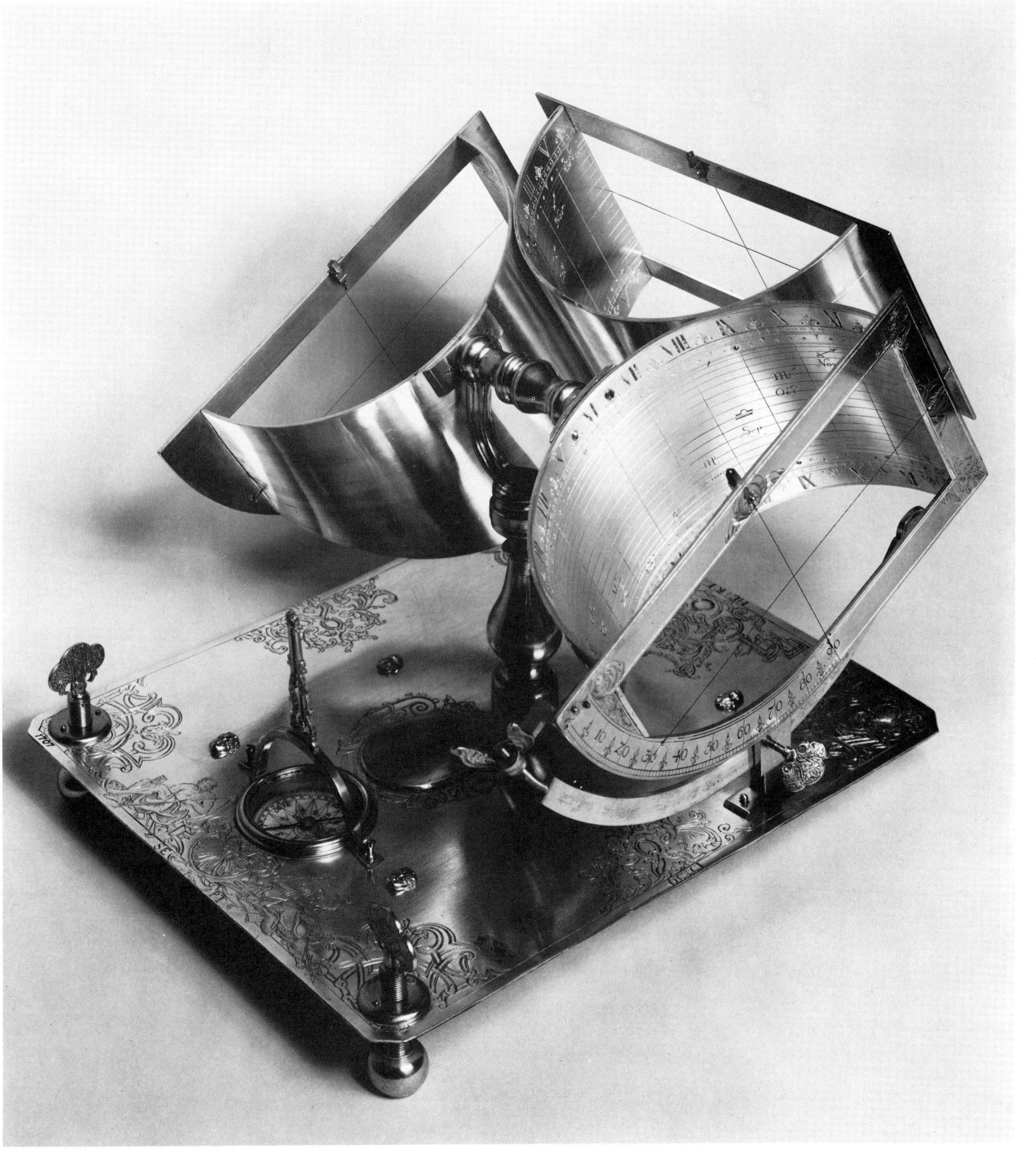

61 Der Schatten der Gnomonspitze beschreibt eine Hyperbel, die den Kreis um ihren Fußpunkt in zwei Punkten schneidet. Der Meridian ist eine Senkrechte auf der Geraden durch diese Punkte.

62 Der Himmelsnordpol liegt etwa 2 Sonnen-(oder Mond)durchmesser vom Polarstern entfernt auf der Geraden, die diesen mit dem Stern ε des Großen Bären verbindet. Wenn die durch die Lotfäden bestimmte Ebene durch diesen Punkt geht, bestimmt sie die Richtung des Meridians.

gonen, d. h. Linien gleicher magnetischer Deklination, vermitteln. Daß bei der Arbeit mit dem Kompaß streng auf weitere Fehlerquellen durch in der Nähe vorhandene eiserne Gegenstände zu achten ist, liegt auf der Hand.

2. In einem anderen Verfahren wird auf einer waagerechten Ebene ein senkrechter Gnomon aufgestellt (Abb. 61). In der Ebene wird um seinen Fuß als Mittelpunkt ein etwas größerer Kreis gezogen. Nun wird im Laufe eines Tages die Schattenspitze des Gnomons auf der gleichen Ebene eine Hyperbel beschreiben, deren Schnittpunkte A und B mit dem Kreis am besten dadurch bestimmt werden, daß man in der Nähe der Kreislinie der gleitenden Schattenspitze mit einem Bleistift folgt. Die gesuchte Mittagslinie ist dann die Mittelsenkrechte auf der Geraden AB, die bei korrekter Ausführung der Arbeit durch den Kreismittelpunkt gehen muß. Es ist dies das Verfahren der *Indischen Kreise* (S. 13).

Da sich die Deklination der Sonne ständig ändert, kann das Verfahren mit einem – allerdings belanglosen – Fehler behaftet sein. Wird es in den Zeiten der Winter- oder Sommersonnenwende gebraucht, so verschwindet diese Fehlerquelle. Es ist auch ratsam, mehrere konzentrische Kreise zu gebrauchen. Die sich ergebenden Mittel-

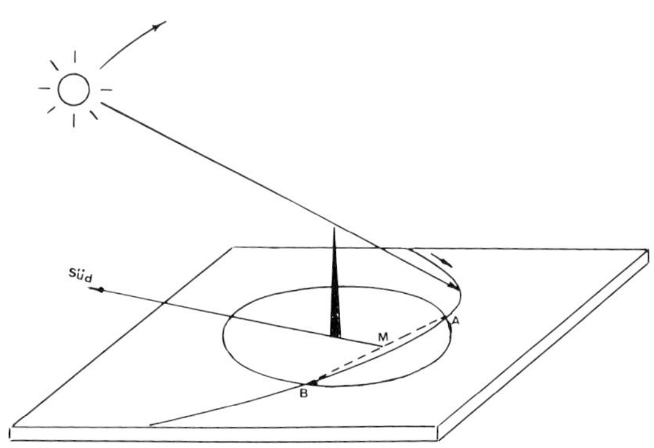

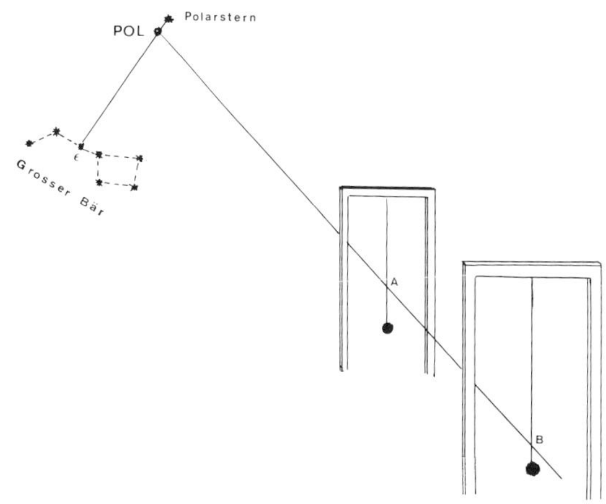

senkrechten müssen dann aufeinanderliegen und kontrollieren sich gegenseitig.

3. Wenn die geographische Länge des Standortes bekannt ist, kann das nachstehend beschriebene Verfahren zur Anwendung kommen. Vorbedingung dazu ist das Vorhandensein einer gutgehenden, genau nach einer zuverlässigen Zeitangabe gerichteten Uhr. Die von ihr angegebene Zeit setzt sich wie folgt zusammen: zu der wahren Ortszeit wird unter Berücksichtigung ihres Vorzeichens die Zeitgleichung addiert und der Summe die in Stunden umgerechnete geographische Länge sowie die Stunden der Zeitzone und, falls die Sommerzeit eingeführt wäre, auch diese Stunde hinzugefügt. Es sei g die geographische Länge, E die Zeitgleichung, T_m die Uhrzeit und T_v die wahre Ortszeit. In Deutschland mit Zeitzone 1 ergibt sich dann: $T_m = T_v + E + g + 1^h$

Ist es wahrer Mittag, so ist $T_v = 12^h$ und die Gleichung wird

$T_m = 12^h + E + g + 1^h$ ($+ 1^h$ Sommerzeit).

An einem Ort von $10^h\,20^m\,30^s$ östlicher geographischer Länge und bei einer Zeitgleichung von $+10^m\,45^s$ entsteht folgende Rechnung:

$$T_m = 12^h + 10^m\,45^s - 41^m\,22^s + 1^h$$
$$= 12^h\,29^m\,33^s$$

bzw. bei Sommerzeit eine Stunde mehr. Dies ist die Uhrzeit für den Augenblick, in dem die Sonne genau im Meridian, d. h. im Süden steht und der Schatten eines Lotfadens am Boden die Nord-Südachse zeichnet.

4. Ein weiteres, aber in unseren Breiten wenig empfehlenswertes Verfahren beruht auf der Beobachtung des Polarsterns über die Fäden zweier Lote, deren gemeinsame Ebene man in die Meridianebene zu bringen versucht (Abb. 62). Hier muß daran erinnert werden, daß der Himmelspol etwa 1°, also 2 Sonnen- oder Monddurchmesser, vom Polarstern in Richtung nach dem Sterne ε des Großen Bären am Himmel steht. Es ist dies der dritte große Stern, vom Kopfende des Sternbildes ab gezählt (Abb. 62).

Wegen der Höhe des Polarsterns müssen in unserer Breite die Lote nahe beieinander hängen, wodurch die Beobachtung an Genauigkeit einbüßt, ferner sind auch schon bei einem schwachen Wind die Lotgewichte selbst in ein Wasserbecken einzutauchen. Bei sorgfältigem Vorgehen wird aber eine für die Bedürfnisse der Gnomonik hinreichende Genauigkeit erzielt.

10 Bestimmung einer Mauerrichtung und der Neigung einer schiefen Ebene

Die Richtung einer Mauer

Eine senkrechte Ebene, die mit der Meridianebene einen rechten Winkel bildet, wird *Erste Vertikale* genannt. Ihre Schnittlinie mit der Horizontebene – oder mit der als Ebene gedachten Erdoberfläche – ist die Ost-Westachse.

Im Sonnenuhrenwesen wird die Richtung einer Mauer durch den Winkel gekennzeichnet, den sie mit der Ersten Vertikalen bildet. Die alten Gnomoniker gaben ihm den Namen *Deklination,* daher der Ausdruck *deklinierende* Mauer. Dieser hier verwendete Ausdruck steht jedoch in keinerlei Zusammenhang mit der Deklination eines Kompasses oder der Deklination eines Himmelskörpers. Der Gebrauch des Wortes mit dreierlei Bedeutungen kann natürlich zu Verwechslungen führen, doch wird im allgemeinen beim Lesen eines Textes die gemeinte Bedeutung klar.

Die Mauerdeklination, eine Winkelgröße, kann eine klare Orientierung der Mauer nur dann angeben, wenn sie auch die Mitteilung enthält, nach welcher Richtung diese gestellt ist. In Abbildung 63 zeigt eine im Grundriß (ABCD) dargestellte Mauer die zwei Seiten AB und CD. Hier müßte gesagt werden, daß AB nach Nordosten und CD nach Südwesten dekliniert.

1 Das Verfahren, an das man zunächst zu denken geneigt wäre, um die Größe dieser Deklination zu bestimmen, bestände darin, die Richtung des Meridians zu suchen, sie dann mit einem Lineal bis an die Mauer zu führen und den Winkel zu messen, den beide miteinander bilden. Die gesuchte Deklination ergibt sich durch Addition oder Abzug

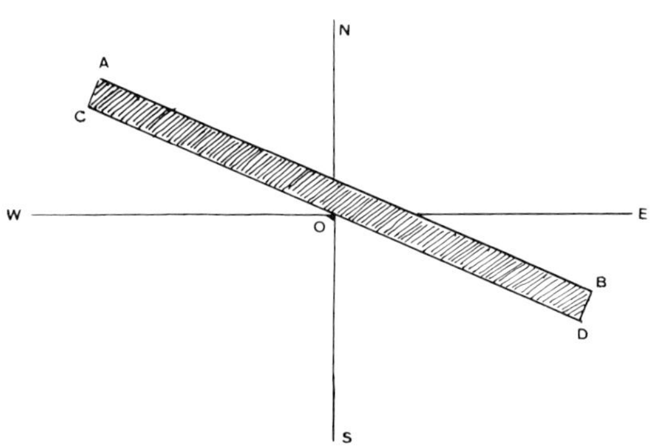

63 Die Mauerseite AB dekliniert nach NO, die Seite CD nach SW. Die Deklination beträgt 25°.

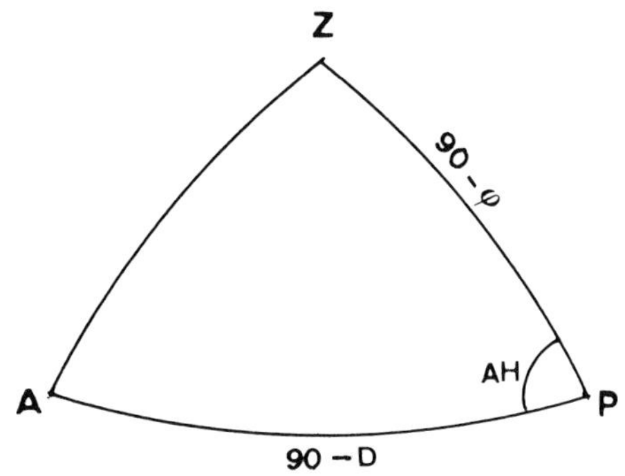

64 Das Himmelsdreieck aus den Punkten Z (Zenit), A (Stern) und P (Himmelspol).

eines rechten Winkels. Der verwendete Winkelmesser sollte so groß als möglich sein.

Im vorliegenden Beispiel wäre dann die Deklination der Seite CD

$$90° - \widehat{DOS} = \widehat{DOE}$$

oder, was das gleiche ist

$$\widehat{COS} - 90° = \widehat{WOC}$$

Die Winkelgröße wird dann durch die Anmerkung SW ergänzt.

2. Wer mit trigonometrischen Formeln umzugehen weiß und über ein Jahrbuch mit der Sonnendeklination verfügt (das aber für unsere Verhältnisse durch die im Anhang enthaltene Tafel IV ersetzt werden kann), kann den Sonnenazimut für den Augenblick bestimmen, da die Sonne in der Mauerebene steht, d. h. wo ihre Strahlen nur noch die Unebenheiten der Mauer beleuchten. Dann ist die Deklination der Mauer gleich dem Komplementwinkel des Sonnenazimuts. Hierzu wird folgende Formel benötigt:

$$\cot A \sin AH = \tan D \cos \varphi - \sin \varphi \cos AH$$

A ist der gesuchte Azimut, φ die Breite, D die Sonnendeklination und AH der Stundenwinkel der Sonne. Natürlich handelt es sich hier um den wahren Stundenwinkel, also den Winkel, den der Stundenkreis der Sonne mit dem Meridian bildet. Am Nachmittag ist dieser Winkel die wahre Ortszeit, am Vormittag seine Ergänzung zu 24 Uhr.

Es wurde schon gezeigt, wie die Uhrzeit aus der wahren Ortszeit zu errechnen ist. Hier ist die Rechnung umgekehrt. Die obige Formel zeigt die Wechselbeziehungen der Elemente eines sphärischen Dreiecks, das aus dem Pol P, dem Zenit Z und einem Stern A gebildet ist (Abb. 64). Seeleute verwenden sie täglich, um mit Sonne, Mond oder Sternen die Abweichung der Kompaßnadel vom wahren Norden zu kontrollieren, wobei sie sich aber der Einfachheit halber besonderer Tabellen bedienen.

3. Ein anderes Verfahren, das von dieser Formel Gebrauch macht, hat sich nicht zuletzt auch deshalb besonders bewährt, weil es zu jeder Tageszeit anwendbar ist. Es sei jedoch dennoch empfohlen, die Zeiten kurz vor oder nach dem wahren Mittag, also etwa zwischen 11 und 13 Uhr, möglichst zu vermeiden, da sich um diese Zeit der Sonnenazimut besonders schnell verändert.

Hier wird nun ein viereckiger Tisch bzw. ein Zeichenbrett bis an die Wand geschoben (Abb. 65) und genau waagerecht gestellt. Ein darauf liegendes Blatt Papier soll ebenfalls die Wand berühren. Nun wird ein flaches Lineal ebenfalls unmittelbar entlang der Wand auf das Papier gelegt und an seiner freien Kante ein Strich gezogen, der so zur Mauer parallel sein wird und auf dem Papier deren Orientierung anzeigt. Jetzt wird in der

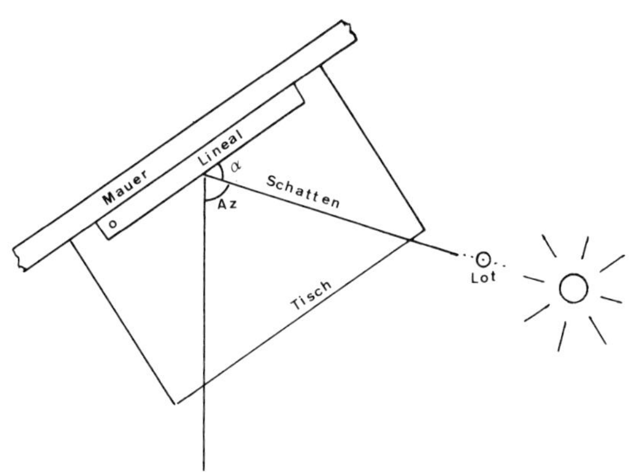

65 Die Mauerdeklination ist hier gleich der um 90° verminderten Summe von Az (dem berechneten Azimut) und dem gemessenen Winkel α.

Richtung nach der Sonne ein Lot aufgehängt, dessen Schatten auf dem Papier die Richtung der Sonne angibt. An windigen Tagen wird es gut sein, das Lotgewicht in ein Wasserbecken einzutauchen. Nun muß eine gut gerichtete Taschenuhr vorhanden sein. Der auf dem Papier liegende Lotschatten wird mit einem kleineren Lineal mit Bleistift nachgezogen und sofort dem Strich das Datum und die genaue Uhrzeit der Beobachtung beigefügt. Es empfiehlt sich, in dieser Weise mehrere Schattenlinien einzuzeichnen und zu vermerken.
Danach wird für jede der eingetragenen Uhrzeiten die wahre Ortszeit berechnet und daraus mit Hilfe der Formel der jeweilige Sonnenazimut gezogen. Die Richtung der Mauer ergibt sich dann durch Messung (auf dem Papier) des Sonnenazimuts mit der Mauerparallele und Eintragung der Südrichtung (siehe Abb. 65).

Die Neigung einer Ebene

Im Sonnenuhrenwesen wird der spitze Winkel einer schiefen Ebene mit der Horizontalebene *Inklination* genannt. Somit ist die Inklination einer horizontalen Sonnenuhr gleich Null, diejenige einer vertikalen Sonnenuhr gleich 90°.
Die Bestimmung der Inklination einer Ebene ist eine sehr einfache Sache, wenn man über ein rechtwinkliges Dreieck, einen Winkelmesser und ein Lot verfügt.
Im Beispiel a der Abbildung 66 ist eine nach unten zeigende Uhrebene angenommen. Der Winkelmesser wird in der Weise an diese gehalten, daß er zu ihrer Schnittlinie mit der waagerechten Ebene senkrecht steht. Das vom Mittelpunkt des Winkelmessers fallende Lot gibt den Winkel der Uhrenfläche mit dem Lot an. Der Komplementwinkel ist die Inklination.
Im Teil b der Abbildung zeigt die Uhrenfläche nach oben. Hier wird zunächst ein Winkeldreieck mit der gleichen Maßgabe wie soeben eingestellt, der Winkelmesser an den freien Schenkel des rechten Winkels aufgelegt und die Inklination unmittelbar am Lot abgelesen.

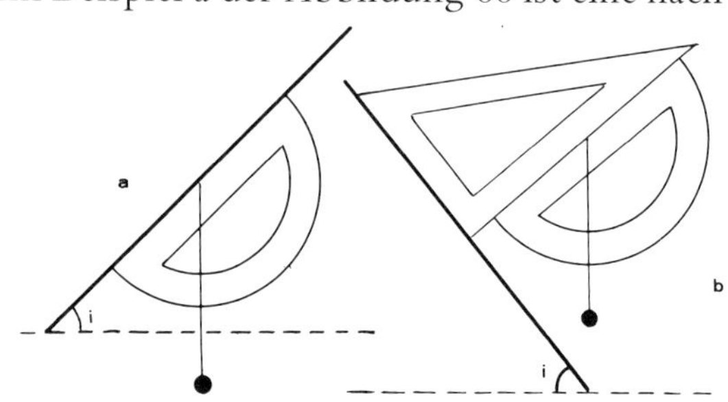

66 Neigung einer Ebene.

11 Bestimmung der geographischen Koordinaten

Eine genaue Messung der geographischen Koordinaten setzt das Vorhandensein von Instrumenten voraus, über die der Laie gewöhnlich nicht verfügt. Hier folgt demnach eine Anweisung für allgemein brauchbare, hinreichend genaue Verfahren.
Daß die geographische Breite gleich der Höhe des Polarsterns über der Horizontalebene ist, wurde schon gesagt. Es geht dies ohne weiteres aus der Betrachtung von Abbildung 67 hervor, wo PQP′ den Meridian, A den Standort, HH′ die Horizontalebene und OQ den Äquator darstellen. Der Beobachter sieht den Polarstern in der Richtung AP^N, die zu PP′ parallel ist. Dann sind die Winkel $\widehat{HAP^N}$ und $\widehat{AOQ}$ gleich, da ihre Seiten jeweils senkrecht zueinander stehen. Eine Höhenmessung des Polarsterns ergäbe also einen annähernden Wert für die gesuchte Breite. Eine solche Messung müßte aber um die Größe der Strahlenbrechung

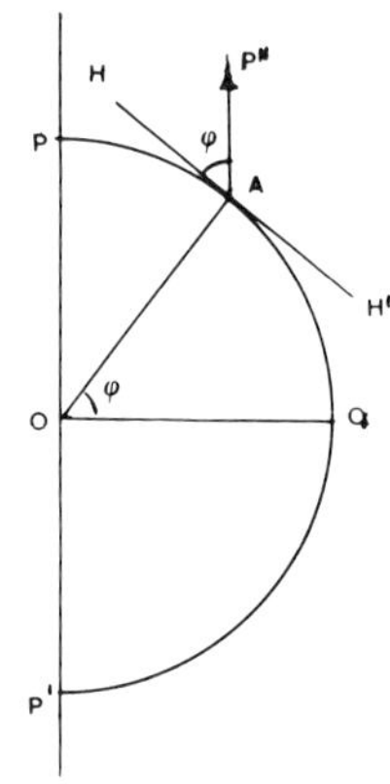

67 Polhöhe und geographische Breite sind gleiche Winkel.

(Tabelle II) vermindert, außerdem die im vorigen Paragraphen erwähnte Poldistanz des Sterns von 1° in Betracht gezogen werden. Es kann also im allgemeinen, und sofern nicht der Stern ε des Großen Bären mit dem Polarstern auf gleicher Höhe steht, dieses Verfahren nur mit Hilfe von besonderen, z. B. im Nautischen Jahrbuch enthaltenen Tabellen angewendet werden.
Eine viel genauere, übrigens allgemein übliche Methode besteht in der Höhenmessung eines Sterns bei seinem Meridiandurchgang. Es sei D seine Deklination, h die gemessene Höhe und $Z = 90 - h$ seine Zenitdistanz. Je nachdem, ob D kleiner oder größer ist als φ, mit anderen Worten, ob man bei der Beobachtung des Sterns nach Süden oder nach Norden blickt, bestehen nach Abbildung 68 die folgenden Gleichungen:

$\varphi = D + Z$ (rechts in der Abbildung)
$\varphi = D - Z$ (links in der Abbildung)

Die Bestimmung der geographischen Länge ist etwas einfacher – wenigstens im Prinzip. Aus den bisherigen Erklärungen geht hervor, daß die Differenz der in Zeiteinheiten ausgedrückten Längen zweier Orte A und B den Zeitraum darstellt, den ein gegebener Stern braucht, um vom Meridian des einen

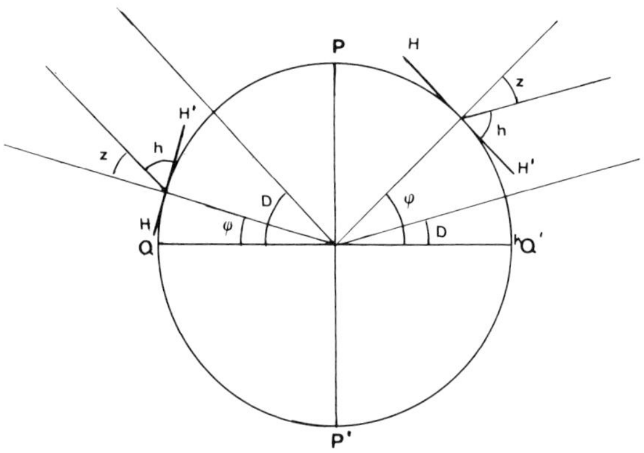

68 Die Deklination eines Sterns aus seiner Kulminationshöhe.

Ortes zu dem des andern zu gelangen. Wenn also die Zeit seines Meridiandurchgangs in Greenwich bekannt ist, drückt die Differenz seines Meridiandurchgangs am Standort mit dieser Zeit die gesuchte Länge aus.

Die Sternwarten besitzen für diese Messung besondere Fernrohre, sogenannte Mittagsrohre oder Meridiankreise, deren optische Achse sich nur im Meridian auf und ab bewegen kann. Es ist klar, daß diese Instrumente jedoch vor allem zur Bestimmung von Sternkoordinaten dienen, da diejenigen der Sternwarten selbst aufs genaueste bekannt sind.

Für den Entwurf einer Sonnenuhr ist die Kenntnis der Breite bis auf den halben Grad hinreichend genau. Bei der Länge hingegen ist auf größere Präzision zu achten, da, wie oben gesagt, für die Verwandlung der wahren, von der Sonne angegebenen Ortszeit in die öffentliche Uhrzeit mit der Zeitgleichung auch die geographische Länge einbezogen wird.

In der Praxis genügt es vollkommen, die Koordinaten auf einem Meßblatt im Maßstab von 1:50000 abzulesen. Falls Karten mit größerem Maßstab vorhanden sind, gebe man diesen den Vorzug. Küstenbewohner haben den großen Vorteil, die sehr genauen Seekarten einsehen zu können, die außerdem rechtwinklige, d. h. leichter ablesbare Gradnetze aufweisen.

Jedermann weiß, daß auf der Karte eine Parallele zu den Breitenkreisen durch einen Punkt A in den senkrechten Rändern der Karte die Breite, und daß ebenso eine Parallele zu den Meridianlinien in den waagerechten Rändern die Länge anzeigen (Abb. 69). Auf Karten mit gebogenen Gradnetzlinien, d. h. auf fast allen Landkarten, müssen die durch A gehenden Meßlinien so genau wie möglich der Biegung der nächsten Breiten- und Längenkurve folgen.

Die heute in Deutschland gebräuchlichen Karten beziehen die Längenangaben ausschließlich auf den Meridian von Greenwich. In Frankreich gibt es noch viele Karten, die den Meridian der Pariser Sternwarte als Nullmeridian benützen. Ferner verwendet dort beispielsweise die bekannte Michelin-Routenkarte auf ihren für den Verkehr in Frankreich bestimmten Blättern die 100° Teilung des rechten Winkels, worauf ebenso bei Breiten- wie bei Längenmessungen zu achten ist. Infolge der auf diesem Gebiet aus Sparsamkeitsrücksichten vorkommenden Wiederverwendung alter Matrizen gibt es bisweilen recht sonderbare Überraschungen, wie etwa die des Nullmeridians der im Elsaß sehr viel gebrauchten und sehr guten Wanderkarten mit Maßstab 1:50000 des

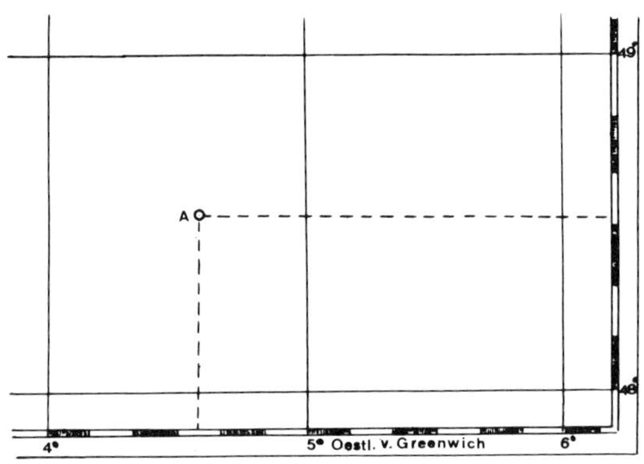

69 Der Punkt A liegt unter 48°32′ N und 4°30′ O.

Vogesenklubs, der auf eine jahrhundertealte Konvention zurückgeht und in der Nähe der Kanarischen Insel *Hierro* (Ferro) vorbeizieht. Wird aus irgendeinem Grunde eine Karte mit dem Nullmeridian durch Paris benützt, so kann zur Vermeidung von Irrtümern eine Skizze von Nutzen sein, auf der die Meridiane von Greenwich, Paris (2° 20′ Ost) und vom Standort A eingezeichnet sind. Es gibt dann drei Möglichkeiten (Abb. 70):

1. A liegt östlich von Paris. Die von der Karte angegebene Länge ist um 2° 20′ zu erhöhen.
2. A liegt westlich von Greenwich. Die Länge wird um 2° 20′ verringert.
3. A liegt zwischen den beiden Nullmeridianen. Die auf der Karte abgelesene Länge wird von 2° 20′ abgezogen.

In jedem Fall wird sie östlich oder westlich sein, je nachdem A östlich oder westlich vom Meridian von Greenwich liegt. In den seltenen Fällen, wo eine Karte mit dem Hierro-Meridian vorliegt, ist das Verfahren das gleiche, nur wird dann der genannte Meridian 17° 40′ westlich von Greenwich (d. i. 20° westlich von Paris) eingezeichnet.

Sollte keine brauchbare Landkarte verfügbar sein (etwa nur die Michelinkarte für Deutschland, Österreich oder die Schweiz), können die Koordinaten einigermaßen genau wie folgt bestimmt werden:

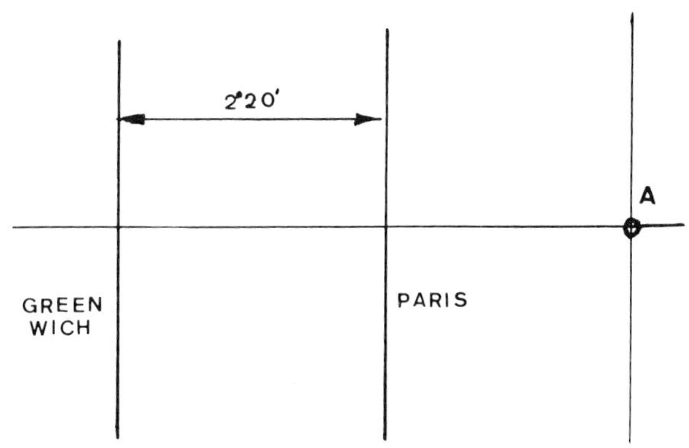

70 Nullmeridiane in Paris und Greenwich.

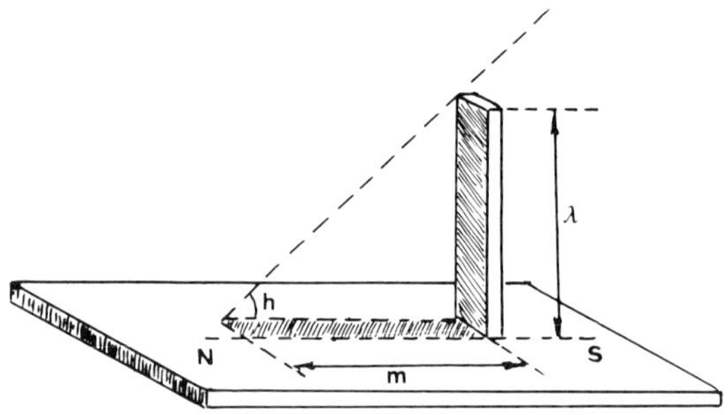

71 Bestimmen der geographischen Breite mit dem Gnomon.

Die geographische Breite

Normalerweise sind nur die Astronomen und Seeleute im Besitze von Instrumenten, die eine genauere Höhenmessung des Meridiandurchgangs eines Sternes ermöglichen. Andere Sterbliche werden sich mit dem uralten Instrument Gnomon begnügen müssen.

Hierfür wird ein ebenes Sperrholzbrett genau waagerecht gelegt, auf dem ein senkrechter Gnomon von der Höhe λ steht. Vor jeder Messung ist dessen Stellung mit dem Meßwinkel zu kontrollieren (Abb. 71). Auf dem Bodenbrett wird die Meridianrichtung eingetragen und das Ganze in die Meridianachse gedreht. Im Augenblick des wahren Mittags erreicht der Gnomonschatten seine kürzeste Länge. Die Uhrzeit dieses Augenblicks kann, wie oben angegeben, im Voraus berechnet werden.

Wenn die kürzeste Schattenlänge m beträgt, ergibt sich die scheinbare Mittagshöhe aus

$$\tan h = \frac{\lambda}{m}$$

Die Höhe h wird dann einer trigonometrischen Tabelle entnommen. Sie muß um den in der Tabelle II des Anhangs gegebenen Wert der atmosphärischen Strahlenbrechung vermindert werden. Von 90° abgezogen ergibt die so errechnete Höhe die Zenitdistanz der Sonne. Es wird nun aus einem astronomischen Jahrbuch oder auch aus der im Anhang gegebenen Tabelle IV die Deklination der Sonne bestimmt. Die Breite ergibt sich dann je nach den relativen Größen von φ und D aus den Formeln

$$\varphi = D + Z \text{ und } \varphi = D - Z$$

Für alle nördlich des Wendekreises des Krebses (+23° 27′) liegenden Gegenden, also für ganz Europa, kommt nur die erstere der beiden Formeln in Frage.

Die geographische Länge

Die im Prinzip so einfache Bestimmung der geographischen Länge ist Jahrhunderte hindurch ein Wunschtraum der Seeleute und Forschungsreisenden gewesen, da es ihnen nur in Ausnahmefällen möglich war, den Zeitunterschied zwischen ihrem Standort und dem Nullmeridian zu ermitteln.

Heute gibt es auf der ganzen Erde keine Stelle, wo dies nicht möglich wäre. Es ist leicht, von der öffentlichen Uhrzeit die mittlere Zeit von Greenwich abzuleiten, die jetzt als Weltzeit (TU) gebraucht wird. Ist die Zeitgleichung bekannt, so ergibt sich daraus auch die wahre Ortszeit am Nullmeridian. Es wurde weiter oben gezeigt (s. S. 38 und Abb. 49), wie die Zeit des Meridiandurchgangs eines Sterns im voraus bestimmt werden kann. Wird das Verfahren für die Sonne angewandt, so kommt man selbstverständlich auf 12 Uhr, den wahren Mittag. Es läßt sich jetzt der folgende Vorgang festlegen:

1 Zuerst wird die mittlere Zeit von Greenwich aus der Zonenzeit des Landes abgeleitet. Dies geschieht durch Addition oder Abziehen ganzer Stunden, je nach der Zeitzone. In Deutschland (Zone 1) wird eine Stunde, bei Sommerzeit 2 Stunden abgezogen.

2 Die gefundene Zeit wird durch die Korrektur der Zeitgleichung in die Greenwicher wahre Ortszeit umgerechnet. Man beachte, daß man hier von der mittleren zur wahren Zeit übergeht – eine positive Zeitgleichung ist somit abzuziehen, eine negative zu addieren.

3 Diese Uhrzeit wird beim Meridiandurchgang der Sonne abgelesen – es ist dann 12 Uhr wahre Ortszeit.

4 Ihr Unterschied zur Greenwicher Zeit ist die in Zeiteinheiten ausgedrückte Länge des Standortes, die jetzt in Grad umzurechnen ist. Der Meridian der größeren Zeit ist der östlichere.

Tafel VIII Horizontaluhr mit Kompaß. Auf einer in die Bodenplatte gravierten Weltkarte zeigt der Schatten die jeweilige Mittagszeit an.

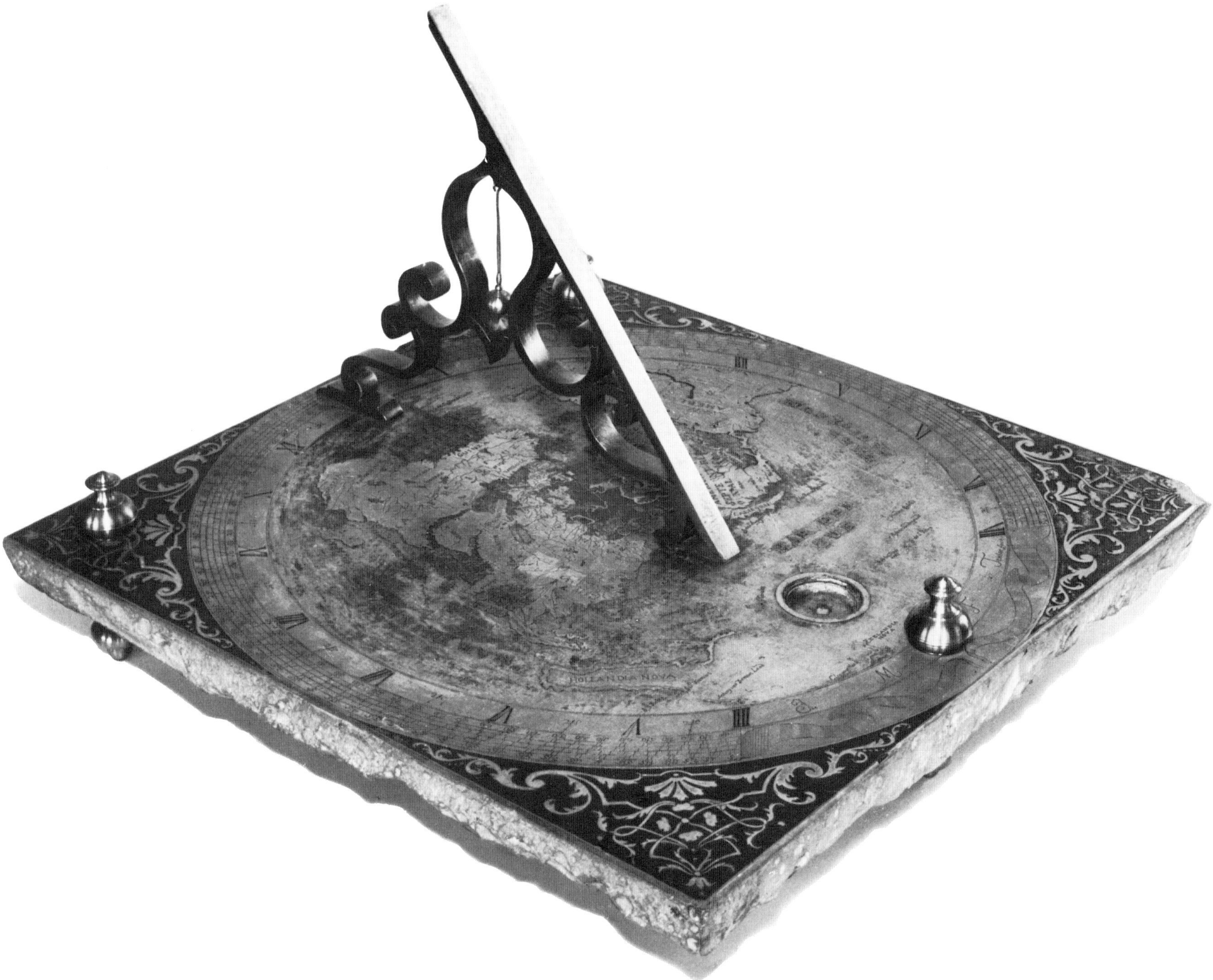

III Die Polos-Sonnenuhren

Tafel IX Äquatorialuhr nach einer in Penthers »Gnomonica Fundamentalis & Mechanica« enthaltenen Beschreibung ▷

SEPTENTRIO
OCCIDENS
Ansatz an Mittägige Seiten

1 Allgemeines

Eine Sonnenuhr besteht gewöhnlich aus einem Schattenwerfer oder Zeiger und einer Uhrenfläche, die man oft auch mit dem Namen Zifferblatt bezeichnet. Diese Fläche ist meistens eine Ebene; sie kann aber auch eine Kugel-, eine Zylinder- oder eine andere gekrümmte Fläche sein. Ausführungen mit unebenen Flächen sind aber heute seltener. Meistens ist der Schattenwerfer ein Metallstab, manchmal die Kante eines Dreiecks oder auch eines Körpers. Normalerweise ist er in der Uhrenfläche befestigt und somit unbeweglich. Ausnahmen bilden die analemmatischen Sonnenuhren, die aber keine Polos-Sonnenuhren sind und denen später ein eigenes Kapitel gewidmet wird.

Bei dreiecksförmigen Schattenwerfern, die bisweilen wegen ihrer größeren Festigkeit vorgezogen werden, bildet die schiefe Dreiecksaußenseite den eigentlichen Zeiger. Auf alten Gebäuden finden sich oft noch Sonnenuhren, deren Zeichnung nur aus einer einzigen Stundenlinie, der Mittagslinie besteht, und die nur den Meridiandurchgang der Sonne, d. i. die wahre Mittagszeit anzeigen. Es sind dies sogenannte *Mittagsweiser,* auch *Méridiennes* genannt, deren Hauptzweck es war, das Richten der mechanischen Uhren zu ermöglichen. Oft ist ihr Zeiger ein von einem Stab getragenes, mit einem Loch versehenes Rundblech, durch welches ein Lichtstrahl die Zeit als Lichtpunkt auf der Uhrenfläche anzeigte. Maßgebend für die Zeitangabe ist stets die Zeigerachse. Ihr Schnittpunkt mit der Uhrenfläche ist das sogenannte Zentrum der Sonnenuhr.

Wir stellen uns jetzt eine waagerechte Ebene H vor, die von einer senkrechten Ebene V längs der in der Ost-Westachse liegenden Geraden EW geschnitten wird (Abb. 74). In dem von den beiden Ebenen gebildeten rechten Winkel sei ein Stab CC′ so eingerichtet, daß seine Verlängerungen durch die Himmelspole laufen. Er wird also erdachsparallel und rechtwinklig zur Ost-Westachse verlaufen. Die Senkrechten aus C und C′ erreichen EW im Punkte M und die Ebene CMC′ ist die Meridianebene. Es wird also, mit anderen Worten, bei wahrem Mittag der Schatten von CC′ in den Ebenen V und H auf den Geraden MC und MC′ liegen. Eine Stunde später werden sich die Schattenlinien mit CNC′ decken. Da die Sonne seit Mittag dann $^{1}/_{24}$ ihrer Tagesbahn

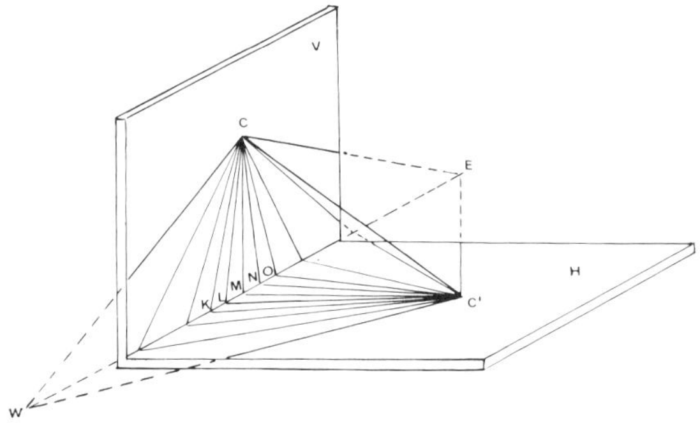

74 Die Schnittlinien der Stundenmeridiane mit Ebenen sind Stundenlinien von Sonnenuhren.

72 In den Verputz gearbeitete und harmonisch mit Beiwerk angebrachte Sonnenuhr eines Hauses in Bellesta (Südfrankreich).

73 Ostuhr auf einer Rundmauer am Pfarrhaus in Markirch (Ste. Marie-aux-Mines, Elsaß).

75 Sonnenuhr mit Räderuhr, Schloß Bebenhausen bei Tübingen (1570).

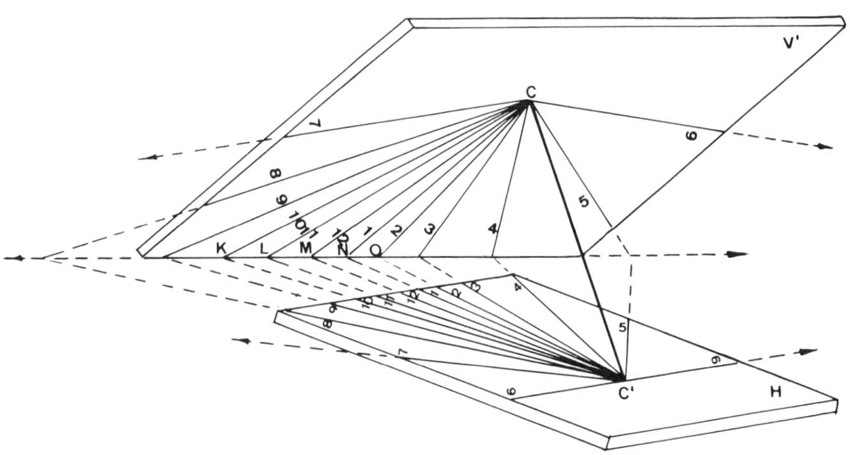

76 Sonnenuhren auf schiefer Ebene.

77 Auf Wandsonnenuhren der südlichen Halbkugel dreht sich der Schatten im Uhrzeigersinn. Sonnenuhr von 1736 in Bahia (Brasilien) unter 13° S. Messungen der Stundenlinien auf der Uhr ergeben, daß sie ursprünglich für einen Ort der Amazonasmündung (Breite 0°) bestimmt war.

durchschritten hat, wird der Winkel zwischen den Ebenen CMC′ und CNC′ diesen gleichen Wert, d. i. 15°, haben. Um 2 Uhr, wahre Ortszeit, wird der Schatten COC′ eine Ebene bilden, die wiederum mit CNC′ einen Winkel von 15° ergibt, und so wird es von Stunde zu Stunde weitergehen. Das gleiche Bild entsteht in den Morgenstunden mit den Schattenebenen CLC′ um 11, CKC′ um 10 Uhr usw.

Es ist also möglich, durch einfaches Nachzeichnen der Schattenspuren von Sonnenaufgang bis Untergang alle Stundenlinien der wahren Ortszeit zu bestimmen. Dann wäre auch, unter der Voraussetzung, daß die Ebenen H und V genau waagerecht bzw. senkrecht stehen, daß ferner EW und CC′ ihre Lage beibehielten, auf sehr einfache Weise in H eine waagerechte und in V eine senkrechte Sonnenuhr gefertigt, wobei letztere eine sogenannte Mittags- oder Süduhr wäre, weil sie genau nach Süden gerichtet ist. Es sei daran erinnert, daß unter den gegebenen Umständen der Winkel MC′C der geographischen Breite entspricht.

Um ganz genau zu sein, hätte sich dieser Vorgang an einem Punkte der Erdachse und nicht an der bis zu rund 6000 km davon entfernten Erdoberfläche abspielen müssen, denn hier werden die Stundenwinkel wegen der durch die Erddrehung verursachten Änderung der Sonnenentfernung nicht mathematisch präzis untereinander gleich bleiben. Der Fehler ist aber wegen der ungeheuren Sonnenentfernung und der im Vergleich dazu völlig unbedeutenden Größe der Erde überhaupt nicht bemerkbar.

Es sei wieder daran erinnert, daß hier nicht die mittlere oder gar die Zonenzeit gemessen wird, sondern die wahre Ortszeit, die die Grundbasis aller konventionellen Zeitmessungen bildet und von der alle anderen Zeitmaße abgeleitet werden. Und nicht zuletzt sei mit Genugtuung unterstrichen, daß die Sonnenuhr diese Zeit mit ewig gleichbleibender Genauigkeit vermittelt.

Wir nehmen nun an, daß ohne Änderung der Stellung von CC′ die senkrechte Ebene V aus ihrer Ost-Westlage gedreht und dann noch schief gestellt wird. Die Sonnenuhr, die jetzt auf ihrer Fläche entsteht, nennt man *abweichend* oder *deklinierend* bzw. *geneigt* oder *inklinierend*.

Man denke sich (Abb. 76) die Ebene V′ auf der Verlängerung von H ruhend. Wiederum werden, wie soeben, die Schattenlinien von CC′ durch die Schnittlinien der gleichen Ebenen CMC′, CNC′, COC′ usw. bestimmt sein, und da sowohl H als CC′ nicht bewegt wurden, wird sich das Zentrum C der neuen Sonnenuhr im Schnittpunkt von CC′ mit V′ befinden, während sich die Punkte K, L, M, N, O usw. aus der Verlängerung der Stundenlinien der Uhr H ergeben. Die Stundenlinien von V′ sind dann CK, CL usw. Genau wie eben liegt der Schatten in den Schnittlinien der Stunden- oder Meridiankreisebenen der Sonne mit den Uhrenflächen.

Und dies alles würde sich auch dann noch bewahrheiten, wenn die Uhrenfläche nicht mehr eine Ebene, sondern eine zylindrische oder irgendeine andere krumme Fläche wäre; nur könnten dann natürlich auch die Stundenlinien keine Geraden sein.

Es sei schließlich eine Uhrenfläche betrachtet, die den Zeiger CC′ in einem rechten Winkel schneidet. Ihre Ebene liegt senkrecht zur Erdachse und parallel zur Äquatorebene. Eine solche Sonnenuhr heißt *Äquatorialuhr*. Sie spielt unter den Sonnenuhren eine besonders wichtige Rolle; von ihr soll im folgenden Abschnitt die Rede sein.

Unsere bisherigen Untersuchungen beruhen auf der Annahme – die auch weiterhin besteht –, daß wir uns auf der nördlichen Halbkugel befinden. Für einen südlich vom

Äquator stehenden Beobachter werden sie mit der Maßgabe gültig bleiben, daß bei ihm die Uhrenfläche einer Vertikaluhr nach Norden gedreht und die Stundenziffern auf dieser wie auch auf der Horizontaluhr umgekehrt eingetragen sein müssen. Alle weiteren, auch die in der Folge noch kommenden Erörterungen sind entsprechend umzubilden (Abb. 77).

2 Äquatoriale Sonnenuhren

Soeben wurde gesagt, daß das Zifferblatt einer äquatorialen Sonnenuhr mit dem Zeiger einen rechten Winkel bildet und parallel zur Äquatorebene liegt. Aus den vorausgegangenen Erklärungen ging hervor, daß die Stundenlinien mit ihren Nachbarn jeweils Winkel von 15° bilden. Damit ergibt sich für solche Sonnenuhren eine besonders einfache Konstruktion. Es genügt, um den Fuß des senkrechten Zeigers einen Kreis zu ziehen, ihn in 24 gleiche Teile zu zerlegen und die Teilungspunkte mit dem Mittelpunkt zu verbinden. Die benötigten Stundenlinien gehen von 3 Uhr morgens bis 9 Uhr abends, denn am 21. Juni, dem längsten Tag des Jahres, geht die Sonne im nördlichen Deutschland vor 4 Uhr auf und nach 8 Uhr unter – wahre Ortszeit (Abb. 79) . . .

78 Sonnenuhr und Fresken am Rathaus Lindau am Bodensee.

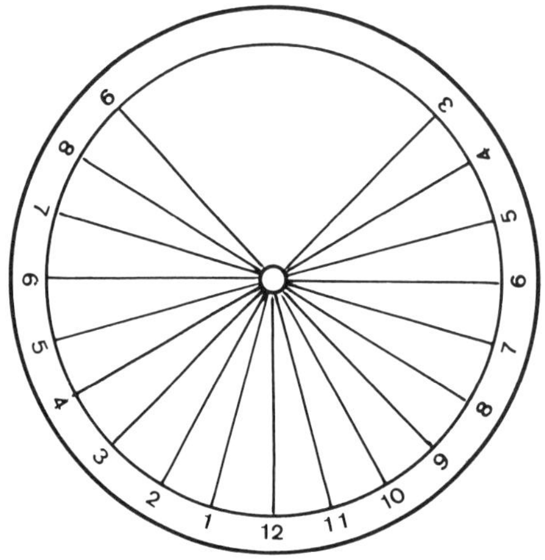

79 Äquatoriale Sonnenuhr.

An einem gut besonnten Standort hat diese Sonnenuhr und mit ihr, wie wir noch sehen werden, auch die Horizontaluhr den Vorteil, die Uhrzeit während der ganzen Tagesdauer anzeigen zu können. Dabei ist dann ihr kreisförmiges Zifferblatt ein verkleinertes Abbild des Äquatorkreises, der, wie wir wissen, die Grundebene für die Deklinationsmessung der Gestirne, also auch der Sonne, bildet, so daß ihre Strahlen vom 21. März bis zum 23. September, d. h. im Frühling und Sommer, die obere Fläche der Uhr und im Herbst und im Winter ihre untere Fläche beleuchten; an den Tagen der Nachtgleichen werden sie in der Zifferblattebene liegen und damit den Wechsel des Vorzeichens der Sonnendeklination anzeigen. Im ersteren Fall dreht sich der Schatten auf der Oberseite im Uhrzeigersinn, im zweiten auf der Unterseite in umgekehrter Richtung, und dort genügen auch die Stundenlinien von 6 Uhr morgens bis 6 Uhr abends.

Die Aufstellung der Uhr ist ebenso einfach wie ihr Entwurf. Zu ihrer korrekten Neigung wird ein Winkelmesser benötigt, um dem Zeiger den Winkel der Breite mit der Horizontalen zu sichern. Die Mittagsstundenlinie muß den Kreis in seinem tiefsten Punkt erreichen, d. h. auch, daß die auf dem gleichen Durchmesser liegenden Stundenlinien von 6 Uhr morgens und 6 Uhr abends waagerecht, also der Horizontalen parallel sein müssen. Die Uhr braucht dann nur noch die richtige Nord-Südrichtung zu bekommen.

Hierfür gibt es aber noch eine besondere Möglichkeit. Es wurde schon festgestellt, daß die Deklination der Sonne, also ihre Winkelhöhe über dem Äquator und damit auch über der Uhrenfläche, sich im Laufe eines Tages nur unmerklich, an den Sonn-

80 Armillarsphäre mit Tierkreiszeichen an der Seefahrtsschule in Bremen.

Tafel X Klappsonnenuhr von Nikolaus Miller 1661. Oben jüdische (= temporale) Stunden mit Monatslinien, darunter Tabelle mit Stundenregenten (Tabula planetarum), dann Äquatorialuhr. Unten Kompaß und vertiefte Gnomonsonnenuhr für italische und babylonische Stunden. Daneben Mondkalender.

wendtagen überhaupt nicht verändert. Es kann also in der Zeit um die Sonnenwende, etwa vom 10. bis 30. Juni, die Schattenlänge des Zeigers auf der Uhr als gleichbleibend betrachtet werden. Durch stetes Messen dieser Schattenlänge ist es somit möglich, die Stellung der Uhr so lange zu verbessern, bis eine gleichbleibende Schattenlänge erreicht ist. Die Uhr steht dann genau in der Meridianachse und der Zeiger ist erdachsparallel. Der Vorgang geschieht ohne andere Hilfsmittel – nur durch die Uhr selbst. Er bietet die Möglichkeit für eine einfache, wenn auch nicht hochpräzise Messung nicht nur der Meridianrichtung, sondern auch der geographischen Breite.

Darüber hinaus spielt aber die Äquatorialuhr in der Gnomonik eine ebenso wichtige wie unentbehrliche Rolle.

Gegeben sei z. B. eine Mauer oder auch ganz allgemein eine beliebige Ebene, senkrecht oder schief, abweichend oder nicht, auch waagerecht, auf der die Stundenlinien einer Sonnenuhr gezeichnet werden sollen. Wir nehmen an, daß der Zeiger schon vorschriftsmäßig eingesetzt sei. Nun wird diesem Zeiger das in Abbildung 81 gezeigte Instrument aufgesetzt. Es ist dies eine richtige, nicht allzu große Äquatorialuhr, die an der Stelle des Zeigers durchbohrt ist und ohne

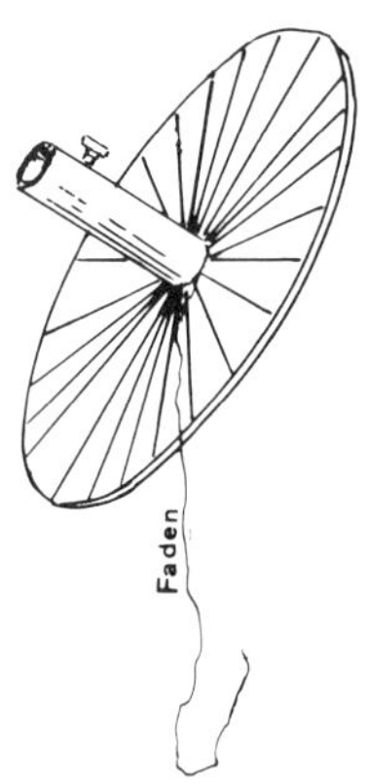

81 Die Äquatorialuhr als Werkzeug.

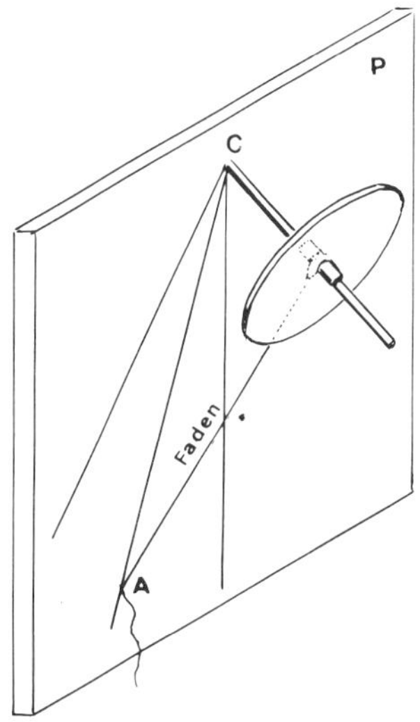

82 Verwendung der Äquatorialuhr zur Bestimmung von Stundenlinien.

Spielraum den Zeiger der zu zeichnenden Uhr als eigenen, rechtwinklig zu ihr stehenden Zeiger erhält. Ihr Zifferblatt wird um diesen Zeiger gedreht, bis die auf dem gleichen Durchmesser liegenden Stundenlinien für 6 und 18 Uhr waagerecht werden, und dann das Ganze mittels einer Druckschraube befestigt. Nun hängt man die Schlinge eines Fadens über den Zeiger und spannt den Faden so, daß er der Ebene der Äquatorialuhr genau aufliegt (Abb. 82). Wird er in dieser Lage auf die Stundenlinien der Uhr gedreht, so trifft er die Fläche der neuen Uhr in einem Punkt der entsprechenden, dort zu zeichnenden Stundenlinie. Diese entsteht durch die Verbindung dieses Punktes mit dem Fußpunkt des Zeigers.

Das geschilderte Verfahren ermöglicht die Zeichnung einer Sonnenuhr mit hinreichender Genauigkeit. Es war jahrhundertelang um so mehr beliebt, als es sich für alle Lagen der Uhrenfläche anwenden läßt. Wer mit technischen Zeichenmethoden weniger vertraut ist, wird es vorziehen, da es keinerlei Spezialkenntnisse und nur etwas Geschicklichkeit voraussetzt. Es muß aber dabei beachtet werden, daß Zeiger und Äquatorialuhr ohne Spielraum aufeinander passen, daß beide rechtwinklig zueinander stehen und der gespannte Faden auf der Uhrenfläche anliegt, ohne an ihrem Rand geknickt zu sein. In den heute selten gewordenen Fällen, wo eine Sonnenuhr in eine bauchige oder hohle Fläche, etwa, wie es früher beliebt war, in die Wölbung einer großen Muschel gezeichnet werden soll, muß die Hilfsuhr mehrfach am Zeiger versetzt und jeweils für jede Stundenlinie ein Punkt auf dem Zifferblatt markiert werden. Die Punkte der einzelnen Stundenlinien werden dann zu einer Kurve verbunden, die ebenso genau wie auf jeder anderen Sonnenuhr die Zeit anzugeben vermag.

Für Besitzer eines Dia-Projektors schlägt Schumacher[102] ein sehr praktisches, ganz einfaches Verfahren vor, das sich auch für die außergewöhnlichsten Flächen eignet. Er zeichnet eine unbezifferte Äquatorialuhr, die

83 Äquatorialuhr mit Datumslinien und Zeitgleichungskurve. Der verstellbare Meridianbogen kann dem Zeiger jede Richtung geben und macht die Uhr zum Universalinstrument. Äquatordurchmesser 18 cm, Höhe 28 cm.

also nur aus den jeweils 15° voneinander stehenden Stundenlinien besteht, jedoch auch punktierte Linien für halbe und Viertelstunden enthalten kann. Diese Äquatorialuhr wird senkrecht in die optische Achse eines Photoapparates gestellt. Der Schattenwerfer wird also in dieser Achse liegen. Das Bild wird photographiert und das Dia entwickelt. Nun wird der Projektionsapparat so aufgestellt, daß seine optische Achse wie soeben in der Achse der zu entwerfenden Sonnenuhr liegt und das Bild der Äquatorialuhr wird auf die neue Uhrenfläche projiziert, auf der dann die dort sichtbaren Stundenlinien nachgezogen werden können. Zu bemerken ist – wir kommen an gegebener Stelle darauf zurück –, daß bei deklinierenden Sonnenuhren, die gleichzeitig geneigt sind, die Mittagslinie nicht wie gewöhnlich auf der Fallinie der Uhrenfläche liegt (S. 82). Es ist deshalb geraten, die senkrechte Stellung der Mittagslinie der Projektion genau zu kontrollieren und diese hierfür zunächst auf eine vertikale Fläche zu projizieren.

Die Rolle der Äquatorialuhr als Universalinstrument erstreckt sich übrigens auch auf die zeichnerische und sogar auf die rechnerische Darstellung von Sonnenuhren. Auf sie wird in späteren Kapiteln ausführlich eingegangen.

84 Die Äquatorialuhr am Schwanenplatz in Luzern.

Im Laufe der Entwicklung der Gnomonik hat zwangsläufig die große Einfachheit dieser Uhr zu einer ganzen Reihe der verschiedensten, bisweilen seltsamsten Konstruktionen geführt, unter denen der Heliochronometer in Abbildung 40 nur als ein Beispiel aus jüngerer Zeit zu betrachten ist. Auch die Armillarsphären und Sonnenuhren, wie die in den Abbildungen 80 und 83 gezeigten, sind Äquatorialuhren. In den letzten Jahrzehnten wurden auf diesem Gebiet wahre Meisterwerke hergestellt, von denen später noch die Rede sein soll. Vorerst sei hier auf die Abbildungen 84 und 85 verwiesen.

3 Horizontaluhren

Die Horizontaluhr ist eine beliebte Gartensonnenuhr. Wo sie in Stein gemeißelt auf einer Säule ruht und diese mit den Jahren die blaßgrüne Moosfärbung angenommen hat, entsteht ein Gartenornament, das an Dekorationswert einer kunstvollen Statue gleichwertig ist und dazu eine ganz besondere Stimmung der Ruhe und Besinnlichkeit ausstrahlt. Von der Äquatorialuhr abgesehen ist sie auch diejenige Sonnenuhr, deren Herstellung die wenigsten Anforderungen stellt.

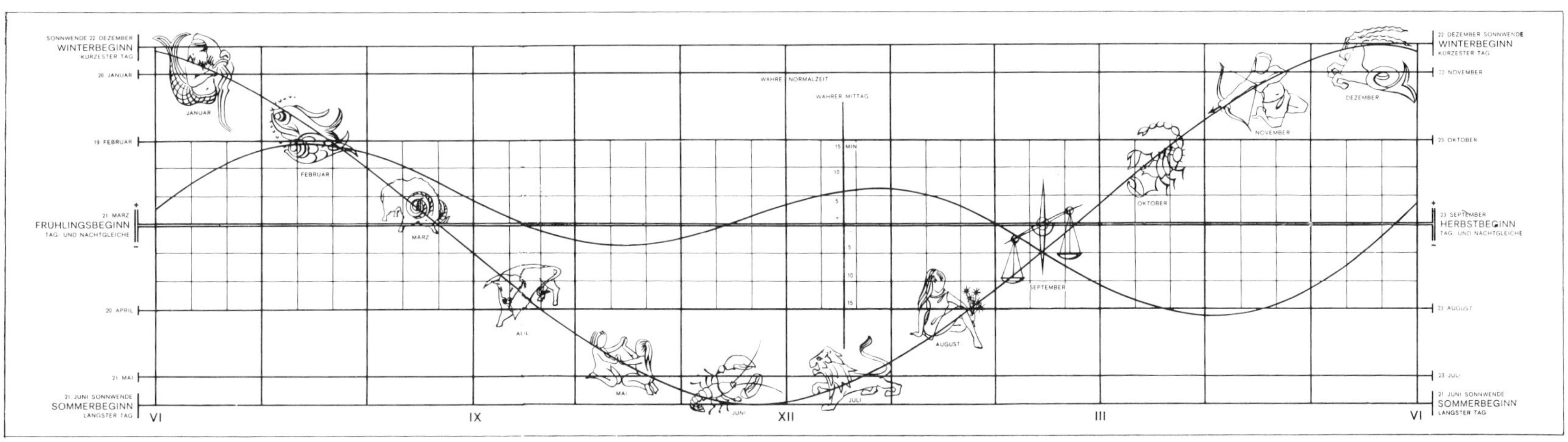

85 Das aufgerollte Zifferblatt der Äquatorialuhr in Luzern mit Ekliptik, Tierkreiszeichen und Zeitgleichungskurve. Monate und Tierkreiszeichen erscheinen längs der Ekliptik. Die Sonnendeklination wird in Grad gelesen. Eine zweite Kurve zeigt die Zeitgleichung, deren Größe auf der mittleren Skala in Minuten abgelesen wird.

86 Handwerkliche Darstellung der Horizontaluhr.

87 Das Gesicht der Horizontaluhr in unseren Breiten (Tageshöchstdauer 16 Stunden).

88 Die Horizontaluhr der Grafen von Salm in einem Park in Rothau (Elsaß).

89 Blick auf das Zifferblatt der Horizontaluhr von Rothau. Die herrlich gravierte Bronzeplatte zeigt das Wappen der Grafen, die Monatslinien und rund um die Uhr einen Jahreskalender mit den Werten der Zeitgleichung.

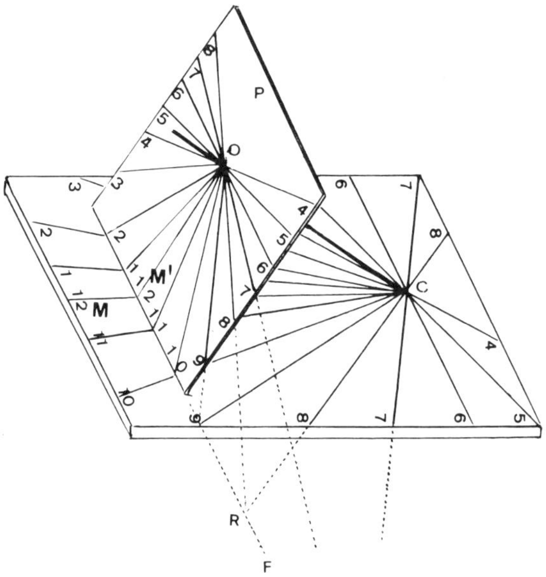

Handwerkliche Herstellung

Nachdem der Zeiger in der richtigen Neigung über dem Zifferblatt befestigt ist, wird zunächst senkrecht darunter als Mittagslinie die Gerade CM gezogen (Abb. 86). Wird nachher die Uhr an ihrem endgültigen Standorte eingerichtet, so muß CM genau in der Nord-Südrichtung liegen und zwar mit dem Zentrum C im Süden. Daß die Uhr genau waagerecht zu legen ist, sagt schon ihr Name. Es wird dann, wie schon ausgeführt (S. 58), mit einer Hilfsäquatorialuhr P gearbeitet. Der Vorgang wird noch erleichtert, wenn diese, wie in Abbildung 86 gezeigt, auf eine rechtwinklige Tafel gezeichnet ist. Aus dem Punkt O dieser Tafel wird zunächst eine Senkrechte zu einer Seite gezogen, die sie in M′ erreicht. Rechts und links von OM′ sind in Abständen von 15° die übrigen Stundenlinien einzuzeichnen. Im Punkt O der Hilfsuhr wird nun ein Loch gebohrt, dessen Durchmesser genau der Dicke des Zeigers entspricht und nun wird sie diesem – wie in Abbildung 86 gezeigt – aufgesetzt und unter Verwendung eines Meßdreiecks rechtwinklig zu ihm gerichtet. Bei guter Ausführung wird nun die Seite mit dem Punkte M′ auf ihrer ganzen Länge auf dem Zifferblatt aufliegen und dieser Punkt auf die Mittagslinie CM zu liegen kommen. Die Endpunkte der Stundenlinien der Hilfsuhr werden auf dem Zifferblatt markiert und mit C verbunden. Sie ergeben die Stundenlinien der neuen Uhr.

Man wird beobachten, daß ein runder Zeiger auf dem Zifferblatt einen elliptischen Einschnitt bildet. In diesem Fall wird das Ellipsenzentrum als Ausgangspunkt der Stundenlinien gebraucht.

Aus Abbildung 86 geht hervor, daß die seitlichen Stundenlinien der Hilfsuhr die neue Uhrenfläche nur durch Verlängerung erreichen. Hier wird zunächst von M′ aus der Faden M′F gespannt, der die Schnittlinie von P mit der Horizontaluhr verlängert, dann ein zweiter Faden, der von O aus in P eine der Stundenlinien materialisiert und den Faden M′F in R schneidet. Nun wird ein dritter Faden von C über R gespannt, der die gesuchte Stundenlinie darstellt. Das Verfahren wiederholt man für alle Stundenlinien, die auf P an den seitlichen Plattenrändern enden. Für die 6 und 18 Uhr-Stundenlinien, wo es versagt, ist die Konstruktion wegen ihrer rechtwinkligen Lage zur Mittagslinie ohne Problem. Die Linien der frühen Morgenstunden bzw. späten Abendstunden der langen Sommertage sind die Verlängerungen der 12 Stunden von ihnen entfernten Tagesstunden. Übrigens wird diese ganze Arbeit nur für eine Hälfte der Uhr ausgeführt, da diese in bezug auf die Mittagslinie CM symmetrisch ist.

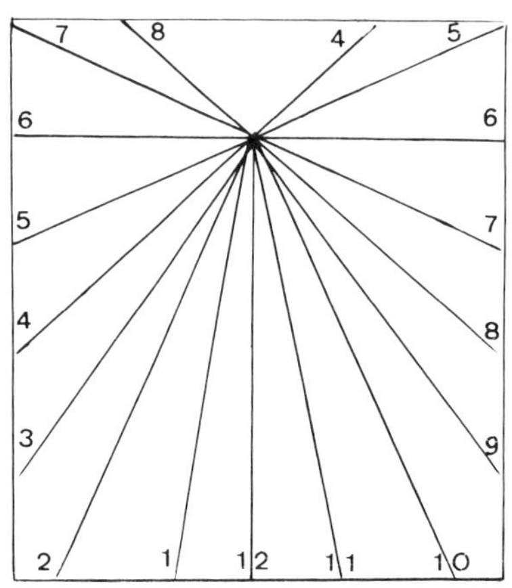

Tafel XI Rundum gezähnte Äquatorialuhr mit drehbarer Absehe. Letztere trägt ein Zahnrad mit einem Zeiger, der auf einem zusätzlichen Zifferblatt die Minuten angibt.

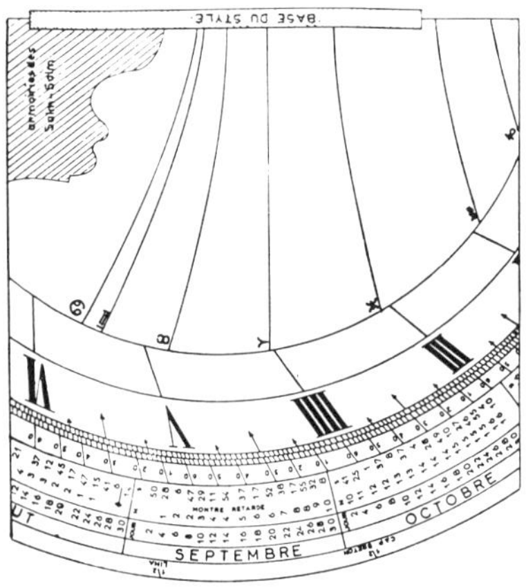

90 Verdeutlichende Zeichnung eines Teils der Sonnenuhr der Grafen von Salm. Sie zeigt die Werte der Zeitgleichung und am Außenrand einige der um die Uhr herum angegebenen Mittagszeiten fremder Gegenden oder Orte: Cap Breton und Lima.

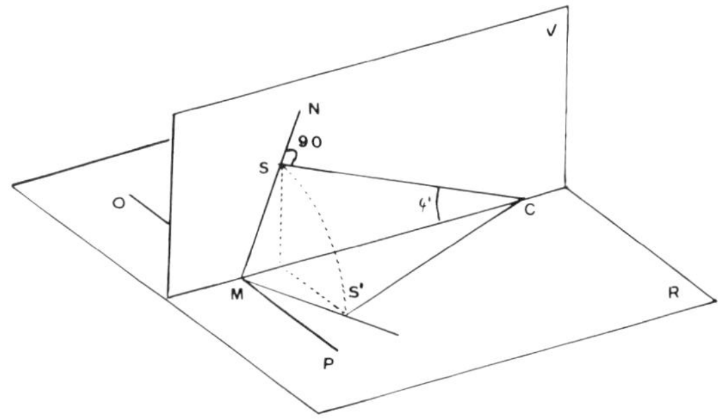

91 Konstruktionsprinzip der Horizontaluhr mit Zirkel und Lineal.

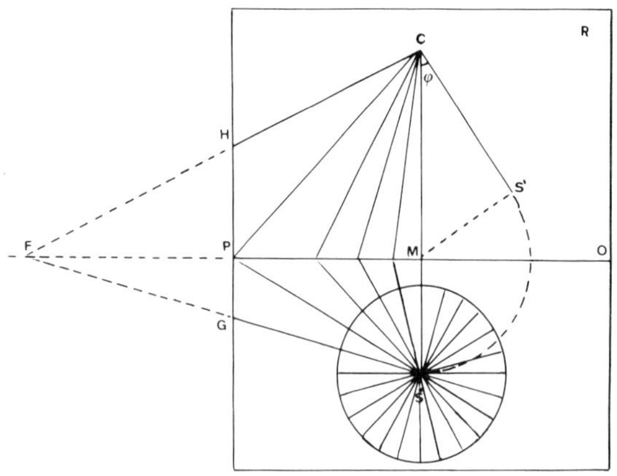

92 Das Umklappen der Zeichnung.

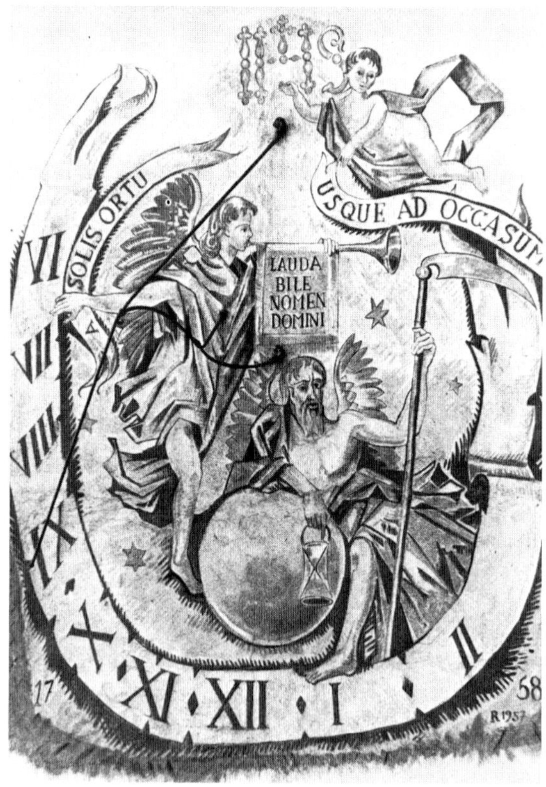

93 Die Freske der Sonnenuhr am ehemaligen Jesuitenkolleg (jetzt Finanzamt) in Sarre-Union (Elsaß) zeigt heidnische und christliche Symbole. *»Vom Aufgang zum Untergang* (der Sonne) *lobet den Namen des Herrn.«*

Konstruktion mit Zirkel und Lineal

Die Konstruktion der Horizontaluhr ist an sich nur eine Wiederholung des eben geschilderten Vorgangs mit anderen Mitteln. Dem mit Zirkel und Lineal Vertrauten bereitet sie weniger Schwierigkeiten als dem weniger Erfahrenen, der aber mit etwas Aufmerksamkeit das Ziel ebenfalls erreichen kann.

Ihr Hauptvorteil ist die gewissermaßen automatisch gesicherte Genauigkeit.

Es sei R die Fläche der zu zeichnenden Horizontaluhr und der Punkt C ihr Zentrum (Abb. 91). Zuerst wird die Mittagslinie CM gezogen, die später in der Meridianrichtung liegen muß. Der Zeiger CS, der die Uhrenfläche in C schneidet, liegt also in der auf CM zur Ebene R senkrechten Ebene V. Die Fläche der Hilfsuhr steht in S senkrecht zum Zeiger SC und schneidet einerseits V in der Geraden MN, die also zu SC senkrecht ist, andererseits R in der zu CM rechtwinklig verlaufenden Geraden OP. Um also den so gekennzeichneten Punkt M zu konstruieren, wird das in S rechtwinklige Dreieck CSM statt in der Ebene V in der Ebene R gezeichnet, wie wenn V ein um CM drehbares und in die Ebene R umgeklapptes Blatt wäre. Dieses Umklappen erlaubt somit, die im Raum stehende Zeichnung in der Ebene R auszuführen, wo S′ und MS′C die umgeklappten Bilder von S und MSC darstellen. Die Winkel $\widehat{MCS}$ und $\widehat{MCS'}$ sind gleich der geographischen Breite und M wird ohne Schwierigkeit mittels der Senkrechten S′M zu CS′ gefunden. OP wiederum entsteht als Senkrechte in M zu CM. Nach dem Umklappen der Hilfsuhr wird deren Zeichnung in der Ebene R ausgeführt. Genau wie vorhin die Ebene CSM nach Belieben nach rechts oder nach links geklappt werden konnte, kann jetzt die Hilfsuhr sowohl nach oben als nach unten gelegt werden. Geschieht es nach unten (Abb. 92), so ist das Abbild des von S um M beschriebenen Wegs ein Kreisbogen um M mit dem Radius MS′. Er schneidet CM in S″, dem umgeklappten Bild von S in die Ebene R. Jetzt kann um S″ der Kreis der äquatorialen Hilfsuhr gezogen werden. Die geplante Uhr wird um so genauer, je größer dieser Kreis gewählt wird. Nachdem er in 24 Stundenbögen geteilt ist, werden seine Stundenlinien gezogen und bis zur Linie OP verlängert, wo ihre Schnittpunkte mit C verbunden werden. Diese Verbindungslinien sind die Stundenlinien der Horizontaluhr.

Wieder taucht die schon in Abbildung 86 angetroffene Schwierigkeit auf. In Abb. 92 befinden sich auf OP die Schnittpunkte für die vier ersten Stundenlinien noch im Rahmen der Zeichnung, jedoch liegt F, der Punkt der fünften Stunde, weit außerhalb. Statt wie oben ein Faden, wird hierfür eine einfache Rechnung gebraucht, die wie folgt durchzuführen ist:

94 Sonnenuhrenfreske an der Kirche von Berneck (Schweiz).

Es seien H und G die Schnittpunkte von CF und S″F mit dem Rand des Zeichenblattes, von dem vorausgesetzt ist, daß es zu CM parallel verläuft. Man hat sodann:

$$\frac{PH}{PG} = \frac{MC}{MS''} \text{ und } PH = \frac{MC}{MS''} \cdot PG$$

Die drei Längen MC, MS″ und PG werden gemessen und PH errechnet.

Konstruktion durch Berechnung

Die von den einzelnen Stundenlinien mit der Mittagslinie gebildeten Winkel, also etwa $\widehat{MCH}$ (Abb. 92), können auch trigonometrisch berechnet werden. Zu diesem Zweck betrachte man die Horizontaluhr perspektivisch (Abb. 95) und zwar – der Klarheit des Bildes wegen – nur mit der Mittagslinie, der

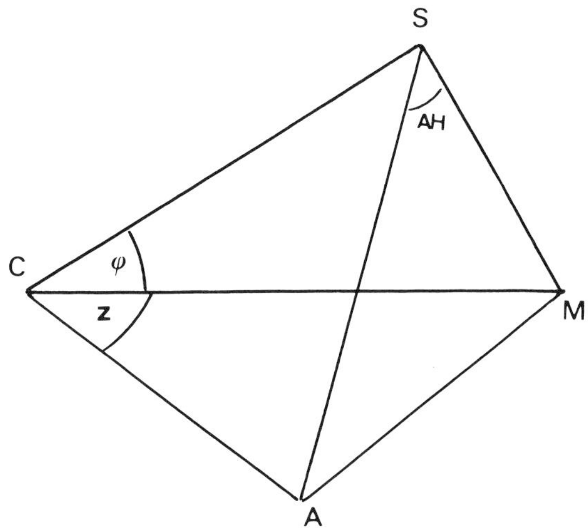

95 Konstruktion der Horizontaluhr durch Berechnung.

einzigen Stundenlinie CA und dem Zeiger CS dargestellt.
Die Ebene CSM ist die Meridianebene, die auf der Uhrebene MCA senkrecht steht. Der Winkel $\widehat{SCM}$ ist die Breite φ. Es sei nun SM senkrecht zu CS und die Ebene SMA senkrecht zu SC. Der Winkel $\widehat{MSA}$ ist also der Stundenwinkel AH der Sonne, der Winkel $\widehat{MCA}$ ist der gesuchte Winkel z, den auf der Sonnenuhr die entsprechende Stundenlinie mit der Mittagslinie bildet. Es ist

$$\frac{SM}{CM} = \sin\varphi, \frac{CM}{AM} = \cot z \text{ und } \frac{AM}{SM} = \tan AH$$

Werden die Seiten der drei Gleichungen miteinander multipliziert, so ergibt sich

$$1 = \sin\varphi \cdot \cot z \cdot \tan AH,$$
$$\text{d. h. } \tan z = \sin\varphi \cdot \tan AH$$

Gibt man dem Stundenwinkel AH nacheinander die Werte 15°, 30°, 45° usw., so ergeben sich die Winkel z für die betreffenden Stunden 1, 2, 3 usw.; die Berechnung der halben, Viertel- oder anderer Bruchteile von Stunden erfolgt in gleicher Weise.
Hier ist an einem einfachen Beispiel gezeigt, wie die trigonometrische Formel zur Be-

96 Sonnenuhr mit Tiersymbolen für Morgen- und Abendstunden in Birkenau (Hessen). Entwurf Otto Seile.

rechnung der Winkel von Stundenlinien mit der Mittagslinie aufgestellt werden kann. Für die weiteren verschiedenen Arten von Sonnenuhren, denen wir in der Folge begegnen werden, ist die entsprechende Formel nicht entwickelt, sondern es wird auf Kapitel IV verwiesen, wo eine allgemein gültige rechnerische Behandlung erfolgt und zu Formeln führt, die sich für alle Fälle eignen.
Die Aufstellung von Sonnenuhren in Gärten oder öffentlichen Plätzen setzt den Zeiger mehr oder minder großen Gefahren aus. Ein etwas schwererer Ball kann ihn verbiegen und aus der ursprünglichen Lage bringen. Dies wurde schon sehr früh erkannt und insbesondere bei Horizontaluhren dem Zeiger fast stets die in Abbildung 97 dargestellte

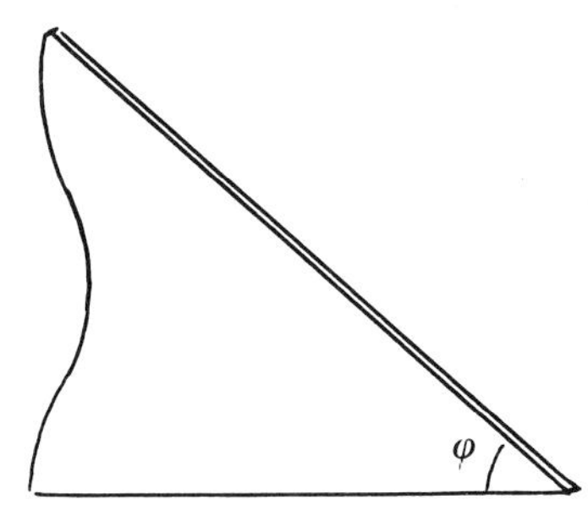

97 Verstärkter Dreieckszeiger für Horizontalsonnenuhren.

Form gegeben. Sollte nun aber die Dicke des dabei verwendeten Metallstücks ein gewisses Maß überschreiten, so muß in Betracht gezogen werden, daß am Vormittag die obere westliche Kante und nachmittags die östliche als Schattenwerfer dient. Die Uhr hat dann zwei Zeiger, deren Entfernung voneinander der Dicke des Metallstücks entspricht. Hier muß dann auch die Zeichnung der Uhr längs der Mittagslinie entzweigeschnitten und die beiden Hälften um das Maß dieser Dicke auseinandergezogen werden (Abb. 98). Dieser Hinweis gilt für alle Arten der in der Folge betrachteten Sonnenuhren, deren Zeiger die obige Dreiecksform aufweist.

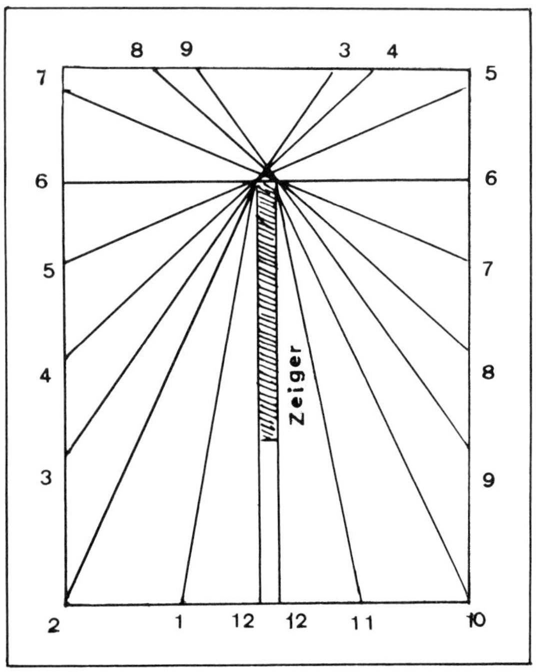

98 Bei sehr starkem Dreieckszeiger müssen die beiden vom Meridian (d. i. von der Mittagslinie) begrenzten Hälften der Uhr um die Dicke des Zeigerblattes auseinandergezogen werden. In der Zeichnung der Uhr sind dann auch die schattenwerfenden Kanten des Zeigerdreiecks zu berücksichtigen.

99 Der Zeiger der monumentalen Horizontaluhr in Stirling Forest Garden, Tuxedo (New York). Man beachte die in Amerika beliebte Symbolik in der Zeigerstütze.

100 Horizontale Sonnenuhr in Gibraltar. Sie hat die Form einer großen, von Stützen getragenen und teilweise durchscheinenden Schale, auf deren Außenseite die Stundenziffern angebracht sind. Der Zeigerschatten ist durch die Schalenwand sichtbar. Die Anlage ist groß genug, um dem Vorbeigehenden die Uhrzeit auf einige Entfernung zu vermitteln.

4 Vertikaluhren

Allgemeines

Vertikaluhren können in jeder Kompaßrichtung aufgestellt werden. Bei einem in der ersten Vertikalebene stehenden Zifferblatt spricht man von einer nicht abweichenden Uhr. Das in der Ost-Westachse stehende Zifferblatt ist nach Süden oder Norden gerichtet. Im ersten Fall handelt es sich um eine Süd- oder Mittagsuhr, im zweiten um eine Norduhr.

Ist die Uhr deklinierend, d. h. abweichend, und beträgt die Deklination 90°, so handelt es sich um eine Ost- bzw. Westuhr. In allen anderen Fällen spricht man allgemein von deklinierenden oder abweichenden Sonnenuhren.

Bezüglich der Konstruktion senkrechter Sonnenuhren gelten folgende Bemerkungen:

Die Mittagslinie ist die Schnittlinie der senkrechten Uhrenebene mit der ebenfalls senkrechten Meridianebene, die den Zeiger enthält. Sie steht also immer senkrecht.

Das oben gezeigte Verfahren zur Bestimmung der Stundenlinien mittels einer Äquatorial-Hilfsuhr (S. 58) ist natürlich auch hier anwendbar. Wir wissen des weiteren, daß eine für den Standort eingerichtete Horizontaluhr für den gleichen Zweck verwendbar ist (S. 54). Es sind dies einfache Methoden, die aber in der Praxis nur bei großer Sorgfalt zufriedenstellende Resultate zeitigen.

Hier sollen nun zeichnerische Konstruktionsmethoden der verschiedenen Sonnenuhren gezeigt und die trigonometrischen Formeln zur Berechnung der Stundenlinien angegeben werden. Wie oben gesagt, ergeben sich diese Formeln aus der in Kapitel IV bewiesenen allgemeinen Formel.

Nicht abweichende Vertikaluhren

Es wird wie bei der Horizontaluhr (S. 62) die Äquatorialuhr in Anwendung gebracht.

Es sei V die Zifferblattebene der Uhr (Abb. 102), C der Mauerpunkt des Zeigers (Uhrenzentrum), CS' die Projektion des Zeigers auf das Zifferblatt. Man weiß, daß der Zeiger sich in der Vertikalebene CS befindet. Soll also eine Äquatorialuhr angesetzt werden, so muß ihre Ebene senkrecht zum Zei-

ger liegen und ihre Schnittlinie mit dem Zifferblatt gefunden werden.
Wie bei der Horizontaluhr wird die Meridianebene um CS' auf die Zifferblattebene geklappt. Das Zeigerende, dessen Projektion der Punkt S' ist, fällt dann auf S und zwar muß der Winkel $\widehat{S'CS}$ der Komplementwinkel der geographischen Breite sein. Die Ebene der rechtwinklig auf dem Zeiger angebrachten Hilfsuhr schneidet die Mittagslinie in M; $\widehat{CSM}$ ist rechtwinklig. Die zu CS' senkrechte Schnittlinie OP der Hilfsuhrebene mit dem Zifferblatt geht durch M.
Genau wie bei der Horizontaluhr wird jetzt die Hilfsuhr um OMP nach oben oder unten

101 Barocke Sonnenuhr im Benediktinerkloster Ottobeuren.

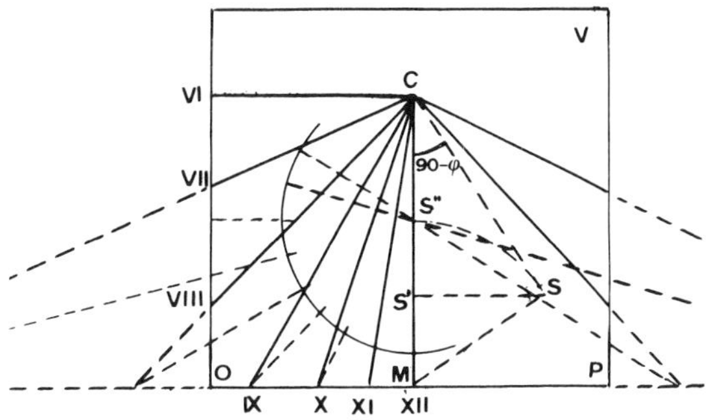

102 Konstruktion der vertikalen Süduhr mit Zirkel und Lineal.

auf das Zifferblatt geklappt. In Abbildung 102 geschah dies nach oben und zwar durch einen Kreisbogen um M mit Radius SM. Dieser erreicht CS' in S'', und um diesen Punkt wird jetzt mit größtmöglichem Radius die umgeklappte Äquatorialuhr gezogen.
Da die Gerade $S''M$ eine ihrer Stundenlinien ist, werden wie bisher mit 15° Abstand auch die übrigen gezeichnet; ihre Schnittpunkte mit OP werden mit C verbunden und ergeben die Stundenlinien der Vertikaluhr.
Liegen die Schnittpunkte der Hilfsuhrstundenlinien mit OP außerhalb des Zeichenblattes, so wird wie bei der Horizontaluhr (S. 63) mit einer Verhältnisrechnung gearbeitet.
Auf nicht deklinierenden Vertikaluhren gilt für die Winkelgröße z zwischen Mittags- und Stundenlinie die Formel

$$\tan z = \cos \varphi \cdot \tan AH$$

wobei φ die Breite und AH der Stundenwinkel der Sonne, d. h. ihr Stundenabstand vom wahren Mittag, sind.

Abweichende (oder deklinierende) Vertikaluhren

Einrichtung des Zeigers

Noch einmal sei hier an das mehrfach genannte, allgemein gültige Verfahren erinnert, wo dem Zeiger der zu bauenden Uhr eine Äquatorialuhr aufgesetzt wird. Da die abweichenden Vertikaluhren bei weitem die Mehrzahl aller Sonnenuhren bilden, sollte für die handwerkliche Einrichtung einer solchen Uhr dieses Verfahren in Anwendung gebracht werden.
Es gibt allerdings eine noch einfachere Methode. Es genügt nämlich, eine gutgehende Uhr vorübergehend auf die wahre Ortszeit zu stellen und auf dem Zifferblatt die gewünschten, vom Zeigerschatten angegebenen Stundenlinien nach den Angaben der Uhr anzuzeichnen. An Stelle einer Uhr kann auch eine Horizontaluhr gebraucht werden und dies war früher insbesondere bei der

103 Reich mit Beiwerk versehene Sonnenuhr eines Hauses im Zentrum von München.

handwerklichen Einrichtung von inklinierenden (= geneigten) Sonnenuhren laufend der Fall. Wird eine mechanische Uhr gebraucht, so prüfe man, ob um ihre Mittagszeit der Schatten bei Vertikaluhren auf der aus dem Zentrum gefällten Senkrechten liegt. Voraussetzung für gute Resultate sind die korrekte Einrichtung des Zeigers und die richtige Uhrzeit.

Im Prinzip ist alles einfach. Der Zeiger muß in der Meridianebene liegen und mit der Vertikalen den Komplementwinkel der Breite bilden. Diese Einstellung erfordert etwas Aufmerksamkeit.

Es folgen hier zunächst einige Erklärungen der gebräuchlichsten Ausdrücke:

Es sei (Abb. 104) CS der Zeiger einer Sonnenuhr und H die Projektion auf dem Zifferblatt des Zeigerendes S. Die orthogonale Projektion CH von CS ist die *Substilare* (Zeigergrundlinie). HS ist die *Zeigerhöhe,* nämlich die Höhe des Zeigerendes S über dem Zifferblatt; H ist der *Zeigerfuß* und wie schon erwähnt, C das *Zentrum* der Uhr.

Die Zeichnung der Substilare bietet keinerlei Schwierigkeit. Man denke sich zu der soeben erwähnten Sonnenuhr eine waagerechte Ebene, in der die ebenfalls waagerechte Gerade HS der Zeigerhöhe enthalten ist (Abb. 105). Nun sei M der Schnittpunkt

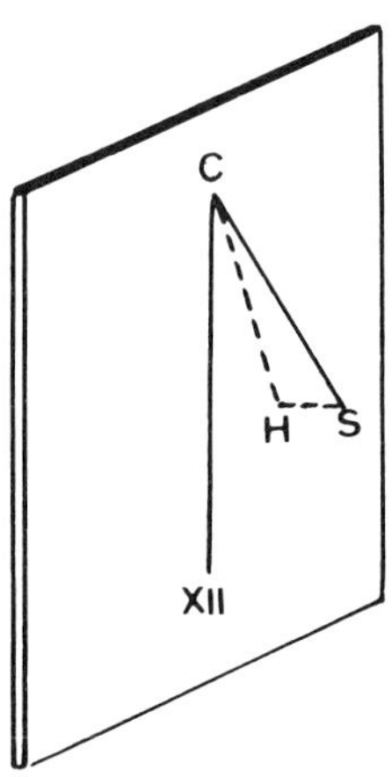

104 Substilare und Zeigerhöhe.

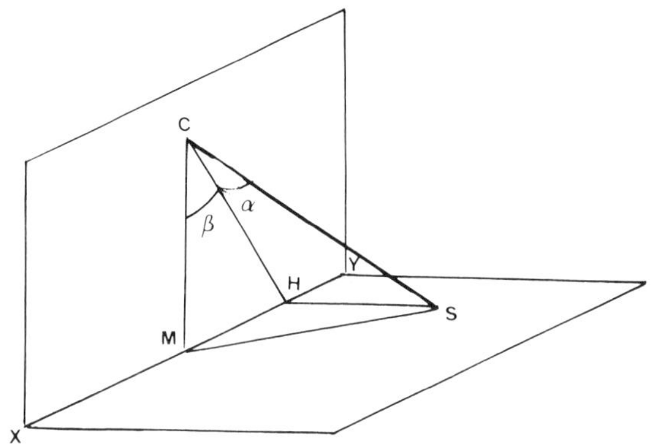

105 Die Substilare als Bild im Raum.

dieser Ebene mit der Mittagslinie, d. h. mit der Senkrechten aus C, dann ist der Winkel $\widehat{MCS}$ gleich $90° - \varphi$, dem Komplementwinkel der Breite. CH ist die Projektion von CS auf die Vertikalebene, MS die entsprechende Projektion auf die Horizontalebene. Man denke sich nun letztere um ihre Schnittlinie X Y mit der Vertikalebene in diese umgeklappt, dermaßen also, daß beide nur noch eine, die Zeichenebene, bilden. Auf diese Weise entsteht Abbildung 106. Wenn wir also mit M als Mittelpunkt einen Kreis mit Radius MS ziehen, der X Y in S′ schneidet, wird die Länge CS′ die wahre Länge des Zeigers und der Winkel $\widehat{MCS'}$ die wahre Größe des Komplementwinkels der geographischen Breite, also die richtige Neigung des Zeigers darstellen. Des weiteren ist $\widehat{SMS'}$ der Komplementwinkel $90° - d$ der Mauerdeklination, denn MS ist die horizontale Spur des Meridians, d. h. die Südrichtung.

Daraus folgt der Konstruktionsvorgang:

Es wird zunächst die Waagerechte X Y gezogen, auf die der Breitengradwinkel $\widehat{MS'C}$ getragen wird, wobei S′C die wahre Länge des Zeigers darstellt. Von C geht die Senkrechte CM auf XY, dann wird der Winkel $\widehat{SMS'}$ als Komplementwinkel der Mauerdeklination angelegt. Um M wird ein Kreisbogen durch S′ geschlagen, der auf dem freien Winkelschenkel den Punkt S bestimmt. Endlich gibt die Senkrechte aus S auf X Y den Punkt H. Die Gerade CH ist die gesuchte Substilare.

Die Länge dieser Substilare läßt sich rechnerisch bestimmen. In Abbildung 105 sei λ die Länge des Zeigers. Es ist dann

$CM = \lambda \sin \varphi$, $MS = \lambda \cos \varphi$ und

$MH = MS \cos (90° - d) = \lambda \cos \varphi \sin d$.

Sind CM und MH bekannt, so läßt sich die Substilare leicht zeichnen. Bisweilen kann die Überprüfung einer Zeichnung durch eine Berechnung auch mit den folgenden Formeln von Nutzen sein:

1 Der Winkel der Substilare mit der Senkrechten CM

$$\tan \beta = \frac{MH}{CM} = \frac{\lambda \cos\varphi \cdot \sin d}{\lambda \sin \varphi} = \frac{\sin d}{\tan \varphi}$$

2 Die Zeigerhöhe HS über dem Zifferblatt

$$HS = MS \sin (90° - d) = \lambda \cos \varphi \cdot \cos d$$

3 Der Winkel α des Zeigers mit der Substilare

$$\sin \alpha = \frac{HS}{\lambda} = \cos \varphi \cdot \cos d$$

4 Ist α durch diese Formel bestimmt, so ergibt sich die Länge der Substilare aus

$$CH = \lambda \cos \alpha$$

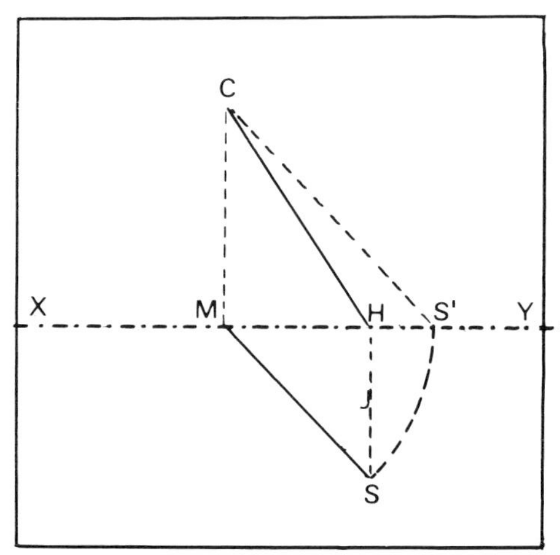

106 Die Zeichnung der Substilare durch Umklappen.

Tafel XII Gezähnte äquatoriale Tischuhr mit drehbarer Absehe und Minutenzifferblatt. Die Absehe trägt ferner eine Vorrichtung zum Einstellen des jeweiligen Tierkreiszeichens. Die vierbeinige Grundplatte kann mittels einem Lot horizontal und die Uhrenplatte unter Verwendung der Tierkreiseinstellung der Breite entsprechend eingestellt werden.

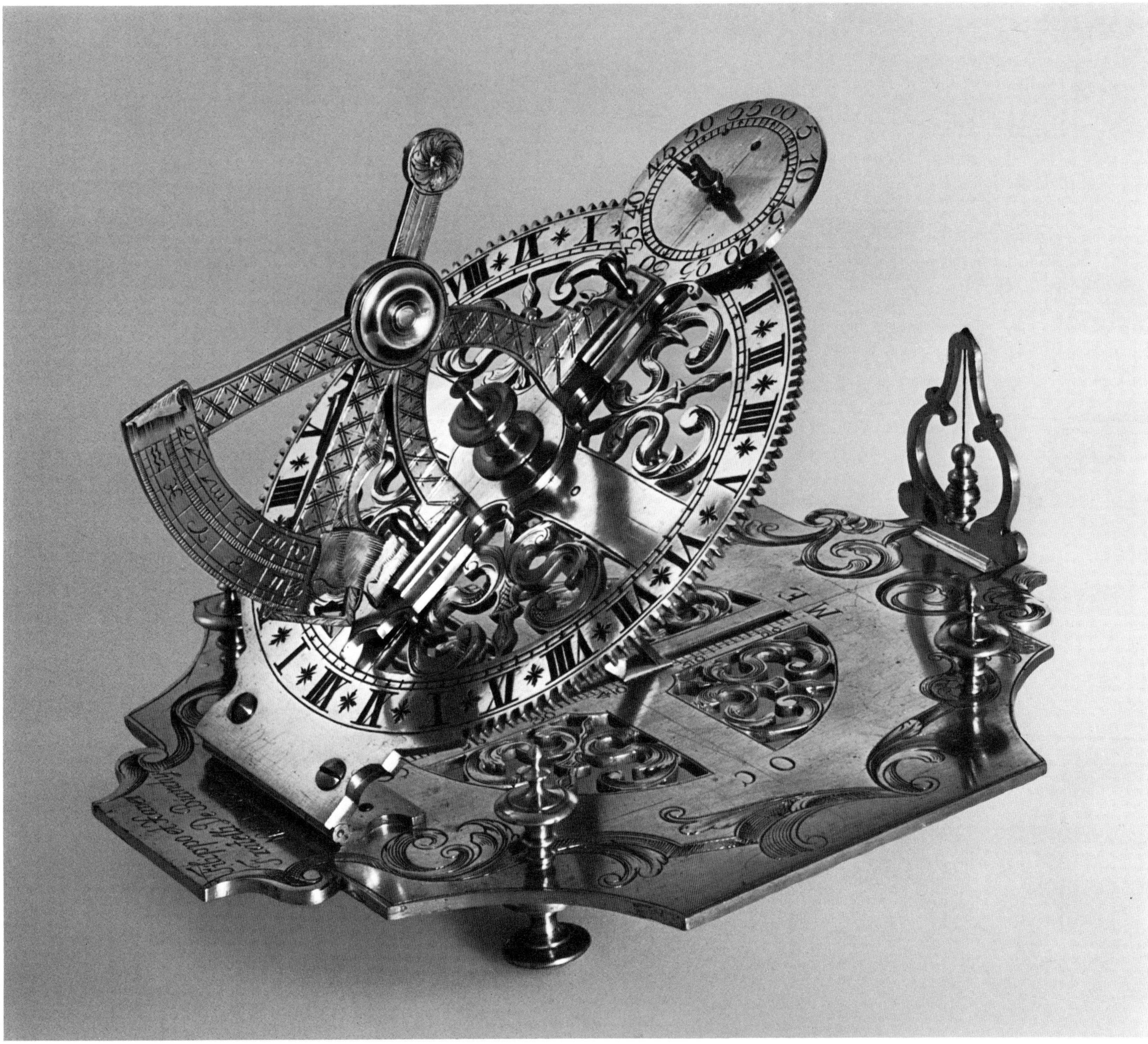

107 Bei stark deklinierender Mauer liegt das Uhrenzentrum außerhalb des Bildrahmens.

108 Bestimmen der Mittagslinie auf Uhren ohne Zentrum.

109 Die Lage der Zeigerachse auf Uhren ohne Zentrum.

Es sei noch einmal Abbildung 106 betrachtet, wo die zur Einrichtung des Zeigers benötigten Größen maßgerecht enthalten sind. Ist Punkt C gegeben und die Mittagslinie CM gezogen, dann wird der in der Zeichnung gemessene Winkel $\widehat{MCH}$ angetragen, was mit einem Winkelmesser oder durch Übertragung des ganzen Dreiecks CMH geschehen kann. Damit ist dann die Substilare festgelegt. Nun wird in H mit Hilfe von zwei Zeichendreiecken die Senkrechte zum Zifferblatt dargestellt und auf ihr die Höhe HS abgemessen. S ist dann ein Punkt, durch den der Zeiger gehen muß. Ein aus Pappe hergestelltes Dreieck mit CH und HS als Seiten eines rechten Winkels, das sinngerecht auf CH gestellt wird, kann den Vorgang vereinfachen. Ältere Werke über Sonnenuhren beschreiben eine Reihe von Verfahren, die aber nicht unbedingt die gleiche Genauigkeit erreichen. Man kann z. B. (Abb. 105) das in M rechtwinklige Dreieck CMS aus steifem Karton oder dünnem Sperrholz ausschneiden. Seine Konstruktionselemente entnimmt man aus Abbildung 106. Es wird an der Linie CM entlang an die Mauer gehalten, wobei sein Punkt C auf dem Mauerpunkt C des Zeigers liegen

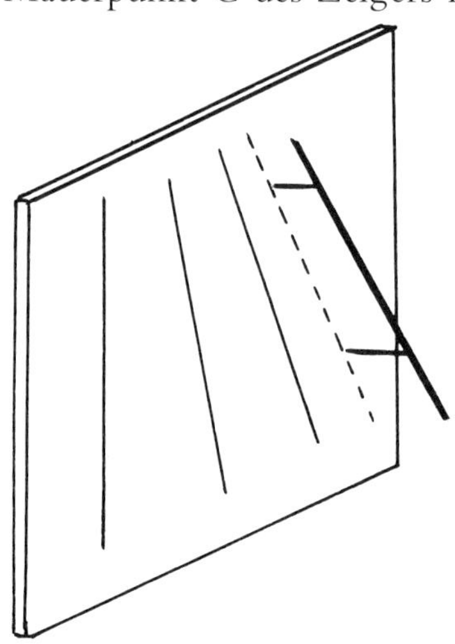

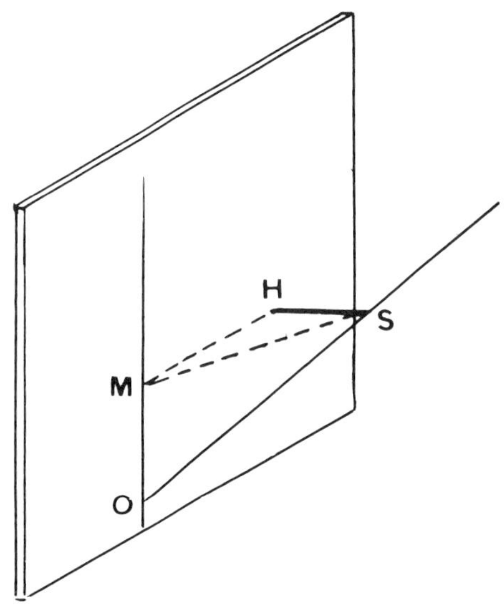

muß. Dann wird gewartet, bis eine für die lokale Ortszeit gerichtete Uhr die Mittagsstunde angibt. In diesem Augenblick dreht man das Dreieck so um CM, daß der Schatten von CS auf CM zu liegen kommt. Die Dreiecksseite CS liegt jetzt in der gesuchten Zeigerrichtung.

Je stärker eine Mauer dekliniert und ihre Richtung sich der Meridianebene nähert, um so kleiner wird der Winkel, den der Zeiger mit der Substilare bildet. Dadurch entfernt sich das Uhrenzentrum, bleibt schließlich außerhalb des Uhrenbildes und verschiebt sich bei Ost- und Westuhren gar bis ins Unendliche, d. h. der Zeiger wird zur Uhrenebene parallel.

Auch in diesem Fall bleibt für den mit der Trigonometrie Vertrauten das Problem einfach. Man berechnet wie oben den Winkel der Substilare mit der Senkrechten und den des Zeigers mit der Substilare. Je nach der gewünschten Größe der Sonnenuhr bestimmt man dann, am besten durch Versuche, die Länge des Zeigers, die benötigt wird, und die Höhe HS der Zeigerspitze über dem Zifferblatt. Schließlich können derartig ausgerichtete Sonnenuhren nur mit einem von zwei Stützen getragenen Endstück des Zeigers ausgestattet werden (Abb. 107).

Wer rechnerische Verfahren vermeiden will, muß eine gute Taschenuhr vorübergehend nach der wahren Ortszeit richten. Es wird dann (Abb. 108) ein auf dem Zifferblatt senkrecht stehender Gnomon HS gebraucht, dessen Punkt S möglichst genau die Stelle einnimmt, wo sich später das Zigerende befinden soll. Um die wahre Mittagsstunde wird der Schatten von S in einem Punkte O stehen, der die senkrechte Mittagsstundenlinie bestimmt. Diese ist also festgelegt. Nun wird die waagerechte Gerade HM gezogen, die genaue Länge von MS gemessen und nach dem Brauch der alten Autoren das Trapez ABCD aus Pappe konstruiert (Abb. 109), in dem DC gleich MS, der Winkel in D gleich 90° und der Winkel in C gleich der geographischen Breite ist. Die Länge von AD kann beliebig sein, je nach der Größe der Sonnenuhr soll sie aber dieser angepaßt bleiben.

Dieses Trapez wird nun so an das Zifferblatt gehalten, daß D auf M, C auf S und die Seite DA auf die Mittagslinie zu liegen kommen. Die Trapezseite BC bestimmt dann die Lage der Zeigerachse.

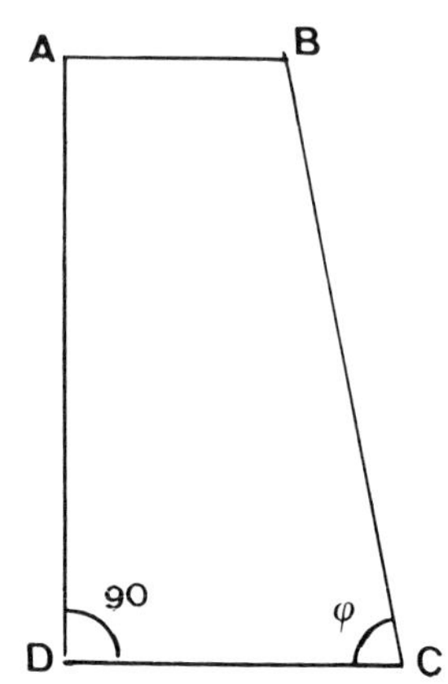

110 Konstruktion einer Sonnenuhr mit erreichbarem Zentrum mittels einer Horizontaluhr.

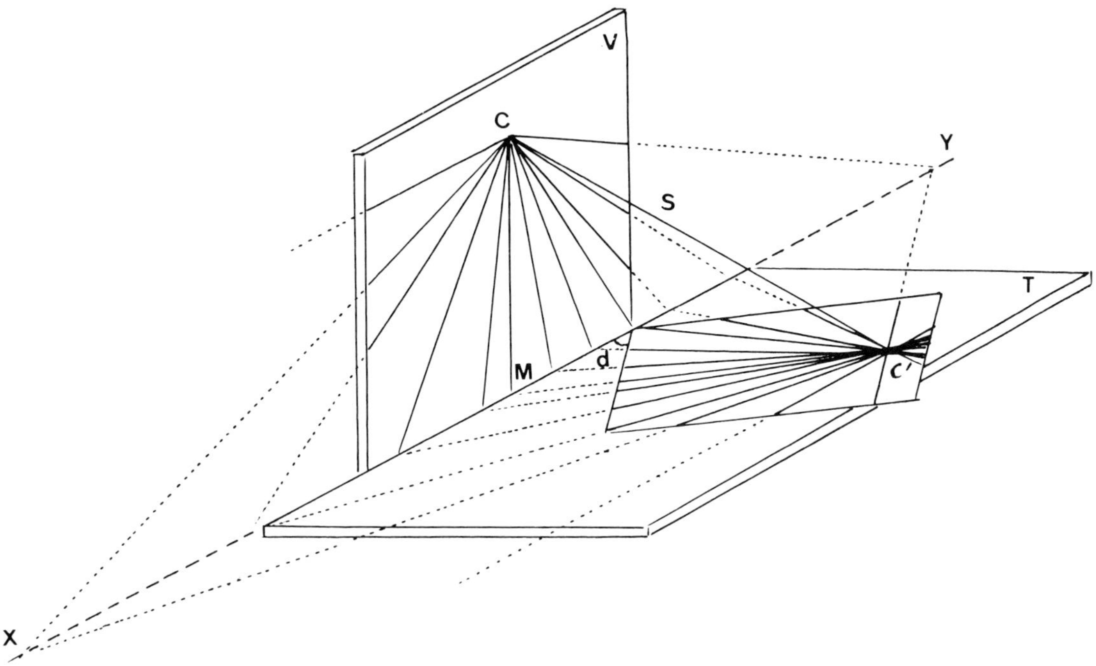

Man beachte dabei, daß nach Einrichtung des Hilfsgnomons HS (Abb. 108) die Stellung von M und damit die Mittagslinie auch durch eine Konstruktion ermittelt werden kann. Hierfür wird die Horizontalebene durch HS um die durch H gehende Waagerechte nach unten geklappt und das rechtwinklige Dreieck HSM aus der gegebenen Seite HS und dem Winkel $\widehat{HMS} = (90° - d)$ konstruiert.

Meistens wird man bei der Einrichtung stark abweichender Sonnenuhren feststellen, daß die gemessene Länge von MS und damit die der Basis DC des Trapezes annähernd die ganze Breite des Uhrenbildes einnimmt.

Konstruktion deklinierender Sonnenuhren mit erreichbarem Zentrum

– *mit einer Äquatorialuhr*

Bei der Betrachtung der Äquatorialuhr wurde gesagt, wie sie nach der richtigen Einstellung des Zeigers für die Zeichnung irgendeiner Sonnenuhr gebraucht werden kann (S. 58). Das früher sehr verbreitete Verfahren ist allgemein verwendbar; es wird hier nicht darauf zurückgekommen, doch sei es den Bastlern mit der Maßgabe empfohlen, daß dabei auf höchste Sorgfalt zu achten ist.

– *mit einer Horizontaluhr*

Hier muß zunächst eine für den Standort berechnete Horizontaluhr vorhanden sein, die auf ein Blatt Papier gezeichnet sein darf.

Es sei dann V die Vertikaluhr, C ihr Zentrum, CS der Zeiger und CM die Mittagslinie (Abb. 110). Es wird an ihrem unteren Rand XY entlang ein waagerechtes Tischchen T gestellt, auf das die Horizontaluhr in der Weise gelegt wird, daß die Verlängerung des Zeigers CS durch ihr Zentrum C′ geht. Der Punkt C′ wird mit einer Nadel auf der Tischplatte befestigt und das Blatt mit der letzteren um die Nadel gedreht, bis ihre Mittagslinie durch M geht. Wenn dann ihre Stundenlinien bis zur Schnittlinie XY verlängert werden, ergeben sie dort die entsprechenden Punkte der Stundenlinie der Vertikaluhr, die nur noch durch Geraden mit C zu verbinden sind.

Das gleiche Verfahren ist auch graphisch möglich, wenn man sich die Tischebene T um XY nach unten geklappt vorstellt. Wenn dann C das Zentrum der zu entwerfenden Uhr und Cm ihre Mittagslinie ist, ergibt sich auf der umgeklappten Ebene die Projektion der Meridianlinie (mit dem darin enthaltenen Zeiger), wenn der Winkel d der Mauerdeklination an die Gerade xy getragen und in m eine Senkrechte auf seinen freien Schenkel erhoben wird (Abb. 111). Von C aus wird an Cm der Winkel $(90° - \varphi)$ des Breitenkomplements angelegt, dessen Schenkel die Gerade xy in n schneidet. Der Schnittpunkt c der Zeigerachse mit der umgeklappten Ebene liegt auf einem Kreisbogen um m mit Radius mn. Es genügt jetzt, die Horizontaluhr in der Weise auf die Zeichnung einzutragen, daß ihr Uhrenzentrum in c und ihre Mittagslinie auf cm zu liegen kommen. Die Verlängerungen ihrer Stundenlinien ergeben auf xy die entsprechenden Stundenpunkte der Vertikaluhr, die dann mit C verbunden werden.

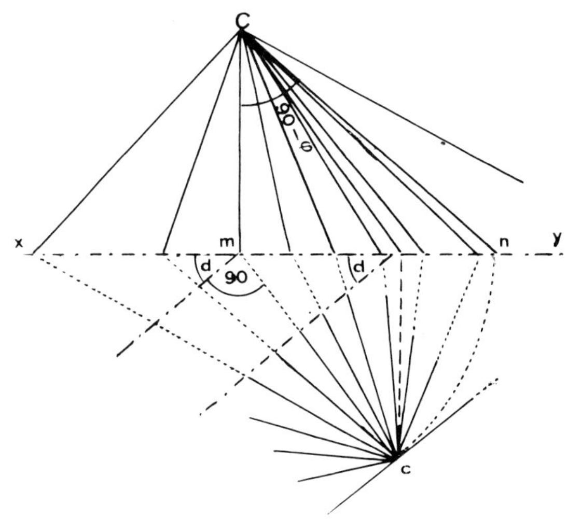

111 Bei graphischer Konstruktion wird der waagerechte Teil von Abbildung 110 nach unten geklappt.

112 Konstruktion der Substilare einer abweichenden Vertikaluhr.

113 Linien im Raum werden in die Zeichenebene geklappt.

114 Konstruktion der deklinierenden Vertikaluhr mit Zirkel und Lineal.

– graphische Konstruktion

Da die Vertikaluhren bei weitem die häufigsten sind, wird hier ihre Konstruktion auch deshalb etwas ausführlicher beschrieben, weil sie einige Elemente der Darstellenden Geometrie näherbringen kann. Es sei hierbei stufenweise vorgegangen:

Zunächst wird angenommen, die Zifferblattebene sei mit dem Uhrenzentrum und der wie oben ausgeführten Projektion des Zeigers versehen. Damit ergäbe sich die Zeichnung von Abbildung 112. Man stelle sich nun diese Zeichnung perspektivisch gesehen vor. Der Zeiger und seine orthogonale Projektion auf der Uhrenebene, die sogenannte Substilare, liegen in einer zu ihr senkrechten Ebene (Abb. 113). Es soll jetzt am Endpunkt S des Zeigers eine zu diesem senkrecht stehende Ebene dargestellt werden, die dann die Äquatorialuhr enthalten soll. Hierzu wäre ausreichend, die Schnittlinie SE dieser Ebene mit der Ebene CSS′ zu kennen, die durch den Zeiger und die Substilare bestimmt ist. Da sie im Raum nicht dargestellt werden kann, wird sie um die Gerade CS′ auf die neue Uhrenebene geklappt, genau wie die aufrecht gestellte Seite eines Buches auf dessen liegende Seiten gelegt wird. Dann legt sich die Senkrechte S′S in die zu CS′ senkrecht liegende Linie S′S″, und die Länge von S′S″ wird die in Abbildung 112 gezeigte Länge von c′s″ sein. In Abbildung 113 ist in S″ die Ebene der Äquatorialuhr zu CS″ senkrecht geblieben, sie wurde nur umgeklappt. Sie schneidet also die umgeklappte Ebene in der Geraden S″E, die CS′ in E schneidet. Dieser Punkt liegt auf der Schnittlinie der Äquatorialuhrebene mit derjenigen der Vertikaluhr. Nun ist aber die erstere zu CS senkrecht; ihre Schnittlinie mit der Uhrebene muß es somit zur Projektion CS′ des Zeigers ebenfalls sein. Um sie darzustellen, genügt es daher, in E eine Senkrechte zu CS′ zu ziehen.

Diese Senkrechte, die Schnittlinie der rechtwinklig zum Zeiger stehenden Äquatorialebene mit der Uhrebene, wird *Äquinoktiallinie* oder auch *Äquatoriallinie* genannt.

Der Vorgang bis zu diesem Stadium, also mit Zeiger, Äquatorialuhr und Äquinoktiallinie soll hier noch einmal perspektivisch betrachtet sein (Abb. 114a und b). Aus den vorangegangenen Erklärungen ist der

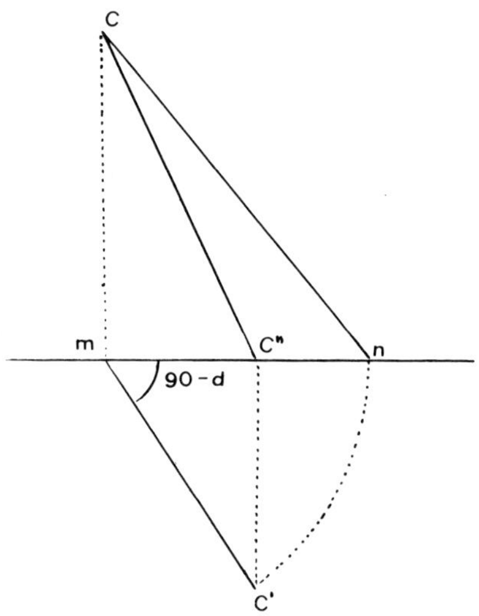

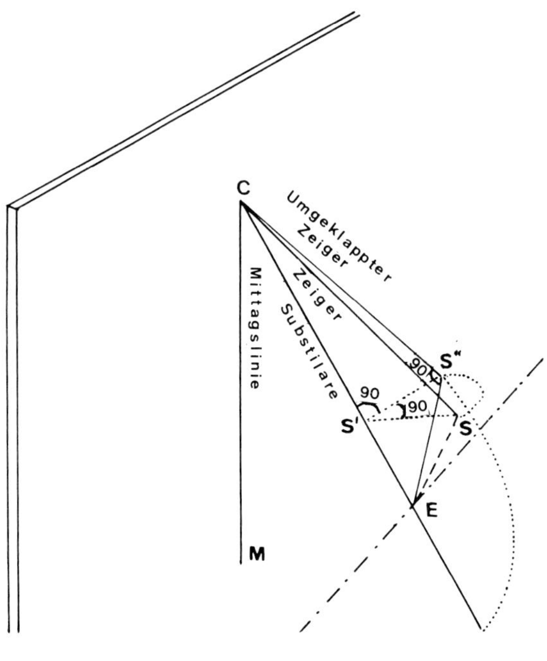

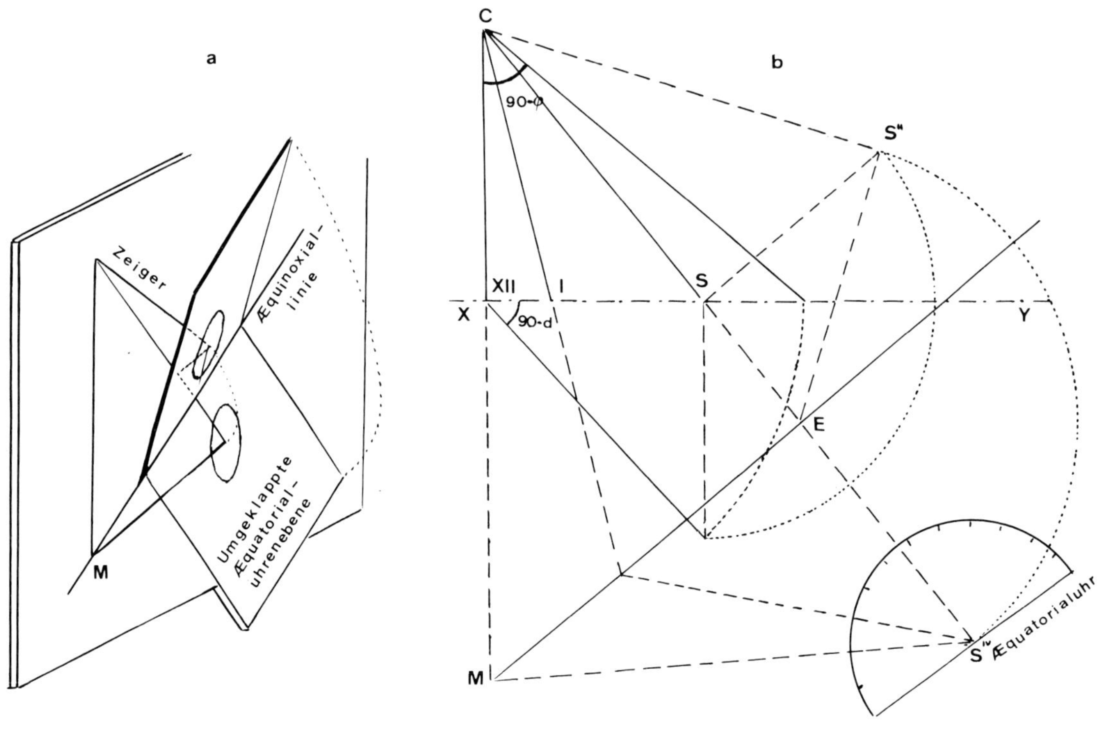

Tafel XIII Oben: Zusammenlegbare Äquatorialuhr für Breiten bis zum Pol. Grundplatte mit Kompaß und Lotwaage. Auf der Innenseite des Deckels Breitenangaben für eine Anzahl Städte.

Unten: Horizontaluhren mit Kompaß. Die Uhr rechts für nur eine Breite, die linke für die Breiten von 43, 46, 49 und 52 Grad brauchbar. Die Winkelhöhe des Schattenwerfers ist verstellbar. Als Index für die Breitenskala dient der Schnabel eines Vogels.

115 Natur und Lebensfreude auf der nach Südwesten deklinierenden Sonnenuhr am Spital von Liestal (Schweiz).

Zweck der eingezeichneten Äquatorialuhr bekannt und klar, wie es nun weitergehen wird. Sie soll nämlich derart um ihren Mittelpunkt gedreht werden, daß ihre Mittagslinie durch den Schnittpunkt M der Äquinoktiallinie mit der Mittagslinie der Vertikaluhr geht. Auch dieser Vorgang ist räumlich nicht darstellbar und es muß abermals umgeklappt werden, und zwar wird jetzt die Ebene der Äquatorialuhr um die Äquinoktiallinie in die Uhrebene geklappt (Abb. 114a). Dabei dreht sich der Punkt S mit dem Radius S″E um E und fällt auf die Verlängerung von CE (Abb. 114b). Die Auswertung der bis hierher erreichten Ergebnisse geschieht jetzt wie folgt:
Um E wird ein durch S″ gehender Kreisbogen geschlagen, denn ES″ ist im Raum die Länge von ES. Dies ergibt den Punkt S^{IV} als umgeklappten Mittelpunkt der Äquatorialuhr. Er wird mit dem Punkt M der Äquinoktiallinie verbunden und $S^{IV}M$ ist dann die Mittagslinie der umgeklappten Äquatorialuhr. Diese wird nun mit den übrigen Stundenlinien versehen, deren Verlängerung auf der Äquinoktiallinie die entsprechenden Stundenpunkte der Vertikaluhr ergeben; zur Fertigstellung der Uhr brauchen sie nur noch mit C verbunden zu werden. Abbildung 114b zeigt die beschriebenen Vorgänge, wie sie in der Praxis auszuführen sind, jedoch sind aus Gründen der Übersichtlichkeit dort nur die Stundenlinien für 12 und 1 Uhr konstruiert.

– *rechnerische Darstellung*

Die allgemeine Formel aus Kapitel IV liefert die Größe *z* der Winkel der einzelnen Stundenlinien mit der Mittagslinie durch die Formel

$$\tan z = \frac{\cos \varphi}{\cos d \cot AH + \sin d \sin \varphi}$$

wobei mit φ die geographische Breite, mit d die Mauerdeklination und mit AH der Stundenwinkel der Sonne bezeichnet sind, letzterer mit positivem Vorzeichen bei westlich stehender Sonne (Stundenlinien rechts von der Mittagslinie), sonst mit negativem Vorzeichen.
Die übrigen, aus Kapitel IV entnommenen Formeln ergeben: den Winkel β der Substilare mit der Mittagslinie durch

$$\tan \beta = \sin d \cdot \cot \varphi,$$

den Winkel α zwischen Zeiger und Substilare durch

$$\sin \alpha = \cos \varphi \cdot \cos d,$$

den Stundenwinkel γ der Sonne im Augenblick, wo der Schatten des Zeigers auf der Substilare liegt, durch

$$\tan \gamma = \frac{\tan d}{\sin \varphi}$$

116 Die Sonnenuhr einer Kapelle in Immenstaad am Bodensee: die Madonna mit dem Kind, ein Symbol von Muttertum und Leben. Im Hintergrund der See und Schweizer Berge.

Konstruktion deklinierender Vertikaluhren mit nicht erreichbarem Zentrum

– *Das Prinzip*

Ist an einer solchen Uhr der Zeiger angebracht, so werden auch hier die oben geschilderten Verfahren gebraucht, die zunächst auf der Äquinoktiallinie die einzelnen Stundenpunkte liefern. Diese können aber nicht wie bisher durch Stundenlinien mit dem außerhalb der Zeichnung liegenden bzw. unerreichbaren Uhrenzentrum verbunden werden. Man zeichnet daher eine zweite Äquinoktiallinie und verbindet die entsprechenden Punkte der beiden Äquinoktiallinien. Es ist offensichtlich, daß diese Zeichnung um so genauer sein wird, je weiter die beiden Äquinoktiallinien auseinanderliegen. Die sich ergebenden Stundenlinien liegen natürlich so, daß sie sich in dem mehr oder weniger weit außerhalb der Bildfläche liegenden Uhrenzentrum C schneiden.

Eine weitere Schwierigkeit besteht darin, daß dieser Punkt auch nicht zum Zeichnen der Mittagsstundenlinien herangezogen werden kann.

Man hilft sich hier in der folgenden Weise (Abb. 117):

1 entweder unter Zuhilfenahme einer kleinen, in der Horizontalebene der Zeigerstütze HC' enthaltenen Zeichnung des Dreiecks $M'HC'$, wo M' den Schnittpunkt der von C kommenden Senkrechten, also der Mittagsstundenlinie, mit dieser Ebene bedeutet und der Winkel $C'M'H$ gleich der Komplementgröße von *d*, also gleich $90° - d$ ist. Dabei erhält man die Länge der Entfernung HM' dieser Senkrechten vom Punkte H.

2 oder indem man diese Größe mit der Formel

$$M'H = \frac{C'H}{\tan(90° - d)} = C'H \tan d$$

errechnet.

– *Konstruktion mit der Äquatorialuhr*

Diese Hilfsuhr wird zunächst an einem möglichst niedrig gewählten Zeigerpunkt C' angebracht und zwar wie immer senkrecht zur Zeigerachse; sie wird dann gedreht, bis eine ihrer Stundenlinien durch die Mittagsstundenlinie der Vertikaluhr geht. Ihre Schnittlinie mit dieser letzteren ist eine Äquinoktiallinie, mit der die Verlängerungen der Stundenlinien der Hilfsuhr Stundenpunkte der Vertikaluhr bestimmen (Abb. 118).

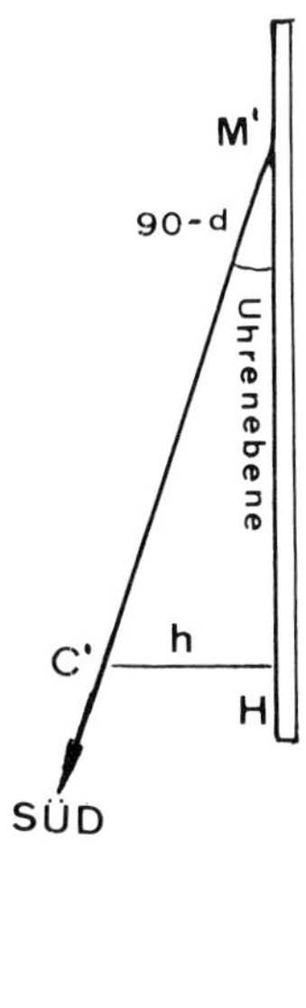

117 Bestimmen der Mittagslinie bei nicht erreichbarem Zentrum.

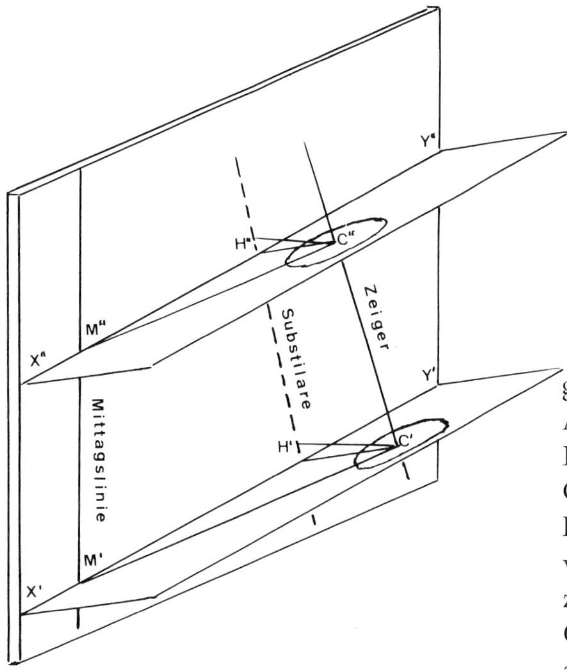

118 Prinzip der Konstruktion mittels der Äquatorialuhr bei nicht erreichbarem Zentrum.

Genau der gleiche Vorgang wird jetzt an einem möglichst hoch gewählten Zeigerpunkt C'' wiederholt und wiederum werden Stundenpunkte auf einer Äquinoktiallinie bestimmt. Die entsprechenden Stundenpunkte beider Äquinoktiallinien werden dann durch Gerade verbunden und diese sind die gesuchten Stundenlinien.

Für diese Art Sonnenuhren sei noch auf das etwas länger dauernde, aber einfachere Verfahren hingewiesen, das darin besteht, die gesuchten Linien einfach von der Sonne selbst anzeigen zu lassen. Es wird sich besonders bei sehr großen Sonnenuhren bewähren.

Hierbei wird auf die Substilare ein Gnomon gestellt, dessen gespitzter Endpunkt in der Achse des Uhrenzeigers liegt (Abb. 119). Eine gutgehende Uhr wird auf die wahre Ortszeit eingestellt. An einem bestimmten Datum D_1, am besten in Sonnwendnähe, werden um die genauen ganzzahligen Uhrzeiten K_1, K_2 usw. die Schattenspitzen des Gnomons auf der Uhrenfläche durch Punkte angemerkt. Aus Gründen der Vereinfachung wurde dies in der Abbildung nur für eine einzige Stunde getan. Etwa 6 Monate später, also um die Zeit der entgegengesetzten Sonnenwende, wird der Vorgang wiederholt. Da die Sonnendeklination sich um ca. 47° verändert hat, erhält man jetzt höher oder tiefer gelegene Schattenspitzenpunkte K'_1, K'_2 usw. Die Punktpaare K_1 und K_1', K_2 und K_2' usw. werden verbunden und er-

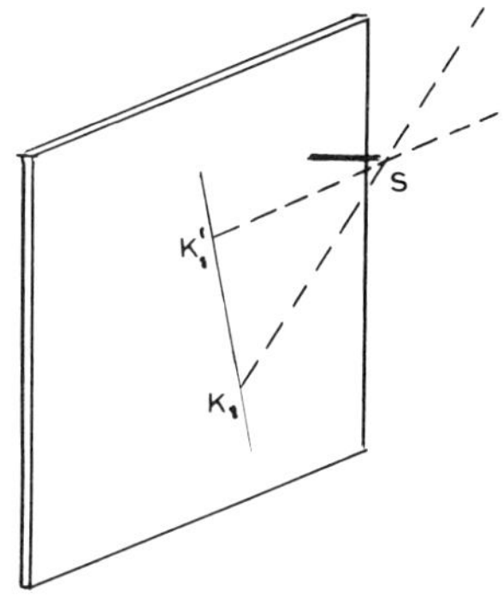

119 Die Verwendung des Gnomonschattens und der Sonnendeklination für die Zeichnung der Stundenlinien.

120 Nach SO deklinierende Sonnenuhr an einem Turm im Zentrum des Mittelmeerstädtchens Les-Saintes-Maries-de-la-Mer in der Camargue.

121 Nachmittagsuhr. Der Tod läutet im Garten des Stifts von St. Peter in Salzburg.

122 Prinzip der Konstruktion von Sonnenuhren bei nicht erreichbarem Zentrum mittels einer Horizontaluhr.

123 Ausführung der Konstruktion in Abbildung 122.

Tafel XIV Dreiteilige äquatoriale Tischsonnenuhr mit zylindrischen Zifferblättern für normale, italische und babylonische Stunden. Mittels einer Stütze wurde sie der Breite entsprechend geneigt. Größe 26 x 28 x 8 cm. Die ebenen Außenflächen tragen Ost- und Westuhren. Versilbert und teilweise vergoldet. Auf der Oberseite astrologische Angaben in julianischen Kalenderdaten. Gezeichnet Wolfgang Mayr, 1604. ▷

geben die gesuchten Stundenlinien. Bei sorgfältigem Vorgehen wird dieses Verfahren besonders zufriedenstellend sein.

– Konstruktion mit der Horizontaluhr

Wie schon geschildert (S. 69) wird die Horizontaluhr auf einer waagerechten Tischplatte an die Vertikaluhr geschoben (Abb. 122), bis der Zeiger durch ihr Uhrenzentrum C′ geht. Dann wird sie gedreht, bis die Verlängerung ihrer Mittagslinie in M′ diejenige der Vertikaluhr erreicht. Die Schnittpunkte ihrer anderen Stundenlinien mit der waagerechten Schnittlinie X′Y′ der beiden Uhrenflächen ergeben wie oben eine Reihe Stundenpunkte. Das gleiche Verfahren wird in einem anderen, möglichst entfernten Zeigerpunkt C″ wiederholt und die Stundenpunkte ebenfalls angemerkt. Wiederum werden die entsprechenden Stundenpaare durch Gerade, die gesuchten Stundenlinien, verbunden.

– graphische Konstruktion

Soll mit Zirkel und Lineal gearbeitet werden, so wird die oben beschriebene graphi-

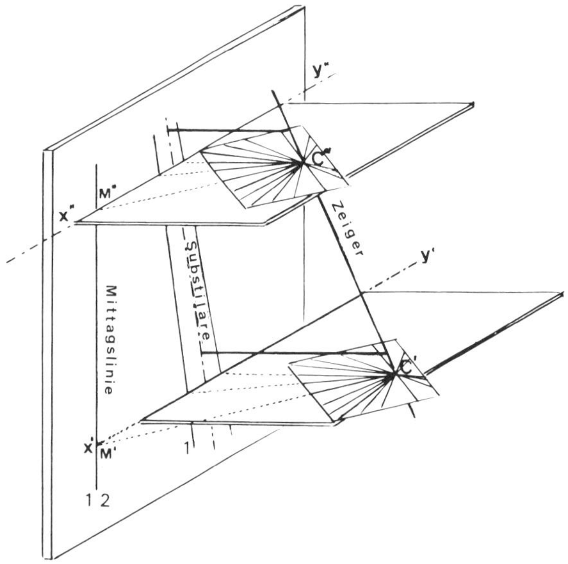

sche Konstruktion (S. 70) in zwei auseinanderliegenden Punkten C′ und C″ des Zeigers wiederholt und die auf den beiden Äquinoktiallinien erhaltenen Stundenpunkte werden paarweise durch Gerade miteinander verbunden. Der gesamte Vorgang ergibt sich aus den schon angeführten Erklärungen. Um das Liniennetz optimal in den Rahmen der neuen Uhr einzufügen, wird es von Vorteil sein, die endgültige Konstruktion erst als Skizze diesem anzupassen.

Es seien M′ ein im unteren und M″ ein im oberen Teil gewählter Punkt der Mittagslinie. In beiden Punkten werden Senkrechte zu M′M″ errichtet und an jede, wie in Abbildung 123 gezeigt, der Deklinationswinkel *d* der Uhrenfläche angelegt. In einem beliebigen Punkt wird die Senkrechte auf $M'C'_1$ errichtet. Sie erreicht den freien Schenkel des Winkels *d* in C′. In dieser Zeichnung ist die umgeklappte Ebene zu erkennen, die in $M'C'_1$ senkrecht auf der Uhrenfläche steht. Um den um die Mittagslinie geklappten Punkt des Zeigers zu finden, dessen Projektion sich in C'_1 befindet, wird um M′ ein Kreis mit dem Radius $M'C'_3$ beschrieben, der auf der Verlängerung $M'C'_1$ diesen Punkt C'_2 ergibt. Er liegt auf dem um die Mittagslinie geklappten Bild des Zeigers. Man weiß aber, daß das Bild dieser Linie mit der Mittagsstundenlinie den Winkel (90°–φ), also den Komplementwinkel der Breite, bildet. Sie kann also gezogen werden und ist in Abbildung 123 die Linie $C'_2C''_2$, wobei ihr Punkt C''_2 den Schnittpunkt mit der Senkrechten in M″ auf M′M″ darstellt. Um M″ ergibt ein Kreisbogen mit dem Radius $M''C''_2$ auf dem freien Schenkel des dort angelegten Winkels *d* den Punkt C''_3, und eine Senkrechte auf $M''C''_2$ liefert den Punkt C''_1. Die Gerade $C'_1C''_1$ ist dann die Substilare, d. h. die Projektion des Zeigers.

Jetzt kann oben und unten, in beiden Teilkonstruktionen, die klassische Weiterführung der Zeichnung (wie S. 70) aufgenommen werden.

– rechnerische Darstellung

Entsprechend S. 72 liefert die Formel

$$\tan \beta = \sin d \cdot \cot \varphi$$

den Winkel der Substilare mit der Mittags-

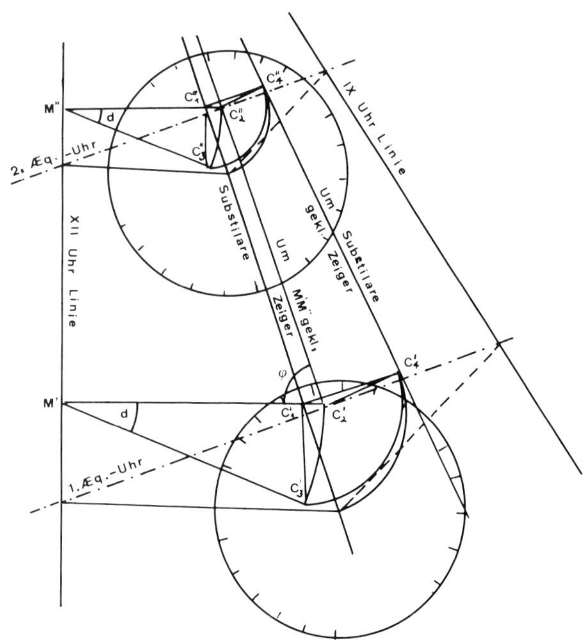

IHS

124 Die Monumentalfreske an einer Westwand im Schloß Ambras bei Innsbruck zeigt über einer Nachmittagsuhr ein von der Kette des Goldenen Vlieses umgebenes Wappenensemble. *»Pretium laborum non vile«* sagt die Inschrift.

stundenlinie. Da das Uhrenzentrum C nicht erreichbar ist, wird zunächst in einer Skizze die waagerechte Gerade MS von beliebiger Länge gezogen, deren Punkte M und S auf der Mittagslinie bzw. auf der Substilare liegen (Abb. 125). Die Länge CM zwischen M und dem unerreichbaren Zentrum C folgt aus

$$CM = \frac{MS \tan \varphi}{\sin d}$$

Die Winkel z_1, z_2, z_3 usw. der Stundenlinien mit der Mittagslinie ergeben sich aus der Formel

$$\tan z = \frac{\cos \varphi}{\cos d \cot AH + \sin d \sin \varphi}$$

und die Längen MM_1, MM_2 usw. alsdann aus

$$MM_1 = CM \tan z.$$

Da z_1, z_2 usw. bekannt sind, können mit ihren Komplementwinkeln die Stundenlinien von den jeweiligen auf MS liegenden Punkten M_1, M_2 usw. aus gezeichnet werden. Unter Berücksichtigung des Skizzenbildes in bezug auf das geplante Uhrenformat kann dann mit den errechneten Größen die Uhr gezeichnet werden.

Die Ost- und Westuhren

Es handelt sich hier um deklinierende Vertikaluhren mit besonderen Eigenschaften. Ihre Konstruktion ist einfach. Das Zifferblatt steht in der Meridianebene, zu der der Zeiger parallel ist. Wie immer ist dessen Winkel mit der Horizontalen gleich der Breite φ und seine Einrichtung bietet keine Schwierigkeiten. Da das Uhrenzentrum ins Unendliche gerückt ist, sind die Stundenlinien untereinander und mit dem Zeiger parallel. Zu ihrer Konstruktion genügt es also, von jeder einen Punkt zu kennen. Dabei ist zu bemerken, daß die Linien für 6 und 18 Uhr mit der Substilare zusammenfallen. Es gelten dann die bisher erklärten Regeln (Abb. 126).

– *Konstruktion mit der Äquatorialuhr*

Die 6- oder 18-Uhr-Linie der Äquatorialhilfsuhr wird auf die Substilare gerichtet.

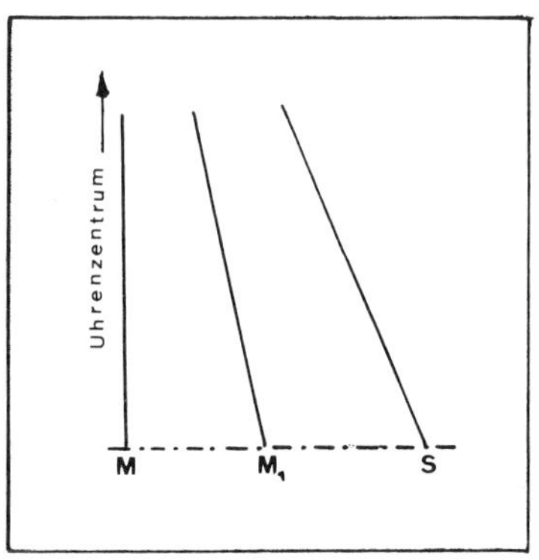

125 Uhren ohne erreichbares Zentrum können durch Berechnung dargestellt werden.

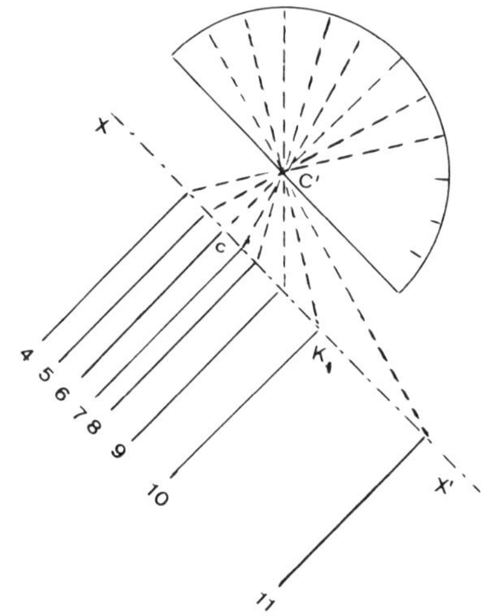

126 Die Konstruktion von Ost- und Westuhren.

Die Verlängerungen ihrer anderen Stundenlinien geben auf der Uhrenfläche die Punkte an, durch die die parallelen Stundenlinien zu ziehen sind.

– *mit der Horizontaluhr*

Die gleichen Bemerkungen gelten auch hier.

– *graphische Konstruktion*

Um eine senkrecht zur Zeigerrichtung auf dem Zifferblatt gezogene Gerade XX′, die als Äquinoktiallinie zu betrachten ist, wird die Äquatorialuhr in die Zeichnung geklappt. Hierzu wird ganz einfach im Schnittpunkt C der Substilare mit der Äquatoriallinie eine Senkrechte CC′ zu dieser gezogen (Abb. 126), deren Länge der Höhe des Zeigers über dem Zifferblatt entspricht. Dann ist CC′ die 6- oder 18-Uhr-Linie der

127 Morgenstunden zwischen Sonne und Tannengrün. Eine der zahlreichen von Otto Seile in Birkenau eingerichteten Sonnenuhren.

Tafel XV Oben: Zweiteilige äquatoriale Tischsonnenuhr aus gegenübergestellten zylindrischen Zifferblättern. Die dazugehörigen Schattenwerferspitzen werden auf einer aufstellbaren Monatsskala jahreszeitlich verstellt. Bezeichnet Johann Willebrand. Ohne Jahr, Anfang 18. Jahrhundert. ▷

Unten: Tragbare Blocksonnenuhr mit einer Vielfalt von Polos-Sonnenuhren.

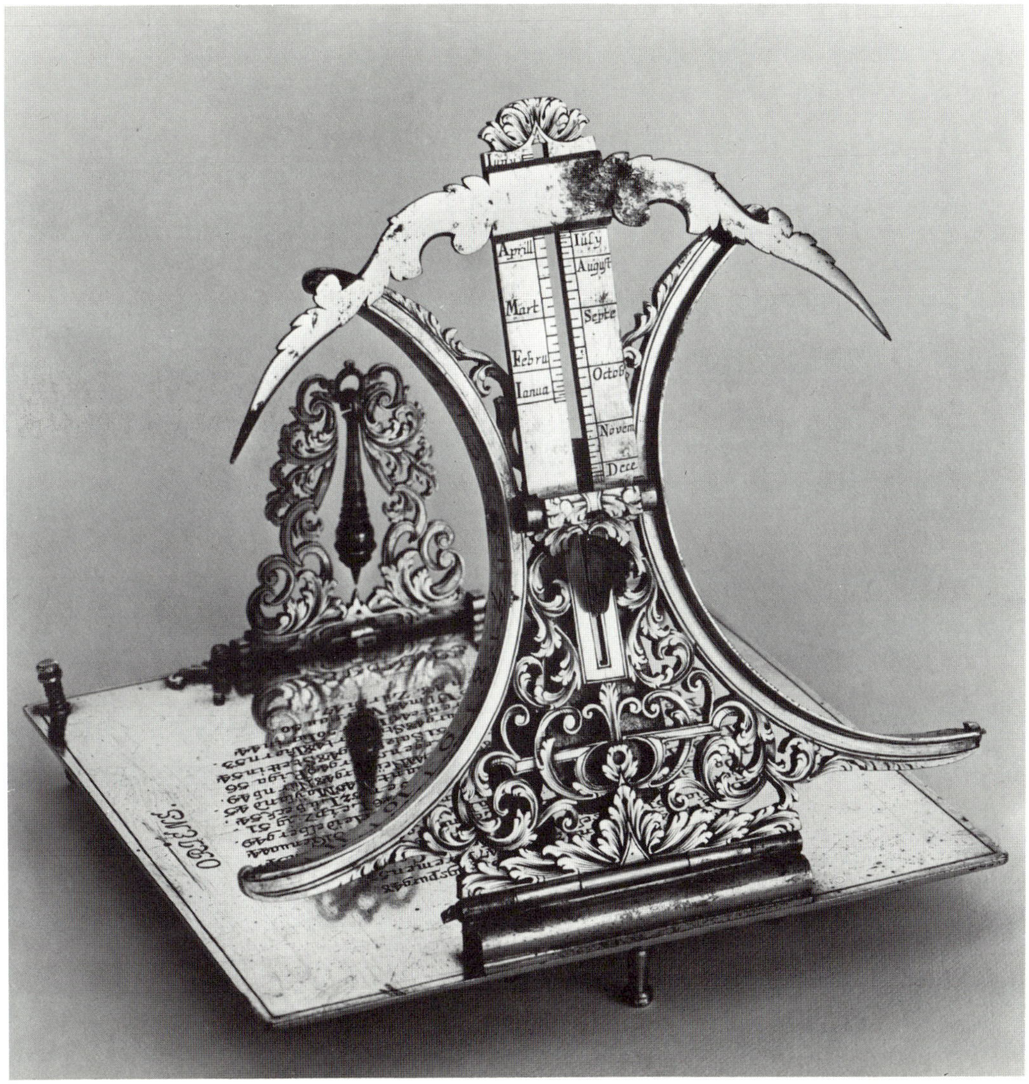

Äquatorialuhr, je nach ihrer Richtung nach Osten oder Westen. Die Verlängerungen ihrer anderen Stundenlinien schneiden XX' in Punkten, durch die die parallelen Stundenlinien der neuen Uhr zu ziehen sind.

– *rechnerische Darstellung*

Die rechnerische Darstellung ist äußerst einfach. Es sei h die Höhe des Zeigers über dem Zifferblatt. Man bestimmt dann den Punkt K_1 des Dreiecks K_1CC' durch die Formel

$$\frac{CK_1}{h} = -\tan AH_1 \text{ bzw. } CK_1 = -h \tan AH_1,$$

wo AH wie immer den Stundenwinkel der Sonne bedeutet. Es geht aus der Formel hervor, daß die Größe der Sonnenuhr in direktem Verhältnis zur Höhe h des Zeigers über dem Zifferblatt steht.

– *allgemeine Bemerkung*

Ein Problem, auf das man bei der Ausführung von Vertikaluhren immer wieder stößt, gilt der Bestimmung der letzten Stunde, die auf der einen oder anderen Uhrenseite noch angezeigt werden kann und eine Stundenlinie erhalten soll. Es ist selbstverständlich, daß diese Stunde in der einen oder anderen Richtung die Zeit des Sonnenauf- oder Untergangs nicht überschreiten kann. Dieser Zeitpunkt folgt aus der Formel

$$\cos AH = \tan \varphi \cdot \tan D,$$

also $\cos AH = \tan \varphi \cdot \tan 23° 27'$, wobei φ wie immer die geographische Breite bedeutet. Die entsprechenden Werte finden sich ohne Berechnung in Tabelle V des Anhangs. In der graphischen Konstruktion ergeben sich die äußersten Zeitpunkte auf der der Wanddeklination entgegengesetzten Seite von selbst: es sind diejenigen, für welche die Stundenlinie der äquatorialen Hilfsuhr, die bei der Zeichnung diente, der Äquatoriallinie parallel wird.

Diese Feststellung gilt auch für nachfolgend behandelte inklinierende Sonnenuhren.

IV Die inklinierenden Sonnenuhren

Tafel XVI Italienische Blocksonnenuhren mit vielerlei Stundenangaben. 16. Jahrhundert. Wahrscheinlich von Buonsignori hergestellt. ▷

ASTRONOMICA

1 Allgemeines

Inklinierende oder geneigte Sonnenuhren werden heute kaum noch eingerichtet und finden sich mit wenigen Ausnahmen nur auf alten Blocksonnenuhren. Dort bilden sie dann allerdings oft recht wesentliche Bestandteile der mit einer Mehrzahl von Zifferblättern bedeckten, steingehauenen Vielflächner, die sich noch in beträchtlicher Anzahl als Zierde der Parkanlagen alter Schlösser oder in Klosterhöfen finden. Eine der sonderbarsten und berühmtesten dieser Blocksonnenuhren hat St. Odilien im Elsaß aufzuweisen, die alljährlich von zahlreichen Touristen aufgesucht wird (Abb. 134 und 135).

128 Die aus dem einstigen Kloster Neuburg bei Hagenau im Elsaß stammende Filterhutsonnenuhr (s. S. 161) in Lorquin (Lörchingen), Lothringen. Die Schattenwerfer sind verloren. Wider Erwarten besteht das Interessante an der Anlage nicht etwa in dem herrlich erhaltenen Zehnflächner, sondern in der schlecht sichtbaren Zeichnung auf der zylindrischen Säulenfläche (siehe Abb. 260 bis 262).

129 Die Sonnenuhren des Zwölfflächners über der Filterhutsonnenuhr von Lörchingen (Abb. 128) sind deklinierend-inklinierend; nur zehn Flächen sind Sonnenuhren.

Die Neigung des Zifferblattes einer Sonnenuhr erleichtert naturgemäß weder seine zeichnerische noch seine rechnerische Darstellung. Aber gerade die zunehmende Schwierigkeit des Problems scheint die früheren Liebhaber der Gnomonik gereizt zu haben, und es wird sich in der Folge noch zeigen, daß die hier gelösten Aufgaben mit zu den interessantesten des gesamten Fachgebiets gehören. Es versteht sich schon aus diesem Grunde, daß ihnen ein ganzes Kapitel eingeräumt werden mußte.
Die Neigung der Uhrenfläche (S. 48) ändert natürlich das Gesicht des sich ergebenden Liniennetzes. Der Konstruktionsvorgang beruht jedoch weiterhin auf den bisher gezeigten Grundsätzen. Wie bei der Vertikaluhr wird zwischen nicht deklinierenden und deklinierenden Sonnenuhren unterschieden.

2 Inklinierende Süd- und Norduhren

Die Konstruktion dieser Uhren bietet keinerlei besondere Schwierigkeiten. Ihre Mittagslinie fällt mit der Substilare und mit der Fallinie der Uhrenebene zusammen, mit der die Äquatoriallinie einen rechten Winkel bildet.
Die Betrachtung von Abbildung 130, die den teilweisen Schnitt eines Meridians mit den zwei möglichen Fällen T und T′ von inklinierenden Uhren zeigt, läßt erkennen, daß bei einer geographischen Breite von φ und der Neigung i des Zifferblatts der Winkel zwischen Zeiger und Substilare die Größe $\varphi - i$ bzw. $\varphi + i$ haben wird. Die Aufgabe hat sich also lediglich dahin verändert, daß zwei Sonnenuhren T_1 und T'_1 zu zeichnen sind, die an Orten von der Beite $\varphi' = \varphi - i$ oder $\varphi + i$ Horizontaluhren wären.
In den beiden Beispielen ist angenommen, daß sich die Zeichnung der Uhren auf der oberen, himmelwärts gerichteten Seite der Uhrentafel befindet. Befindet sie sich dagegen auf der Unterseite, also erdwärts schauend, so ist nur die Reihenfolge der Stundenzahlen umzukehren.
Zu bemerken ist auch, daß die Größe $\varphi - i$ negativ werden kann: φ' ist dann eine Breite

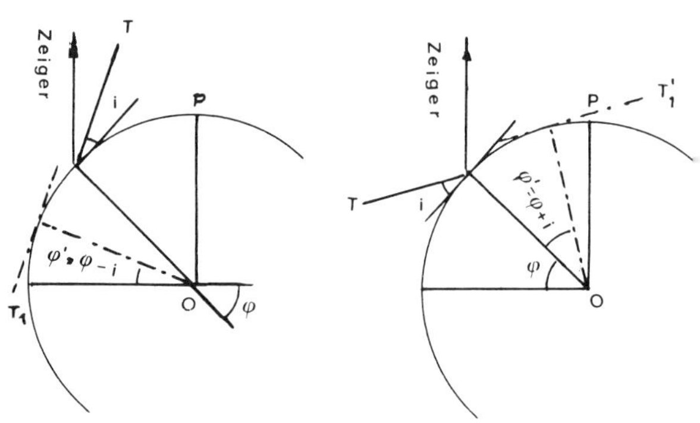

130 Die inklinierenden Nord- oder Süduhren sind Horizontaluhren für andere Breiten.

131 Die entsprechende Horizontaluhr einer inklinierenden Nord- oder Süduhr kann jenseits des Pols liegen.

132 Inklinierende Ost- oder Westuhren können durch Verschiebung zu Vertikaluhren werden.

133 Die Konstruktion der Polaruhren.

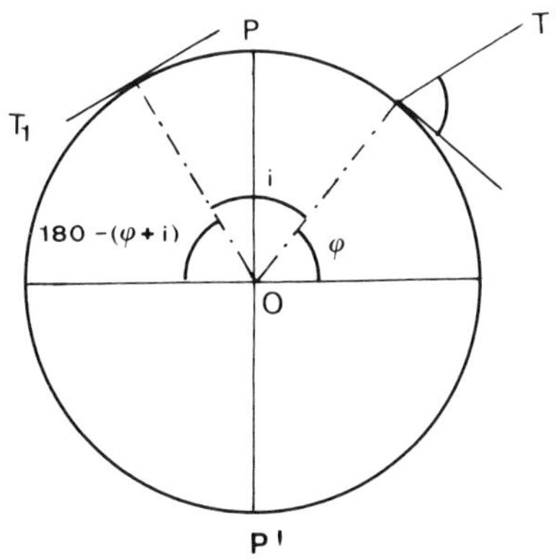

der südlichen Halbkugel. Es kann ferner $\varphi + i$ größer als 90° werden, wodurch die neue Breite φ' gleich 180° – $(\varphi + i)$ ist. Um Fehler zu vermeiden, wird es für jeden Einzelfall von Vorteil sein, eine Skizze anzufertigen (Abb. 131), in der die Schnitte der horizontalen Uhrentafel T_1 und die Tafel der inklinierenden Uhr T parallel sind, und die erstere als Tangente am Meridiankreis anliegt.

3 Inklinierende Ost- und Westuhren

Auch hier läßt sich die Aufgabenstellung dadurch vereinfachen, daß die inklinierende Uhr parallel zu sich selbst eine Translation (Parallelverschiebung) von 90° am Meridian entlang erfährt (Abb. 132). Auf diese Weise wird eine um 35° inklinierende Westuhr zu einer um 35° nach SW deklinierenden Vertikaluhr, die für die Breite $\varphi' = 90° \pm \varphi$ konstruiert wird. Damit ist die Aufgabe auf eine der einfachen, schon gezeigten Lösungen zurückgeführt.

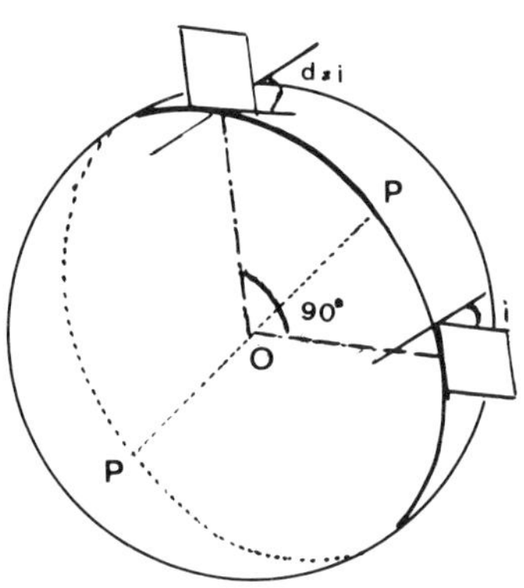

4 Polare Sonnenuhren

Es handelt sich hier im wesentlichen um Spezialfälle von Nord- oder Süduhren, deren Zifferblattebene parallel zur Erdachse liegt, d. h. deren Neigung der geographischen Breite entspricht. Die Konstruktion dieser Uhren ist mit derjenigen der vertikalen Ost- und Westuhren verwandt, da diese ja ebenfalls Polaruhren mit parallel zueinander stehenden Zeigern und Zifferblättern sind. Polaruhren sind gewöhnlich nicht deklinierend. Ihre Stundenlinien liegen zueinander parallel und sind paarweise zur Mittagslinie symmetrisch. In Abbildung 133 ist das Prinzip ihrer Konstruktion dargestellt. Es sei BC der Zeiger, der auf den beiden Stützen AB und CD ruht. Auf ihm wird wie stets die Äquatorialuhr in rechtwinkliger Lage befestigt. Die Gerade AD ist die Substilare, die bei Süduhren auch als Mittagsstundenlinie dient. Wird nun die Äquatorialuhr gedreht, bis eine ihrer Stundenlinien die Mittagslinie AD schneidet, dann ergeben auf dem Zifferblatt die Verlängerungen der anderen die Punkte, durch welche die zu AD parallelen Stundenlinien zu ziehen sind.

In der graphischen Darstellung wird die Äquatorialuhr um eine Äquinoktiallinie XY geklappt, wobei ihr Mittelpunkt einen Kreisbogen beschreibt, dessen Radius der Zeigerhöhe AB über dem Zifferblatt entspricht.

Die Entfernung X der Stundenlinie von der Substilare berechnet man aus der Formel

$$X = OP \tan AH \quad (OP = AB)$$

in der mit AH der Stundenwinkel der Sonne bezeichnet ist.

Polaruhren sind meistens Süduhren, können aber in jeder Azimutrichtung aufgestellt werden. Bei der Konstruktion mit der Äquatorialuhr ist deren Mittagslinie in die Meridianebene zu drehen.

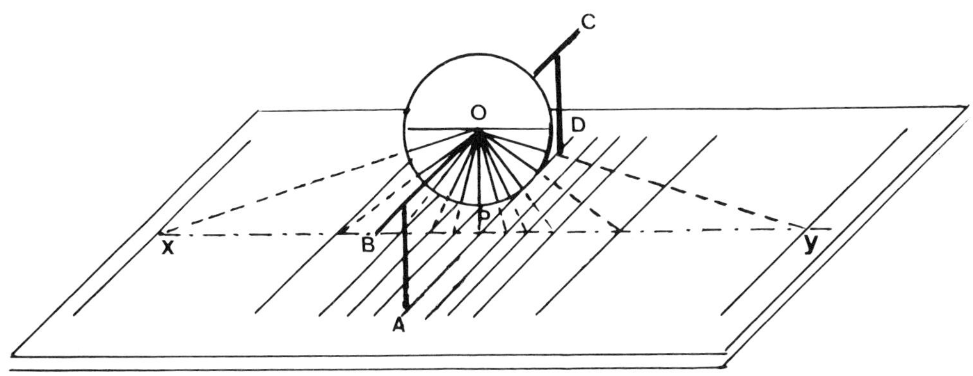

5 Inklinierende und deklinierende Sonnenuhren

Einrichtung des Zeigers

Die Schiefe des Zifferblatts könnte unter Umständen bei der Einrichtung des Zeigers Schwierigkeiten bereiten. Um Fehler zu vermeiden, wird es zunächst empfehlens-

134 Die geographische Sonnenuhr von Sankt Odilien im Elsaß: von oben nach unten; links: Antiochum, Indien, Japan; Mitte: Antike Stunden (d. i. Temporalstunden), Elsaß, Konstantinopel mit Griechenland; rechts: Assyrien-Persien, italische Stunden, Kongo.

135 Sankt Odilien: Der Anschluß rechts an die Sonnenuhren von Abbildung 134: Ägypten-Alexandrien, Arabien-Babylon, Chaldäa.

Tafel XVII Als vergoldetes Schmuckkästchen gebaute, aus vier Zifferblättern bestehende Blocksonnenuhr. Im Bild sind links normale und italische, vorn dazu noch babylonische Stundenlinien zu erkennen. 17. Jahrhundert. Hersteller nicht bekannt. ▷

wert sein, die Meridianebene durch zwei sich kreuzende Fäden darzustellen, von denen der eine ein über dem Uhrenzentrum hängendes Lot ist und der andere waagerecht in der Nord-Südrichtung gespannt wird.

Die Zeigerachse, die in dieser Ebene liegt, muß dann mit dem Lot einen Winkel von $90° - \varphi$ bilden. Andererseits verläuft hier die Mittagsstundenlinie nicht mehr wie bei Nord- oder Süduhren auf einer Fallinie des Zifferblatts. Da ihre Einzeichnung aber unerläßlich ist, wird ein zweites Lot in einiger Entfernung vom ersten wiederum in Berührung mit dem Meridianfaden aufgehängt. Die Linie der beiden Lote gibt die Spur der Meridianlinie, d. h. der Mittagsstundenlinie, auf der Uhrenfläche. Es kann natürlich nicht schaden, diese Linie mittels einer auf Lokalzeit gestellten Uhr beim Meridiandurchgang der Sonne durch den Schatten des südlicheren Lotfadens zu kontrollieren, der dann mit ihr zusammenfallen muß.

Zeichnung der Stundenlinien mit Hilfe einer Äquatorial- oder Horizontaluhr

Nach der korrekten Einrichtung des Zeigers und der Festlegung der Mittagslinie wird die Fertigstellung der Uhr mit diesen Mitteln keine besonderen Schwierigkeiten bieten (S. 58).

Es soll aber hier doch noch einmal auf die sehr praktische, von Schumacher (S. 58) empfohlene Projektionsmethode verwiesen sein, ebenso auf noch eine andere, die wahrscheinlich früher besonders beliebt war und von jedermann benützt werden kann. Sie besteht einfach darin, neben der schon an ihrem Standort orientierten und mit dem Zeiger versehenen schiefen Uhr eine gut gezeichnete Horizontaluhr aufzustellen. Im Laufe eines sonnigen Tages werden dann die Stunden, so wie diese Hilfsuhr sie vermittelt, mit ihren Linien auf die neue Uhr eingetragen. Dies ist wohl die einfachste und mit den sparsamsten Mitteln mögliche Art, diese theoretisch recht umständlich herzustellenden Uhren zu verwirklichen.

Graphische Konstruktion

Die graphische Konstruktion inklinierend-deklinierender Sonnenuhren nach den bisher für horizontale oder vertikale Uhren anwendbaren Methoden ist möglich, führt aber schnell zu einer Reihe sich überlagernder und verwirrender Zeichnungen, deren mangelhafte Übersichtlichkeit leicht zu Fehlern Anlaß gibt. Sie kann aber in verhältnismäßig einfacher Weise durchgeführt werden, wenn von der Konstruktion einer Vertikaluhr ausgegangen wird, deren Zifferblatt mit dem der zu bauenden Uhr die gleiche Deklination aufweist.

Zum besseren Verständnis des Konstruktionsvorgangs soll noch einmal auf das Prinzip der Erstellung einer Uhr von beliebiger Lage mittels der Äquatorialuhr hingewiesen sein (S. 58). Dieses Prinzip ist stets das gleiche: Diese Uhr, deren Zeiger als Weltachse zu betrachten ist und die Ebenen der Stun-

MERIDIES

136 Das Prinzip der Konstruktion von inklinierenden und deklinierenden Sonnenuhren.

denmeridiane trägt, schneidet in jede vom Zeiger durchbrochene Uhrenebene die Stundenlinien einer Sonnenuhr ein. Man denke sich (Abb. 136) einen parallelepipedischen Körper mit rechtwinkligem Querschnitt, dessen längere Kanten die Richtung der Erdachse haben. Die obere Seite trägt eine Äquatorialuhr mit Zentrum C, deren Stundenlinien den Rand ihres Rechtecks in Punkten erreichen, durch die man Parallelen zu diesen Kanten gezogen hat. Diese Parallelen sind die Schnittlinien der Körperseiten mit den Stundenmeridianen. Eine weitere Parallele durch C ist die Weltachse.

Eine waagerechte Ebene PH schneidet das Parallelepiped mit den darin enthaltenen

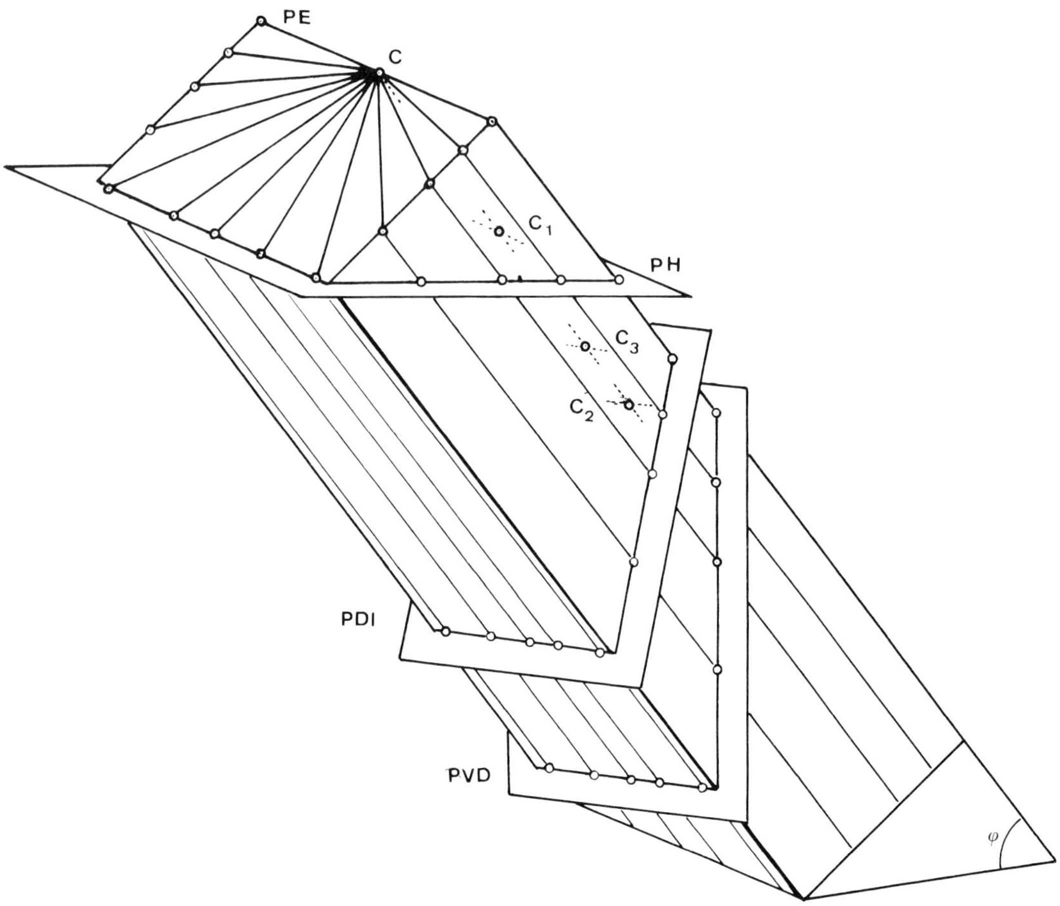

Meridianebenen und der Zeigerachse. Werden nun die Schnittpunkte dieser Achse und der Außenparallelen verbunden, so entsteht eine Horizontaluhr mit Zentrum C_1.

In derselben Weise schneidet eine deklinierende Vertikalebene PVD mit Zentrum C_2 die gleichen Parallelen in Punkten, die jetzt mit C_2 verbunden die deklinierende Vertikaluhr bilden. Eine beliebig inklinierende Ebene PDI endlich, die die gleiche Deklination wie die vorige haben soll, wird zu einer deklinierend-inklinierenden Sonnenuhr mit Zentrum C_3 führen.

In Abbildung 137 ist das Schema der auszuführenden Konstruktion perspektivisch dargestellt.

Es sei PV die deklinierende Vertikaluhr, PH eine Horizontaluhr, MM′ die Schnittlinie ihrer beiden Uhrenflächen, C und C′ ihre Zentren und CC′ ihr gemeinsamer Zeiger. Es sei ferner PI die Uhrenfläche der zu zeichnenden inklinierenden Uhr, deren Deklination dieselbe wie bei PV sein soll und deren Zentrum ebenfalls der Punkt C ist. Die Schnittlinie ihrer Ebene mit PV geht durch C und ist zu MM′ parallel; desgleichen ist NN′, ihr Schnitt mit PH, parallel zu MM′. Der Einfachheit halber sind nur 3 Stundenlinien betrachtet. Der Meridian jeder ihrer Stunden ist durch zwei jeweils in PV und PH gelegene Stundenlinien bestimmt. Die Schnittlinien dieser Meridiane mit PI und damit die Stundenlinien der geneigten Uhr ergeben sich aus den Schnittpunkten der Stundenlinien von PH mit NN′, die nur noch mit C zu verbinden sind. Hieraus ergibt sich die Konstruktion:

Es sei (Abb. 138a) PV die Vertikaluhr mit Deklination *d* und dem Zentrum C, PH die Horizontaluhr mit Zentrum C′. Die Flächen der beiden Uhren schneiden sich in MM′ und die letztere ist um MM′ in die Ebene der ersteren geklappt. Die Geraden CH und C′XII sind die entsprechenden Substilare. Der Einfachheit halber sind in der Abbildung nur die Stundenlinien für XII und II Uhr gezeichnet.

Die Inklination der schiefen Uhr sei *i*. Um ihren Schnitt mit PH zu bestimmen, wird die Zeichnung rechts durch die Hilfsfigur b) vervollständigt, wo die beiden Ebenen PV und PH senkrecht zur Zeichenebene und nur durch ihre Projektionen OC_1 und OV dargestellt sind. Ihre Schnittlinie ist eine in O senkrecht zum Zeichenblatt gedachte Linie. Das Bild von C ist in C_1 und die Projektion der Ebene der schiefen Uhr ist C_1N. Die Entfernung von N nach O ist die Distanz zwischen den parallelen Schnittlinien der Uhrenflächen der Vertikaluhr und der schiefen Uhr mit der Horizontaluhr. Sie wird durch Drehung um den Punkt O in die Zeichnung a) gebracht, wo QT die Schnittspur der schiefen Uhr bestimmt. Aus Abbildung 137 ist bekannt, daß die Stundenlinien der Horizontaluhr auf dieser Spur die entsprechenden Punkte der schiefen Uhr bestimmen, und daß diese im Raum mit C zu verbinden wären, um die Uhr zu vollenden. Da aber ihre Ebene schief über der Zeichenebene liegt, muß sie zuerst in diese heruntergeklappt werden und zwar durch einen Kreisbogen um C_1 mit Radius C_1N, der in a) den unteren Rand RS der herabgeklappten schiefen Ebene und seine wahre Entfernung von C ergibt. Ist dann U der Schnittpunkt der XII-Uhr-Stundenlinie der Horizontaluhr mit QT, so gibt die Senkrechte UZ auf RS den Fußpunkt Z der Stundenlinie CZ für XII Uhr auf der schiefen Uhr. Für die anderen Stundenlinien ist der Vorgang derselbe. Aus der Zeichnung erhellt, daß auf solchen Uhren die Mittagslinie nicht die Fallinie, also nicht senkrecht zu einer in die Uhrenebene gezeichneten Waagerechten sein kann.

Es wird sich später noch erweisen (Kapitel V), daß im Riß einer inklinierenden Uhr die Zeichnung der Substilare bisweilen von Nutzen sein kann. Man erhält sie wie folgt: In der Hilfszeichnung b) von Abbildung 138 ist die Projektion C_1V des Zeigers derart, daß OV gleich HC′ ist. Es sei nun E ein beliebiger Punkt des Zeigers. Seine Projektion auf die schiefe Uhrenfläche ist F, und dies ist ein Punkt der gesuchten Substilare. Die Waagerechte durch E gibt in G den Ort dieses Punktes auf der Substilare CH. Durch Umklappen und Transport über L fällt F in K auf die Senkrechte aus G. Die gesuchte Substilare ist CK.

Die Darstellung deklinierender und inklinierender Sonnenuhren durch Berechnung ihrer Elemente

– *Das Problem*

In einem einfachen Fall (S. 63) wurde gezeigt, wie aus der Betrachtung einer Zeichnung die Elemente einer Sonnenuhr rechnerisch abgeleitet werden können. Die meisten in der einschlägigen Literatur vorgeschlagenen rechnerischen Ausführungen von Sonnenuhren betreffen Horizontal- und Vertikaluhren.

Bei gleichzeitig deklinierenden und inklinierenden Sonnenuhren führen aber die hergebrachten Verfahren rasch zu einem komplizierten Formelwirrwarr, dessen Vereinfachung nicht immer gelingt. Es erscheint daher besser, das ganze Problem aus den Elementen der Himmelskugel abzuleiten. Die dabei zutage tretenden Lösungen gelten für alle Arten von Sonnenuhren mit Polstab und ergeben durch Vereinfachung auch die Formeln für einfachere Uhren.

Es darf gesagt sein, daß die hier folgenden Entwicklungen sich zwar nur im Gebiet der Elementarmathematik bewegen, aber dennoch kompliziert erscheinen können. Sie könnten ohne Nachteil übersprungen werden. Wenn sie dennoch hier gebracht sind,

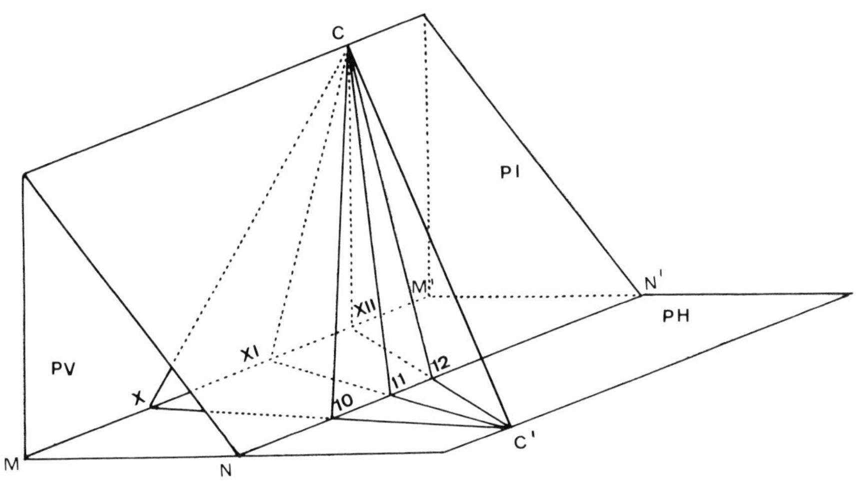

137 Inklinierende und deklinierende Sonnenuhr perspektivisch gesehen.

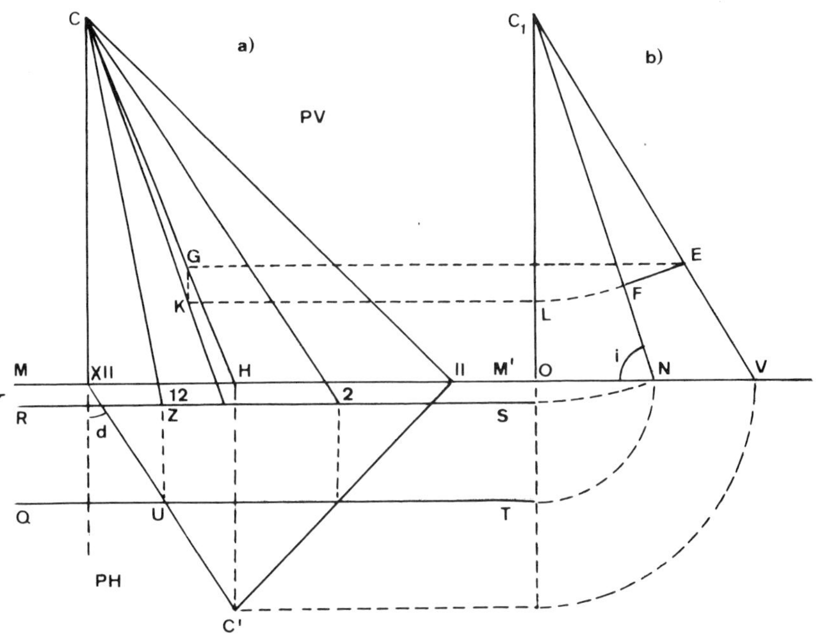

138 Aus Abbildung 137 abgeleitete Konstruktion.

139 Der Salonvielflächner aus der Werkstatt Hans Kochs, München, 1578, aus vergoldetem Messing zeigt die gleiche Form wie die Uhr von Sankt Odilien (Abb. 134 und 135); durch die auf seiner oberen Fläche angebrachte Horizontaluhr erhöht sich jedoch hier die Anzahl der Uhren auf 25, die aber alle für die wahre Ortszeit berechnet sind. Das Bild zeigt in der Mitte eine vertikale, darunter eine erdwärts inklinierende Norduhr, oben eine Äquatorialuhr. Rechts und links der Bildmitte befinden sich um 45° abweichende Vertikaluhren mit Datumslinien und Tierkreiszeichen. Die Dreiecksflächen enthalten deklinierend inklinierende Uhren. Es handelt sich ausschließlich um Polosuhren; von der Horizontaluhr abgesehen geschieht ihre Indikation jedoch ausschließlich durch den Schatten der Spitze eines Gnomons, die auf der Achse des nicht vorhandenen (fiktiven) klassischen Zeigers liegt. Die Uhren sind für eine Breite von 48° 38′ berechnet. Farbtafel XVIII zeigt die Südseite des gleichen Instruments.

140 Die Himmelskugel als Ausgangspunkt für rechnerische Darstellung der Polos-Sonnenuhren.

so geschieht dies im Interesse der Liebhaber besonderer Probleme und auch weil diese Berechnungen in ihrer allgemeinen Form nur selten veröffentlicht worden sind. Außerdem können sie als Ausgangspunkt für weitere Forschungen wertvoll sein.

Denn wenn das Sonnenuhrenwesen an sich für jeden ein Wundergarten der Lehren und Entdeckungen ist, so erschließt es darüber hinaus für den, der sich gerne mit Mathematik beschäftigt, ein Interessengebiet von unabsehbarer Weite.

– Berechnung des Winkels zwischen Mittagslinie und Stundenlinien

Es sei PZP′Z′ die Himmelskugel (Abb. 140), C ihr Mittelpunkt, der auch das Zentrum der betrachteten deklinierenden und inklinierenden Sonnenuhr darstellt, deren Zifferblatt in der Ebene des Großkreises M′OM liegt. HH′ ist die Horizontalebene, PP′ die Polachse und gleichzeitig der Zeiger der Uhr; endlich ist ZZ′ die Zenitrichtung. Ist CN die Senkrechte zur Uhrenebene M′OM, so ist der Winkel ZN die Inklination i (d. h. die Neigung) der Uhrenebene. Nun sei eine Ebene ZNZ′ durch CN gedacht, somit ist PNZ die Deklination d der Uhr. Fällt der Zeigerschatten auf einen Punkt O des Zifferblatts, dann ist POP′ der Stundenkreis (= der Meridian) der Sonne

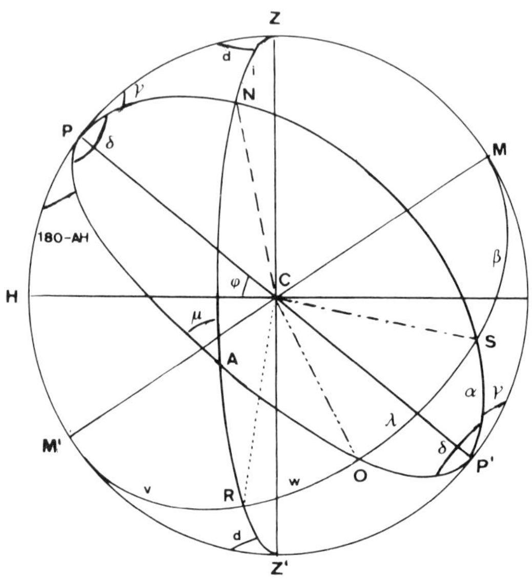

und MPO ihr Stundenwinkel AH. Es sei nun MCM′ die Uhrenmittagslinie.

Der Schatten O bildet mit der Mittagslinie den Winkel $\widehat{OCM} = z$, der durch den Bogen MO bzw. M′O bestimmt ist, der berechnet werden soll. Der Großkreis ZNZ′ teilt ihn in zwei Teile v und w, und es gilt zunächst

$$z = v + w$$

Die Schnittlinie CR der Uhrenebene mit der Vertikalebene ZNZ′ ist die Kante eines rechten Winkels, denn ZNZ′ enthält die zur Uhrenebene senkrecht stehende Gerade CN. Aus der Abbildung ist jetzt folgendes ersichtlich:

v ist der Winkel der Mittagslinie mit der Linie CR der Ebene MOM′, die ihre Fallinie ist.

w ist der Winkel der Stundenlinie mit dieser Fallinie für den Stundenwinkel AH der Sonne.

Es sei nun A der Schnittpunkt der Vertikalebene ZNZ′ mit dem Stundenkreis POP′.

Im rechtwinkligen Dreieck M′RZ′ ist dann:

$$\tan v = \tan d \sin RZ',$$

$$\text{aber } RZ' = 90° - i, \text{ also ist}$$

$$\tan v = \tan d \cos i$$

Die Formel bestätigt die selbstverständliche Aussage, daß v nicht von der Zeit abhängig ist.

Aus dem in R ebenfalls rechtwinkligen Dreieck ARO entnimmt man

$$\tan w = \sin AR \tan \mu$$

wo mit μ der Winkel $\widehat{PAZ}$ bezeichnet ist.

Nun ist aber im Dreieck PZA $\cos\mu = \cos d \cos AH + \sin d \sin AH \sin\varphi$ (1)

wo wie bisher φ die geographische Breite $\widehat{PCH}$ bezeichnet; dann ist $PZ = 90° - \varphi$

Es ist ferner: $ZA + AR = 90° + i$ und $AR = 90° + i - ZA$

also: $\tan w = \tan\mu \cos(i - ZA)$. Daraus folgt

$$\tan w = \frac{\cos i \cos ZA \sin\mu + \sin i \sin ZA \sin\mu}{\cos\mu} \qquad (2)$$

Das Dreieck APZ liefert aber

$$\frac{\sin\mu}{\cos\varphi} = \frac{\sin AH}{\sin AZ}$$

oder

$$\sin AZ \sin\mu = \cos\varphi \sin AH \qquad (3)$$

Durch Multiplikation mit cot AZ folgt

$$\cos AZ \sin\mu = \cos\varphi \sin AH \cot AZ \qquad (4)$$

Und wenn in (2) cos ZA sin μ und sin ZA sin μ durch die Werte aus (3) und (4) ersetzt werden, folgt

$$\tan w = \frac{\cos i \cos\varphi \sin AH \cot AZ + \sin i \cos\varphi \sin AH}{\cos\mu} \qquad (5)$$

Um AZ zu ermitteln, wird im Kugeldreieck PZA die Kosinusformel angewandt:
$\cos d \sin\varphi = \cot ZA \cos\varphi + \sin d \cot AH$
oder

$$\cot ZA = \cos d \tan\varphi - \frac{\sin d \cot AH}{\cos\varphi} \qquad (6)$$

Dieser Wert wird in die Gleichung (5) gebracht und gibt nacheinander

$$\tan w = \frac{\cos i \cos\varphi \sin AH \left(\cos d \tan\varphi - \dfrac{\sin d \cot AH}{\cos\varphi}\right) + \sin i \cos\varphi \sin AH}{\cos\mu}$$

$$\tan w = \frac{\cos i \sin AH \sin\varphi \cos d - \cos i \cos AH \sin d + \sin i \cos\varphi \sin AH}{\cos\mu}$$

$$\tan w = \frac{\cos i \sin\varphi \cos d - \cos i \cot AH \sin d + \sin i \cos\varphi}{\dfrac{\cos\mu}{\sin AH}}$$

Aber aus Gleichung (1) kommt

$$\frac{\cos\mu}{\sin AH} = \cos d \cot AH + \sin d \sin\varphi,$$

daher letztlich

$$\tan w = \frac{\cos i \cos d \sin\varphi + \sin i \cos\varphi - \cos i \sin d \cot AH}{\cos d \cot AH + \sin d \sin\varphi}$$

Aus den nunmehr erhaltenen Werten von tan v und tan w werden v und w und

$z = v + w$ abgeleitet.

Die Berechnung ist weniger umständlich als es scheint, denn v wird für eine gegebene Sonnenuhr nur einmal gesucht, und in der Formel für w stehen nur zwei Produkte, die die Variable AH aufweisen.

– Berechnung des Winkels zwischen Mittags- und Fallinie

Letztere ist in einer Ebene die Linie mit der größten Neigung. Zu waagerechten Linien der Ebene steht sie senkrecht und ist die von einer abrollenden Kugel gefolgte Richtung. Wir nehmen die im vorigen Abschnitt gefundene Formel

$$\tan v = \tan d \cos i,$$

die den Winkel v zwischen Mittags- und Fallinie bestimmt. Sie ist für inklinierende und deklinierende Sonnenuhren deshalb von Wichtigkeit, weil sie die Mittagslinie, also die Grundlage für die Zeichnung der ganzen Uhr, zu ermitteln erlaubt.

– Berechnung des Winkels zwischen Zeiger und Substilare

Um Irrtümer zu vermeiden, sei hier darauf hingewiesen, daß in Abbildung 140 die Erdachse PP′ nicht zur Zifferblattebene MM′ senkrecht steht; letztere darf auch nicht mit der in der Abbildung nicht dargestellten Äquatorialebene verwechselt werden.

Eine Ebene, die auf der Ebene MOM′ senkrecht steht und PP′ sowie CN, also eine Senkrechte zu MOM′, enthält, wird diese in CS, der Substilare, schneiden. CS bildet mit der Mittagslinie CM einen Winkel, dessen Bogen SM ist und der mit β bezeichnet sei. Andererseits bildet der Zeiger PP′ mit

141 Nachbildung einer im Musée d'Aquitaine in Bordeaux befindlichen Blocksonnenuhr mit Äquatorial- und anderen Uhren. Die Uhr ist für die Breite von Freiburg im Breisgau berechnet und ist ein Lehrstück aus der Meisterschule für Steinmetzen der dortigen Stadt.

der Substilare den Winkel α mit dem Bogen P'S. Nun ist aber der Bogen NS ein rechter Winkel, somit ist PN der Komplementwinkel von $SP' = \alpha$. Und im Dreieck PNZ findet sich:

$$\cos PN = \cos(90° - \varphi)\cos i + \sin(90° - \varphi)\sin i \cos d \quad (7)$$

oder

$$\sin\alpha = \sin\varphi\cos i + \cos\varphi\sin i\cos d$$

– *Berechnung des Winkels zwischen Substilare und Mittagslinie*

Wir betrachten abermals das Kugeldreieck PNZ, das auch die folgende Gleichung liefert:

$\cot\widehat{ZPN}\sin d = \cos\varphi\cot i - \sin\varphi\cos d$

oder

$$\cot\widehat{ZPN} = \frac{\cos\varphi\cot i - \sin\varphi\cos d}{\sin i}$$

oder

$$\tan\widehat{ZPN} = \tan\widehat{SP'M} = \frac{\sin d}{\cos\varphi\cot i - \sin\varphi\cos d}$$

Wird in dem rechtwinkligen Dreieck SP'M der Winkel des Bogens SM mit β bezeichnet, so ist

$$\frac{\tan\beta}{\sin\alpha} = \tan\widehat{SP'M}$$

Damit ergeben diese zwei letzten Gleichungen

$$\frac{\tan\beta}{\sin\alpha} = \frac{\sin d}{\cos\varphi\cot i - \sin\varphi\cos d}$$

Wird jetzt für $\sin\alpha$ der in (7) geschriebene Wert gesetzt, so bleibt

$$\tan\beta = \frac{\sin d\,(\sin\varphi\cos i + \cos\varphi\sin i\cos d)}{\cos\varphi\cot i - \sin\varphi\cos d}$$

beziehungsweise

$$\tan\beta = \sin i\sin d\frac{\tan\varphi\cos i + \sin i\cos d}{\cos i - \tan\varphi\cos d\sin i}$$

– *Berechnung des Stundenwinkels der Sonne, wenn der Zeigerschatten auf der Substilare liegt*

Der Zeigerschatten fällt auf die Substilare, wenn der Stundenwinkel der Sonne MPS erreicht. Es sei γ dieser Winkel. Wie oben angegeben, fand sich folgendes

$$\tan\widehat{SP'M} = \tan\gamma = \frac{\tan\beta}{\sin\alpha}$$

$$\text{also } \tan\gamma = \frac{\sin i\sin d}{\sin\varphi\cos i + \cos\varphi\sin i\cos d}\cdot\frac{\tan\varphi\cos i + \sin i\cos d}{\cos i - \tan\varphi\cos d\sin i}$$

$$= \frac{\sin i\sin d}{\sin\varphi\cos i + \cos\varphi\sin i\cos d}\cdot\frac{\sin\varphi\cos i + \cos\varphi\sin i\cos d}{\cos i\cos\varphi - \sin\varphi\cos d\sin i}$$

$$\text{d.h. } \tan\gamma = \frac{\sin i\sin d}{\cos i\cos\varphi - \sin\varphi\cos d\sin i}$$

Tafel XVIII Die Südseite des Vielflächners von Hans Koch aus Abbildung 139. Die 25 verschiedenen Zifferblätter des künstlerisch sehr wertvollen Instruments zeigen alle die lokale Ortszeit.

– *Lage der Stundenlinien in bezug zur Substilare*

Würden die Stunden von der Substilare an gezählt sein, was natürlich sehr unpraktisch wäre, so wäre $\widehat{OPS} = \delta$, der Stundenwinkel der Sonne. Der Winkel zwischen Stundenlinie und Substilare wäre $\widehat{OCS} = \lambda$ und in dem in S rechtwinkligen Dreieck $\widehat{OSP}$ ist

$$\tan \lambda = \sin \alpha \tan \delta.$$

Da α von der Zeit unabhängig bleibt, besagt die Formel, daß Stundenlinien für Zeiten von gleichen, aber beiderseits der Substilare liegenden Stundenwinkeln, zu dieser symmetrisch sind.

– *Ableitung der Spezialfälle – Vorzeichen*

Die Formeln für diese Fälle lassen sich aus den obigen allgemeinen Formeln durch einfaches Einsetzen der verschiedenen Variablen ableiten.

Bei allen Berechnungen ist auf die folgenden Zeichenregeln zu achten:

φ ist positiv für nördliche, negativ für südliche Breiten

d ist positiv, wenn die Substilare rechts (Deklination West), negativ, wenn sie links (Deklination Ost) von der Mittagslinie liegt.

AH und z sind positiv, wenn die betreffende Stundenlinie rechts von der Mittagslinie, negativ, wenn sie links davon liegt.

Um die Verwendung der hier folgenden Zusammenstellung zu erleichtern, kann eine Übersicht der gebrauchten Symbole von Nutzen sein:

α = Winkel zwischen Zeiger und Substilare
β = Winkel zwischen Substilare und Mittagslinie
γ = Stundenwinkel der Sonne, wenn der Zeigerschatten auf der Substilare liegt
z = Winkel zwischen Stunden- und Mittagslinie
v = Winkel zwischen Mittags- und Fallinie

Zusammenstellung der Spezialfälle

Nicht deklinierende Sonnenuhren

1	$i = 0$	Horizontaluhr	$\alpha = \varphi$	$\tan z = \sin \varphi \tan \mathrm{AH}$
2	$i = 90°$	Vertikale Süduhr	$\alpha = 90 - \varphi$	$\tan z = \cos \varphi \tan \mathrm{AH}$
3	$i = -90°$	Vertikale Norduhr	$\alpha = 90 + \varphi$	$\tan z = -\cos \varphi \tan \mathrm{AH}$
4	$i = 90° - \varphi$	Äquatorialuhr	$\alpha = 90°$	$\tan z = \tan \mathrm{AH}$
5	$i = -\varphi$	Polaruhr	$\alpha = 0$	$\tan z = 0$
6	i = beliebig	Geneigte Süduhr	$\alpha = \varphi + i$	$\tan z = \sin(\varphi + i) \tan \mathrm{AH}$

Deklinierende Sonnenuhren

7	$i = 90°$	d beliebig	Deklinierende Vertikaluhr	$\sin \alpha = \cos d \cos \varphi$ $\tan \beta = \sin d \cot \varphi$ $\tan \gamma = \dfrac{\tan d}{\sin \varphi}$ $\tan z = \dfrac{\cos \varphi}{\cos d \cot \mathrm{AH} + \sin d \sin \varphi}$
Für alle obigen Uhren ist $v = 0$; die Mittagslinie ist eine Fallinie.				
8	$i = 90°$	$d = 90°$	Ostuhr	$\tan \beta = \cot \varphi$ $\tan \gamma = \infty; \gamma = 90°$ $\tan z = \cot \varphi$
9	$i = 90°$	$d = -90°$	Westuhr	$\tan \beta = \cot \varphi$ $\tan \gamma = -\infty; \gamma = 90°$ $\tan z = \cot \varphi$

– *Umwandlung des Problems in die Konstruktion einer Horizontaluhr*

Es wurde oben (S. 80) gesagt, daß die Konstruktion einer um den Winkel i inklinierenden Süd- oder Norduhr für eine Breite φ auf die einer Horizontaluhr zurückgeführt werden kann, die für eine Breite von $\varphi - i$ bzw. $\varphi + i$ berechnet wäre.

Eine solche Umwandlung kann natürlich auch für gleichzeitig deklinierende und inklinierende Sonnenuhren gebraucht werden.

Man denke sich einen Erdglobus. Die Ebene eines durch die Senkrechte zur Uhrenfläche gehenden Großkreises teilt ihn in zwei Hälften, ihre Schnittlinie mit der Uhrenfläche ist eine Fallinie (Abb. 142). Wird nun diese Uhrenfläche T durch Parallelverschiebung an diesem Großkreis entlang um den Winkel i von A nach B getragen, so wird sie in B die Lage T' einer Horizontaluhr einnehmen. Sind φ_a und G_a die Koordinaten von A, dann ist die Breite B im Dreieck PAB (Abb. 143) wie folgt bestimmt:

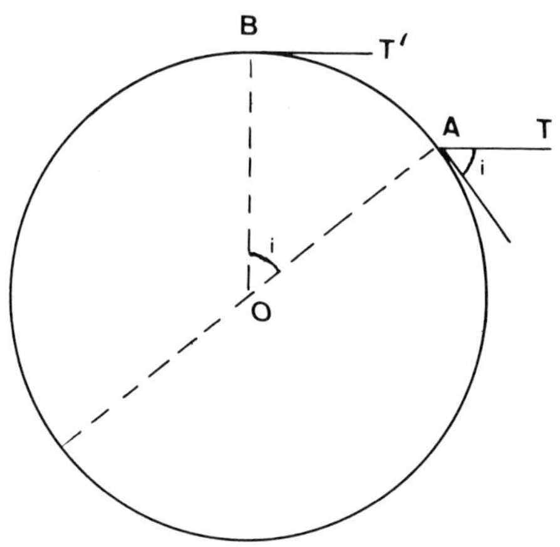

142 Auch inklinierende und deklinierende Sonnenuhren können durch Verschiebung zu Horizontaluhren werden.

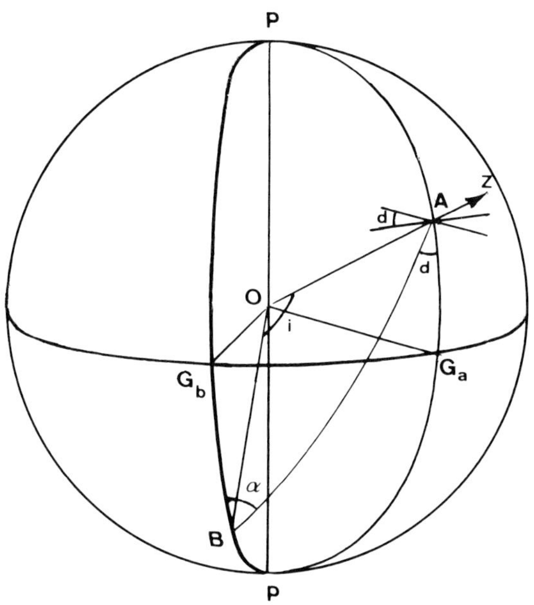

143 Die Berechnung der Verschiebung aus Abbildung 142.

$$\cos PB = \cos PA \cos AB + \sin PA \sin AB \cos \widehat{PAB}$$

Es sei d die Uhrendeklination. Nach Einsetzung der Werte folgt:

$$\sin \varphi_b = \sin \varphi_a \cos i + \cos \varphi_a \sin i \cos (180° - d)$$

oder

$$\sin \varphi_b = \sin \varphi_a \cos i - \cos \varphi_a \sin i \cos d$$

wobei φ_b die Breite von B bedeutet.
Der Längenunterschied $G_b - G_a$ zwischen A und B folgt aus

$$\sin PA \cot AB - \sin \widehat{PAB} \cot \widehat{BPA} = \cos PA \cos \widehat{PAB}$$

bzw.

$$\cos \varphi_a \cot i - \sin d \cot (G_b - G_a) = \sin \varphi_a \cos (180° - d)$$

und schließlich

$$\tan (G_b - G_a) = \frac{\sin d}{\cos \varphi_a \cot i + \sin \varphi_a \cos d}$$

In A, so wurde gesagt, geht die Ebene des Großkreises durch die Fallinie der Uhrenfläche. In B liegt die Mittagslinie der Uhr im Meridian und fällt mit der Substilare zusammen. Der Winkel zwischen den beiden Linien, also $\widehat{PBA}$ oder α wird aus der folgenden Formel errechnet:

$$\sin AB \cot PA - \sin \widehat{PAB} \cot \widehat{PBA} = \cos AB \cos \widehat{PAB}$$

oder

$$\sin i \cot (90° - \varphi_a) - \sin (180° - d) \cot \alpha = \cos i \cos (180° - d)$$

also ist

$$\tan \alpha = \frac{\sin d}{\sin i \tan \varphi_a + \cos i \cos d}$$

Damit ist der Winkel zwischen Substilare und Fallinie bestimmt. Wenn es aber in B Mittag ist, liegt der Schatten auf der Substilare. Ist es Mittag in A, dann ist der Winkel zwischen Schatten und Substilare gleich $(G_b - G_a)$.

Sind alle diese Elemente berechnet, dann ist die Reihenfolge der auszuführenden Handlungen:

a) Zeichnen der Substilare, die mit der Fallinie einen Winkel α bildet.
b) Einsetzen des Zeigers, der mit der Substilare und der Uhrenfläche den Winkel φ_b bildet.
c) Zeichnen einer durch das Uhrenzentrum gehenden Geraden, deren Winkel mit der Substilare $G_b - G_a$ beträgt. Dieser Winkel muß verschieden eingetragen werden, je nachdem, ob der Längenunterschied östlich oder westlich ist, d.h. ob die Deklination der Uhr in A westlich oder östlich ist. Der freie Schenkel des Winkels ist die Mittagslinie der inklinierenden Uhr.
d) Einsetzen der äquatorialen Hilfsuhr, deren Mittagslinie auf diese eben genannte Linie zu drehen ist.
e) Eintragen einer Äquinoktiallinie und der Stundenlinien der neuen Uhr in der üblichen Weise.

V Sonnenkalender

Tafel XIX Mittagsweiser für mittlere Zeit und Sonnenuhr an einer Wand im Hofe des ehemaligen Militärlazaretts (jetzt »Cité administrative«) in Straßburg. 19. Jahrhundert. ▷

JAN FEVRIER
MARS
DECEMBRE
OCTOBRE
AVRIL
SEPTEMBRE
MAI
AOUT
JUIN
JUILLET

144 Die Verbindungslinie zwischen Sonne und Erde beschreibt täglich einen Kegelmantel.

145 Kegelschnitte.

146 Die Daten der Tierkreiszeichen.

1 Die Veränderungen der Sonnendeklination und ihre Abbildung auf der Sonnenuhr

In Kapitel II wurde gesagt, daß die Umdrehung der Erde den Anschein erweckt, die Sonne beschriebe täglich einen Kreis um die Erdachse, und daß ferner während der jährlichen Reise der Erde um die Sonne, in der die Erdachse praktisch genau ihre Richtung beibehält, die Sonnendeklination zwischen den Extremen $+ 23^\circ 27'$ und $- 23^\circ 27'$ hin und her pendelt. Wenn nun T die Erde und S die Sonne darstellen (Abb. 144), dann beschreibt die Gerade TS täglich einen Kreiskegelmantel. Die Öffnung des umschriebenen Kegels pendelt ebenso wie die Sonnendeklination und geht zwischen den Sonnwendtagen langsam von einer der Formen ETE′ und HTH′ in die andere über. Um die Zeit der Nachtgleichen wird der Mantel zu einer Ebene.

Der Schatten eines auf dem Zeiger angemerkten Punktes – der Einfachheit halber nehmen wir die Zeigerspitze – beschreibt im Laufe eines Tages auf der Uhrenfläche eine Kurve, die die Schnittlinie des täglichen Kegelmantels mit dieser Fläche darstellt.

Nun ist bekannt, daß die Schnittlinie einer Ebene mit dem Mantel eines Kreiskegels je nach ihrem Winkel mit der Kegelachse einen Kreis, eine Ellipse, eine Parabel oder eine Hyperbel bildet (Abb. 145).

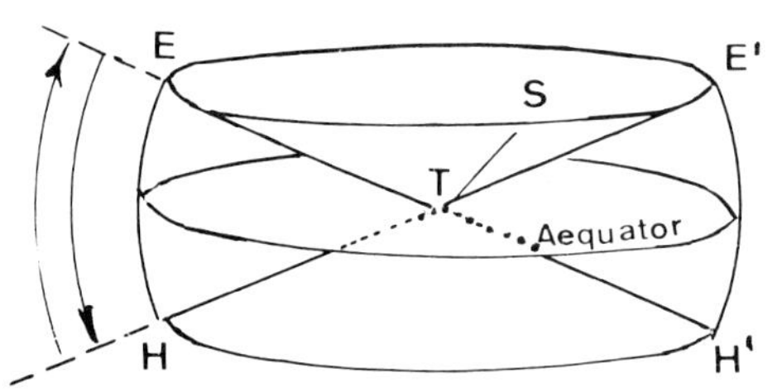

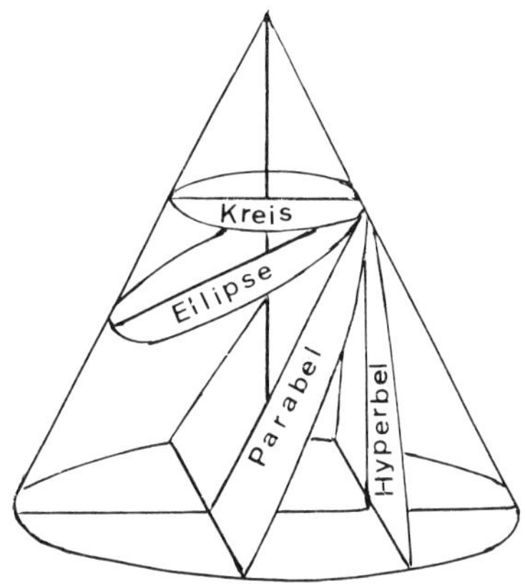

Bei einer Sonnendeklination D und wenn α die Neigung der Uhrenebene über der Äquatorebene bezeichnet, wird der Schatten der Zeigerspitze auf dieser Ebene die folgenden Kurven beschreiben:

eine Hyperbel, wenn $\alpha > D$
eine Parabel, wenn $\alpha = D$
eine Ellipse, wenn $\alpha < D$ und
einen Kreis, wenn $\alpha = 0^\circ$.

Demnach wird in den Polargebieten, also in Breiten von über $66^\circ 33'$ nördlich oder südlich, die Schattenspitze auf einer Horizontaluhr eine Ellipse zeichnen, die sich zu einem Kreis rundet, wenn die Uhr an den Pol gelegt wird. Umgekehrt wird die Uhr in der heißen Zone, d. h. zwischen den Wendekreisen, Hyperbeln zeigen, während eine Vertikaluhr je nach Breite und Zifferblattdeklination Kreise, Ellipsen, Parabeln oder Hyperbeln aufweisen kann. In den gemäßigten Zonen sind die beschriebenen Kurven sowohl auf Horizontal- als auf Vertikaluhren Hyperbeln. Aber in sämtlichen Zonen kann sich alles ändern, wenn die Uhrenflächen inklinieren, d. h. schief stehen, denn dann werden alle vier Kurvenarten möglich. Es werden insbesondere auf der Äquatorialuhr, die ja eigentlich als eine am Pol liegende Horizontaluhr zu betrachten ist, die Kurven konzentrische Kreise sein.

Die mit einer geringfügigen täglichen Veränderung verbundene Verschiebung dieser Schattenkurven stellt ein Mittel dar, auf der Sonnenuhr mit einiger Genauigkeit das Datum abzulesen. Theoretisch müßte diese dann für jeden Tag des Jahres eine Kurve aufweisen. Diese würden dann aber so nahe aneinanderliegen, daß sie ganz besonders noch in der Nähe der Sonnenwenden nicht mehr voneinander zu unterscheiden wären. Trotzdem wurde in der Vergangenheit die so gegebene Möglichkeit genutzt, besondere Daten zu bestimmen. Als solche kamen vor allem religiöse Feste in Frage, hauptsächlich aber – und dies auch heute noch – die Tage des Eintritts der Sonne in ein neues Tierkreiszeichen. In der Praxis genügt es hierfür, die Kurven für den 21. Tag der einzelnen Monate zu zeichnen. Genauer genommen wären diese Tage von Januar bis Dezember jeweils der 20., 19., 20., 20., 21., 21., 23., 23., 23., 23., 22. und 22. der betreffenden Monate (Abb. 146). Da aber jedem aufsteigenden Deklinationswert ein absteigender von gleicher Größe entspricht, kann

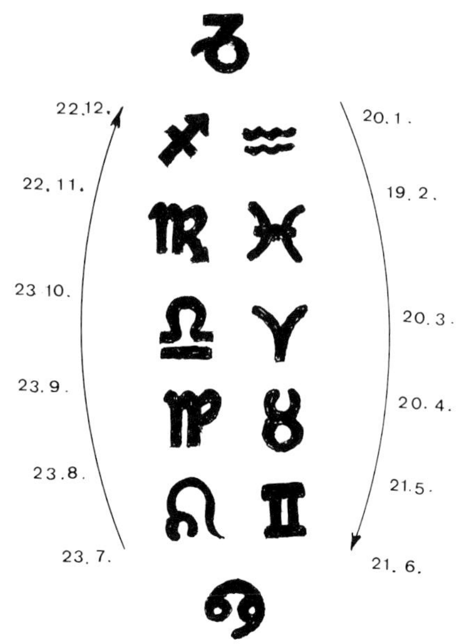

147 Datumslinien mit Tierkreiszeichen auf der steingehauenen Sonnenuhr im Kloster Lichtenthal bei Baden-Baden.

jede Kurve für zwei Daten gebraucht und ihre Gesamtzahl auf sieben verringert werden. Tatsächlich überdecken sich wegen gleicher Sonnendeklination die Kurven vom 20. Januar und 22. November, vom 19. Februar und 23. Oktober usw. In der Praxis werden außer den Deklinationen der Wendekreistage (23° 27′) und den Nachtgleichen (0°) nur zwei positive und negative Werte gebraucht, die sich als genügend genau erweisen, und zwar 11° 28′ und 20° 09′. Zu bemerken ist, wie schon angedeutet, daß am 20. März und am 23. September, also bei Nachtgleiche, die Hyperbeln einen Grenzfall durchschreiten und ihre Konvexität die Richtung wechselt. Dort wird dann die immer flacher gewordene Kurve zur Geraden und diese ist die bisher schon mehr erwähnte Äquatoriallinie, die wegen ihres Datums auch Äquinoktiallinie genannt wird.
Die so beschriebenen Kurven werden Datumslinien, bisweilen auch Monats- oder Tierkreislinien oder -kurven, wohl auch Deklinationskurven genannt, da sie ebensogut wie das Datum auch die damit zusammenhängende Deklination zu vermitteln vermögen.
Es wurde und wird auch heute noch von diesen Kurven sehr viel Gebrauch gemacht, um die Sonnenuhren interessanter und lehrreicher zu gestalten, da sie dem Beobachter die Bewegung der Erde auf ihrer Bahn bildlich näher bringen. Man hat auch nicht verfehlt, sie als Ornament zu benützen, indem man sie unter mehr oder weniger Kunstaufwand mit dem Tierkreiszeichen schmückte, in das die Sonne auf ihrer Höhe eintritt.
Im Anhang zeigt Tabelle IV die täglichen Durchschnittswerte der Sonnendeklination für das ganze Jahr. Ihre Genauigkeit ist nicht nur für die Konstruktion der Datumslinien, sondern auch für alle gnomonischen Berechnungen hinreichend.

148 *Das Leben flieht wie der Schatten,* sagt die lateinische Inschrift auf der farbenprächtigen Sonnenuhr von 1711 an einem Haus in der Hauptstraße des Weinstädtchens Bergheim im Elsaß. Die Uhr zeigt Stunde und Datum, Stellung der Sonne auf der Ekliptik (durch das jeweilige Tierkreiszeichen), Tag- und Nachtlänge (Ziffern in der Mittelkolonne), Tage von runder Stundendauer, sowie Auf- und Untergangszeiten der Sonne. Man beachte die auf den altrömischen Kalender zurückgehende Schreibweise der letzten Monatsnamen: 7bre für *September,* 8bre für *Oktober,* 9bre für *November,* 10bre für *Dezember.*

2 Zeichnung der Datumslinien

Es wurde gesagt, daß für die Konstruktion dieser Datumslinien nur 6 Kegelmäntel gebraucht werden, da die mittlere Kurve auf einem Kegelmantel mit 180° Winkelöffnung, d. h. auf einer Ebene liegt, deren Schnitt mit der Uhr die Äquatoriallinie ergibt. Andererseits nimmt man als Kegelspitze das Zeigerende, wenn man es nicht vorzieht, wie es sich auf größeren Uhren als zweckmäßig erweist, auf dem Zeiger eine kleine, durchlochte Kugel anzubringen, deren Schatten dann die Angaben vermittelt.

149 Das Prinzip der Datumslinien.

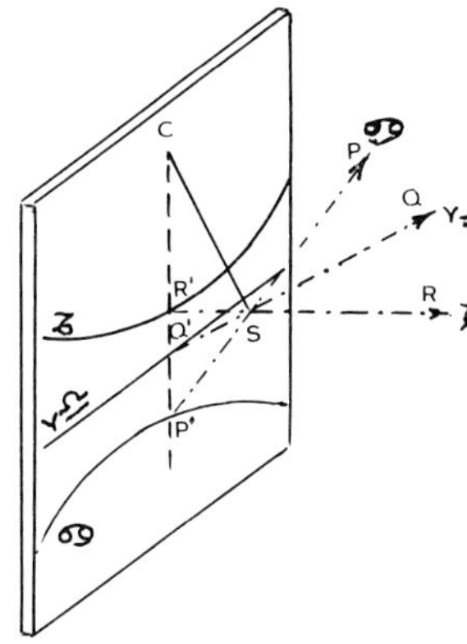

Das Zeichnen der Kurven ist ziemlich einfach. Hier sei zunächst eine handwerkliche Methode beschrieben.
Es sei (Abb. 149) CS der Zeiger einer Sonnenuhr und S dessen Spitze. Man denke sich nun an dieser Spitze und um den Zeiger drehbar drei dünne Stäbe SP, SQ und SR, deren Richtung die Sonnenstrahlen an den Tagen der Sommersonnenwende, der Tagundnachtgleiche und der Wintersonnenwende darstellen. Die Verlängerungen dieser Stäbe erreichen die Uhrenfläche in P′, Q′ und R′. Wenn die Sonne ihren täglichen Lauf beschreibt, drehen sich die Stäbe um den Zeiger und jeder wird zum Erzeuger eines Kreiskegelmantels um CS mit S als Spitze, denn innerhalb eines Tages ist die Änderung der Sonnendeklination zu gering, um hier bemerkbar zu werden. Jeder der Punkte P′, Q′ und R′ folgt also auf dem Zifferblatt einem Hyperbelarm, und, wie wiederholt bemerkt, wird der Arm des Punktes Q′ zur Geraden, nämlich zur Äquatorial- oder Äquinoktiallinie. Die besprochenen Winkel $\widehat{PSQ}$ und $\widehat{QSR}$ sind die Sonnendeklinatio-

150 Der Trigon.

151 Sonnenuhr mit Datenlinien und Wappen in Murten (Schweiz).

152 Prinzip der Konstruktion der Datumslinien.

nen an Sonnwendtagen, somit + und – 23° 27′. Es kann demnach ein um den Zeiger der Uhr drehbares Instrument gebaut werden, das diese Winkel und dazu alle anderen benötigten Winkel enthält, die sich insgesamt, wie gesehen, auf sechs belaufen sollen.

– *Verwendung des Trigons*

Dieses Instrument, das Stengel[108] unter dem Namen *Zodiakus* beschreibt, ist heute vielfach und besonders in der internationalen Fachliteratur unter der Bezeichnung *Trigon* bekannt und soll auch hier unter diesem Namen behandelt werden. In der gleichen Literatur und auch in Deutschland gilt die Benennung Zodiakus für die eigentliche Deklinationswinkelgruppe, die man auf dem Trigon gezeichnet findet und der wir später auf zahlreichen Instrumenten begegnen werden.

Der Trigon wurde in vielen Ausführungen hergestellt. Abbildung 150 zeigt eines der einfachsten, aus Holz gefertigten Modelle, das durch zwei Messingbänder derart am Zeiger festgehalten wird, daß dessen Spitze einen festen Punkt T berührt, von dem aus ein Faden ausgeht. Man achte hier darauf, daß der Zeiger in eine Vertiefung zu liegen kommt, die es ermöglicht, seine Achse in die Ebene zu bringen, die die Zeichnung der Tierkreisteilung trägt (siehe Querschnitt). Die untere Seite des Trigons trägt eine Schraube zur vorübergehenden Befestigung während der Markierungen von Kurvenpunkten auf dem Uhrenblatt.

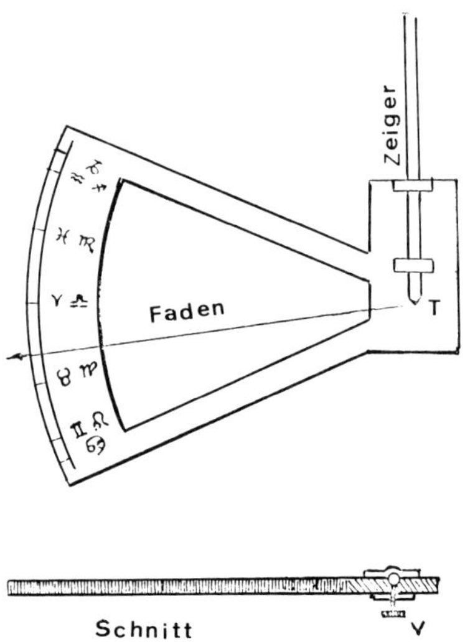

Der Trigon kann um den Zeiger gedreht und in so viele Stellungen gebracht werden, als Kurvenpunktreihen benötigt werden. Bei jeder Punktierung wird der Faden über den Linien der Zodiakuszeichnung flach auf die Trigonfläche gespannt, und die Stelle, wo er die Uhrenfläche berührt, ist jeweils einer der gesuchten Kurvenpunkte.

Mit einigem Geschick kann man einen Winkelmesser als Trigon verwenden. Dieser ist dann für beliebige Deklinationswerte geeignet.

– *Graphische Zeichnung*

Etwas genauer können die Kurven mit den Mitteln der darstellenden Geometrie gezeichnet werden, doch ist das Verfahren etwas umständlich. Lange vor der Entwicklung dieses Zweigs der Geometrie haben die Autoren der früheren Sonnenuhrenhandbücher ein genaues Verfahren beschrieben, das wegen seiner verblüffenden Einfachheit hier mitgeteilt und empfohlen sein soll.

Es besteht ebenfalls in der Bestimmung der Schnittpunkte der Kurven mit den einzelnen Stundenlinien, und diese Punkte werden dann mit oder ohne Kurvenlineale durch Hyperbeln verbunden. Dabei können zur Erlangung größerer Genauigkeit zusätzliche Stundenlinien für Halb- oder Viertelstunden eingeschaltet werden.

Es sei noch einmal daran erinnert, daß bei drehendem Trigon dessen Linie für Sonnendeklination Null auf der Uhrenfläche eine Gerade, die Äquatoriallinie, beschreibt (S. 95), die gewöhnlich schon während der Konstruktion der Uhr angebracht wird. Wir nehmen daher an, sie sei vorhanden. Im vorhergehenden Verfahren wurde der Trigon im Raum gedreht. Jetzt denken wir ihn als Zeichnung in der zur Uhr senkrecht stehenden, durch Zeiger und Substilare bestimmten Ebene, und zwar mit seiner Winkelspitze im Zeigerende. Diese Ebene sei dann mit der Zeichnung um die Substilare in die Uhrenebene geklappt (Abb. 152). Die

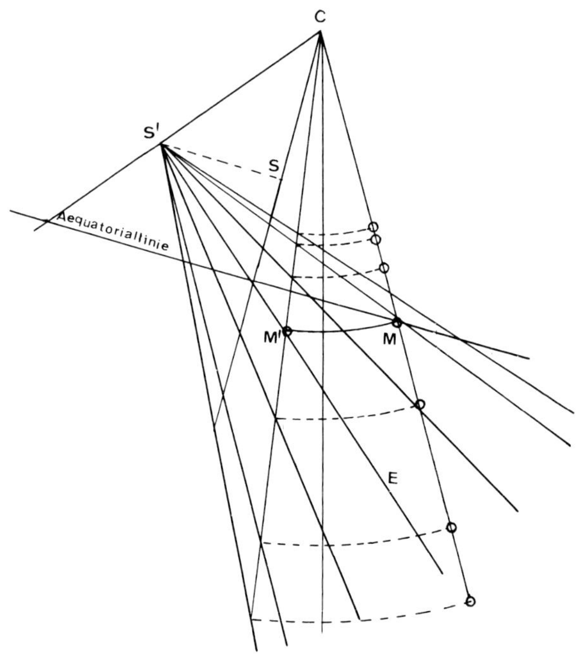

153 Die Abrundung der gebrauchten Deklinationswerte führt zu vereinfachten Konstruktionsmöglichkeiten.

154 Zum Beweis der Behauptung in Abbildung 153.

155 Süd- und Ostseiten des Museums der alten Sternwarte von Greenwich erhielten neuerdings eine Reihe von Sonnenuhren mit normalen, italischen und babylonischen Stundenlinien und anderen Angaben. Die Abbildung zeigt die Sonnenuhr der Datumslinien zur Bestimmung der Stellung der Sonne auf der Ekliptik.

156 Die Kurvenpunkte können berechnet werden.

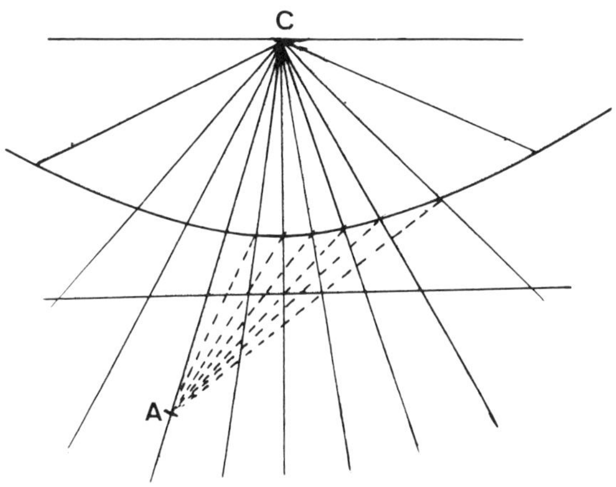

Gerade CS′ ist der umgeklappte Zeiger; die Linie S′E für Deklination Null geht durch den Schnittpunkt von Äquatoriallinie und Substilare. Und statt den Trigon zu bewegen, dreht man jetzt die Stundenlinien. Es sei CM eine solche, deren Punkt M auf der Äquatoriallinie liegt. Wird dieser Punkt durch einen Kreisbogen um C nach M′ auf die Gerade S′E getragen, so ist genau das gleiche geschehen, wie wenn der Trigon auf CM gedreht worden wäre. Jetzt schneidet CM′ die Winkelteilung des gezeichneten und umgeklappten Trigons in Punkten, deren Entfernung von C der Wirklichkeit, d. h., den von einem drehbaren Trigon auf CM angegebenen Punkten, entsprechen. Es brauchen also nur noch diese Punkte durch Kreisbögen um C auf CM getragen zu werden.

Man kann, wie erwähnt (S. 95), die Konstruktion der Datumslinien einer Sonnenuhr mit nur drei Grunddeklinationswerten erstellen, die in der Praxis dann nur noch auf die Größen 11° 30′, 20° und 23° 30′ abgerundet werden. Wenn auf dieser Basis gearbeitet wird, so besteht eine weitere Konstruktionsmöglichkeit, die auch zu Kontrollzwecken Verwendung finden kann.

Es sei Abb. 153 eine Sonnenuhr mit ihren Stundenlinien und der Äquatoriallinie, auf der auch die halben Stunden markiert sein sollen. Sind auf einer einzigen Stundenlinie die 6 Schnittpunkte mit den Datumskurven bekannt, so können mit dem Lineal allein alle 6 Kurven punktweise gefunden werden. Ist z. B. A ein Kurvenpunkt auf der Stundenlinie CA, so schneiden die Geraden aus A über die sich folgenden Halbstundenpunkte der Äquatoriallinie die Stundenlinien in der gleichen Reihenfolge in den Durchgangspunkten der Kurve, die der Deklination von A mit umgekehrtem Vorzeichen entspricht.

Diese Eigenschaft läßt sich leicht beweisen. Sie fußt auf der Symmetrie der beiden halben Kegelmäntel der Deklinationen + D und – D in bezug auf die durch die Deklination Null bestimmte Ebene.

Es seien nämlich (Abb. 154), im Schnitt gesehen, CS der Zeiger, RSR′ und PSP′ die Mäntel der beiden entgegengesetzten Kegel und SQ die Symmetrieebene für die Deklination Null. Verbindet man einen Punkt R der einen Mantelhälfte mit einem Punkt P der anderen, und wird die Symmetrieebene von PR in Q geschnitten, dann sind die Winkel $\widehat{RSQ}$ und $\widehat{QSP}$ stets gleich, und dies gilt auch für die Winkel der drei Ebenen, die durch den Zeiger und die drei Punkte P, Q und R bestimmt sind. Sind aber die Winkel zwischen je zwei dieser Ebenen gleich, so geben sie, als Stundenwinkel betrachtet, auch gleiche Zeitintervalle an.

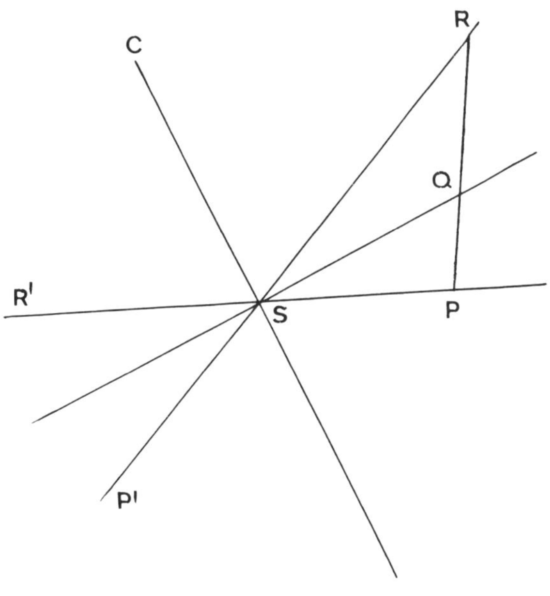

– *Berechnung der Kurvenpunkte*

Vertikaluhr mit oder ohne Deklination

Es sei (Abb. 156) SC der Zeiger einer Sonnenuhr von Deklination *d*, CM ihre Mittagslinie und CE eine beliebige Stundenli-

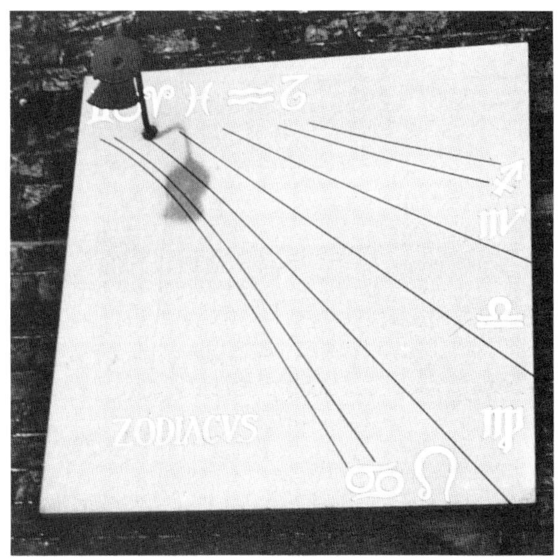

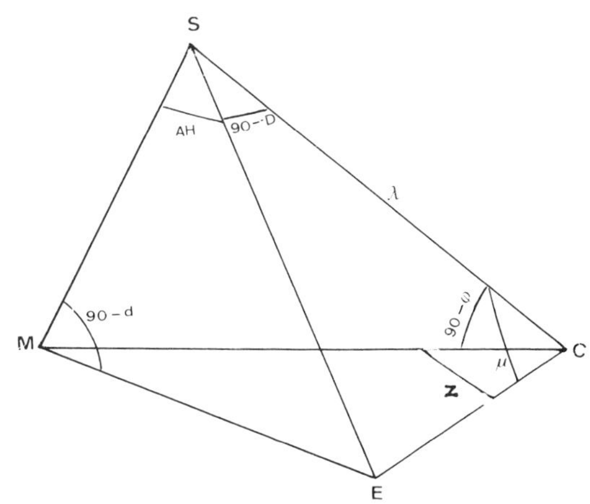

nie, die mit CM den Winkel z bildet (S. 86). Nun sei E der Schnittpunkt dieser Stundenlinie mit der Datumskurve für Sonnendeklination D. Um die Länge CE zu bestimmen, muß zuvor die Größe des Winkels $\widehat{SCE}$ bekannt sein, den wir mit μ bezeichnen wollen. Die Meridianebene MSC und die Uhrenfläche CEM bilden einen Winkel von $90° \pm d$. In dem Ebenenbündel mit dem Scheitel C findet sich die Gleichung:

$$\cos \widehat{SCE} = \cos \widehat{SCM} \cos \widehat{MCE} + \sin \widehat{SCM} \sin \widehat{MCE} \cos (90° \pm d)$$

$$\text{oder } \cos \mu = \sin \varphi \cos z + \cos \varphi \sin z \cos (90° \pm d)$$

μ ist auf diese Weise bestimmt. In dem ebenen Dreieck SCE besteht ferner

$$\frac{CE}{\sin \widehat{ESC}} = \frac{SC}{\sin \widehat{SEC}}$$

Wird für SC (die Zeigerlänge) λ gesetzt, so hat man

$$\frac{CE}{\sin (90° - D)} = \frac{\lambda}{\sin [180° - \mu - (90° - D)]} \qquad \text{oder } CE = \frac{\lambda \cos D}{\cos (\mu - D)}$$

157 Die Sonnenuhr an der Kirche von Telfes (s. S. 190) unweit von Innsbruck mit Datumslinien und Tierkreiszeichen. Das mittlere Band gibt die Taglängen an, rechts und links davon die Mittagshöhen der Sonne. Unten als Motto ein Bibelspruch: *Ihr wisset weder den Tag noch die Stund.* Man beachte das höchst lebendige Beiwerk.

Horizontaluhr
Etwas einfachere, im Prinzip aber gleiche Erwägungen führen zu den Formeln

$$\cos \mu = \cos \varphi \cos z \text{ und}$$

$$CE = \frac{\lambda \cos D}{\cos (\mu - D)}$$

Wegen der zu gebrauchenden Vorzeichen sei auf Seite 90 verwiesen.

– *Datumslinien auf Polaruhren*
Das in S. 96 gezeigte einfache Verfahren ist auf Polaruhren nicht anwendbar. Hier wird ein Zodiakus mit Scheitel S (S. 96) als Hilfszeichnung herangezogen (Abb. 158). Nun sei AB die von der Äquatoriallinie auf die Substilare getragene Höhe des Zeigers über dem Zifferblatt. Die Entfernung des Zeigers von einer Stundenlinie, etwa für 4 Uhr, ist BH. Diese Länge wird gemessen und im Zodiakus auf die Mittellinie (Nulldeklination) getragen; sie ergibt dort SU. In U wird auf SU eine Senkrechte errichtet, die die Linien des Zodiakus in sechs Punkten schneidet, deren Entfernungen von U auf die Stundenlinie getragen werden. Die übertragenen Punkte sind die Kurvenpunkte der Stundenlinie.

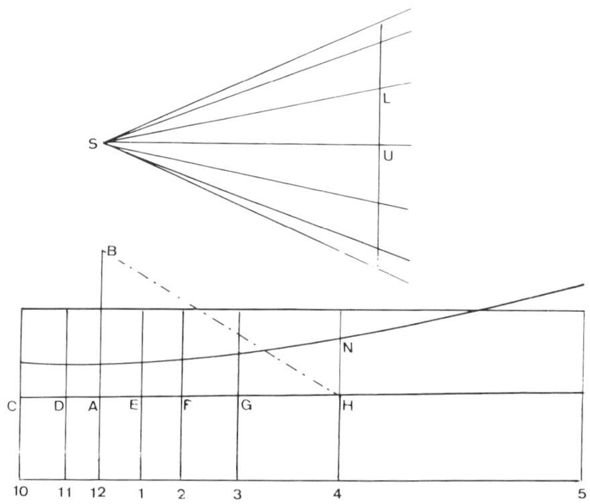

158 Datumslinien auf der Polaruhr.

3 Die Mittagsweiser

Es sei daran erinnert (S. 41 u. 42), daß die elliptische Form der Erdbahn zusammen mit ihrer Neigung auf die Äquatorialebene zur Folge hat, daß mittlere und wahre Zeit nicht übereinstimmen. Die Differenz zwischen beiden ist veränderlich und trägt den Namen Zeitgleichung. Um nach den Angaben einer Sonnenuhr die mittlere Ortszeit zu bestimmen, muß also, auch das ist bekannt, je nach ihrem Vorzeichen die Zeitgleichung zur abgelesenen Ortszeit addiert oder von ihr abgezogen werden. Hierzu wird eine graphische Darstellung (Abb. 56) der Zeitgleichung oder eine Tabelle (Tab. III) mit ihrer täglichen Durchschnittsgröße unentbehrlich sein.

Tafel XX Reichverzierte horizontale Tischsonnenuhr von Christoph Schissler 1562. Messingvergoldet. Normale Stunden; Datumskurven mit Tierkreiszeichen. Verstellbare Scheiben für Tag- und Nachtlänge sowie Monduhr. Eine Türkenfigur hält den Polfaden.

159 Die Peter Anich (s. S. 189) zugeschriebene Sonnenuhr der Kirche von Natters mit der Jahreszahl 1759 zählt zu den schönsten Tirols. Wie in Telfes sind die Datenlinien nebst den Tierkreiszeichen mit ihren Symbolen vorhanden. Die Mittelbänder sind zwar vorgesehen, jedoch sind nur in der Mitte einige Taglängen eingetragen. *Nicht wie Unweise, sondern wie Weise benützet die Zeit, denn die Tage sind böse,* sagt der Spruch unter der Uhr. Daneben Peter Anichs Unterschrift.

160 Die Sonnenuhr von 1736 an der Kirche von Mutters erscheint wegen der vielfachen Faltung des Ziffernbandes etwas überladen. Der Zweck dieser Faltung war der Wunsch, die Stundenzahlen gleichzeitig in römischen und arabischen Ziffern anzubringen, obwohl erstere schon auf einem zentralen Band gezeigt sind.

161 In Mülhausen im Elsaß zeigt eine Steinplatte aus dem Jahre 1777 nur die Tageskurven für diejenigen Tage an, deren Lichtdauer eine volle Anzahl Stunden beträgt. Da aber am 21. Dezember in Mülhausen der Tag 8 Stunden und 12 Minuten dauert, schließt links oben bei der Abkürzung T. L. (Taglänge) das Band mit den Zahlen 10; 9; 8_{12}, und rechts bei N. L. (Nachtlänge) mit 13; 14; 15_{48}.

162 Die Achterschleife der Zeitgleichung auf der Mittagslinie.

163 Es gibt Uhren mit Achterschleifen auf jeder Stundenlinie.

159 △

160 ▽

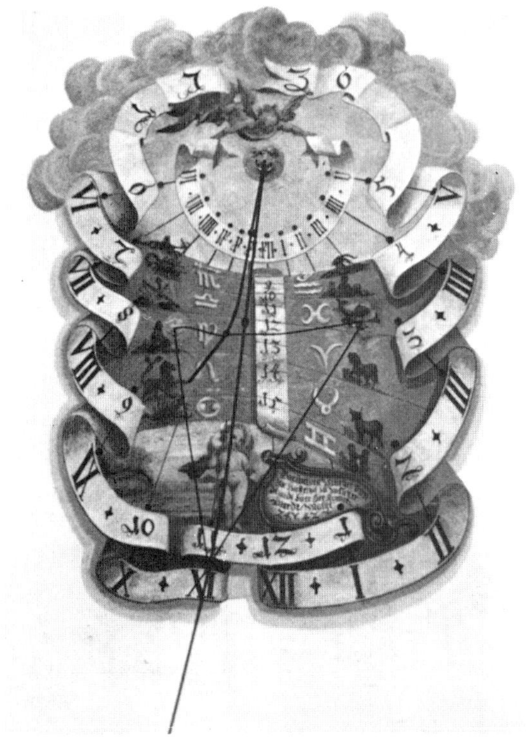

161 △

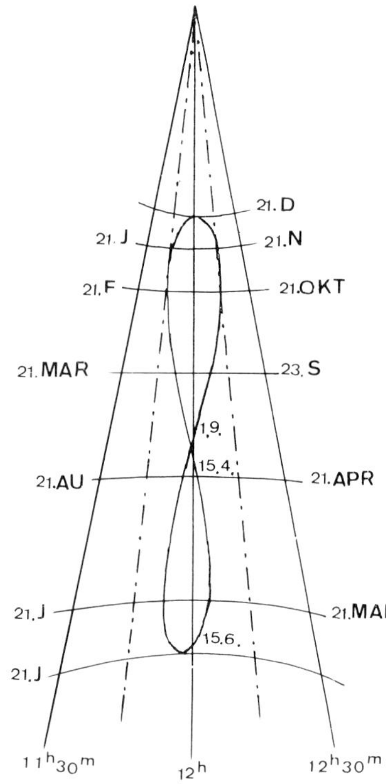

162 △

163 ▽

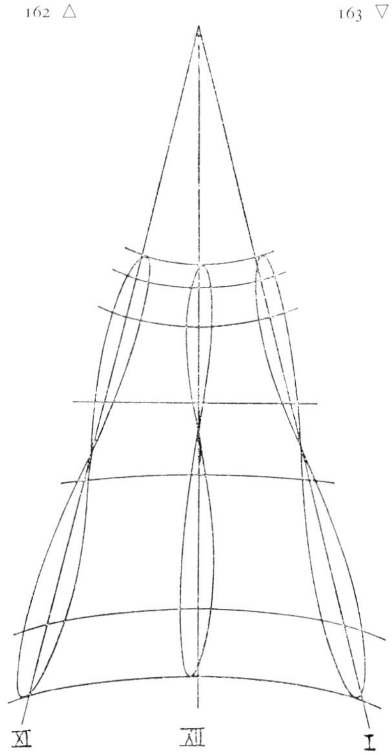

Da man aber auf der Sonnenuhr mit einiger Genauigkeit das Datum abzulesen vermag, kam man schon früh auf den Gedanken, diese Möglichkeit zu nutzen, um auf der Uhrenfläche entsprechende Angaben einzutragen, die das unmittelbare Ablesen der mittleren Zeit erlaubten.

Will man an einem bestimmten Tag die Zeit des wahren Mittags feststellen, so genügt es, von der Mittagslinie ab auf der Datumslinie dieses Tags in der gehörigen Richtung eine Länge in der Weise anzutragen, daß es in dem Augenblick mittlerer Mittag ist, wo der Schatten das freie Ende dieser Länge erreicht. Diese Länge ist die in der Stundenskala ausgedrückte Größe der Zeitgleichung des Tags, die mit umgekehrten Vorzeichen anzutragen ist. Werden jetzt diese Längen für das ganze Jahr auf die entsprechenden Datumslinien gebracht, wobei, wie man noch sehen wird, beiderseits der Mittagslinie mit Hilfsstundenlinien zu arbeiten ist, so bilden die freien Endpunkte eine Kurve, die es ermöglicht, täglich die mittlere Ortszeit unmittelbar abzulesen.

Die Kurve zeigt die Form einer langgestreckten 8 (Abb. 162) und heißt *Zeitgleichungskurve* (in England fälschlicherweise

164 Mittagsweiser mit Zeitgleichungskurve an der Kirche von Guéberschwihr (Geberschweiler) im Elsaß. Es finden sich im Elsaß und in bescheidenerem Maße in den Nachbargebieten noch an die 200 solche und ähnliche Mittagsweiser auf Gußplatten, die im 19. Jahrhundert von Straßburger und Kolmarer Uhrmachern zur Regelung der Kirchturmuhren an Kirchen und Rathäusern usw. angebracht worden sind.

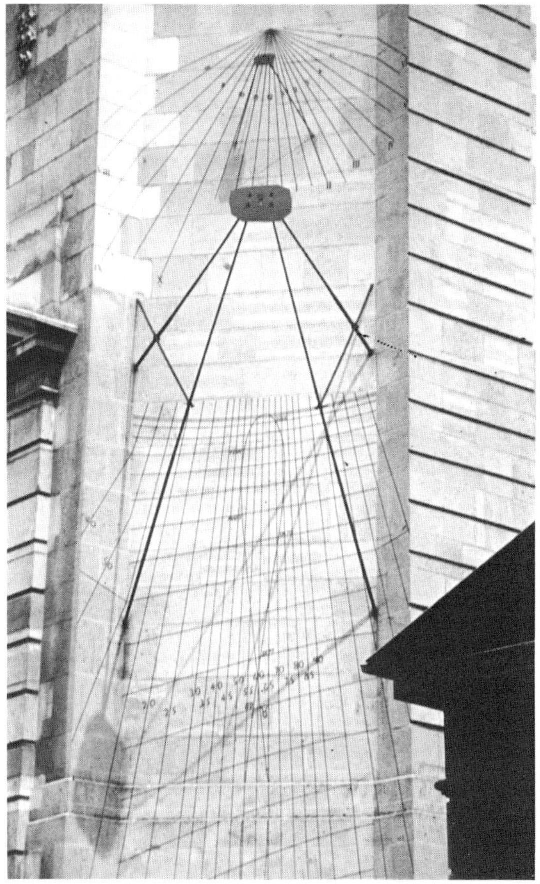

165 Am Hôtel-Dieu in Troyes, einem Spital, befindet sich unter einer Sonnenuhr für wahre Ortszeit ein Mittagsweiser mit Achterschleife. Die von fünf zu fünf Minuten gehenden Zeitangaben sind auf der linken Seite der Einrichtung teilweise falsch beziffert.

166 Ein in einer Galerie der Pariser Kathedrale Notre-Dame früher eingerichteter Mittagsweiser besteht nur noch in seinem, an einer Säule aufwärts eingemeißelten Teil.

Analemma); die Vorrichtung selbst, insofern sie ausschließlich der Bestimmung des Mittags dient, *Mittagsweiser* oder *Méridienne*. Um das Ablesen der mittleren Zeit auch für die übrigen runden Stunden der Sonnenuhr ebenso einfach zu ermöglichen, müßte jede Stundenlinie mit einer Zeitgleichungskurve versehen werden und dies wurde in einigen Fällen auch ausgeführt (Abb. 163). In der Praxis begnügt man sich jedoch mit nur einer Kurve, auf der man die Größe der Zeitgleichung abliest, um damit dann aus der wahren die mittlere Ortszeit zu bestimmen. Um die Kurve zu zeichnen, werden vor und nach der Mittagslinie in Zeitabständen von 5 Minuten zusätzliche Stundenlinien eingefügt, von denen im ganzen 6 benötigt werden, da die Zeitgleichung in der einen oder anderen Richtung 16 Minuten nur wenig übersteigt. Der Fehler, den man begeht, ist unbedeutend, wenn in diesem Stundenwinkel zur Eintragung der Stundenpunkte zwischen je zwei der vorhandenen Datumslinien zwei weitere Hilfskurven, also für Zeitabstände von 10 Tagen, mehr oder minder schätzungsweise eingetragen werden.

Die Zeitgleichungskurve ist nicht symmetrisch in bezug auf die Mittagslinie. Ihre Form hängt vom Stundenmaßstab ab, der sich auf der Uhr stets ändert, also von der Weite der Winkelöffnung zwischen den Stundenlinien und von dem Winkel, in dem sie die Datumskurven schneiden. Sie ist auch auf den symmetrischen Horizontal- und vertikalen Süduhren nicht symmetrisch. Ihre vier Schnittpunkte mit der Mittagslinie beziehen sich auf die Daten, an denen die Zeitgleichung den Nullwert durchläuft. Da sie von jeder Datumslinie in zwei Punkten geschnitten wird, ist es wichtig, dem Beobachter in unzweideutiger Weise den jeweils gültigen Kurvenarm kenntlich zu machen. Dies war schon immer ein beliebter Grund, die Sonnenuhren mit volkstümlichen Zeichen und Malereien zu dekorieren. Die Kurven werden monatsweise mit den entsprechenden Tierkreiszeichen markiert, und diese zeigen dann noch zusätzlich zwischen den Monatslinien die Stellung der Sonne auf der Ekliptik. Die Monate können längs der Kurve auch durch ihren Namen oder noch einfacher durch ihren Rang im Jahr, d. h. durch die Zahlen I bis XII gekennzeichnet werden. Bisweilen finden sich auf den vier Hauptteilen der Kurve auch nur die Namen der vier Jahreszeiten (s. Abb. 167).

Später wird hier noch von besonderen, mehr oder weniger monumentalen Mittagswei-

167 *Meine Tage neigen sich wie ein Schatten,* so beginnt in Hügelshofen (Schweiz) der Bibelspruch auf einer Sonnenuhr, auf der stündlich die mittlere Zeit abgelesen werden kann, da die zwischen den Wendekreisen liegenden Teile der Stundenlinien durch Achterschleifen ersetzt sind. Aus unbekannten Gründen zeigt die Uhr die Zeitpunkte an, wo die Sonne eine Höhe von 45° passiert, ferner auch ihre Richtung für SO, S und SW. Bemerkenswert ist auch der Zeiger, dessen Indikationspunkt aus den Spitzen zweier gegeneinander gestellter Kegel besteht.

168 Die Schleifen der Zeitgleichungskurven dieser Sonnenuhr sind zweifarbig. Der Schattenpunkt ist der Mittelpunkt eines Kreises.

169 An einem Priesterheim in Birkirkara auf Malta wird nach arabischem Vorbild die Zeit von der Schattenspitze eines Gnomons angezeigt. Die Achterschleifen sind zur Hälfte voll und zur Hälfte punktiert gezogen. Die Erklärung für die korrekte Ablesung der Zeitgleichung steht in der hauptsächlich aus dem Arabischen hervorgegangenen Sprache der Insel. *Die Himmel preisen den Ruhm Gottes,* sagt oben rechts der Uhrenspruch in Worten aus semitischen, lateinischen und arabischen Wurzeln.

170 Am Gerichtsgebäude von Sankt Blasien im Schwarzwald befindet sich eine der seltsamsten Gruppierungen von Sonnenuhr und Mittagsweiser. Während oben Chronos mit dem Zeiger auf einem weitläufigen Band die Zeit vermittelt, sind die Daten für den Gebrauch der Achterschleife durch zum Teil weit über die Wand verstreute Tierkreisbilder und Monatsnamen gekennzeichnet.

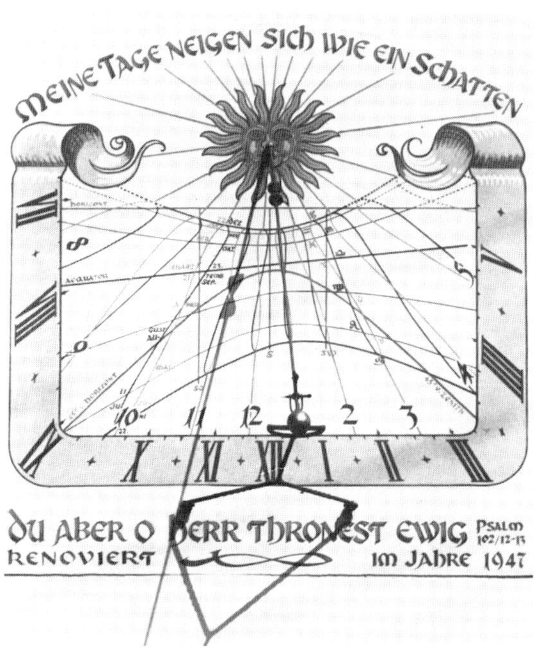

167 △

sern die Rede sein, die für die Richtigstellung der Uhren sich deshalb besonderer Beliebtheit erfreuten, weil die Genauigkeit der Angaben sich mit der Größe der Anlage steigert.

Die mittlere Ortszeit unterscheidet sich ihrerseits von der gesetzlich eingeführten Uhrzeit. Der Unterschied ist die in Zeiteinheiten ausgedrückte Differenz der geographischen Längen zwischen dem Standort und dem Meridian, der für die betreffende Zonen- oder Landeszeit in Frage kommt. Soll auf einer Sonnenuhr die gesetzliche Landeszeit abgelesen werden, so ist das Liniennetz so zu stellen, daß der Zeigerschatten in dem Augenblick auf der Mittagslinie liegt, wenn es auf diesem letzteren Meridian wahrer Mittag ist. Auch die Zeitgleichungs-

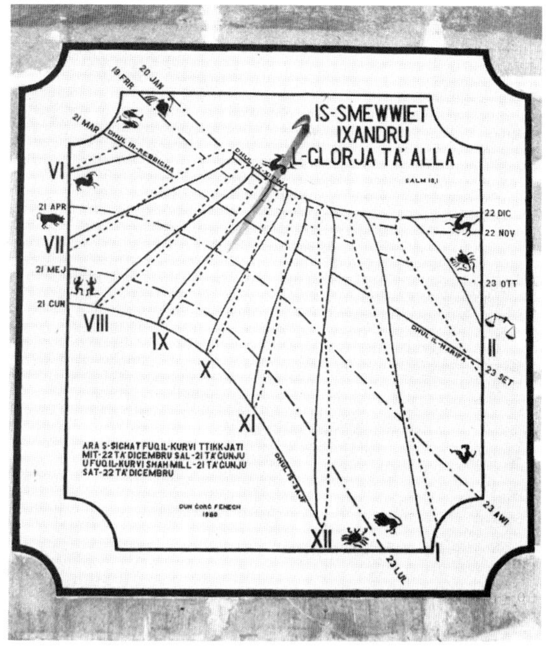

169 △

168 ▽

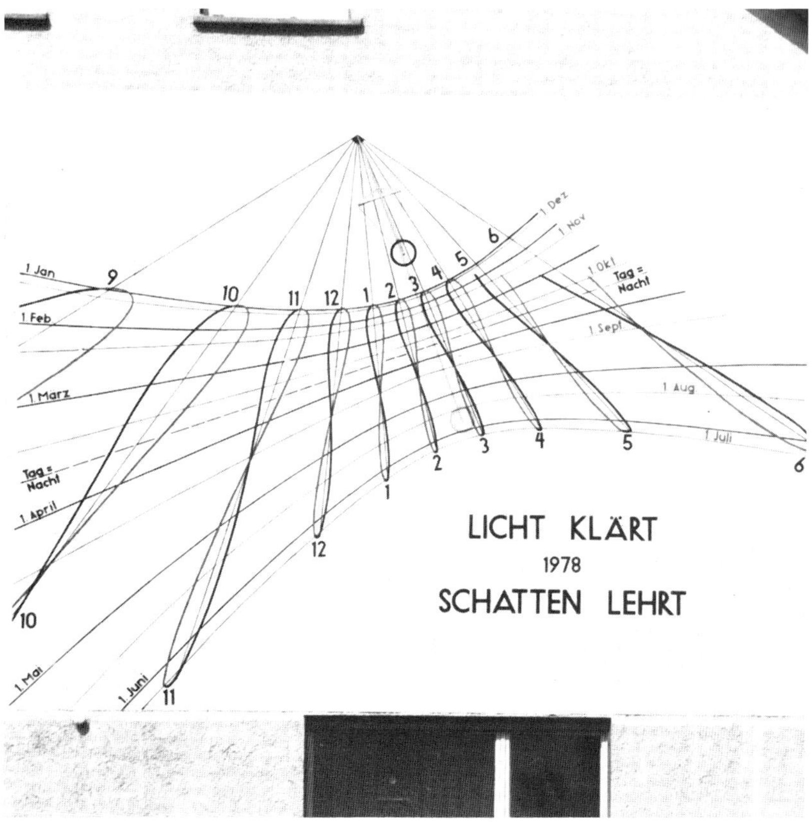

170 ▽

171 Ein bescheidenes Beispiel für die Angabe der mittleren Zeit zeigt die Fassade eines Geschäftshauses in Zabern (Elsaß) mit der Jahreszahl 1824. Die Datenkurven sind nur strichweise gezogen, aber mit den Tierkreiszeichen gekennzeichnet. Als Zeiger dient eine Lochplatte.

172 Eine der Sehenswürdigkeiten der Stadt Tonnerre (Burgund) ist das dortige alte Spital. In dem düsteren und wenig anheimelnden früheren Krankensaal wurde von dem Mathematiker Lalande unter Mitwirkung eines Benediktiners eine riesige Méridienne (Mittagsweiser) in die Fliesen des Bodens gearbeitet. Die Linien sind Messingstreifen. Der Schattenpunkt befand sich in einem der Fenster.

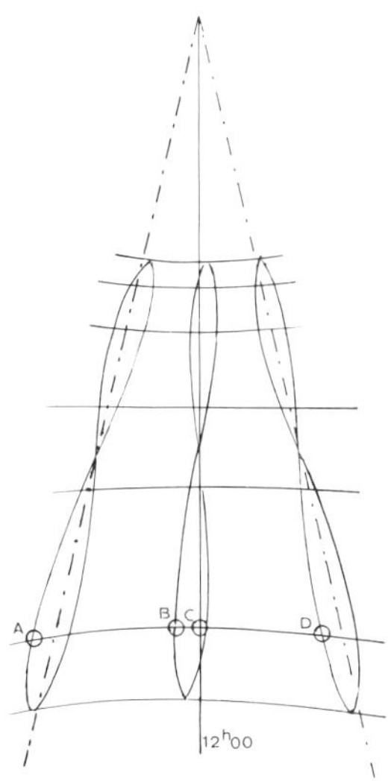

173 Wahre und mittlere, Orts- und Zonenzeit.

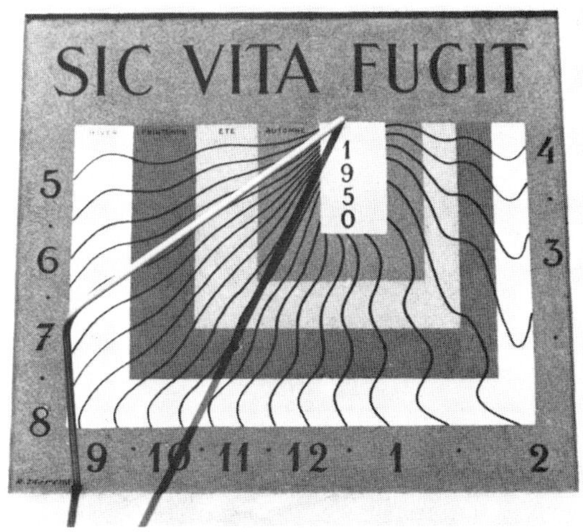

174 An einem Turm (la *Tour de Peitz*) in Vevey (Schweiz) ist die Sonnenuhrenfläche in vier Rahmen geteilt, in denen von innen nach außen die aufgerollten Achterschleifen der Zeitgleichung für Frühling, Sommer, Herbst und Winter als Stundenlinien dienen. Die Schattenlinie des Zeigers gibt auf der datengerechten Höhe der Kurven bei voller Stunde die mittlere Zeit an.

kurve wird dann auf dieser Mittagslinie angebracht.

Als Beispiel für eine solche Umstellung möge eine im Westen Deutschlands gelegene Stadt, etwa Freiburg im Breisgau, betrachtet sein. Ihre östliche Länge ist 7° 50′, d. h. in Zeit gemessen 31 Minuten 20 Sekunden. Wenn also in Freiburg die wahre Ortszeit Mittag ist, ist es in Greenwich erst $11^h\ 28^m\ 40^s$. In Deutschland gehen aber in bezug auf Greenwich die Uhren um eine Stunde vor. Die für gesetzliche Zeit eingerichtete Sonnenuhr müßte also im Augenblick des wahren örtlichen Mittags eine Stunde mehr, d. h. $12^h\ 28^m\ 40^s$ anzeigen. Somit müßte bei ihrer Konstruktion die äquatoriale Hilfsuhr um 31′ 20″ nach links gedreht werden; ihre dann schiefe Mittagslinie ergäbe dann auf der neuen Sonnenuhr die Linie des wahren Mittags für die gesetzliche Zeit, und auf ihr wäre dann die Achterschleife anzubringen. Natürlich würde die so gedrehte Äquatorialuhr mit der gleichen Zeitverschiebung auch die Lage aller anderen Stundenlinien vermitteln. Sollte zudem noch die Sommerzeit eingeführt sein, so wären beim Zeitablesen die Ziffern der Sonnenuhr jeweils um eine Einheit zu erhöhen. Neuerdings sieht man Zifferblätter, deren Stundenlinien mit je zwei Ziffern versehen sind: eine arabische Reihe für die normale und eine römische für die Sommerzeit.

In Abb. 173 sind für eine Sonnenuhr die Mittagslinien mit ihren Zeitgleichungskurven für die Geenwicher Zeit (TU), die Ortszeit und die gesetzliche Normalzeit gezeichnet. Die Abbildung zeigt, daß nur die Mittagsstundenlinie der Ortszeit senkrecht steht, aber auch, daß eine Sonnenuhr, die alle diese Angaben vermitteln sollte, zu Verwirrung und Irrtümern Anlaß gäbe.

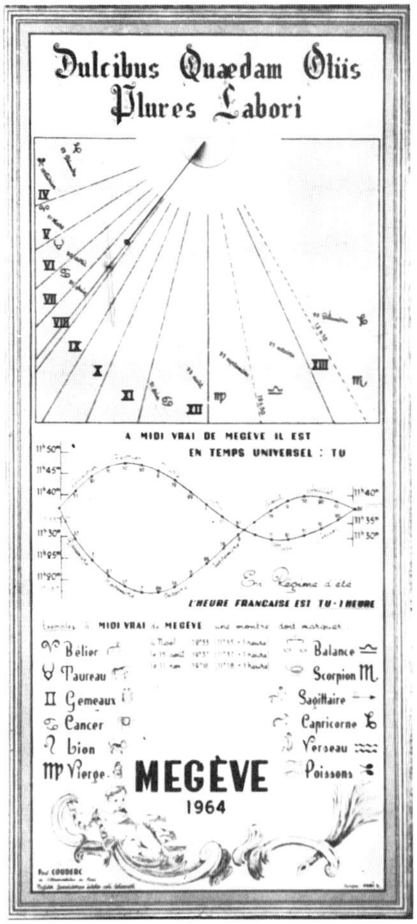

175 In Mégève (Frankreich) befindet sich auf einer Sonnenuhr eine besonders berechnete Achterschleife, die für alle Tage des Jahres am wahren Mittag des Ortes die mittlere Zeit in Greenwich zu berechnen gestattet.

176 Im Jahre 1572 wurde von Dasypodius im Giebel des südlichen Querschiffs des Straßburger Münsters eine Gruppe von drei Sonnenuhren eingerichtet, die der Kontrolle der damals von ihm gebauten astronomischen Uhr (der zweiten, inzwischen von einer dritten ersetzten) dienen sollten. Die zunächst gemalte Einrichtung wurde etwa ein Jahrhundert später in den Stein gemeißelt[81]: oben gemeine Stunden, links unten Höhe und Richtung der Sonne, rechts unten italische und babylonische Stunden *(horae ab occasu et ab ortu)*. Alter Stich, Museum Straßburg.

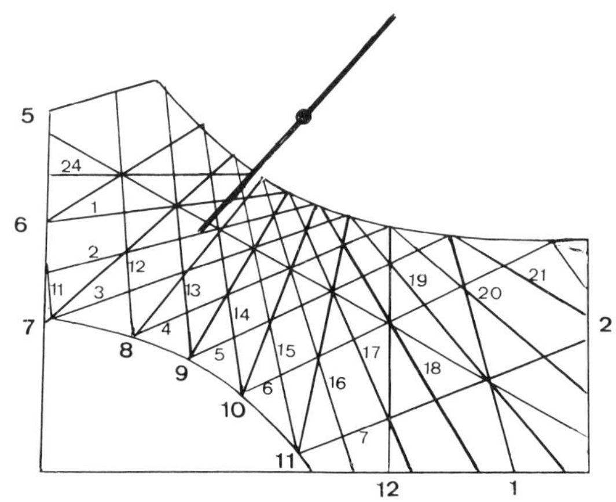

177 Nach Osten deklinierende Uhr mit italischen und babylonischen Stunden.

Es wird also im allgemeinen nur eine einzige Achterschleife gezeichnet. Übrigens sei bemerkt, daß bis vor kürzester Zeit Sonnenuhren für die gesetzliche Zeit selten waren, daß sie gegenwärtig aber mehr und mehr in Erscheinung treten.

Der Brauch, die Stundenlinien zu verschieben, drängt sich in Deutschland weit weniger auf als etwa in Frankreich, wo die mitteleuropäische Zeit eingeführt ist und im westlichen Teil der Bretagne der Längenunterschied zwischen dem Orts- und dem Zonenmeridian 19° beträgt, d. h. daß die Sonnenuhr um rund eine Stunde und 16 Minuten gegenüber der Normalzeit nachgeht.

4 Babylonische und italische Stunden

Die alten Babylonier, die als erste den Tag in 24 Stunden teilten, begannen die tägliche Stundenzählung mit dem Augenblick des Sonnenaufgangs. Die früheren Bewohner Italiens begannen sie bei Sonnenuntergang. Beide Zeitmeßarten hielten sich viele Jahrhunderte lang, die babylonische u. a. auch in Griechenland und auf den Balearen, die italische – das Wort bezieht sich auf die Apenninhalbinsel des Altertums – spielt noch heute im Kult des Islam eine Rolle und war in Italien bis Anfang des vorigen Jahrhunderts in Gebrauch. In der *Italienischen Reise* erwähnt sie Goethe mit sehr wenig Begeisterung.

Die Gewohnheit, den lichten Tag in babylonischen und die Nacht in italischen Stunden zu zählen, bürgerte sich in Deutschland und da wohl zunächst in Nürnberg ein; sie verwandelte sich langsam in eine Teilung der ursprünglichen zwei Hälften in zweimal 12

178 Sonnenuhr im Stift Dissach in Kärnten mit reichdekoriertem Beiwerk. Sie enthält Liniennetze für die babylonischen Stunden *(Kriechisch Stund)* und die italischen Stunden *(Welsch Stund)*. Die gemeinen Stunden stehen oben in arabischen, unten in römischen Ziffern. Da ihre Linien für ganze und halbe Stunden durch die Schnittpunkte der vorigen Linienscharen gehen, sind sie nicht gezogen und sind bei der Ablesung der Zeit durch diese Punkte ersetzt. Auf der Abbildung ist es genau $10^{h}\ 30^{m}$.

179 Die Fassade der Ratsapotheke am Untermarkt in Görlitz (Schlesien) zeigt nebeneinander drei große bemalte Flächen, von denen zwei mit Sonnenuhren und die dritte mit einer lateinischen Inschrift bedeckt sind. Die Anlage geht ins 16. Jahrhundert zurück. Das Solarium trägt gewöhnliche, babylonische und italische Stundenlinien sowie auch die Datumskurven. Die ersteren sind an der (verdoppelten) Äquinoktiallinie entlang beziffert, die babylonischen in arabischen Ziffern zwischen dieser Linie und der oberen Wendekreiskurve, die italischen stehen darunter. Letztere gehen von 13 bis 23 Uhr von links nach rechts. Sie sind verdoppelt und abwechselnd mit arabischen und römischen Zahlen beziffert. Die zweite, römisch bezifferte Stundenschar beginnt eine halbe Stunde nach der arabischen.

180 Die steinerne Sonnenuhr im Garten des Focke-Museums in Bremen trägt die Jahreszahl 1617. Sie zeigt sieben Sonnenuhren für Ortszeit, italische und babylonische Stunden. Die Zeiger sind verloren.

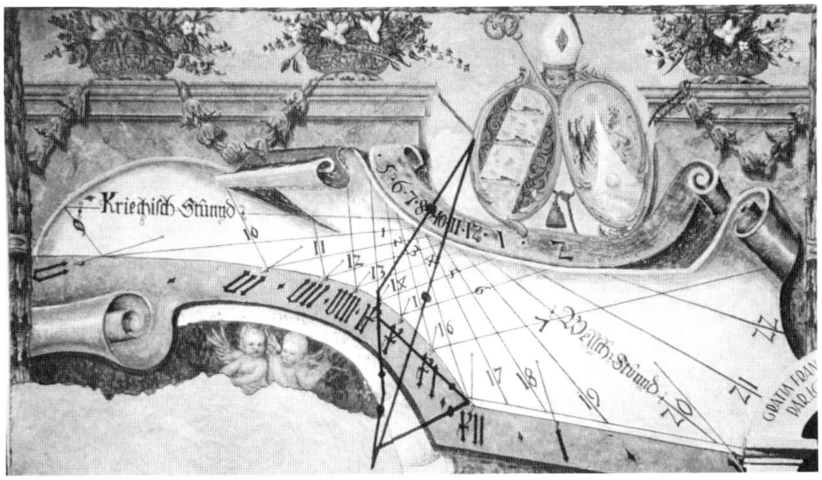

Stunden von gleicher Dauer, und diese Einteilung wurde schließlich allgemein und hat alle Reformbestrebungen überlebt.

Auf manchen Domkirchen, so z. B. in Straßburg, in Basel oder in Oppenheim am Rhein, finden sich Sonnenuhren mit babylonischen und italischen Stunden. Gewöhnlich wissen nur wenige Eingeweihte ihre Angaben zu deuten.

In Wirklichkeit haben diese Sonnenuhren (Abb. 177) heute für Zwecke der Zeitmessung keinerlei Sinn mehr, sondern höchstens noch historischen Wert. Werden aber auf einer von ihnen die italischen Stundenlinien vom Sonnenuntergang ab nach rückwärts gezählt und beziffert, also in der Weise, daß die Uhr jeweils die noch übrigen Stunden bis Sonnenuntergang anzeigt – dies ist in den Ländern des Islam die Regel –, dann macht die Uhr folgende Angaben:

1 Die Anzahl der seit Sonnenaufgang vergangenen Stunden. Sie entspricht der angezeigten babylonischen Stunde. Die Stunde Null, als Aufgangszeit der Sonne, ist auf Uhren mit westlicher Deklination meist nur teilweise, oft gar nicht vorhanden.

2 Die noch verbleibenden Stunden bis Sonnenuntergang.

3 Werden diese beiden Größen addiert, so stellt ihre Summe die derzeitige lichte Tageslänge dar. Diese von Sonnenschein unabhängige Feststellung kann auf solchen Sonnenuhren jederzeit und für jedes Datum gemacht werden. Die Sonnenuhr dient dabei gewissermaßen als Abakus.

Man stellt ferner fest:

4 Die Schnittpunkte der Linien der beiden Netze liegen auf astronomischen Stunden- und Halbstundenlinien. Es brauchen also gegebenenfalls die letzteren nicht gezeichnet zu werden.

5 An den Schnittpunkten der italischen bzw. babylonischen Stundenlinien mit der Mittagslinie der wahren Ortszeit kann unabhängig vom Sonnenlicht die Zeit von Sonnenauf- und -untergang abgelesen werden.

6 Die Sonnendeklination ändert sich ununterbrochen, jedoch ist, wie schon bemerkt, im Laufe eines Tages diese Veränderung so gering, daß sie bei der Zeichnung der Datumslinien unberücksichtigt bleiben kann. Man wird bemerken, daß sich die Schnittpunkte der babylonischen mit den italischen Stundenlinien gruppenweise auf solchen Datumslinien befinden, und dies natürlich auch dann, wenn diese im Uhrenbild nicht gezeichnet sind. Die Linien aller Stundenpaare, deren Uhrzeitsumme genau 12 Stunden beträgt, schneiden sich auf der Äquinoktiallinie.

7 Die Datumslinien, auf denen sich die Schnittpunkte der Linien für ganze Stundenzahlen befinden, beziehen sich auf Daten, an denen der lichte Tag zwischen Auf- und Untergang der Sonne eine ganze Anzahl Stun-

181 Im Kloster Wesemlin bei Luzern befindet sich eine aus dem Jahre 1607 stammende, besonders schöne und interessante Sonnenuhr. Ihre Angaben erstrecken sich auf die drei üblichen Stundenarten, die Datumskurven und Taglängen.

182 Das Wesen der italischen und babylonischen Stundenlinien.

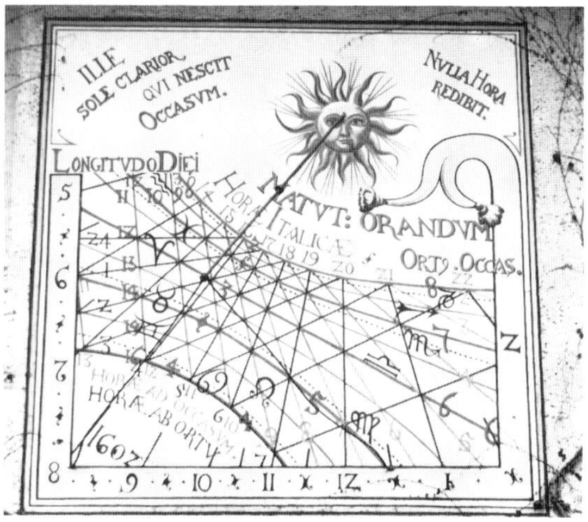

den beträgt. Es gibt Sonnenuhen, die diese Datumslinien zeigen (Abb. 161).

8 Es sei hier allgemein darauf hingewiesen, daß auf deklinierenden Vertikaluhren die Datumslinien nie links über die babylonische oder rechts über die italische erste Stundenlinie zu verlängern sind, da diese Stundenlinien den lichten Tag begrenzen. Es sind nie beide auf ein und derselben Sonnenuhr, und oft ist auch nur von der einen ein Teil vorhanden. An ihrem Schnittpunkt mit einer Datumslinie kann aber für das betreffende Datum zwischen den astronomischen Stundenlinien die Zeit des Sonnenauf- oder -untergangs abgelesen werden, aus der wiederum die Tageslänge sich ergibt.

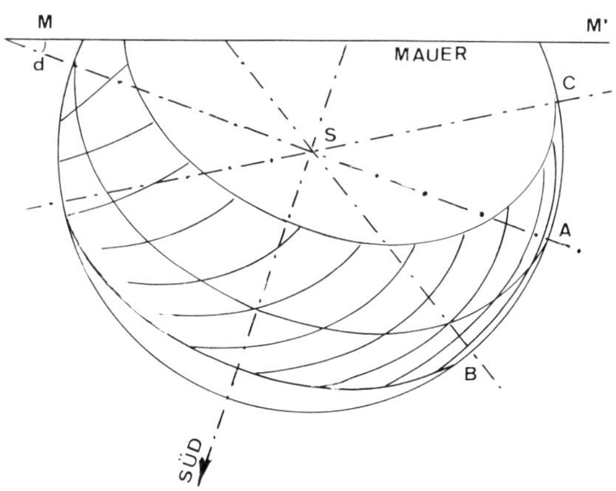

9 Schließlich sind die besagten Schnittpunkte durch ihre Lage auf den astronomischen Stundenlinien ein ausgezeichnetes Mittel zur Kontrolle der Uhrenzeichnung.

5 Zeichnung der babylonischen und italischen Stundenlinien

– *Wesen dieser Linien*

Es sei ein Modell der Himmelskugel betrachtet, dessen Zentrum sich am Ende S des Zeigers befindet, und das man vor die Zifferblattebene einer vertikalen Sonnenuhr gestellt hat (Abb. 182).

Die folgenden Erwägungen sind für die babylonischen und italischen Stundenlinien gleich; der Einfachheit halber seien hier nur babylonische Linien betrachtet.

In der Abbildung steht der Beobachter im Zenit des Punktes S. Er sieht dann den Horizont in der Form eines Großkreises der Bildebene. Im gewählten Beispiel dekliniert die Uhr um den Winkel *d* nach Südosten. In der Zeit zwischen den Sonnenwenden geht die Sonne in einem Horizontsektor auf, der von den Weiten des Winkels $\widehat{BSC}$ begrenzt ist. Der Horizontbogen BC bestimmt mit dem Mittelpunkt S eine Ebene, deren Verlängerung die Sonnenuhr in der babylonischen Stundenlinie Null schneidet. Im Laufe des Tages beschreiben die Punkte B und C auf der Kugel die zwei Wendekreise, die die Tierkreiszone begrenzen. In Zwischenräumen von 1, 2, 3 usw. Stunden beschreibt der Bogen selbst in dieser Zone Winkel von 15°, 30°, 45° usw. um die Polachse. Die entsprechenden, durch den Bogen und den Punkt S bestimmten Ebenen schneiden die Sonnenuhrenfläche in den babylonischen Stundenlinien 1, 2, 3 usw. Um also eine dieser Linien auf der Sonnenuhr zu konstruieren, genügt es, zwei Punkte des entsprechenden Bogens mit S zu verbinden und die Verbindungslinien bis zur Sonnenuhr zu verlängern, wo ihre Schnittpunkte die betreffenden Stundenlinien bestimmen.

– *Zeichnung der Linien*

Dieses Verfahren wäre in der Praxis etwas umständlich. Die Erfahrung der Jahrhunderte hat praktische und viel einfachere Lösungen gelehrt, die hier angeführt werden sollen.

1 Horizontaluhren

Gegeben sei eine Horizontaluhr mit ihren vom Zentrum C ausgehenden Stundenlinien; die Äquinoktiallinie sei xx', und der Punkt E der um diese geklappte Mittelpunkt der für die Konstruktion gebrauchten Äquatorialuhr (Abb. 183). Nun werden nacheinander die Entfernungen von E zu den Schnittpunkten der Stundenlinien mit dieser Äquinoktiallinie von C ab beiderseits auf die 6-Uhr-Stundenlinie abgetragen. Von jedem der so bestimmten Punkte werden zwei Gerade nach den Punkten der Äquinoktiallinie gezogen, deren Entfernung von E derjenigen des Punktes auf der 6-Uhr-Linie von C entspricht. Die von der morgendlichen 6-Uhr-Stundenlinie ausgehenden Bündel sind die babylonischen, die aus der abendlichen ausgehenden, die italischen Stundenlinien. Unter den ersteren ist diejenige, die die astronomische Mittagslinie auf der Äquinoktiallinie schneidet, die 6-Uhr-Linie; die dort schneidende italische ist die 18-Uhr-Linie. In beiden Fällen geht die Bezifferung von rechts nach links. Eine Schwierigkeit wird sich einstellen, wenn die Entfernungen der Äquinoktialstundenpunkte zu groß werden und nicht mehr auf die 6-Uhr-Linie getragen

Tafel XXI Runde Schieferplatte von 37 cm Durchmesser mit normalen und italischen Stundenlinien für ganze und halbe Stunden. Die Datumslinien sind für Zeitintervalle von je 10 Tagen gezogen. Im Südteil der Platte eine kleinere Uhr mit babylonischen Stundenlinien für ganze Stunden. Im Norden eine Windrose mit italienischen Abkürzungen. Mit ihren zwei Gnomonen erinnert die Uhr an arabische Motive (vgl. die Uhr der Omajjaden-Moschee in Damaskus, Abb. 276 und 277).

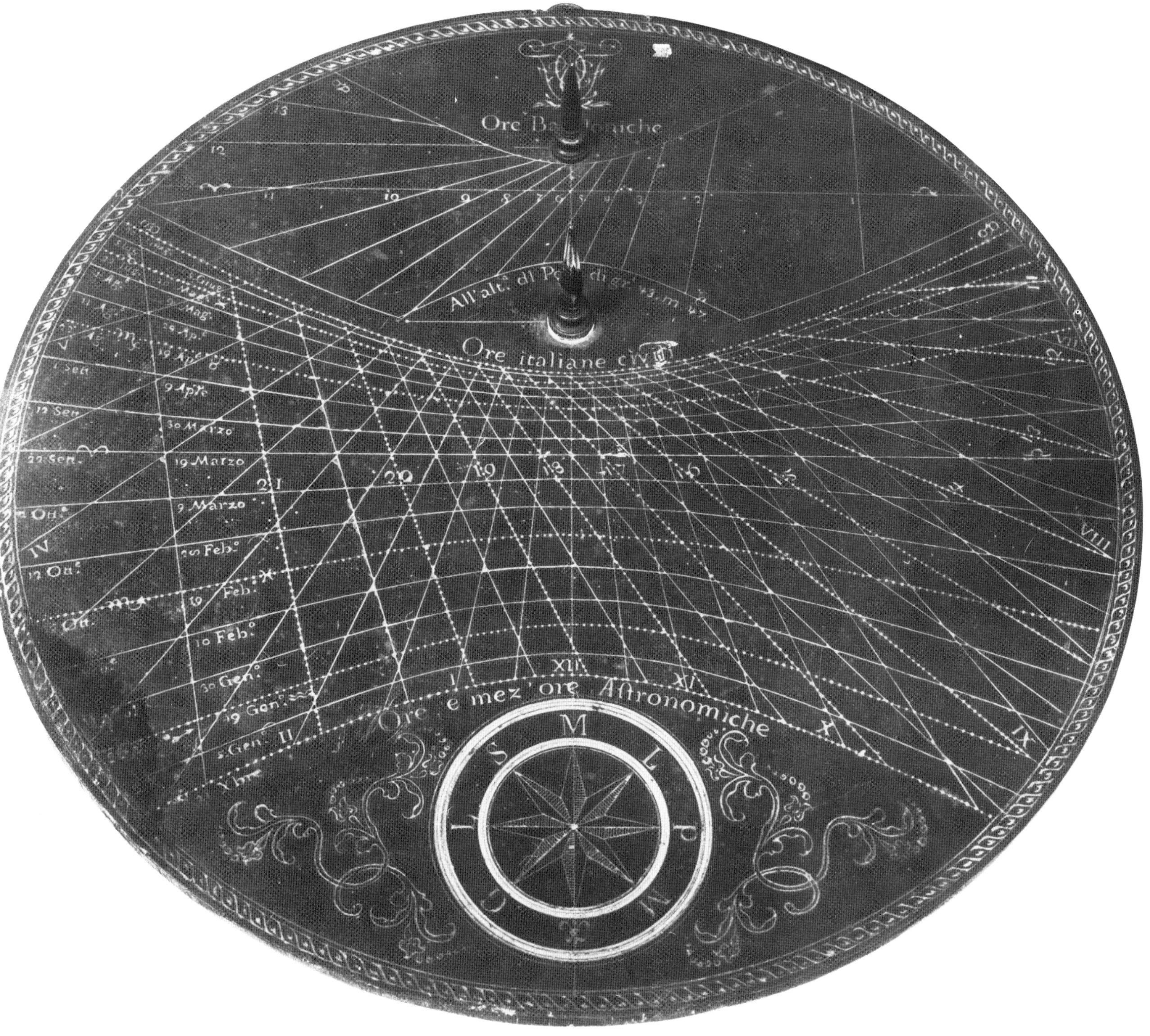

183 Die Konstruktion der italischen und babylonischen Stundenlinien.

184 Zum Beweis für die Richtigkeit der Konstruktion in Abbildung 183.

185 Italische und babylonische Stundenlinien bei westlicher Deklination der Uhrenfläche.

werden können. Da aber, wie gesehen, die Linien der beiden Netze sich auf den astronomischen Stundenlinien schneiden, wird man für die äußeren Linien über genügend Punkte verfügen. Man beachte, daß für beide Netze die 12-Uhr-Linie die gleiche ist, da für sie die Sonne im Horizont steht. Sie ist der Äquinoktiallinie parallel und geht durch die Mitte zwischen ihr und dem Punkt C.
Beweis: Es sei C das Zentrum und CS der Zeiger einer Horizontaluhr (Abb. 184), S das Zentrum der Äquatorialhilfsuhr und AB die Äquatoriallinie. Eine in C zu CS senkrechte Ebene schneidet die Uhrenfläche in der 6-Uhr-Linie. In den sich folgenden Tagesstunden dreht sich die durch S und durch die Horizontallinie gedachte Ebene (die die projizierende Ebene ist) um den Zeiger und steht stets zu einem Kegel tangential, der CS als Achse und eine Winkelöffnung von 2 φ hat (φ = geographische Breite).

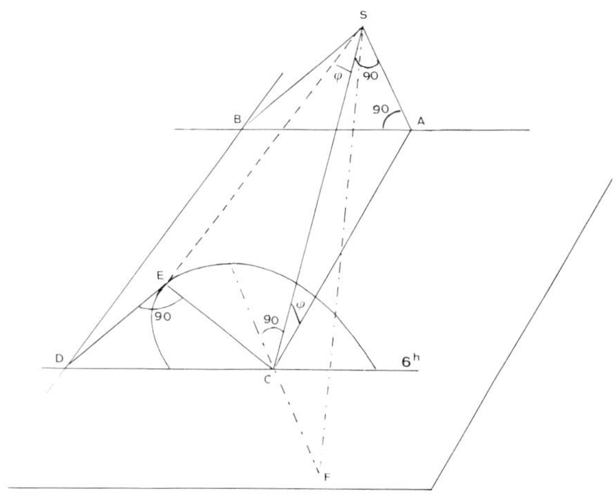

Es sei nun SEDB eine solche, schon um den Zeiger gedrehte projizierende Ebene. Sie ist längs der Linie SE zum Kegel tangential und schneidet die Uhrenebene in der babylonischen Stundenlinie BD. Die Dreiecke ASB und ECD haben in A und E rechte Winkel, ferner sind die Seiten SA und CE sowie die Winkel $\widehat{ASB}$ und $\widehat{ECD}$ gleich. Damit sind es auch die Dreiecke und CD ist gleich SB. Aber SB ist die Entfernung vom Zentrum der Äquatorialuhr bis B, dem Schnittpunkt der babylonischen Stundenlinie mit der Äquatoriallinie der Uhr im Zeitpunkt des Stundenwinkels $\widehat{ASB}$. Was die 12-Uhr-Linie betrifft, so ist sie die Schnittlinie der Uhrenebene und der zum Kegel tangentialen Ebene, die der zu ihm ebenfalls tangentialen Horizontalebene entgegengesetzt ist, d. h. um 180° von ihr gedreht liegt. Ihre berührungserzeugende Linie SF wird durch die Uhrenebene in ihrer Mitte durchschnitten. Die gleichen Folgerungen gelten für die italischen Linien.

2 Vertikaluhren

Gegeben sei eine deklinierende Vertikaluhr mit normalen Stundenlinien, Äquinoktiallinie und Horizontlinie, die in der Zeichnung als Waagerechte durch die Zeigerspitze erscheint, die Linie also, auf der der Schatten der Spitze bei auf- oder untergehender Sonne liegt (Abb. 185). Die babylonischen Stundenlinien werden die Geraden sein, die die Schnittpunkte der normalen Stundenlinien auf der Horizontlinie mit denen der gleichen Stundenlinien auf der Äquinoktiallinie in der folgenden Ordnung verbinden:

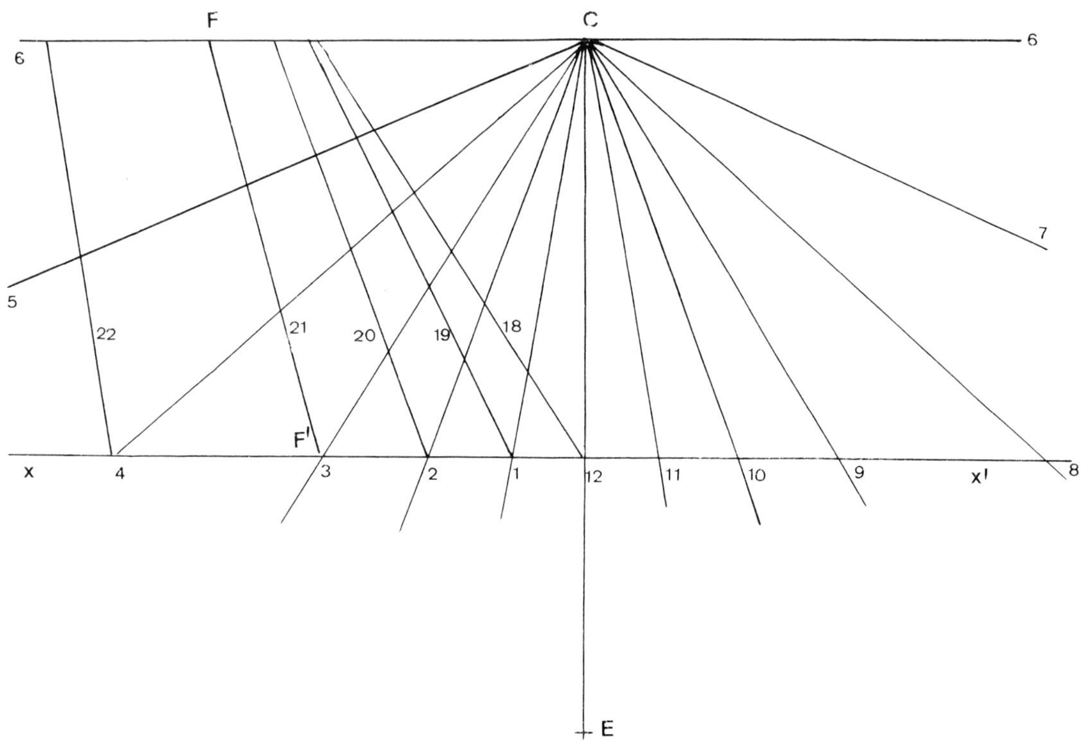

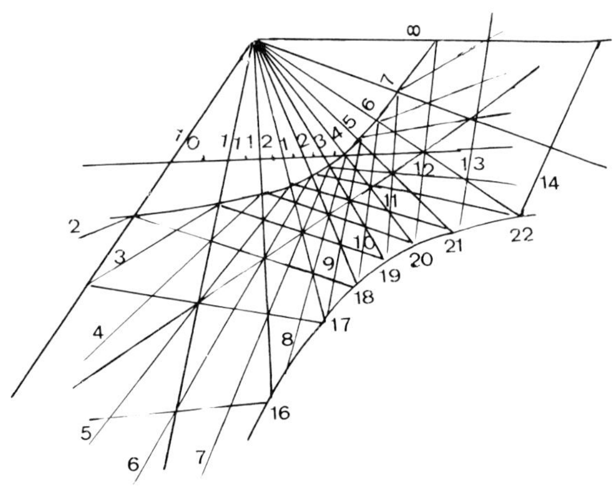

Babylonische Stunde	1	2	3	4	5	6	7	8	9	10	11
Normale Stundenlinie und Horizont	12½	1	1½	2	2½	3	3½	4	4½	5	5½
Normale Stundenlinie und Äquatoriallinie	7	8	9	10	11	12	1	2	3	4	5

Für die italischen Stunden ist diese Ordnung die folgende

Italische Stunde	23	22	21	20	19	18	17	16	15	14	13
Normale Stundenlinie und Horizont	11½	11	10½	10	9½	9	8½	8	7½	7	6½
Normale Stundenlinie und Äquatoriallinie	5	4	3	2	1	12	11	10	9	8	7

Die Stundenlinie für Null ist für beide Netze die Horizontlinie.

Beweis: Der Beweis ist für beide Liniennetze gleich und beruht auf einfachen Betrachtungen:

Geht bei Tagundnachtgleiche die Sonne unter, so zeigt die normale Sonnenuhr 6 Uhr und der Tag dauert 12 Stunden. Die babylonische Stundenlinie für 12 Uhr schneidet die Horizontlinie auf deren Schnittpunkt mit der normalen 6-Uhr-Linie. Geht dann eines Tages die Sonne um 5 Uhr unter, so hat der Tag nur 10 Stunden. Die entsprechende babylonische Linie muß also auf der Äquinoktiallinie der normalen 4-Uhr-Linie begegnen, die an Tagundnachtgleichetagen 10 Stunden vom Sonnenaufgang entfernt liegt. Die Folgerung gilt entsprechend allgemein.

3 Prinzip einer graphischen Konstruktion

Die Problemstellung lautet, die Schnittlinien der Uhrenebene mit den Ebenen zu finden, die tangential zum Mantel eines Kegels liegen, dessen Achse der Zeiger und dessen Winkelöffnung gleich der doppelten Größe der geographischen Breite ist. Es wird also (Abb. 186) zunächst mittels einer in S zum Zeiger senkrechten Ebene eine Äquatoriallinie gezeichnet, dann eine zweite, die durch eine durch einen Punkt O der Kegelachse gehende Ebene bestimmt wird. Diese schneidet den Kegel in einem Kreis, den wir die Basis nennen wollen. Nun wird zunächst der Punkt S um die erste, dann O mit der Basis um die zweite Äquatoriallinie auf die Substilare geklappt. Es sei SM die Kegelerzeugende, an der die zum Kegel tangentiale Ebene diesen berührt. Es geht darum, den Schnitt dieser Ebene mit der Uhrenfläche zu finden. An dem umgeklappten Kreis der Basis wird in dem dort erzeugten Bild des Punktes M eine Tangente gelegt, die die zweite Äquinoktiallinie in M′ schneidet. Eine zu dieser Tangente parallele Gerade durch S gibt auf der ersten Äquatoriallinie einen Punkt S′. Die gesuchte babylonische Stundenlinie ist S′M′.

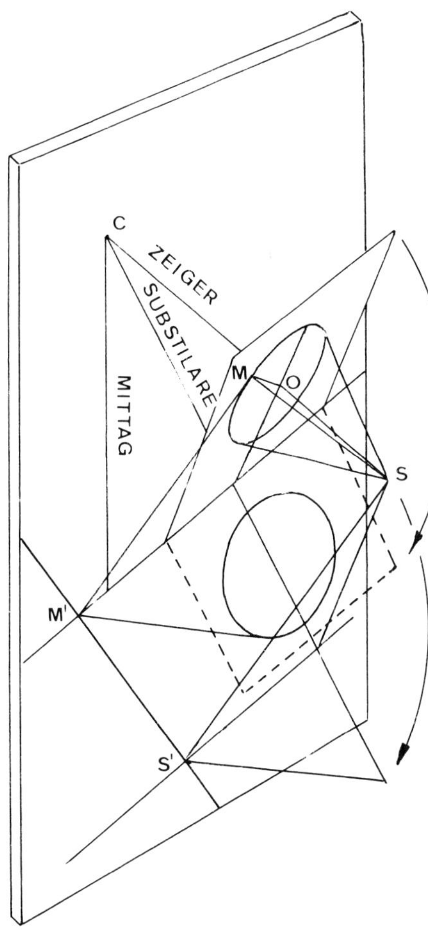

186 Das Prinzip der graphischen Konstruktion.

6 Sternzeitsonnenuhren

Die soeben skizzierte Konstruktion (s. oben) läßt sich in der gleichen Weise für die Zeichnung der wenig bekannten und wohl nur in seltenen Einzelexemplaren gebauten, von Michnik[67] erstmals 1922 behandelten Stern-

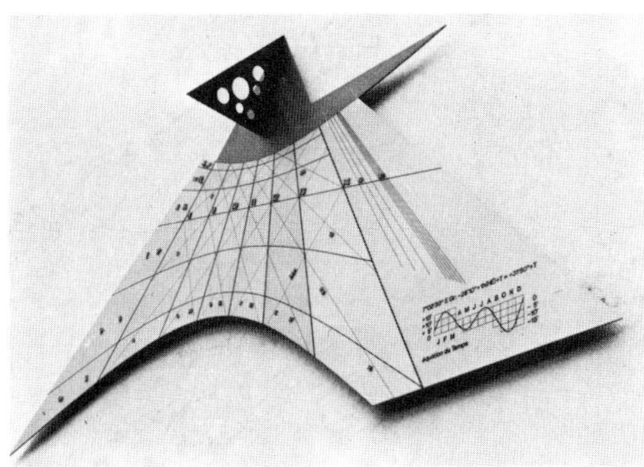

187 Moderne, einem neuzeitlichen Bau angepaßte Sonnenuhr auf gesandetem Aluminium (Sankt Amarin, Elsaß). Sie zeigt die drei üblichen Stundenarten sowie eine Graphik für die Zeitgleichungskorrekturen mit Hinweisen über die geographische Längenkorrektion.

188 Der untere Teil der im Rohanschloß (Museum) in Straßburg ausgestellten Sonnenuhr aus dem 17. Jahrhundert zeigt unter der Süduhr die einzige, dem Verfasser bekannte Sonnenuhr nördlich der Alpen, die nur babylonische (und keine italischen) Stundenlinien trägt.

189 Im Tessin gibt es noch sehr zahlreiche Sonnenuhren mit nur italischen Stunden. Der maßgebende Schattenpunkt ist jeweils die Gnomonspitze. Die Uhr trägt die gewöhnliche Mittagslinie, aber auch sehr wahrscheinlich wegen der Bestimmung des Osterdatums (s. S. 156), die Äquinoktiallinie. Crono, Graubünden.

190 Entwurf einer Hohlkugeluhr für Sternzeit (s. S. 41). Ihre Stundenlinien sind die Schnitte der durch die Gnomonspitze gedachten Ekliptikebene mit der Uhrenfläche (s. S. 109). Die Stundenlinien der abgebildeten Uhr gelten für das Halbjahr der abnehmenden Sonnendeklination (21. 6. – 21. 12.). Bei steigender Deklination (21. 12. – 21. 6.) liegen die Stundenlinien symmetrisch im Bezug zur Meridianlinie.

191 Jüdische Sonnenuhr aus dem 19. Jahrhundert an der Synagoge von Petah Tikwa bei Tel Aviv (Israel). Sie zeigt in der Hauptsache italische Stundenlinien, aber auch die Zeit für Greenwich mit Zeitgleichungskorrektion.

188 △

189 ▽

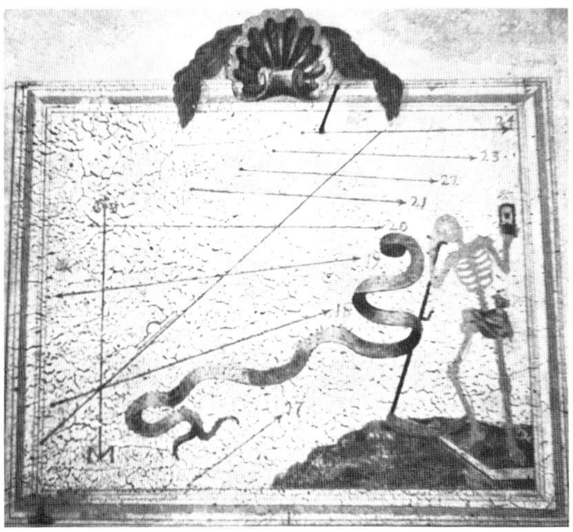

zeitsonnenuhr gebrauchen (Abb. 190). Unter Sternzeit (S. 41) versteht man den Stundenwinkel des Frühlingspunktes. Sie wird in Sternzeitstunden gemessen. Der Frühlingspunkt liegt in der Ekliptikebene. Diese ist ein im Himmelsglobus fest verankerter Großkreis, in dem die Sonne und die Erde enthalten sind, die man sich als durch die Zeigerspitze einer Sonnenuhr gehend vorstellen kann. In den 24 Stunden – es handelt sich hier um 23 Stunden 56 Minuten bzw. 24 siderische oder Sternstunden – einer Himmelsumdrehung werden die Schnittlinien der Ekliptik mit der Uhrebene ebensoviele siderische Stundenlinien bestimmen, denn genau wie bei den italischen und den babylonischen Stundenlinien spielt die Stellung der Sonne auf der Ekliptik in der Zeichnung der Uhr keine Rolle. Da die Ekliptik aber mit dem Äquator einen Winkel von 23° 30′ bildet, muß der bei der Konstruktion gebrauchte Kegel diesmal eine 2 (90° – 23°,5) also 133° große Winkelöffnung haben.

7 Sonnenuhren für temporale, jüdische oder biblische und Planetenstunden

Es wurde schon ausgeführt, daß der babylonische Tag mit dem Aufgang, der italische mit dem Untergang der Sonne begann. Zweifellos hängt der jüdische Brauch, den Sabbatbeginn auf die Zeit des Sonnenuntergangs am Freitag und sein Ende auf den nächsten Sonnenuntergang zu setzen, mit diesen alten Zeitzählungen zusammen. In diesem Zusammenhang sei hier eine wenig bekannte Gruppe von drei jüdischen Sonnenuhren erwähnt, die sich an einer Synagoge in Petah Tikwa, einem Vorort von Tel

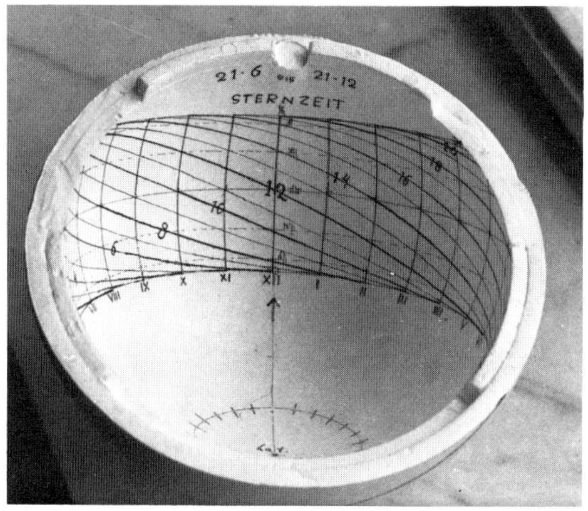

190 △

Aviv (Israel) befinden und die in der Hauptsache italische Stunden anzeigen.[41] Es sei auch daran erinnert – darauf wird noch zurückgekommen –, daß im Islam, und dort vor allem im Kult, die gleiche Zeitmessung vorherrscht (Abb. 191).

Es darf übrigens angenommen werden, daß in der Antike das Interesse der Mittelmeervölker vor allem den lichten Tagesstunden galt. Sie teilten den Zeitraum zwischen Auf- und Untergang der Sonne in zwölf gleiche Stunden und gebrauchten eine gleiche Tei-

191 ▽

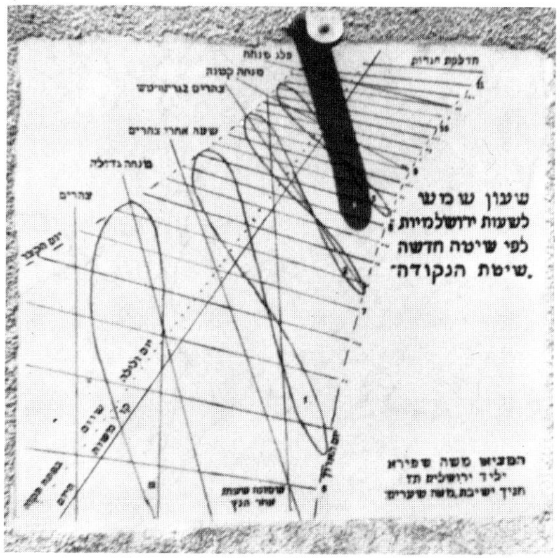

192 Sonnenuhr mit biblischer Zeit an einer Kapelle in Orschwihr (Orschweier) im Elsaß. Sie zeigt nur die Mittagsstunde: eine umgekehrt zu lesende römische VI.

193 Temporalstunden.

lung für die Nacht, also zwischen Unter- und Aufgang. Da aber diese Tag- und Nachtstunden nur in Äquinoktialzeiten von gleicher Dauer waren und diese Dauer sich von Tag zu Tag ständig änderte, hat man sie später *Temporalstunden* genannt. Es kommen in der Literatur auch die Benennungen *antike, jüdische* oder auch *biblische* Stunden vor, da die in der Bibel zitierten Stunden Temporalstunden waren (Abb. 192).
Es ist wichtig, diese Temporalstunden (S. 18) nicht mit den Zeitintervallen zu verwechseln, die auf kanonialen Sonnenuhren angezeigt sind und deren Zweck fast ausschließlich die Angabe des Beginns der klösterlichen Gottesdienste war (S. 26). Die dort angegebenen Zeiten haben nichts gemein mit dem, was wir unter dem Begriff Stunde verstehen.
Die Temporalstunden bleiben innerhalb eines Tages unverändert, sind aber am folgenden Tag schon nicht mehr von gleicher Dauer. Auch für diese Zeitmessung gibt es Sonnenuhren. Ihr Zeiger ist ein Gnomon und ihre Stundenlinien sind Gerade (Abb. 193), die aber strenggenommen leicht gebogene Kurven sein müßten. Hier sei als Kuriosum mitgeteilt, daß die Temporalstunden, ebenso übrigens wie der Julianische Kalender, heute nur noch in einem einzigen Staat, in der chalkidischen Klosterrepublik Athos, in Gebrauch sind.
Es gab früher noch eine andere, für uns völlig uninteressante Teilung des Tages in sogenannte *Planetenstunden*. Sie sind mit den Temporalstunden eng verwandt und wurden auf alten Sonnenuhren stets mit ihnen verwechselt. Auch sie sind ungleiche Stunden, wobei aber die in der Tagesmitte gelegenen verlängert oder verkürzt wurden, je nachdem, ob der Tag länger oder kürzer war als die Nacht. Der damit angestrebte Zweck

war, den Einfluß der Planeten besser zu verteilen, die, wie man glaubte, die einzelnen Stunden regierten. *Peter Apian,* der in seinem *Instrumentenbuch*[2] von ihnen spricht, nennt sie ungleiche Stunden zum Unterschied von den Tag und Nacht gleichbleibenden Äquinoktialstunden, deren sich außer den Astronomen (S. 18) auch die Astrologen für ihre Horoskopstellungen bedienten. Der Einfluß dieser letzten auf alle Völker läßt sich bekanntlich bis ins früheste Altertum verfolgen. Man weiß, daß noch bei der Geburt Ludwigs XIV. ein Astrologe zugegen sein mußte, um den genauen Augenblick der Niederkunft festzustellen.

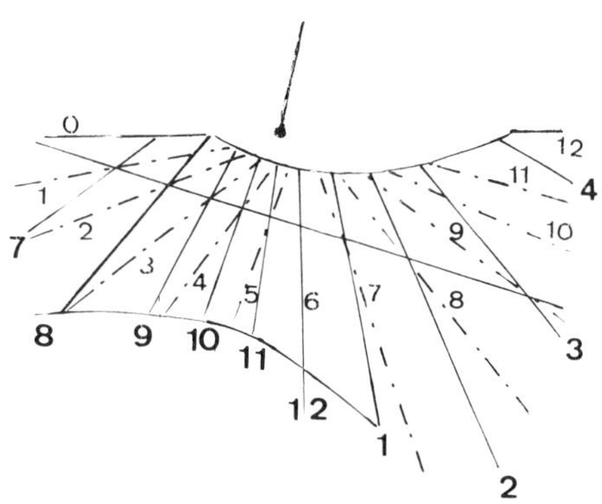

Man findet auch heute noch ältere Sonnenuhren, deren Zeichnung über den normalen Stundenlinien eine zweite Teilung in Temporalstunden zeigt, deren Stundenlinien zusammen mit den sieben üblichen Datumslinien eine Tabelle der Stundenregenten darstellt. Herrlich erhaltene Beispiele dieser seltenen Exemplare befinden sich u. a. an der Katharinenkirche in Oppenheim am Rhein in Hessen (Abb. 194) und an der Fassade einer Apotheke am Untermarkt in Görlitz in Schlesien (Abb. 195, s. S. 112).
Auf der ersteren teilen die temporalen Stundenlinien die Intervalle der Datumslinien in 9 Kolonnen. Jedes der so entstandenen Felder entspricht einer Stunde desjenigen Wochentags, dessen Name aus dem des in der linken Kolonne genannten Planeten abgeleitet ist, und zeigt das Symbol des zuständigen Stundenregenten.
Die Görlitzer Uhr ist vollständiger. Die Datumskurven sind nicht gezeichnet, wohl aber durch die Reihe der Symbole der Stundenregenten dargestellt, deren Kolonnen auch die Temporalstundenlinien ersetzen. Wohl ebenfalls zu astrologischen Zwecken zeigen Hyperbeln die Sonnenhöhe von 0° bis 60°, und senkrechte Linien den Sonnenazimut an.
Diese Sonnenuhr ist darüber hinaus eines der besonders seltenen Beispiele, in denen die astrologischen Himmelshäuser angezeigt sind. Ihre Sektoren sind abwechselnd in verschiedenen Farben dargestellt und durch die Bezeichnung *DOM* (lat. für Haus) hervorgehoben.
Es sind dies die Kugelzweiecke, in die die Astrologen den sichtbaren Himmel durch Ebenen einteilten, die durch die Nord-Südachse des Horizonts gehen und untereinander Winkel von 30° bilden. Ihre Bezifferung begann im Osten. Um diese Häuser auf ei-

194 Sonnenuhr mit Temporalstunden und Tierkreiskurven an der Katharinenkirche in Oppenheim am Rhein. Die Temporalstunden gehen auf der Uhr von eins bis neun, sind aber unten von den Ziffern der gewöhnlichen Stunden begleitet. Die Planetensymbole geben für die Tagesstunden der links mit Planetennamen bezeichneten Wochentage tabellenmäßig die Stundenregenten an.

ner Vertikaluhr darzustellen, wird der Fußpunkt des Zeigers (d. h. der Fuß der vom Zeigerende auf das Zifferblatt gefällten Senkrechten) durch Gerade mit dem Schnittpunkt der Stundenlinien für gerade Stunden mit der Äquatoriallinie verbunden. Sie seien hier nur als Kuriosa erwähnt.

Die Zeichnung der Temporalstunden auf der Sonnenuhr erfordert das vorherige Vorhandensein der normalen Stundenlinien mit der Äquinoktiallinie und den beiden Wendekreiskurven. Man bedient sich alsdann der im Anhang enthaltenen Tabelle V, aus der man die Tagesdauer des einen der beiden Sonnwendtage entnimmt. Eine Teilung dieser Dauer durch 12 liefert die Länge der entsprechenden Temporalstunden. Nun wird unter Verwendung der Äquatorialhilfsuhr die betreffende Tageskurve in Temporalstunden geteilt. Da normale und Temporalstunden sich auf der Äquinoktiallinie in den gleichen Punkten schneiden, brauchen diese nur durch Gerade mit den entsprechenden Teilungspunkten der Wendekreiskurve verbunden zu werden.

Es gibt ein anderes Verfahren, in dem außer den normalen auch die italischen und babylonischen Stundenlinien verwendet werden. Es wurde schon gesagt (S. 105), daß an Tagen, deren lichte Dauer eine volle Stundenzahl beträgt, die Linien der beiden letztgenannten Stundennetze sich paarweise auf der betreffenden Datumskurve schneiden. Auf einer Vertikaluhr nimmt nach oben die

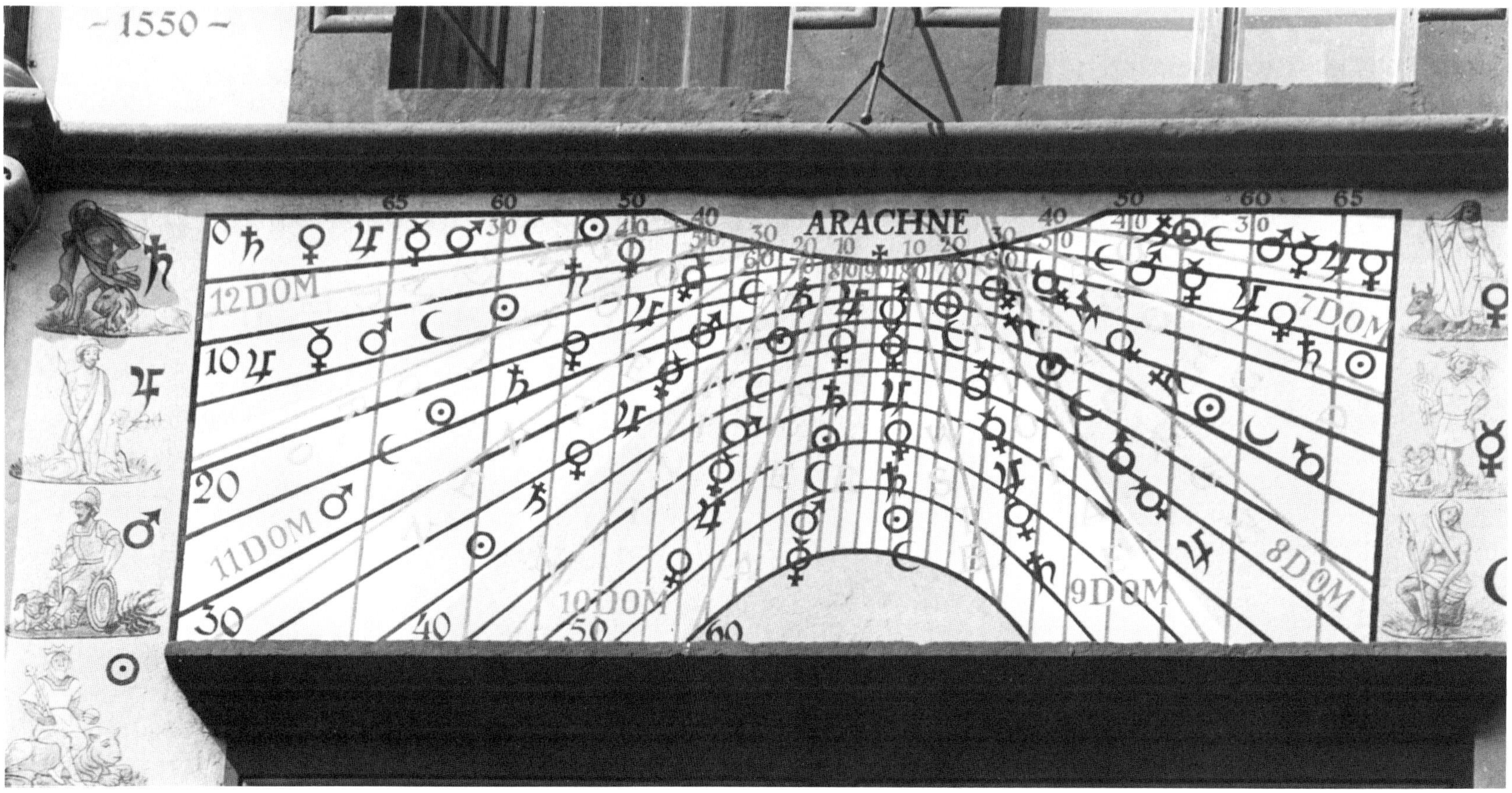

195 Die zweite Sonnenuhr der Ratsapotheke am Untermarkt in Görlitz diente ebenfalls astrologischen Zwecken. Die Linien der Temporalstunden sind durch Symbolreihen ersetzt. Die Uhr zeigt alsdann die Regenten der Wochentage, die astrologischen Himmelshäuser (DOM) sowie Höhe und Azimut der Sonne.

Stundenzahl der Tage ab, auf einer Horizontaluhr geschieht das gleiche auf der Nordseite. Werden nun auf einer solchen Uhr die italischen und babylonischen Stundenlinien auf der einen Seite bis zur Kurve des nur 6 Stunden dauernden Tages und auf der anderen bis zu derjenigen des 18-Stundentags verlängert, dann ergeben sich die folgenden auf drei verschiedenen Linien stehenden Punkte, die die gesuchten Linien bestimmen:

Temporale Stunden	1	2	3	4	5	6	7	8	9	10	11	12
18Stundentag	$4\frac{1}{2}$	6	$7\frac{1}{2}$	9	$10\frac{1}{2}$	12	$1\frac{1}{2}$	3	$4\frac{1}{2}$	6	$7\frac{1}{2}$	9
Äquatoriallinie	7	8	9	10	11	12	1	2	3	4	5	6
6Stundentag	$9\frac{1}{2}$	10	$10\frac{1}{2}$	11	$11\frac{1}{2}$	12	$\frac{1}{2}$	1	$1\frac{1}{2}$	2	$2\frac{1}{2}$	3

196 Der jetzige Zustand der Sonnenuhren des Dasypodius am Straßburger Münster.

8 Höhe und Azimut der Sonne

Es gibt einige wenige Sonnenuhren, die tagsüber die Höhe und den Azimut der Sonne, d. h. ihre Koordinaten im Azimutsystem, anzeigen. Bei Mondschein tun sie das gleiche natürlich ebenfalls für den Mond. Beispiele solcher Uhren, die im eigentlichen Sinne keine sind, bringt Abbildung 196, die in einer Gruppe von drei Sonnenuhren am Straßburger Münster links unten eine Azimut- und Höhensonnenuhr zeigt. Ferner sei auf die in S. 111 genannte Sonnenuhr am Marktplatz in Görlitz (Abb. 195) verwiesen. Im Gegensatz zu der Vermutung, daß diese Einrichtungen praktischen Zwecken dienten, drängt sich der Gedanke auf, daß sie in erster Linie mit Astrologie in Zusammenhang standen. Die Straßburger Gruppe stammt jedoch von Dasypodius, der sie für die Einstellung der s. Z. von ihm gefertigten zweiten astronomischen Uhr des Münsters bestimmte. Diese Uhr stammt aus dem Jahre 1572, die Görlitzer Uhr ist von 1550. Die Zeichnung solcher Uhren ist rein geometrisch und sehr einfach. Eine senkrechte, durch ihre Spur T (Abb. 198) bestimmte Ebene, trägt einen Gnomon mit Spitze S. Wenn der Pfeil SF in der Südrichtung liegt, genügt es, von S aus Winkel von 10°, 20°, 30° usw. an seine Seiten zu tragen, um auf der Spur T Punkte der Senkrechten zu erhalten,

197 Höhe und Azimut der Sonne am Museum der alten Sternwarte in Greenwich. Für die Höhenlinien ist hier das arabische Wort *Almucantarath* gebraucht.

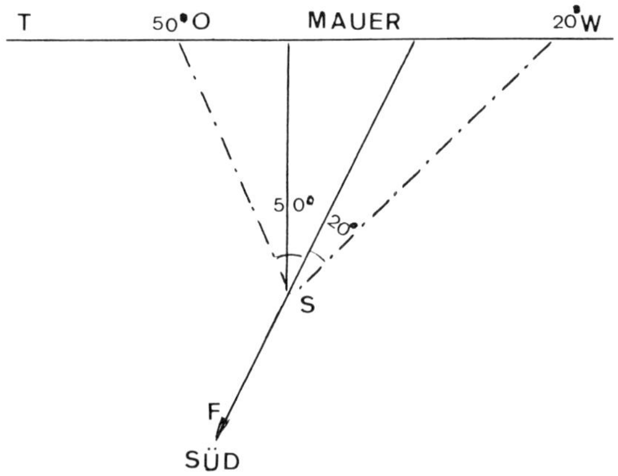

198 Konstruktion der Azimutlinien auf der Vertikaluhr.

auf denen der Schatten von S den Azimut der Sonne bestimmt.

Die Höhenkurven der Sonne sind Hyperbeln als Schnittlinien der Fläche T mit Kreiskegeln, deren senkrechte Achse durch S geht und deren halbe Winkelöffnung dem Komplementwinkel der Sonnenhöhe entspricht. Wie immer werden diese Hyperbeln punktweise und durch Umklappen erzeugt. Es sei S die Projektion der Gnomonspitze S auf der Fläche T (Abb. 199) und s sein um die Waagerechte $s'S$ geklapptes Bild. Die Länge sS ist demnach gleich der Distanz des Punktes S von der Uhrenebene. Es sei nun D eine der Senkrechten aus der soeben beschriebenen (S. 113) Konstruktion. Der Schnittpunkt der Hyperbel für eine Sonnenhöhe h mit dieser Senkrechten ergibt sich wie folgt: In der Horizontalebene durch S ist die Entfernung des Punktes S von dieser Senkrechten die Hypothenuse des rechtwinkligen Dreiecks $s'Ss$. Die durch D und S bestimmte senkrechte Ebene wird durch einen mit Radius ss' um s' gezogenen Kreisbogen geklappt und gibt auf $s'S$ den Punkt s''. In der umgeklappten Ebene wird jetzt an $s's''$ in s'' der Winkel $\widehat{s's''P}$ gleich h gelegt, dessen freier Schenkel auf D den gesuchten Punkt P liefert. Für jede Sonnenhöhe braucht nur einmal umgeklappt zu werden, da für h alle gewünschten Winkel angelegt werden können. Die beschriebene Konstruktion wird für jede der Azimutsenkrechten wiederholt und durch die entsprechenden Punktreihen werden Hyperbelkurven gezogen.

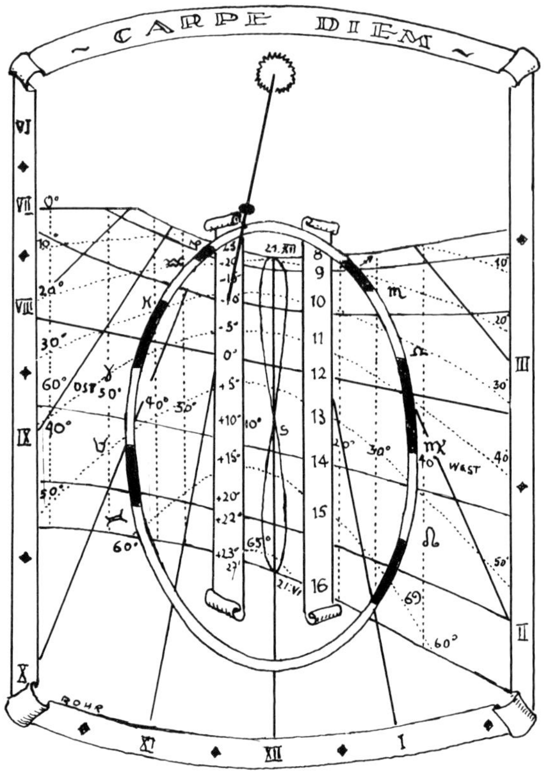

199 Entwurf einer deklinierenden Sonnenuhr mit Datumslinien, Höhe und Azimut der Sonne, Zeitgleichungskurve und Angabe von Deklination und Taglänge. Die Uhr wurde mehrfach von Amateuren gebaut.

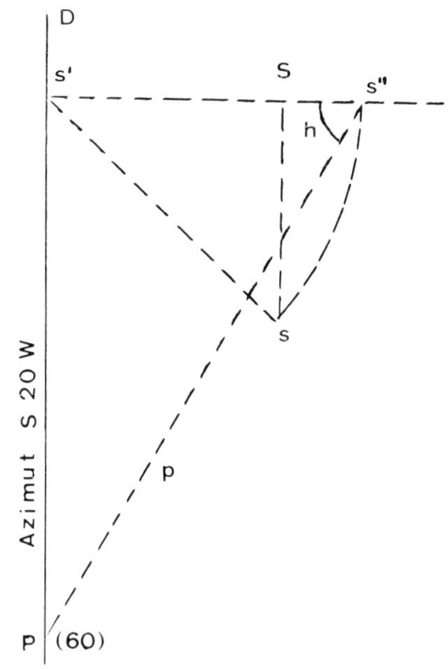

200 Konstruktion der Höhenlinien auf der Vertikaluhr.

In Kapitel VIII (S. 140 und folgende) werden früher sehr beliebte und praktische, tragbare sogenannte Höhensonnenuhren beschrieben, deren Herstellung zum Gebrauch unter einer gewissen Breite φ die Berechnung des einen von den drei Faktoren Sonnenhöhe, Sonnendeklination und Stundenwinkel voraussetzte, wenn die zwei anderen bekannt waren. Es wird noch gezeigt werden (S. 140), daß eine Sonnenuhr, die gleichzeitig die Stundenlinien, die Datumslinien und die Höhenlinien aufweist, mit genügender Genauigkeit für die Herstellung solcher Uhren als Abakus für die Lösung dieses Problems gebraucht werden kann.

Tafel XXII Entwurf einer Süduhr, mit astronomischen, astrologischen und Kalenderangaben. Aus Sebastian Müster »Rudimenta mathematica«, Basel 1531.

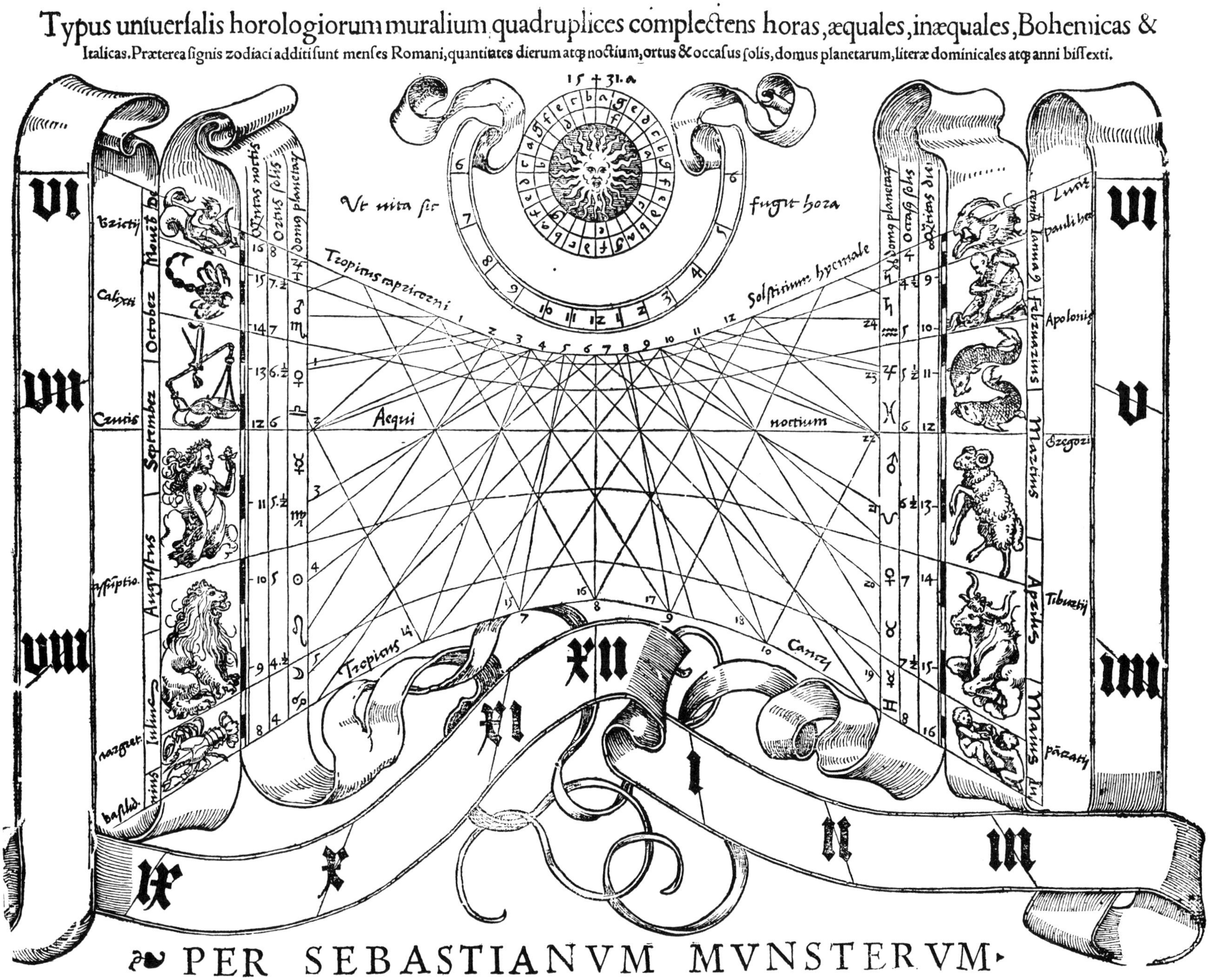

VI Analemmatische Sonnenuhren

Tafel XXIII Zylindersonnenuhren, 15. Jahrhundert. ▷

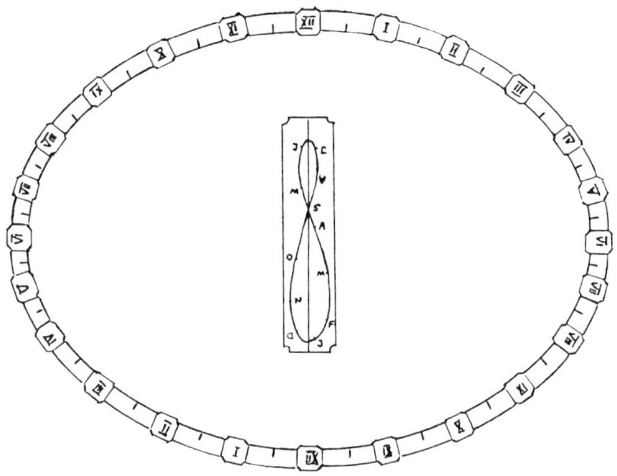

201 Skizze der analemmatischen Sonnenuhr von Brou bei Bourg-en-Bresse (Frankreich). Die auf dieser Uhr vorhandene Achterschleife beruht auf einer technischen Verfehlung: Sie ist nicht wie auf Polosuhren direkt verwendbar.

202 Kupplung einer analemmatischen mit einer horizontalen Sonnenuhr. Die Grundplatte wird horizontal gestellt und das drehbare gemeinsame Zifferblatt so gedreht, daß auf beiden Uhren die gleiche Tageszeit abgelesen wird. Die Mittagslinie der Uhr liegt dann genau in der Meridianebene.

1 Allgemeines

Die bisher betrachteten, mit feststehenden und erdachsparallelen Zeigern versehenen Sonnenuhren sind starre Gebilde. Im Gegensatz zu ihnen haben die sogenannten *analemmatischen* Sonnenuhren einen beweglichen Gnomon.

Es handelt sich hier um Einrichtungen, die, abgesehen von den später hier noch behandelten tragbaren Beispielen, immer selten geblieben sind. Die analemmatischen Sonnenuhren konnten aus dem einfachen Grunde keine allgemeinere Verbreitung finden, weil die Stellung ihres Schattenwerfers täglich geändert werden muß, was jedoch keineswegs ausschließt, daß ihre Angaben ebenso genau sind wie die der Polstabuhren. Man liebte es, sie zusammen mit einer gewöhnlichen, also einer Polstabsonnenuhr, auf ein und derselben Grundplatte zu vereinigen und auf diese Weise ein tragbares System zu schaffen, dessen richtige Einstellung sich ohne Kompaß ermöglichen ließ, denn mit der Entdeckung der magnetischen Mißweisung hatte dieser viel an Interesse verloren. »Besonders wenn sie in etwas größerem Maßstab ausgeführt sind«, sagt Bedos de Celles[4] in seiner Behandlung der so gekoppelten Sonnenuhr, »halten wir diese tragbaren Sonnenuhren als allen anderen überlegen. Da sie keinen Kompaß brauchen, haben sie auch dessen Nachteile nicht; ferner auch nicht die Nachteile der Höhensonnenuhren, und ihre Stundenangaben sind genauso richtig wie die der gewöhnlichen Sonnenuhren.«

Um sie herzustellen, bezogen sich die früheren Kompaßmacher auf eine Zeichnung, die auf ein Werkchen von Vaulezard zurückgeht, von dem noch die Rede sein wird, und die später ohne jede Quellenangabe oder Erklärung immer wieder von den meisten Autoren, auch von Bedos de Celles und sogar von dem Mathematiker Lalande übernommen wurde (Abb. 203). Letzterer, der aus Bourg-en-Bresse (Ain) stammte und sich für die berühmte, vor der Mausoleumskirche von Brou, einem Vorort seines Geburtsortes, vorhandene analemmatische Sonnenuhr interessiert hatte, veröffentlichte im Jahre 1757 über diese Art Uhren eine recht schwerfällige mathematische Theorie, die er selbst später, 1784, überarbeitete und verbesserte. Die Herkunft dieser Uhren aber muß bereits zu Zeiten Lalandes in Vergessenheit geraten gewesen sein.

Schon der Name dieser Sonnenuhr scheint darauf hinzuweisen, daß ihre Erfindung mit dem Begriff *Analemma,* der griechischen Ursprungs ist, in Zusammenhang stehen mußte. In seinem Werk über Architektur spricht Vitruvius an einer Stelle von Personen, »die mit dem Analemma vertraut sind«. Es besteht nämlich eine prägnante Affinität zwischen der theoretischen Betrachtung der analemmatischen Sonnenuhr und gewissen aus der griechischen Antike bekannten Verfahren, durch geometrische Zeichnungen astronomische Probleme zu

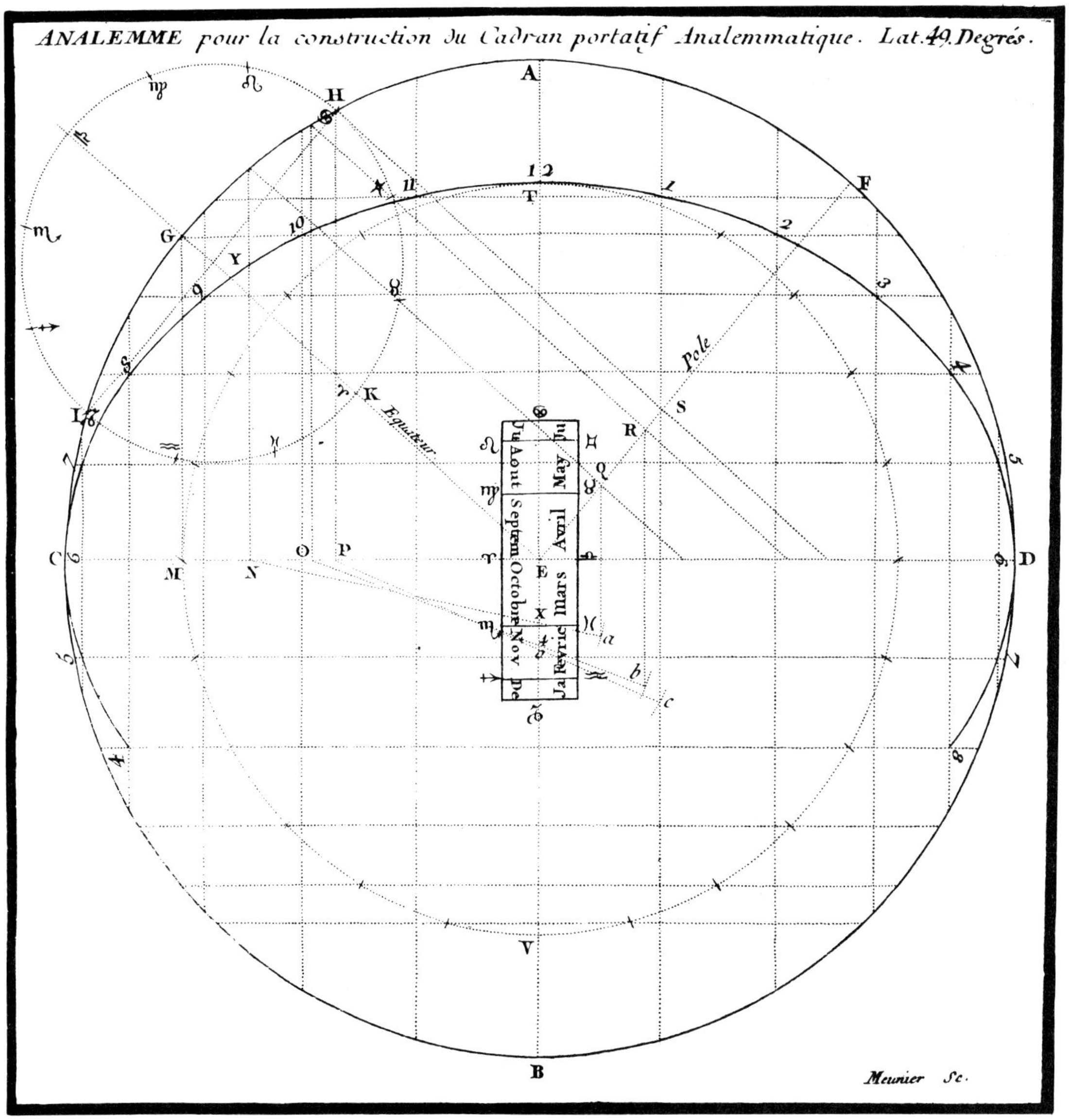

203 Die Zeichnung Vaulezards zur Bestimmung der Datenskala der analemmatischen Sonnenuhr. Sie wurde immer wieder ohne Beweis in früheren Fachbüchern abgedruckt. Aus Bedos de Celles[4].

behandeln, die man im Mittelalter mit dem Astrolabium und später trigonometrisch löste. Erklärungen über diese Verfahren finden sich insbesondere in einem *Traktat über das Analemma* von Ptolemäus; es ist aber äußerst wahrscheinlich, daß sie schon in Hipparchs Zeiten, also 4 Jahrhunderte früher, den Astronomen bekannt gewesen sind.

Das Analemma, erklärt Littré (19. Jahrh.) »ist die Darstellung der Kugelkreise auf einer Ebene«. Damit ist offensichtlich an orthogonale Projektion gedacht. Es wird sich in der Folge herausstellen, daß die analemmatische Sonnenuhr, deren Theorie zu zahlreichen Beweisen Anlaß gab, tatsächlich auf dieser Projektion basiert, und dies berechtigt die ihr von Vaulezard zugelegte Benennung.

Die berühmteste dieser analemmatischen Sonnenuhren befindet sich vor der schon erwähnten Kirche von Brou in Frankreich. Sie soll 1506, im Baujahr der Kirche, erstellt worden sein. Lalande (S. 118) ließ sie 1757 neu herrichten, und schließlich wurde sie noch einmal im Jahre 1902 renoviert. Man erblickt dort auf dem Kirchenvorplatz eine große, marmorne bodenebene Ellipse, in der auf etwas größeren Steinen an bestimmten Stellen die Stundenziffern eingemeißelt sind (Abb. 201). Auf der kleinen Ellipsenachse befindet sich eine steingehauene Skala mit den Namen der Monate, auf die ein senkrechter, eiserner Gnomon gestellt werden kann, dessen Schatten auf der Ellipse die Uhrzeit angibt. Die zusätzliche Einrichtung einer Achterschleife auf dieser Skala zur Bestimmung der Zeitgleichung erhöht vielleicht das Interesse des Betrachters, ohne aber in irgendeiner Weise das Ablesen der mittleren Uhrzeit zu ermöglichen, wie dies auf einer vertikalen Polaruhr geschieht. Sie ist das spätere Werk eines gutmeinenden, aber nicht sehr fachkundigen Unternehmers und hat lediglich dokumentarischen Wert. Lalande selbst hätte diese irreführende Schleife bestimmt nicht anbringen lassen.

Daß die Ellipse in ihrem ganzen Umfang, also auch für die Nachtstunden, ausgeführt ist, dürfte auf rein ästhetischen Gründen beruhen. Es ist klar, daß der Schatten des Gnomons bzw. seine Verlängerung, nur einen Teil der Ellipse bestreichen kann, natürlich ohne je eine der Sommernachtsstunden zu erreichen. Die Größen der Ellipsenachsen sind 11,18 und 8,07 Meter.

Es gibt ähnliche solche Uhren, die aber viel jüngeren Datums sind, in öffentlichen Anlagen der Städte Dijon, Montpellier, Avignon und Vienne, alle in Frankreich, und in den letzten Jahrzehnten sind deren weitere auch in anderen Ländern, insbesondere in der

204 Terpstras[109] Beweisführung für die Darstellung der analemmatischen Sonnenuhr.

205 Analemmatische Tischuhr aus Messing.

Schweiz, in Deutschland und in den USA in den verschiedensten Ausführungen geschaffen worden.
Die in der Fachliteratur nie erläuterte und bis vor kurzem in weitesten Kreisen auch tatsächlich völlig unbekannte Entstehungsgeschichte der analemmatischen Sonnenuhren wurde im Jahre 1974 zum ersten Male in einer übersichtlichen Synthese von Louis Janin zusammengestellt.[39]
Janin konnte in der Pariser Bibliothèque Nationale die älteste bis heute bekannte Veröffentlichung darüber entdecken – ein in Paris im Jahre 1640 unter dem Titel *Traicté ou Usage du Quadrant analematique* erschienenes Werkchen von 15 Seiten, dessen Verfasser, M. de Vaulezard, sich als Erfinder der Uhr ausgab. Wenig später, im Jahre 1644, gab er auf 50 Seiten eine ausführlichere Beschreibung heraus, die einen korrekten, aber allerdings recht komplizierten Beweis enthielt.

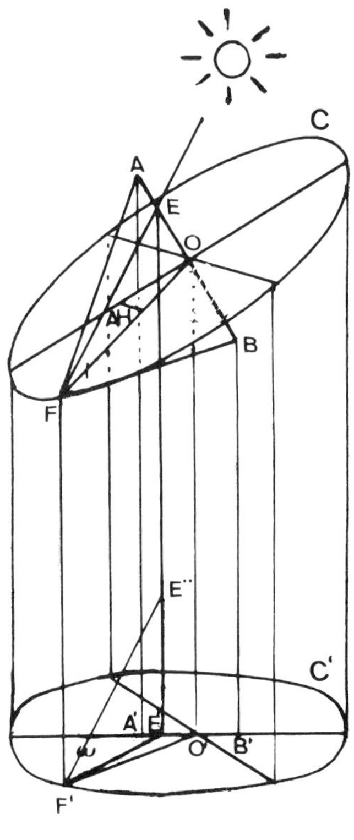

Im Jahre 1654 erschien dann aus der Feder des englischen Astronomen Foster unter dem Titel *Elliptical or Azimuthal Horologiography* eine ziemlich umfangreiche diesbezügliche Studie, in der Vaulezard gebührend erwähnt ist, die aber das Problem der Uhr aus einer anderen Sicht behandelt. Nach und nach kam es zu immer weiteren Aufsätzen und Betrachtungen, so daß man heute über ein ganzes Arsenal mathematischer Unterlagen verfügt. In dieser Auswahl ist die erst 1951 von dem Holländer Terpstra gebrachte Problembehandlung zugleich die einfachste, klarste und auch am leichtesten verständliche. Sie wird hier erklärt.

2 Theorie

Terpstra stellt sich zunächst eine richtig eingestellte Äquatorialuhr C mit dem Radius R vor, deren Zeiger A B wie immer senkrecht im Zentrum O des Uhrenkreises steht (Abb. 204). Da ihre Ebene parallel zur Äquatorebene steht, d. h. ihr Zeiger erdachsparallel mit der Horizontebene einen Winkel φ bildet, kann ein Sonnenstrahl, der den Uhrenkreis C berührt, den Zeiger nur in einer Höhe von R tan D über der Kreisfläche berühren, wobei D die Sonnendeklination bedeutet. Diese Deklination bewegt sich zwischen den abgerundeten Werten – 23° 30′ und + 23° 30′. Also denkt sich Terpstra die Längen des Zeigers auf beiden Seiten der Uhr auf seine nur tatsächlich gebrauchte Größe von R tan 23° 30′ begrenzt und somit liegen seine Endpunkte A und B in dieser Höhe über der Uhrenfläche. Einem bestimmten Wert D der Deklination wird also auf dem Zeiger ein Punkt entsprechen, den der auf den Kreis C gerichtete Sonnenstrahl in einer Höhe R tan D streift.

Nun projiziert Terpstra den Kreis mitsamt seinem Zeiger A B auf die Horizontebene. Dort entsteht eine Ellipse mit Zentrum O′, deren große und kleine Achse die Größen 2R und 2R sin φ erreichen. Die Projektion des Zeigers A B ergibt die auf der kleinen Achse liegenden Punkte A′ und B′, und bei einer bestimmten Deklination D liegt die Projektion seines Berührungspunktes mit dem Sonnenstrahl auf der gleichen Achse in einer Entfernung von R tan D cos φ von O′. Es sei nun eine Vertikalebene betrachtet, die diesen Sonnenstrahl enthält. Er schneidet A′B′ in einem Punkte E′ und die Ellipse in F′. Auf der Äquatorialuhr wird vom Schatten ein Stundenwinkel AH angezeigt. Wird die Ellipse als Sonnenuhr betrachtet, dann muß ein in E′ gestellter senkrechter Zeiger, also ein Gnomon, die entsprechende Stunde zeigen, und für jede Sonnendeklination wird auf der Ellipse nur ein Punkt einem bestimmten Stundenwinkel der Sonne entsprechen. Der Winkel ω, den O′F′ mit der kleinen Ellipsenachse bildet, ergibt sich aus der Formel

$$\tan \omega = \frac{\sin AH}{\cos AH \sin \varphi} = \frac{\tan AH}{\sin \varphi}$$

Also sind die Stundenpunkte der Ellipse die Projektionen jener der Äquatorialuhr.

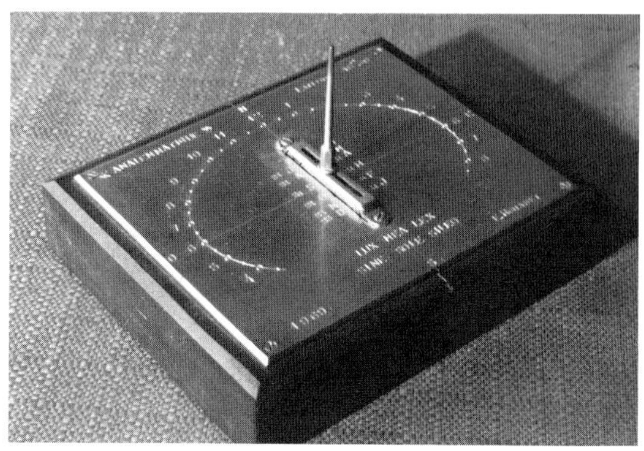

Tafel XXIV Gekoppelte Horizontaluhr mit einer analemmatischen Sonnenuhr. Die Vereinigung zweier Sonnenuhren mit verschiedenen theoretischen Grundlagen auf der gleichen Bodenplatte gestattet die automatische Orientierung des Ganzen in der Meridianrichtung.

206 Schema einer analemmatischen Sonnenuhr mit Hinweisen auf Mittags- und Mitternachtszeiten fremder Städte (Peitz, Freiburg).

207 Analemmatische Sonnenuhr: Konstruktion der Ellipse.

208 Analemmatische Sonnenuhr: Konstruktion der Datenskala.

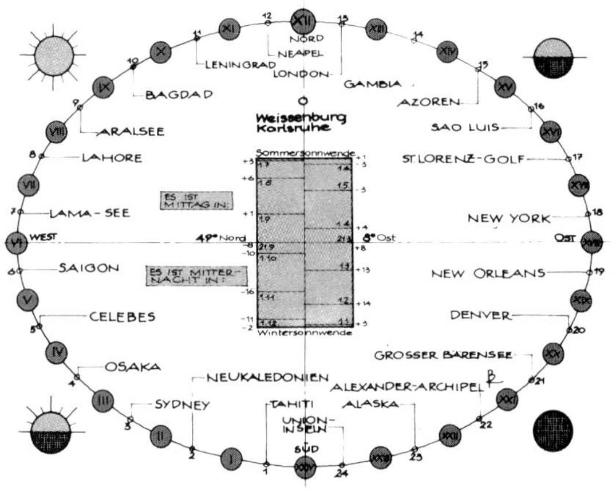

Bemerkung: Bei einer gegebenen Deklination ist der zwischen dem Zeiger und dem Ellipsenbogen enthaltene Teil des Sonnenstrahls von konstanter Länge und gleich $\frac{R}{\cos D}$.

Beweis: In Abbildung 204 sind die Sonnenstrahlen EF und E″F′ parallel. Sie schneiden die Projizierenden EE′ und FF′ und bilden mit ihnen ein Parallelogramm. F′E″ ist also immer gleich FE, und bei gleichbleibender Deklination, also etwa im Laufe eines Tages, ändert sich die letztere Größe nicht.

Man schließt hieraus, daß die Auf- und Untergangszeiten der Sonne durch die Schnittpunkte der Ellipse mit einem Kreis von Radius $\frac{R}{\cos D}$ um den Fußpunkt des Gnomonzeigers angezeigt sind. Um die Größe $\frac{R}{\cos D}$ zu bestimmen, kann an einem Ende der großen Ellipsenachse eine Senkrechte gezogen werden, auf der von der Achse aus und mit dem Scheitel im Mittelpunkt der Ellipse eine Tangententeilung bis 23° 30′ angetragen wird. Die Entfernungen der Teilungspunkte zum Mittelpunkt entsprechen dem gesuchten Radius.

3 Konstruktion der analemmatischen Sonnenuhr

– Die Ellipse

Wie erwähnt, ist das Längenverhältnis der kleinen zur großen Ellipsenachse gleich $\sin \varphi$. Man kann die Größe der ersteren berechnen, aber auch konstruieren (Abb. 207), indem man auf den Radius OC des Kreises einen Winkel $\widehat{EOC} = \varphi$ trägt, von E das Lot EF auf OB fällt und die Länge OF mißt.

Sind die halben Längen a und b der großen und kleinen Ellipsenachsen bekannt, so kann man durch die Formel $c^2 = a^2 - b^2$ den Wert c der Entfernung der Brennpunkte der Ellipse von ihrem Mittelpunkt berechnen und diese mit Hilfe eines Fadens zeichnen. Man erinnere sich dabei, daß die Länge des in den beiden Brennpunkten befestigten Fadens $2a$ betragen muß. Arbeitet man mit einer geschlossenen Schlinge, so muß deren Gesamtlänge $2(a + c)$ betragen.

Ein anderes einfaches Verfahren besteht darin, daß um den Mittelpunkt O (Abb. 207) zwei Kreise mit den Radien a und b gezogen

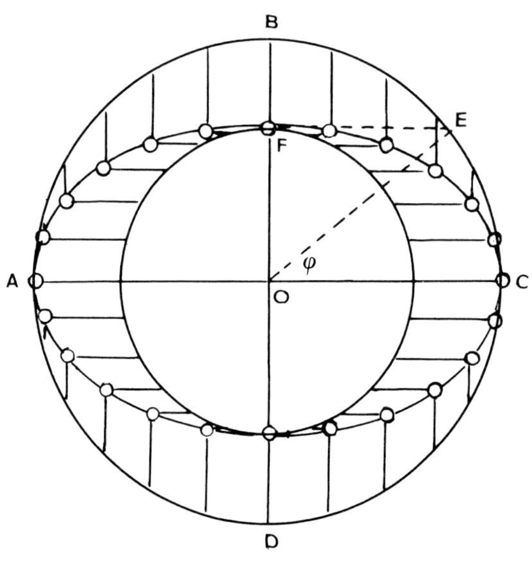

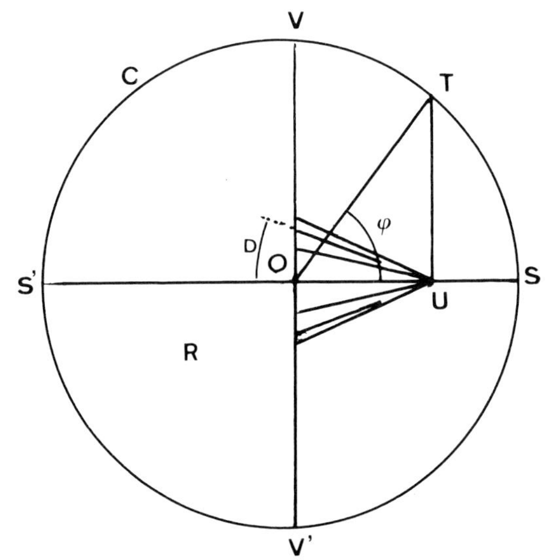

und auf beiden 24 gleiche Teile markiert werden. Von den Teilungspunkten (wie in der Abbildung) gezogene senkrechte und waagerechte Gerade schneiden sich paarweise in Ellipsenpunkten.

– Konstruktion der Datenskala

Es wurde schon gezeigt (s. oben), daß die tägliche Verschiebung des Gnomons auf der Datenskala, eine Entfernung seines Fußes vom Mittelpunkt der Ellipse, gleich

$$R \tan D \cos \varphi \text{ sein muß.}$$

Diese Formel liefert ohne weiteres ein sehr einfaches Konstruktionsverfahren für die Skala (Abb. 208).

Es sei C der Kreis um O mit dem Radius R und SS′ und VV′ seine beiden rechtwinkligen Durchmesser. Wird mit dem Breitenwinkel φ der Radius OT an OS gelegt, und ist U der Fußpunkt der Senkrechten aus T auf OS, dann ist $OU = R \cos \varphi$. Wird jetzt der Zodiakus des Trigons von U aus auf OS getragen, so bestimmen seine Schnittlinien auf VV′ die gesuchten Längen von

$$R \tan D \cos \varphi.$$

Wie erwähnt, wurde für die Fertigung dieser Skala jahrhundertelang eine aus Vaulezards

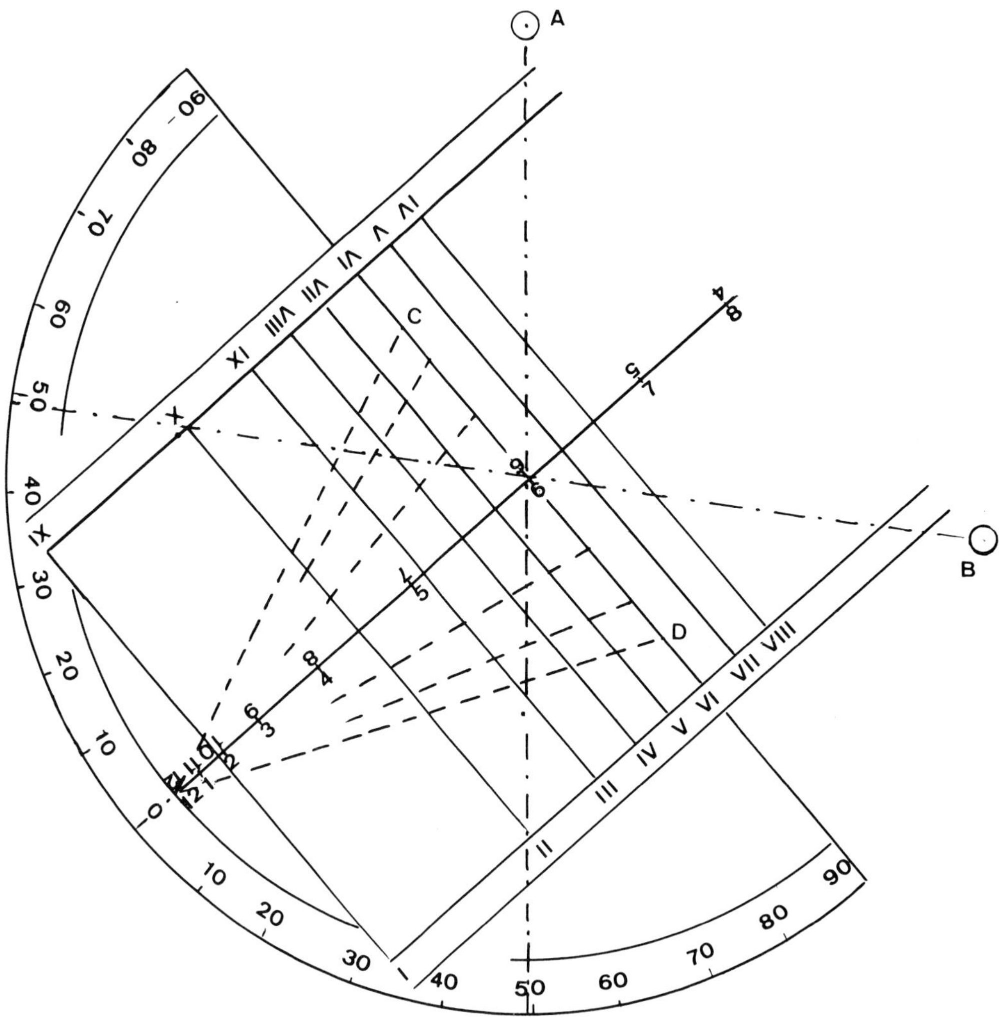

209 Die Uhr des Franzosen Antoine Parent (1701). Die analemmatische Sonnenuhr liegt nicht in der Horizontalebene, sondern in der Meridianebene, die auch eine Ost- bzw. eine Westuhr erhält. Der große Außenkreis dient zur Breiteneinstellung. Die herkömmliche Ellipse ist zu einer Geraden abgeplattet (die die Gradeinteilung des Halbkreises bei 0° erreicht). CD ist die Datenskala. Die römischen Ziffern sind die Stunden der Ost- bzw. der Westuhr.

Schriften stammende, immer wieder abgedruckte und von keinerlei Erklärung begleitete Zeichnung herangezogen (S. 118), die in Abbildung 203 wiedergegeben ist. Nach den hier gebrachten Erklärungen für die Erstellung der Skala kann diese Zeichnung für den Leser höchstens von geschichtlichem Interesse sein. Der geometrische Beweis für ihre Richtigkeit ist deshalb hier nicht beigefügt. Man findet ihn jedoch in der allerdings nur in französischer und englischer Sprache erschienenen ersten Auflage des vorliegenden Buches[76].

– *Konstruktion durch Berechnung*

Wird die kleine Ellipsenachse für die Ordinaten und die große für die Abszissen gebraucht, und bedeutet AH den Stundenwinkel der Sonne, so ergeben sich die Werte x und y eines Ellipsenpunkts aus den Gleichungen

$$x = R \sin AH$$
$$y = R \sin \varphi \cos AH$$

Durch Ausscheiden von AH entsteht die Ellipsengleichung

$$\frac{x^2}{R^2} + \frac{y^2}{R^2 \sin^2 \varphi} = 1$$

Die Gnomonskala ist, wie schon gezeigt, durch die Formel R tan D cos φ gegeben.

– *Die analemmatische Sonnenuhr unter anderen Breiten*

Die Gleichungen zeigen, daß die Ellipse der Uhr sich an den Polen zu einem Kreis abrundet und ihre Datenskala sich zu einem Punkt verkürzt. Die analemmatische Sonnenuhr wird also zu einer äquatorialen, genau wie jede andere Horizontaluhr, die an einen Pol verschoben wird.

Die Gleichung lehrt ferner, daß sich bei abnehmender Breite die Ellipse mehr und mehr abflacht und daß unter den Breiten von 23° 27′ Nord oder Süd ihre kleine Achse und die Datenskala die gleiche Länge haben. Zwischen den Wendekreisen ragt dann letztere nördlich und südlich aus der Ellipsenfläche heraus, während sie am Äquator mit R tan 23° 27′ ihre größte Länge erreicht und die stets flacher gewordene Ellipse dort zu einer Geraden von der Länge 2R zusammengeschrumpft sein wird.

Alle diese Deduktionen lassen sich mit Terpstras Betrachtungsmethode der analemmatischen Sonnenuhr als Projektion einer Äquatorialuhr leicht veranschaulichen.

4 Die Sonnenuhr von Parent

Man könnte vermuten, daß wegen der etwas schwierigeren Zeichnung von Ellipsen die soeben festgestellte Möglichkeit, diese unter Umständen durch eine Gerade zu ersetzen, bisweilen ins Auge gefaßt worden ist.

Vielleicht war dieser Gedanke der Anlaß für die im Jahre 1701 durch den Franzosen Antoine Parent herausgegebene Schrift über eine analemmatische Sonnenuhr, deren Originalität darin bestand, daß sich die

210 Von Amateuren hergestelltes Modell der Uhr des Parent.

211 Das Prinzip der Foster-Lambertschen Norduhr.

Zeichnung der Uhr in der Meridianebene befand. Wiederum ist es Terpstras Projektionsmethode, die ohne weiteres verständlich macht, daß dann die Uhr und ihre Datenskala das soeben abgeleitete Bild ergeben, wie es am Äquator in Erscheinung treten würde, wobei die in ihrer Uhrebene zusätzlich gezeichnete Polosuhr (Abb. 209) nur eine West- oder Ostuhr sein kann.[40]
Es ist nicht bekannt, ob der in der Entwicklungsgeschichte der Sonnenuhr etwas spät in Erscheinung getretene Gedanke Parents von einem früheren Kompaßmacher schon verwirklicht worden war. Jedenfalls geschah dies vor kurzem erst als Kuriosum und Lehrgerät durch eine Gruppe erfahrener Amateure (Abb. 210). In dem dabei entstandenen reichlich dekorativen und fast geheimnisvoll anmutenden Instrument ist die Datenskala parallel zur Erdachse und zum Zeiger der Polosuhr. Die Gerade, zu der die Ellipse zusammengeschrumpft ist, steht zu dieser Richtung senkrecht und ist damit parallel zur Äquatorebene. Wie immer steht der Gnomonzeiger senkrecht zur Uhrenebene und wird hier vom Zeiger der Polosuhr getragen, der in seinen Lagern verschoben werden kann und ihn auf diese Weise an der Datenskala entlang zu tragen vermag.
Die beiden Sonnenuhren liegen also übereinander, stören sich aber gegenseitig nicht. Geht die Sonne um Mittag durch die Meridian-, also durch die Uhrenebene, so wird durch eine sinnreiche Vorrichtung das Zeigersystem der gekoppelten Uhren um eine erdachsparallele Achse von der Ost- auf die Westseite gedreht.
Der große Nachteil einer solchen Einrichtung besteht darin, daß in der Zeit der Tagundnachtgleichen der Schatten des Gnomonzeigers sich dauernd mit der zur Geraden gewordenen Ellipse deckt, und eine

Stundenangabe für den analemmatischen Teil der Uhr für längere Zeit nicht mehr möglich ist.

5 Die Lambertsche Uhr

Im Jahre 1680 machte der schon genannte Engländer Samuel Foster die Entdeckung, daß die Ellipse einer analemmatischen Sonnenuhr sich in einen Kreis verwandelt, wenn

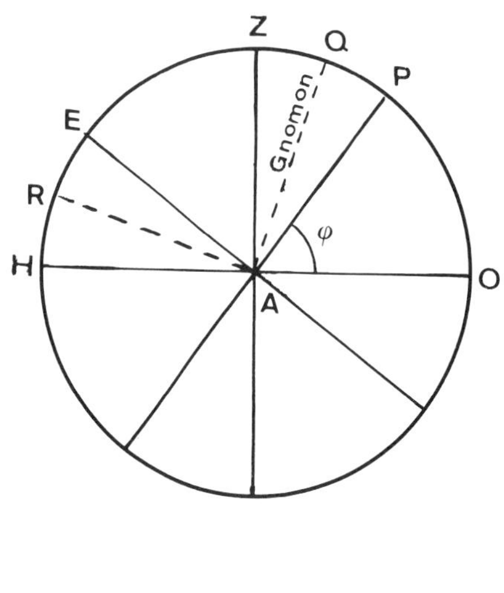

der Gnomonzeiger nicht mehr senkrecht auf der waagerechten Uhrenfläche steht, sondern nach Norden geneigt ist und mit ihr einen Winkel von $\frac{90° + \varphi}{2}$ bildet; daß ferner das Gleiche gilt, wenn diese Neigung mit einem Winkel von $\frac{90° - \varphi}{2}$ nach Süden geschieht.
Die Entdeckung erregte kein besonderes Aufsehen und geriet in Vergessenheit. Ohne davon zu wissen, machte sie der aus dem Elsaß stammende Astronom J.H. Lambert im Jahre 1777 ein zweites Mal und galt lange als ihr eigentlicher Urheber. Die Uhr wurde schließlich nach ihm benannt.
Es sei (Abb. 211) eine fiktive Horizontalebene AR betrachtet, die den Winkel $\widehat{EAH}$ zwischen dem Horizont des Standorts und der Äquatorebene in zwei gleiche Hälften teilt. In dieser Ebene wird nun eine analemmatische Sonnenuhr angenommen. Ihr Gnomonzeiger AQ ist die Winkelhalbierende von $\widehat{ZAP}$, dem Winkel zwischen Erdachse und Zenitrichtung.
Die Projektion der Äquatorialuhr AE auf diese Ebene ergibt die erwartete Ellipse, und wenn die Projektion bis in die lokale Horizontalebene weitergeführt wird, entsteht dort aus Symmetriegründen wiederum der Äquatorialkreis, also eine Uhr mit homogenen Stunden. Der Zeiger AQ steht in der Meridianebene und bildet mit dem Horizont den Winkel

$$HAQ = \frac{90° + \varphi}{2}$$

Die Verschiebung V' des Zeigers der analemmatischen Uhr AR auf ihrer Datenskala wird cos φ' tan D, wenn für den Radius der Äquatorialuhr die Einheit angenommen wird und φ' die Breite der Ebene AR be-

Tafel XXV Foster-Lambert-Uhr. Durch die mathematisch bestimmte Neigung des Gnomons hat sich die analemmatische Ellipse in einen Kreis verwandelt. Das gezeigte Instrument ist jüngeren Datums.

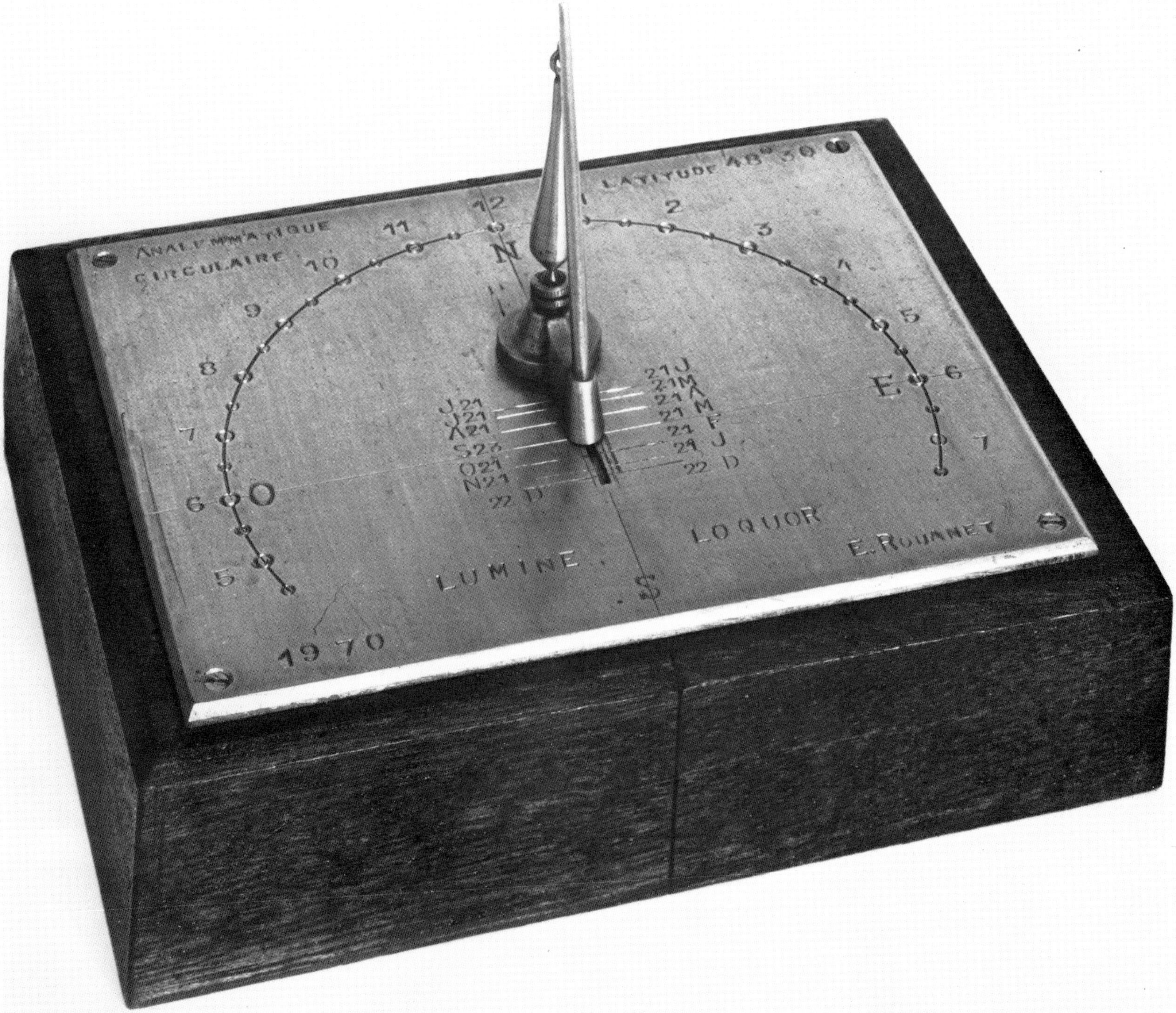

zeichnet. Ihre Größe ist gleich $90° - \frac{90° - \varphi}{2}$.

Damit wird

$$V' = \sin\frac{90° - \varphi}{2} \tan D,$$

und auf der Standortebene wird diese Verschiebung

$$V = \frac{V'}{\cos\frac{90° - \varphi}{2}} \tan D = \tan\frac{90° - \varphi}{2} \tan D$$

Wir wollen diese Uhr mit nordwärts gerichtetem Zeiger die Lambertsche Norduhr nennen und nun die Lambertsche Süduhr betrachten.

Sie entsteht in der Zeichnung durch den Austausch der Geraden AR und AQ (Abb. 212). Die Neigung ihres Zeigers nach Süden ist dann $\frac{90° - \varphi}{2}$ und seine Verschiebung wird $\cot\frac{90° - \varphi}{2} \tan D$.

Drecker[18] meint zu dieser Uhr: »Dies ist wohl die eigenartigste Sonnenuhr, die je erdacht wurde. Man bedenke, der schräg zum Horizont stehende schattengebende Stab ist nach der Südseite des Himmels gerichtet, die Stundenpunkte liegen äquidistant auf einem Kreise, der Mittagspunkt im Süden.«

Man kann sich ein tragbares Instrument vorstellen, wo zwei oder drei analemmatische Sonnenuhren mit verschieden geneigten Zeigern auf der gleichen Grundplatte die Zeit anzeigen. Man hätte also zwei oder gar drei Zifferblätter, von denen zwei kreisrund und das dritte ellipsenförmig wären. Auf der elliptischen und der Lambertschen Norduhr würde sich der Schatten im Uhrzeigersinn, auf der Lambertschen Süduhr in umgekehrter Richtung drehen und damit an die berühmte Bibelstelle über die Sonnenuhr des Königs Achaz erinnern (S. 14).

Wenn aber die Zeiger der drei Zifferblätter solidarisch auf der gleichen Datenskala gleiten sollen, müssen die oben errechneten Formeln über die Größen der Skalen in den drei Fällen berücksichtigt werden. Die Längen dieser drei Skalen sind nacheinander für die Norduhr, die elliptische und die Süduhr

$$R_1 = \tan\frac{90° - \varphi}{2} \tan D;$$

$$R_2 = \cos\varphi \tan D;$$

$$R_3 = \cot\frac{90° - \varphi}{2} \tan D$$

Es können demnach die beiden kreisförmigen Zifferblätter nicht den gleichen Durchmesser haben und keiner der Durchmesser ist gleich der großen Ellipsenachse. Die Gegenüberstellung der Extreme ergibt

$$\frac{R_3}{R_1} = \tan^2\frac{90° - \varphi}{2}$$

und dies wiederum ergibt für eine im mittleren Deutschland etwa unter 51° Breite gelegene Stadt ein Verhältnis von 0,1254. Damit wäre der Radius des großen Kreises rund 8mal größer als der des kleinen. Das Zifferblatt des resultierenden Instruments würde nicht sehr harmonisch werden (Abb. 214).

Aus dem Vergleich der drei obenstehenden Größen geht aber hervor, daß das Mißverhältnis sich mit abnehmender Breite verkleinert, und am Äquator die Radien der beiden Kreise und auch die große Ellipsenachse einander gleich werden. Die beiden Kreise könnten zu einem einzigen vereinigt, und die zur Geraden verflachte Ellipse als dessen ost-westlicher Durchmesser betrachtet werden. Normalerweise würde das Ganze nur die Stunden von 6 Uhr morgens bis 6 Uhr abends vermitteln, was am Äqua-

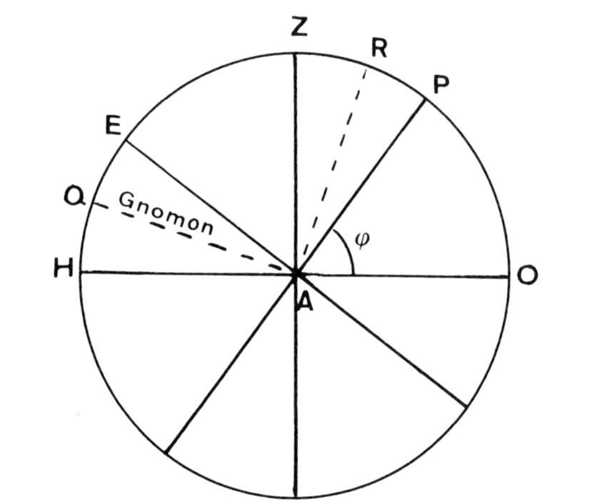

212 Das Prinzip der Foster-Lambertschen Süduhr.

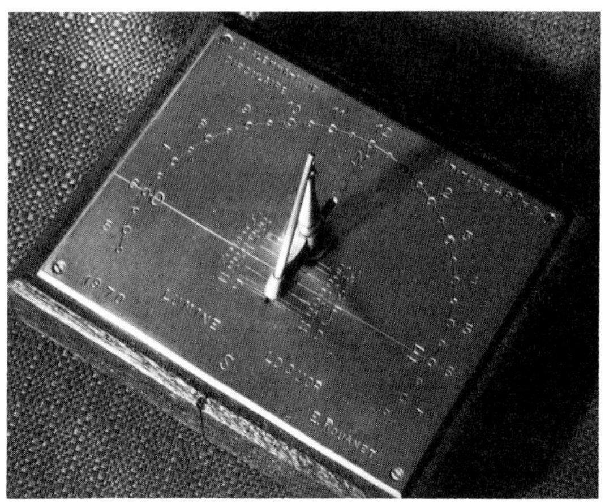

213 Die Foster-Lambert-Uhr, aus Tafel XXV, von oben gesehen.

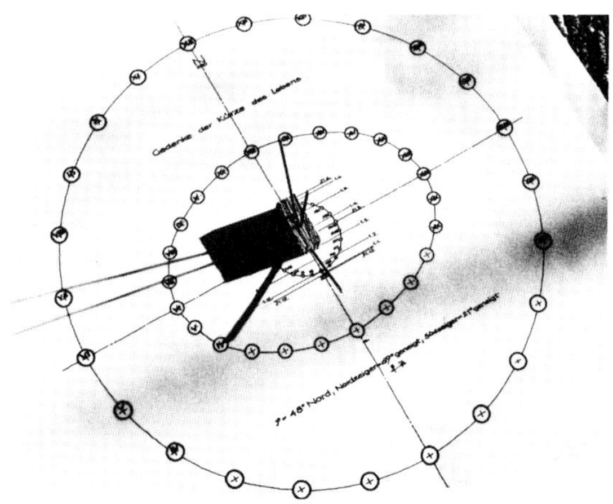

214 Komplette Foster-Lambert-Uhr mit den drei analemmatischen Sonnenuhren: eine elliptische und je eine kreisförmige Nord- und Süduhr, jede mit einem anders gerichteten Zeiger. Die gemeinsame Skala bedingt in unseren Breiten unterschiedliche Größen von Kreisdurchmessern und großen Ellipsenachsen (Peitz, Freiburg).

tor ausreichend wäre, da ja dort der Tag nicht länger dauert. Die Verschiebungsweite wäre dann R tan φ.
Nun könnte aber eine solche dreifache Uhr durch Parallelverschiebung in unsere Breiten gebracht werden. Da ihr Zifferblatt dann erdachsparallel geblieben wäre, müßte sie hier mit der Horizontalebene einen Winkel gleich der Breite aufweisen (Abb. 215). Und nun könnte der Nachteil der nur 12stündigen und nur am Äquator normalen Zeitangabe dadurch behoben werden, daß die drei Gnomonzeiger hinter das Zifferblatt hinaus verlängert und die Kreise auf seiner Hinterseite noch einmal angebracht und mit den nötigen Früh- und Spätstundenziffern der Sommertage versehen werden. Somit würde jeweils morgens und abends um 6 Uhr die Ablesung der Uhrzeit von einer Uhrenblattseite auf die andere hinüberwechseln.

6 Die rektilineare Uhr

Aus dem obigen Abschnitt erhellt, daß die am Äquator zur Linie zusammengeschrumpfte elliptisch-analemmatische, die sogenannte rektilineare Sonnenuhr, genau wie die kreisförmigen sich mit allen ihren Eigenschaften in unsere Breiten versetzen läßt. Auf einer erdachsparallelen Skala bleibt die Verschiebungsweite ihres Gnomonzeigers auch hier R tan D. Daß er zur Äquatorebene parallel geblieben ist, bedeutet aber, daß er jetzt mit einem Neigungswinkel von $90° - \varphi$ über der Horizontalen nach Süden gerichtet ist.
Im Vergleich zu den kreisförmigen analemmatischen Sonnenuhren mit homogenen Stundenteilungen hat sie den Vorteil, auf einem Breitenkreis zu liegen und also in eine waagerechte Ebene gezeichnet werden zu können. Der Zeiger wird wie bisher auf der Zodiakalskala verschoben. Da diese aber erdachsparallel geblieben ist, wird man sie jetzt in einer senkrecht zur Erdachse gehenden Richtung auf die waagerechte Ebene projizieren, in der die Uhr sich befindet, wo ihre Verschiebungsteilungen nicht mehr R tan D, sondern $\frac{\text{R tan D}}{\cos \varphi}$ betragen.

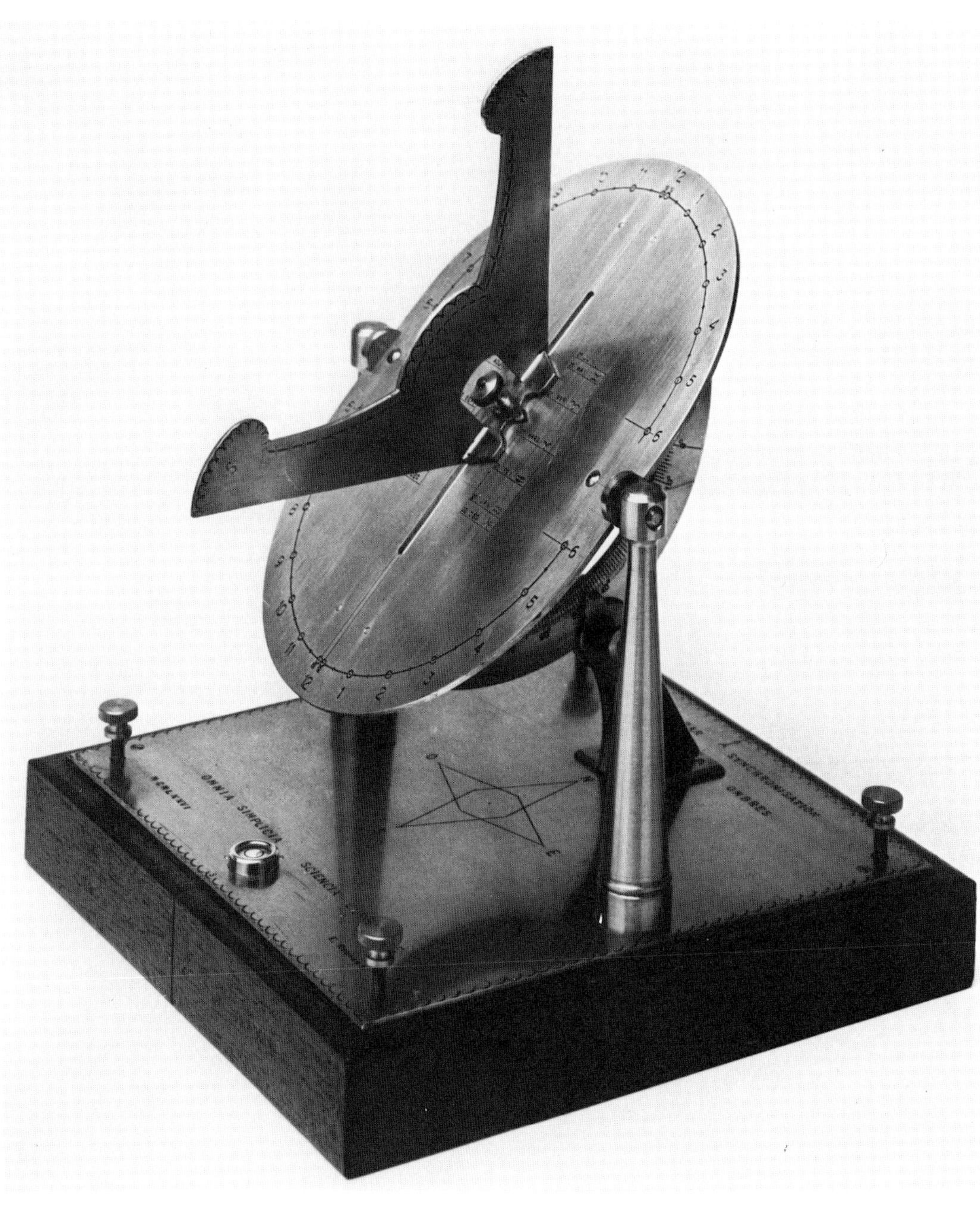

215 Wird eine analemmatische Uhr mit zwei geneigten, rechtwinklig zueinander stehenden Gnomonen an den Äquator verlegt, so werden die Kreise der Nord- und Süduhr einander gleich. Die Ellipse wird wie in der Uhr des Parent zur Geraden abgeplattet. Eine solche Uhr kann durch Parallelverschiebung in unsere Breiten gebracht werden. Hier ein Lehrbeispiel einer transportierten Uhr mit kreisförmigen homogenen Zifferblättern.

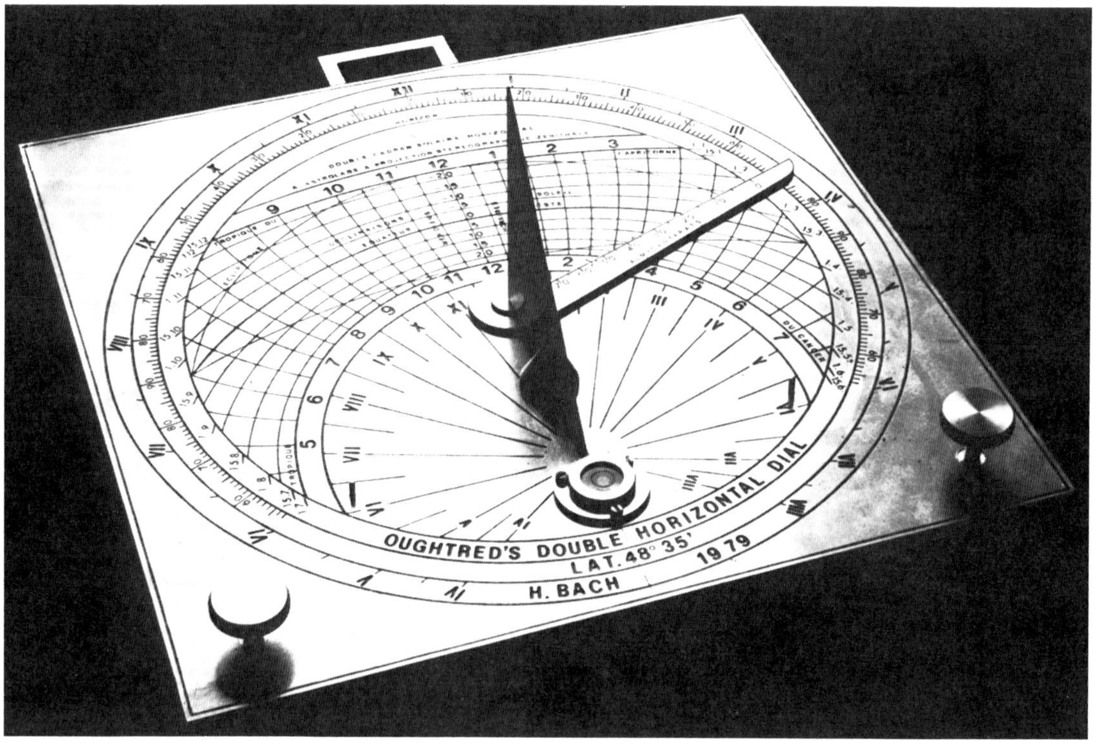

216 Oughtreds stereographische Doppeluhr: Sie besteht aus einer mit einer gewöhnlichen Horizontaluhr gekoppelten stereographischen Uhr. Letztere hat als Zeiger die Zenitrichtung und als Zifferblatt die vom Nadir aus gefertigte Projektion der Meridiane und Breitengrade auf die Horizontebene.

Es muß schon zugegeben werden, daß eine solche Sonnenuhr vor allem als Kuriosum oder als mathematischer Zeitvertreib zu betrachten wäre. Immerhin würde sie ihre Eigenschaften auch an den Polen beibehalten, wo sich der Fußpunkt ihres Zeigers ins Unendliche entfernt. Wird am Pol aber ein Meridian als Anhaltspunkt für eine fiktive Ortszeit festgelegt, dann stände die rektilineare Sonnenuhr senkrecht auf dessen Ebene, ihr Zeiger läge in einer Höhe von R tan D waagerecht in ihr. Auf beiden Seiten des Meridians wären 6 Stundenteilungen anzubringen, deren Bezifferung vom Meridian ab mit Null bis 6 Uhr sich entfernte und mit 6 bis 12 Uhr zu ihm zurückginge. Sechs Monate lang würde diese Uhr ohne Unterbrechung bei Sonnenschein die Zeit vermitteln, bis bei Annäherung der Tagundnachtgleichezeit der Gnomon auf die Höhe Null herabsänke und auf der Uhrenlinie keinen erkennbaren Punkt mehr anzeigen könnte. Und dann würde die Sonne für 6 Monate untergehen . . .

7 Oughtreds stereographische Sonnenuhr

Unter dem Titel *The Description and Use of the Double Horizontall Dyall* beschrieb im Jahre 1636 der Engländer William Oughtred eine neue Azimutuhr. Sie war das vom Nadir aus stereographisch auf die Horizontebene projizierte Bild der zwischen den Wendekreisen liegenden Breitenkreise und Meridianbögen, dem die Nadir-Zenit-Senkrechte als Schattenwerfer diente. Auf dieser Uhr sind mit Ausnahme des geraden Ortsmeridians alle Linien Kreisbögen. Oughtred »verdoppelte« (doubled) die Uhr, indem er sie mit einer gewöhnlichen Horizontaluhr koppelte, so daß ihre Richtigstellung durch das Einstellen gleicher Uhrzeiten auf den beiden Uhren ohne Kompaß ermöglicht wurde (Abb. 216).
Auf dieser Uhr ist das Gegenbild der Sonne durch den Schnittpunkt des Gnomonschattens mit demjenigen Breitenkreis bestimmt, der ihrer Deklination entspricht. Durch seine Lage zwischen den Meridianbögen bestimmt dieser Punkt dann auch die Tageszeit. Wird auf dem Zifferblatt noch ein um den Mittelpunkt, d. h. den Gnomon drehbarer Höhenzeiger angebracht, auf dem stereographisch die Höhen über dem Horizont ablesbar sind, so läßt sich auch die Sonnenhöhe und mittels einer um die Uhr gehenden Kreisteilung auch ihr Azimut bestimmen. Damit wird diese Uhr zu einem dem Astrolabium sehr nahe verwandten Instrument, das deshalb bisweilen als *horizontales Astrolabium* betrachtet und auch als solches bezeichnet worden ist.
Interessierte Leser seien auf Michels Ausführungen,[58] S. 24 u. 129, und auf die ausführliche Studie *Astrolabische Sonnenuhren*[89] des unterzeichneten Verfassers verwiesen.

8 Orthographische Projektion

Wird für die Konstruktion einer solchen Uhr die orthographische statt der stereographischen Projektion benützt, so entsteht eine ähnliche, aber aus elliptischen Kurven bestehende Uhr, die sich im Gebrauch eng an die vorige anlehnt.[53]

Tafel XXVI Zylinderuhr ohne Meistername, gezeichnet »Innsbruck 1548«. Der für die Schattenindikation vorgesehene Punkt des Zeigers liegt in der Ebene des oberen Abschlußkreises der Uhrenzeichnung.

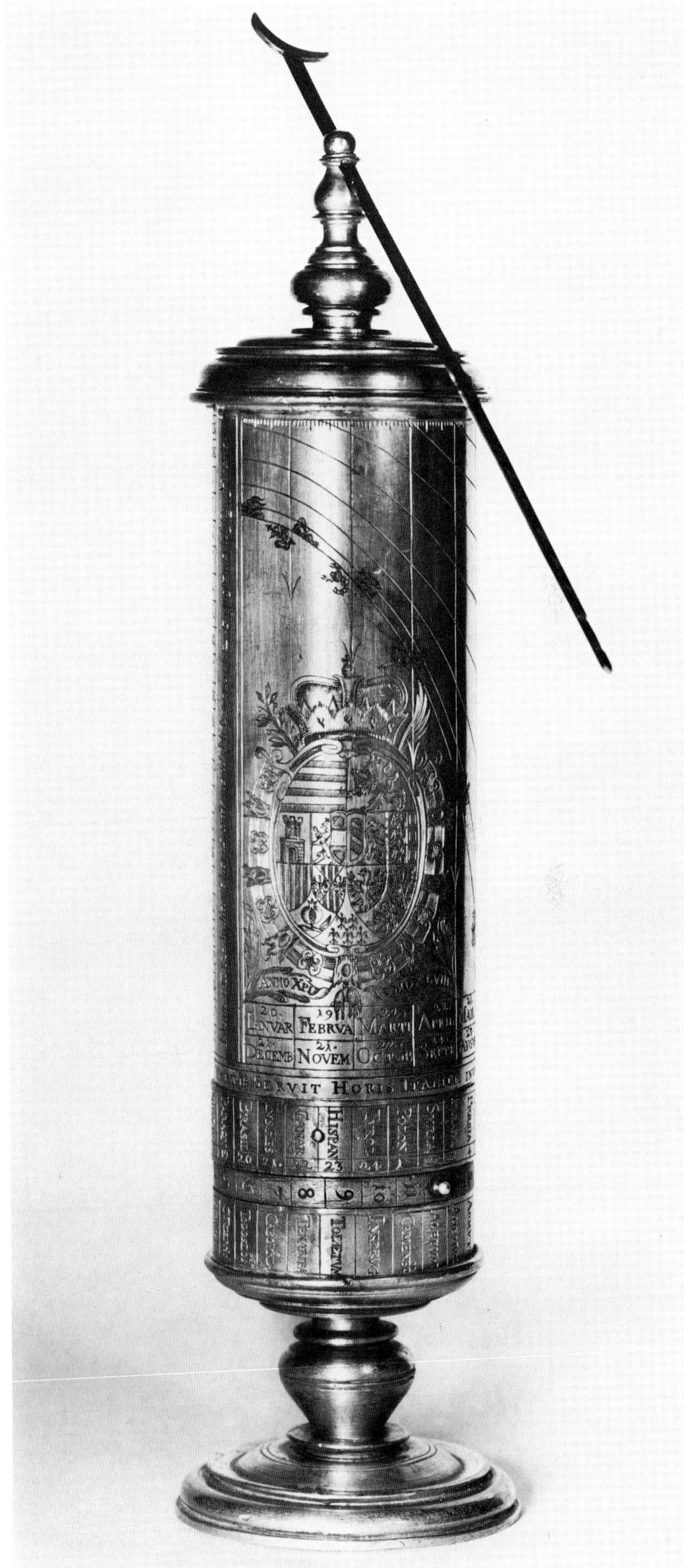

VII Mond- und Gezeitenuhren

Tafel XXVII Äquatoriale Klappsonnenuhr mit Mondindikationen. Kompaß in der Bodenplatte. Italienisch. ▷

1 Monduhren

Wer in klaren Mondnächten und besonders bei Vollmond den deutlich geprägten Schatten des Zeigers einer Sonnenuhr betrachtet, kommt ganz von selbst auf den Gedanken, aus den Angaben dieses Schattens die wahre Ortszeit abzulesen.
Dieser Gedanke ist uralt und er ist berechtigt. Man greife noch einmal auf Abbildung 59 zurück. Dort sind im Außenkreis für die Dauer eines Mondmonats die Phasen des Mondes dargestellt, so wie sie nacheinander von einem irdischen Beschauer beobachtet werden. Dem Eingeweihten vermitteln diese Phasen ein annähernd genaues Bild des Winkels zwischen Mond und Sonne, d. h. des jeweiligen Unterschieds zwischen den Rektaszensionen der beiden Gestirne. Bei Neu- oder Vollmond ist dieser Winkel gleich Null bzw. 12 Stunden. Wer also nachts genau bei Vollmond die Schattenindikationen einer Sonnenuhr betrachtet, liest dort die wahre Ortszeit ab. Zwar ist diese Zeitangabe um 12 Stunden verschoben, denn wenn der Schatten etwa 11 Uhr morgens angibt, ist es in Wirklichkeit 11 Uhr abends, was der Nachtwandler jedoch unbewußt in Rechnung stellt. Bei Neumond haben beide Gestirne dann tatsächlich gleiche Stundenwinkel; ihr gemeinsamer Schatten – wenn der Mond dann einen solchen hervorbringen könnte – ergäbe die gleiche wahre Zeit.
Wenn in der Zeit nach dem Neumond die Rektaszension des Mondes diejenige der Sonne um 15° übersteigt, d. h. wenn der Mond eine Stunde später als die Sonne durch den Meridian geht, muß also für die Bestimmung der wahren Ortszeit der durch den Mond angezeigten Zeit – falls eine solche dann schon möglich wäre – eine Stunde hinzugefügt werden. Ist die Differenz 30°, so sind es 2 Stunden usw. Erreicht sie 180°, wenn also der Neumond zum Vollmond geworden ist, erhöht sich die notwendige Addition auf 12 Stunden. In der Praxis ist sie dann aber überflüssig, da ja die abgelesene Stundenziffer der Ziffer der wahren nächtlichen Ortszeit entspricht. Immerhin darf nicht aus dem Auge gelassen werden, daß beim Gebrauch des Mondscheins die Stundenziffer XII der Sonnenuhr nicht Mittag, sondern Mitternacht bedeutet.
Wird der in Stunden ausgedrückte, stets zunehmende Abstand zwischen Sonne und Mond mit *Mondwinkel* bezeichnet, so gilt folgende Gleichung:

Wahre Zeit = Mondschattenzeit + Mondwinkel.

Wie aber soll dieser Mondwinkel bekannt sein, wenn entweder keine astronomischen Tabellen zur Hand sind oder aber man sich ihrer nicht bedienen will?

Es wurde schon gesagt, daß die verschiedenen Mondphasen den progressiven Ablauf des Mondmonats bildlich sichtbar machen (S. 44). Mit etwas Übung läßt sich das Mondalter, d. h. die Anzahl der Tage seit dem letzten Neumond, aus dem Anblick des Mondes, wie in Abbildung 60 dargestellt, ziemlich genau schätzen. Dieses einfache, ohne Hilfsmittel mögliche Verfahren, ist auch das am meisten gebrauchte. Dabei ist aber immer mit etwas Ungenauigkeit zu rechnen, sofern man sich nicht an das genaue Datum des letzten Neumonds erinnert. Mit der Erfahrung vor Augen, daß auch im günstigsten Fall ein mehr oder minder fehlerhaftes Ergebnis zustande kommt, haben die Entwerfer der für den Nachtgebrauch vorgesehenen Sonnenuhren die Dauer des Mondmonats von 29½ Tagen auf 30 aufgerundet. Dadurch beträgt die tägliche Verspätung des Meridiandurchgangs des Mondes auf die Sonne ein Dreißigstel von 24 Stunden, d. h. 48 Minuten. Und nun wird zur Bestimmung der wahren Zeit nach dem Ablesen der Indikation aus dem Mondschatten dieser das Produkt aus 48 Minuten und Mondalter hinzugefügt.
Es gibt Sonnenuhren mit Tabellen, die für die einzelnen Mondalter dieses Produkt anzeigen.
Eines der schönsten Beispiele einer solchen Einrichtung ist die große Sonnenuhr in einem Hof des Queens College in Cambridge (siehe Seite 2), die ihre Berühmtheit zum großen Teil dieser Eigentümlichkeit verdankt.[104] Für die auf 15 Tage abgerundeten Zeiträume zwischen Neu- und Vollmond bzw. zwischen Voll- und Neumond zeigt ihre Tabelle in Stunden und Minuten die Größe des Mondwinkels an, die der Angabe des Schattens zuzufügen ist. Und da bei Mondschein die Ziffern nicht immer leicht leserlich sind, ist die Tabelle unter der Uhr, d. h. dem Beobachter möglichst nahe und mit ziemlich großen Ziffern auf hellem Grund angebracht.

Der Mondwinkel kann auch, wie in Abbildung 217 gezeigt, durch eine graphische

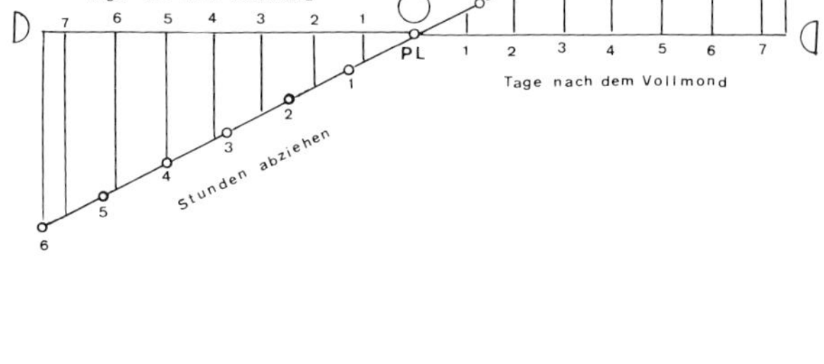

217 Die Anzahl Stunden, die je nach dem Zeitabstand vom nächstliegenden Vollmond zu der Zeit des Mondschattens auf der Sonnenuhr gezählt oder von ihr abgezogen werden müssen.

Tafel XXVIII Astronomisches Taschenbesteck mit Sonnenuhr für verschiedene Breiten sowie Mondindikationen.

218 Schottische Sonnen-, Mond- und Gezeitenuhr aus dem Jahre 1634[92]. Ihre Beschriftung bietet auch dem Sprachen- und Geschichtskundigen ausgiebige Unterhaltung.

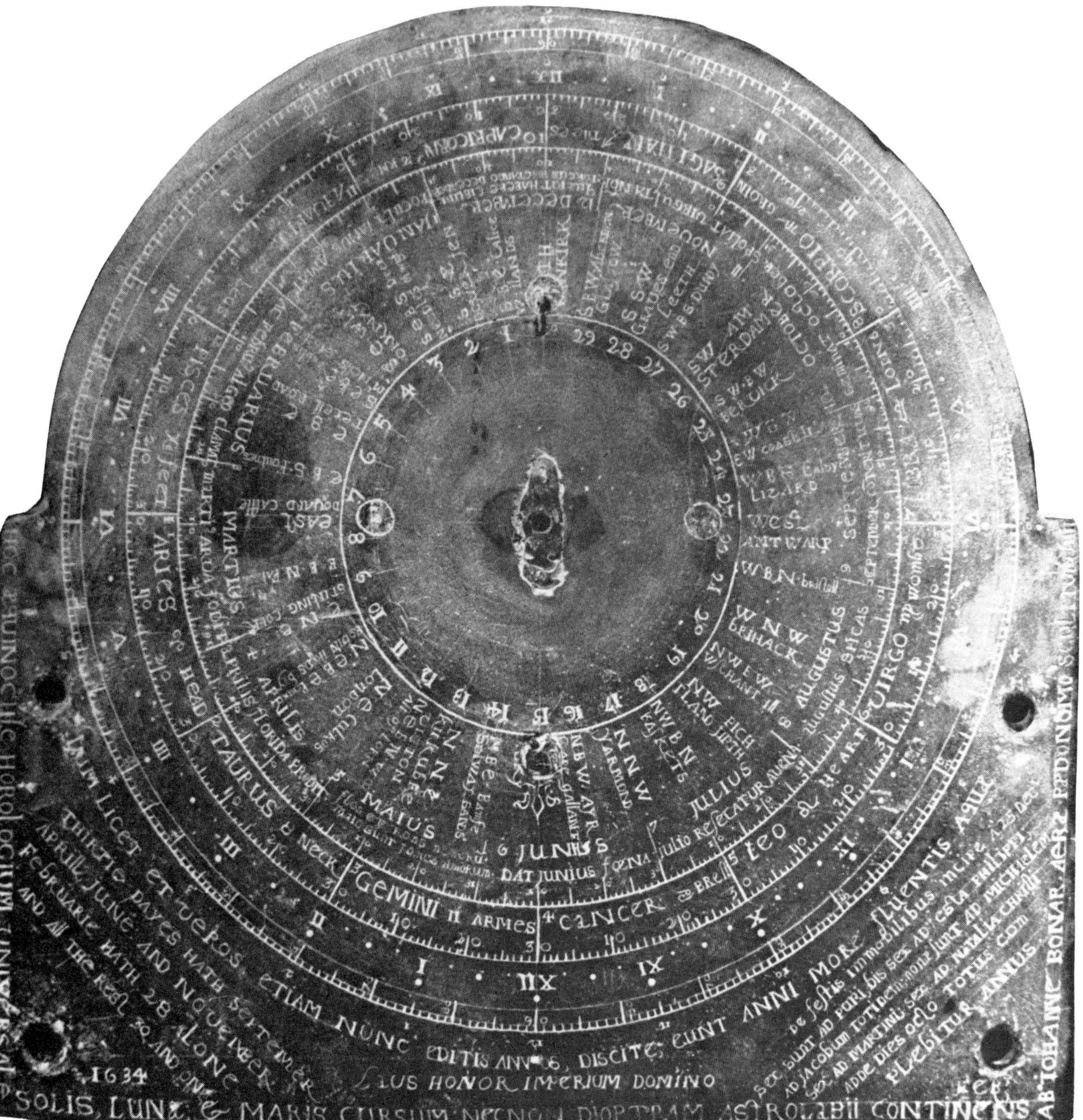

Darstellung vermittelt werden. Das Hauptproblem bleibt natürlich genauso die Bestimmung des Mondalters. Bei der hier angewendeten Methode ist übrigens für den Zeitraum zwischen dem letzten und dem ersten Mondviertel auf jede Angabe verzichtet, denn erfahrungsmäßig ist dann auch bei schönstem Wetter das Mondlicht viel zu schwach, um auf der Uhr einen deutlichen Schatten zu erzeugen.

Ist aber das Mondalter bekannt, so wird seine Entfernung vom nächsten Vollmond bestimmt. Diese Zahl bewegt sich zwischen $-7\frac{1}{2}$ und $+7\frac{1}{2}$ Tagen. Sie wird auf der waagerechten Skala der Zeichnung gesucht und eine dort gedachte Senkrechte führt, nötigenfalls durch Interpolation, auf die Größe des sich zwischen -6 und $+6$ Stunden ändernden Mondwinkels.

Es bleibt zu beachten, daß das Endergebnis auch auf Monduhren die wahre Ortszeit bedeutet und daß diese für die Berechnung der Landeszeit wie immer den üblichen Korrekturen unterworfen bleibt.

Daß Monduhren äußerst selten sind, ist wohl darauf zurückzuführen, daß ihre Verwendung eine, wenn auch einfache, Berechnung voraussetzt und daß das nächtliche Ablesen der Uhrzeiten meistens nicht mit Genauigkeit möglich ist; ferner auch, weil darüber hinaus die falsche Einschätzung des Mondalters die schon zweifelhaften Ergebnisse noch verfälscht. Sie bilden aber unter den Sonnenuhren eine Gattung, die man romantisch nennen könnte, und man darf annehmen, daß ihre Hersteller damit zwar in erster Linie spielerische Absichten verfolgten, dabei dennoch derer gedachten, denen »keine Stunde schlägt«.

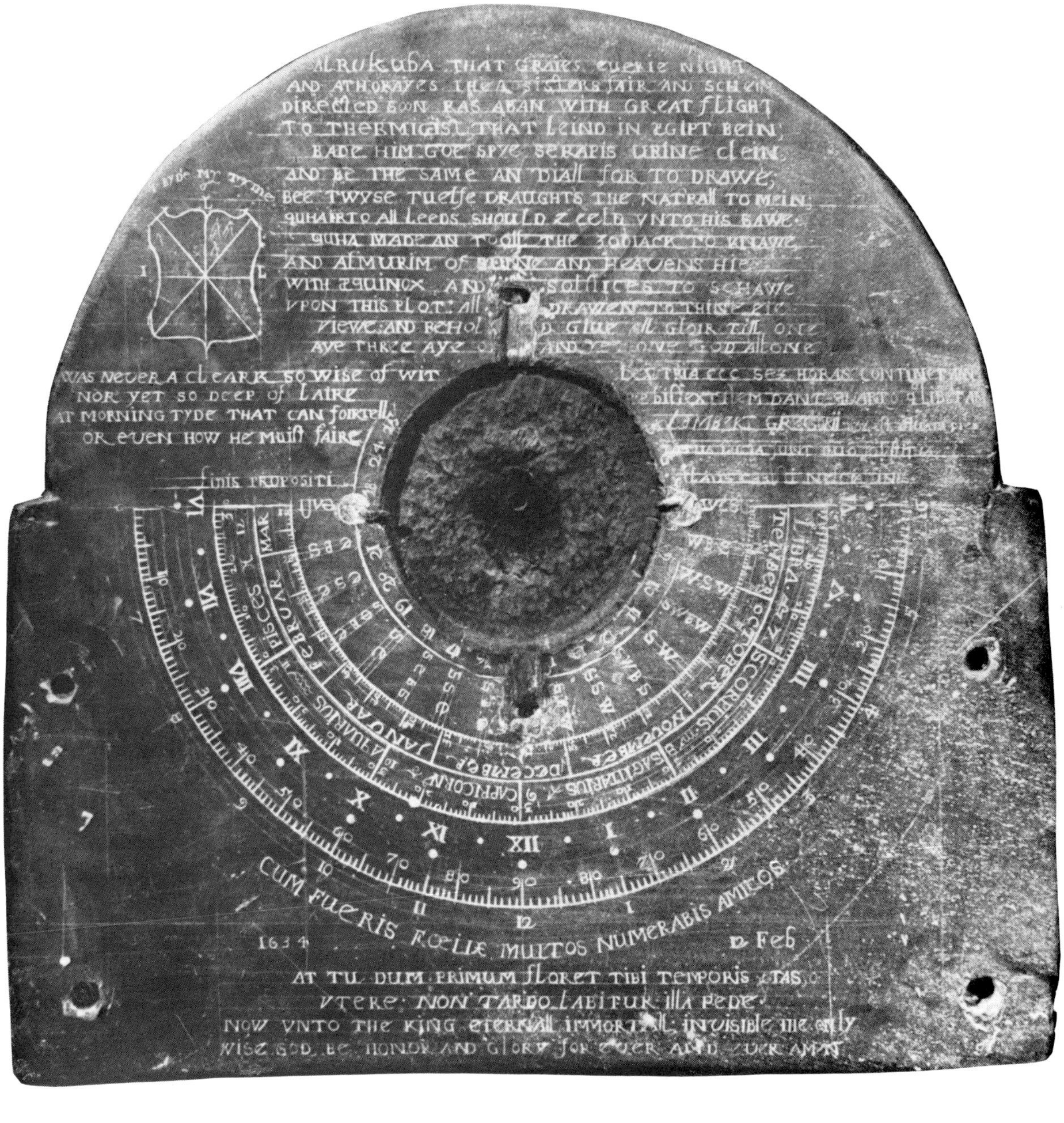

219 Die Rückseite der schottischen Uhr von Abbildung 218.

2 Gezeitenuhren

Time and tides wait for no man, sagt ein englisches Sprichwort, und die Gezeiten warten tatsächlich auf niemand, d. h. für den Seemann ist es von größter Wichtigkeit, ihre Zeiten im voraus möglichst genau zu bestimmen.

Daß sie mit der Mondbewegung in Zusammenhang stehen, hatte man seit Urzeiten erkannt. Man wußte auch schon sehr früh, daß die Flut an jedem Küstenort stets nach Ablauf einer gewissen Zeitdauer dem Durchgang des Mondes im Ortsmeridian folgte und daß diese Zeitdauer nur wenig um einen Mittelwert schwankte. Diesen Mittelwert nennt man die *Hafenzeit* des Ortes.

Um sich die Größen der verschiedenen Hafenzeiten zu merken, zeichneten die Seeleute früher ein Zifferblatt von 2 x 12 Stunden und trugen die Namen der Küstenorte radial den entsprechenden Hafenzeiten gegenüber ein. Die in Abbildung 218 gezeigte Oberseite einer schottischen Äquatorialuhr aus dem Jahre 1634 zeigt ein solches Zifferblatt. Nun wurde aber auf das gleiche Zifferblatt mit dem Norden nach Mitternacht eine ausführliche Windrose aufgetragen, und jetzt prägten sich die Seeleute als Hafenzeit eines Ortes nicht etwa ihren Stundenwert, sondern die Kompaßrichtung ein, die dem Namen des Ortes, also seiner Hafenzeit, gegenüber stand. Für eine Hafenzeit von 6 Stunden etwa (St. Malo) merkte man sich also die Richtung Osten, für 12 Stunden (Dünkirchen), war es Süden . . .

Nun wurde ferner auf dem Zifferblatt ein Kreis aus den ab Mitternacht von 0 bis 30 gehenden Zahlen des Mondalters eingefügt. Man erinnert sich, daß für jeden Tag des Mondalters die Verspätung des Mondes in bezug auf die Sonne sich um rund 48 Minuten erhöht. Damit steht auf dem Zifferblatt jeweils dem Mondalter gegenüber die Stundendauer der Verspätung des Mondes in bezug auf die Sonne. Es ist dies die Größe, die weiter oben Mondwinkel genannt wurde. Wird jetzt mittels einer auf dieser Sonnenuhr verlorengegangenen Alidade der Mond anvisiert, so weiß der Beobachter, wieviele Stunden der Mond noch braucht, um den Ortsmeridian zu erreichen. Die so ermittelte Zeitdauer wird nun auf dem Zifferblatt an die Hafenzeit gesetzt, und die Summe der automatisch addierten Größen ergibt die Zeit des Hochwassers. Nicht zuletzt wegen ihrer absonderlichen und etwas rätselhaften Inschriften wurde vom Autor dieser Uhr eine ausführliche Studie gewidmet.[92]

Ein weiteres Beispiel einer Gezeitenuhr ist in Abbildung 220 gezeigt. Hier handelt es sich um eine Horizontaluhr, wo der Mond nicht anvisiert, sondern die bis zu seinem Meridiandurchgang verbleibende Zeit an dem von seinem Licht erzeugten Schatten auf der Uhr abgelesen wird. Für eine anders gestaltete Mond- und Gezeitenuhr sei auf eine weitere Studie des Autors verwiesen.[98]

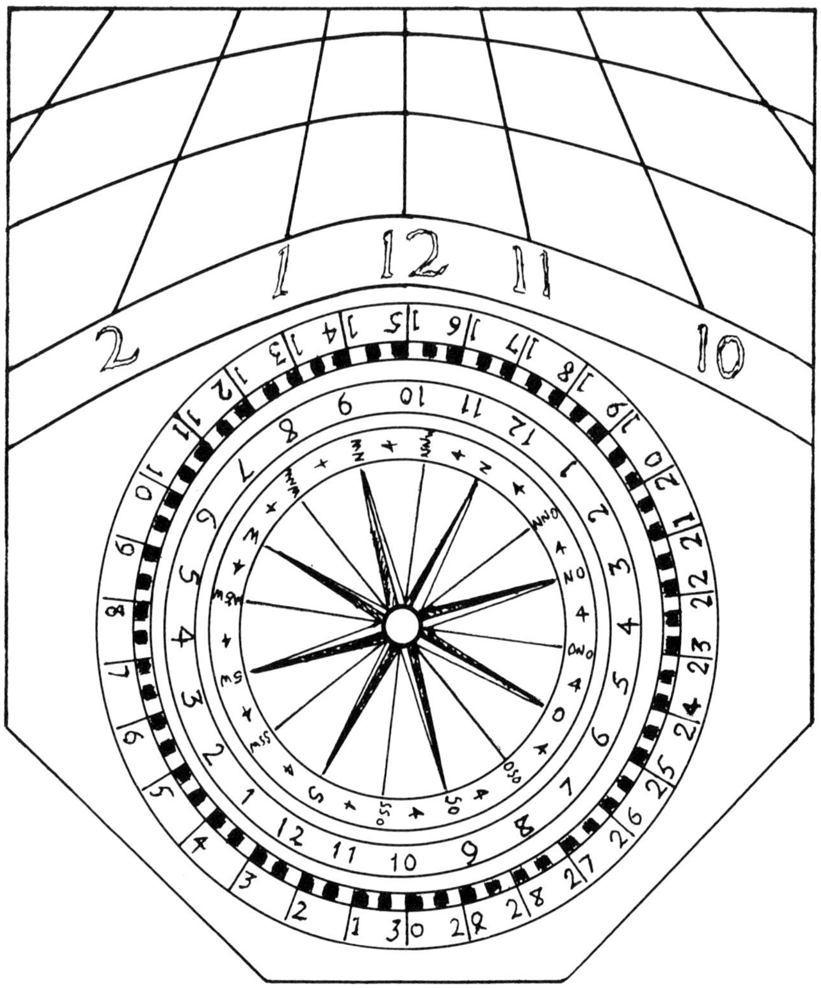

220 Vergrößerte Zeichnung der in Tafel XXIX gezeigten Sonnen-, Mond- und Gezeitenuhr. Das Prinzip ist stets das gleiche: Feststellung der Verspätung des Mondes auf die Sonne und Ablesung der Hafenzeit (die von den Seeleuten in Kompaßstrichen memoriert wurde); die Zeit des Hochwassers ergibt sich aus der Summe der beiden Größen.

Tafel XXIX Die Horizontaluhr des ehemaligen Klosters Clairmont bei St. Malo (Bretagne). Die Datumslinien zeigen die Tage mit runder Stunden- oder Halbstundendauer unter Angabe der Tag- und der Nachtdauer, der Auf- und Untergangszeit der Sonne und der Kalenderdaten. Der Nordteil der Uhr trägt einen Mond- und Gezeitenkalender (für letzteren siehe die vergrößerte Zeichnung in Abb. 220).

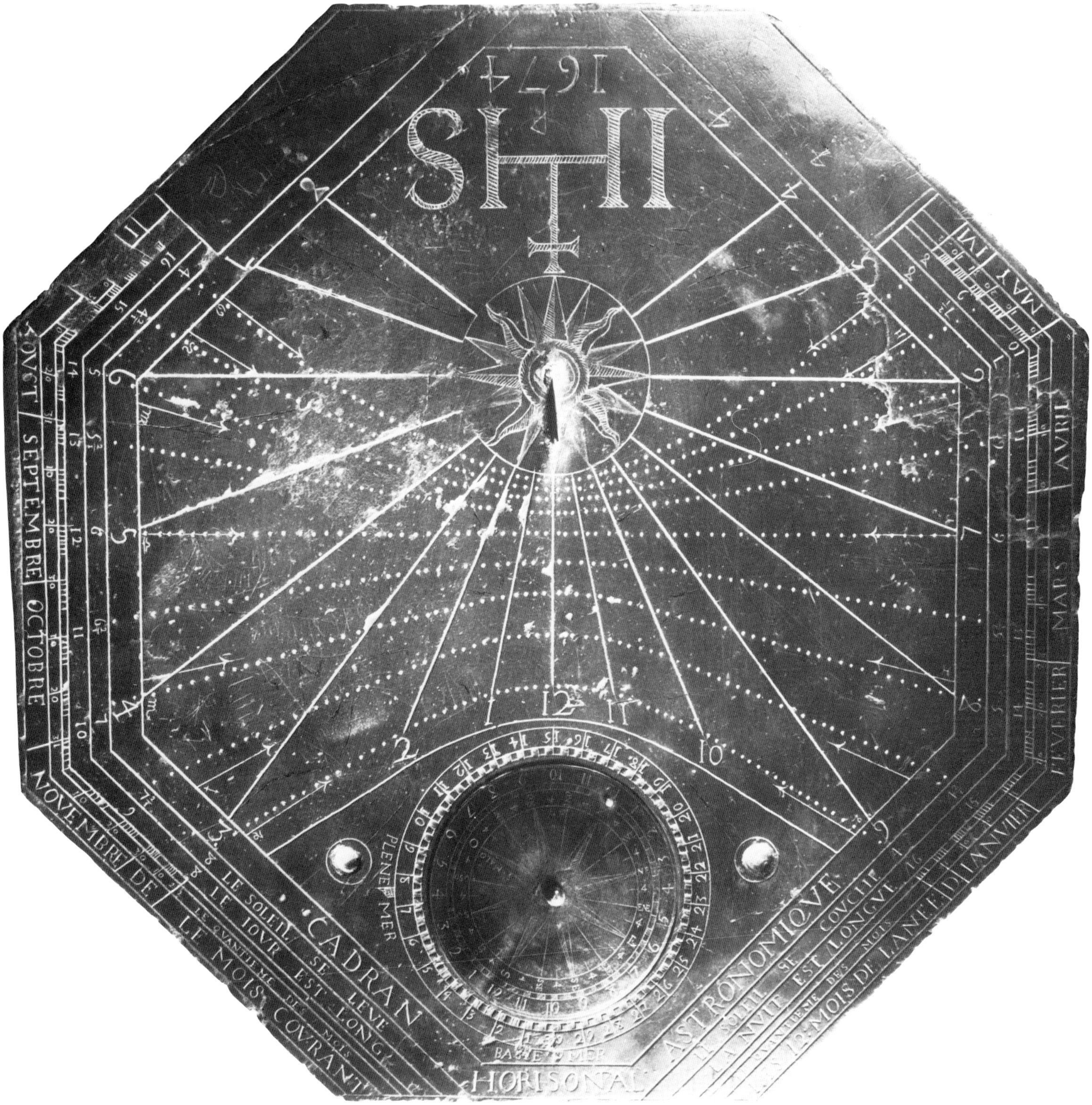

VIII Tragbare Höhen-, Azimutal-, Polos- und andere Sonnenuhren

Tafel XXX Gemalte und teilweise vergoldete Zylinderuhr. Italienisch. ▷

Francisco

221 Eine der einfachsten Höhensonnenuhren. Sie ist jeweils nur für eine Breite verwendbar.

1 Höhensonnenuhren

Das Prinzip der hier betrachteten Sonnenuhren basiert nicht mehr auf der Messung des Stundenwinkels oder der Azimutrichtung der Sonne, sondern auf deren Höhe über dem Horizont. Da die Sonne täglich zweimal die gleiche Höhe durchläuft, muß der Beobachter selbst zwischen Vor- und Nachmittagsstunden unterscheiden.

Am Firmament ergibt sich im sphärischen Dreieck AZP (Abb. 64) zwischen der geographischen Breite φ des Standorts, dem Stundenwinkel AH der Sonne, ihrer Deklination D und ihrer Höhe h über dem Horizont die besonders auf See viel gebrauchte Formel

$$\cos(90^\circ - h) = \cos(90^\circ - \varphi)\cos(90^\circ - D) + \sin(90^\circ - \varphi)\sin(90^\circ - D)\cos AH$$

oder einfacher

$$\sin h = \sin\varphi \sin D + \cos\varphi \cos D \cos AH$$

Es ist ziemlich wahrscheinlich, daß sie den früheren Kompaßmachern in dieser Form nicht bekannt war und daß ihnen statt dessen nur jene Tabellen zur Verfügung standen, denen man in einzelnen alten Handbüchern noch begegnet. Hierzu sei bemerkt, daß auch heute noch ähnliche, aber viel genauere Tabellen auf See in Gebrauch sind, ja daß dies sogar auf einzelnen Routen des Flugverkehrs der Fall ist, auf denen die goniometrische Kurskontrolle nicht besteht und die Zeit infolge der hohen Fluggeschwindigkeit für eine Besteckberechnung beschränkt ist.

Wir verweisen aber hier auf die schon angedeutete Eigenschaft (S. 114) einer Sonnenuhr, die gleichzeitig die Stundenlinien der wahren Ortszeit, die Datumslinien, die ja auch die Deklination anzeigen, und die Höhenlinien der Sonne aufweist. An einem Standort von gegebener Breite φ, für den diese Uhr berechnet sein muß, läßt sich nämlich wie auf einem Abakus jede der drei Größen h, D und AH ablesen, wenn die zwei anderen bekannt sind. Im vorigen Kapitel war die Rede von der berühmten Sonnenuhr im Queens College in Cambridge (S. 132), die diesen Anforderungen entspricht. Sie stammt aus dem Jahre 1733 und war damals möglicherweise nicht die einzige ihrer Art. Die Konstruktion ihrer drei Kurvenscharen war den damaligen Kompaßmachern geläufig. Man darf also annehmen, daß solche Uhren als Abakus für die Berechnung der Kurven der Höhensonnenuhren verwendet wurden.

Wie bei allen Arten von Sonnenuhren wurden Modelle in unendlich vielen Varianten geschaffen. Um deren Arbeitsweise zu zeigen, sollen hier einige der in Museen und Privatsammlungen am häufigsten vertretenen Exemplare betrachtet werden.

Der Typus einer ersten Gattung (Abb. 221) besteht aus einer rechteckigen Platte, deren Seitenlängen im Verhältnis von etwa 1 zu 2 stehen. Am oberen Teil sind zwei Absehen angebracht, durch die der Sonnenstrahl eingefangen wird. Die in der rechten Ecke befindliche Absehe, die bei der Beobachtung auch die höhere ist, trägt einen Lotfaden, und ihr Stiel ist der Mittelpunkt von 19 konzentrischen Kreisbögen, die in regelmäßigen Abständen voneinander auf der Platte angebracht sind. Die Intervalle zwischen diesen Bögen bestimmen auf einer seitlichen Datenskala Perioden von je 10 Tagen. Die Stundenlinien sind S-förmige, langgestreckte Kurven, die die Kreisbögen durchschneiden.

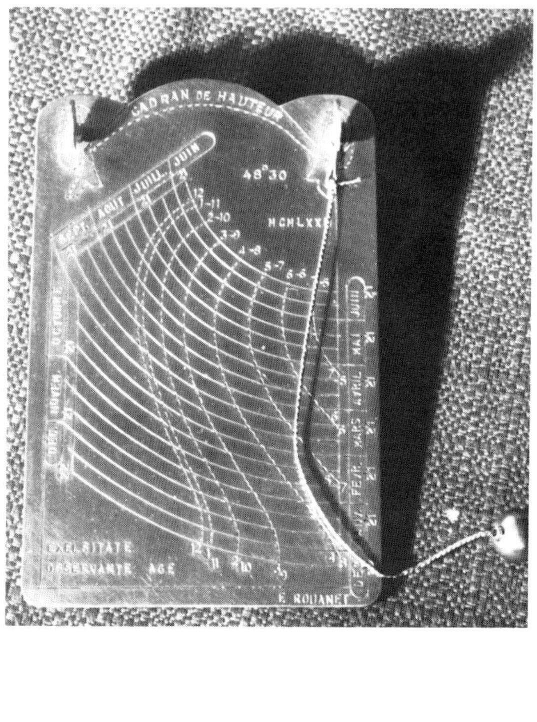

Beim Gebrauch wird die Platte senkrecht gehalten und in ihrer Ebene so gedreht, daß ein Sonnenstrahl beide Absehen durchläuft. Der senkrecht gebliebene Faden zeigt dann auf oder zwischen den Stundenlinien auf dem Kreisbogen des entsprechenden Datums die Zeit an.

Die Zeichnung der Stundenlinien dieser Sonnenuhren geschieht punktweise. Der vom Faden mit der Datenskala gebildete Winkel am Datum des Kreisbogens entspricht um die angegebene Stunde der jeweiligen Sonnenhöhe. Die Höhenberechnung geschieht, wie erwähnt, mittels der angeführten Formel (s. oben) oder mit Hilfe von Tabellen oder auch, falls möglich, unter Verwendung einer der genannten besonderen Sonnenuhren (s. oben). Es liegt auf der Hand, daß diese Höhensonnenuhren nur unter der Breite verwendbar sind, für die sie berechnet wurden.

Eine beliebte Form, in der man ihnen bisweilen begegnet, ist die eines Viertelkreises, des sogenannten *Quadranten* (Abb. 222). Quadranten wurden oft in besonders ungewöhnlicher Form erdacht und hergestellt.

222 Höhensonnenuhr als Quadrant.

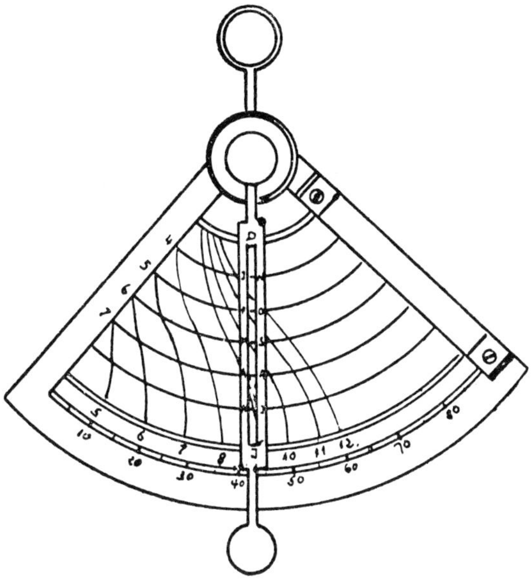

Im Islam gehörten sie als Kultobjekte zum Inventar der Moscheen und waren in Einzelfällen dort noch bis in die ersten Jahrzehnte unseres Jahrhunderts in Gebrauch. Sie sind fast stets von besonderem wissenschaftlichem und kulturellem Interesse (S. 178).

Eine andere zu erwähnende Gattung betrifft die früher vielleicht am meisten verbreitete tragbare Sonnenuhr. In Deutschland ist sie unter dem Namen *Zylinderuhr* bekannt, während sie in Frankreich als *cadran du berger,* also als Hirtenuhr, heute noch in abgelegenen Gegenden der Pyrenäen und des Baskenlandes angetroffen werden kann.

Diese Uhr besteht aus einem senkrecht gestellten zylinderförmigen Körper, auf dem oben ein abnehmbarer drehbarer Verschluß einen bei Nichtgebrauch einklappbaren waagerechten Gnomonzeiger trägt. Rund um den unteren Zylinderrand sind Daten oder Tierkreiszeichen angebracht, und von diesen ausgehende Senkrechte, also Zylindererzeugende, tragen Höhenskalen, deren Teilungspunkte für gleiche Stunden durch Stundenlinien verbunden sind.

Zum Gebrauch wird das Instrument an einer im Mittelpunkt des drehbaren Verschlusses angebrachten Schlinge senkrecht aufgehängt (Abb. 223). In dieser Lage wird der Zeiger auf die Senkrechte des Datums gedreht und so nach der Sonne gerichtet, daß sein Schatten senkrecht wird. Die Spitze dieses Schattens gibt dann auf den ähnlich wie im vorigen Beispiel vorhandenen Stundenlinien die Zeit an.

Das an sich einfache Prinzip der Zylinderuhr gab seinerseits wiederum Anlaß zu Varianten, wie etwa der in Abb. 224 dargestellten Sonnenuhr, einer Art metallene Flagge, die um einen senkrechten Stab gedreht werden konnte und die das aufgerollte Bild der Zylinderuhr zeigt. Statt sich um den Zylinder zu drehen, gleitet hier der Zeiger auf dem oberen Rand der Metallscheibe bis auf das Tagesdatum und wird durch Drehung des ganzen Apparates nach der Sonne gerichtet. Die Flaggenscheibe steht dann zum Sonnenazimut senkrecht und die Zeitablesung geschieht wie bei der Zylinderuhr.

In Einzelfällen findet sich mit dem gleichen Prinzip eine andere Abwandlung, die zu den sehr seltenen, monumentalen sogenannten *Filterhutsonnenuhren* führte, von denen später die Rede sein wird (S. 161).

Wieder anders wurde die Sonnenhöhe in Ringsonnenuhren gebraucht. Hier ist der Zeiger durch ein kleines, in der Rundung eines Ringes angebrachtes Loch ersetzt. Der Ring kann mittels einer kleinen Vorrichtung senkrecht aufgehängt werden (Abb. 225). Wird dann die Ringebene in den Sonnenazimut gedreht, so daß ein Lichtstrahl durch das Loch auf der entgegengesetzten Innenseite des Ringes einen kleinen Lichtpunkt erzeugt, so kann auf einem dort angebrachten Liniennetz, ähnlich wie in Abbildung 224, die Tageszeit abgelesen werden.

Man versteht, daß bei dieser Ausführung wegen der geringen Größe des Uhrbildes nur annähernd genaue Ergebnisse möglich

223 Die Zylindersonnenuhr gehörte früher zu den beliebtesten Taschensonnenuhren. Im Pyrenäengebiet war sie vor wenigen Jahrzehnten bei Bauern und Schäfern noch zu finden, daher die französische Benennung: *Cadran de Berger*.

224 Eine Abwandlung der Zylinderuhr.

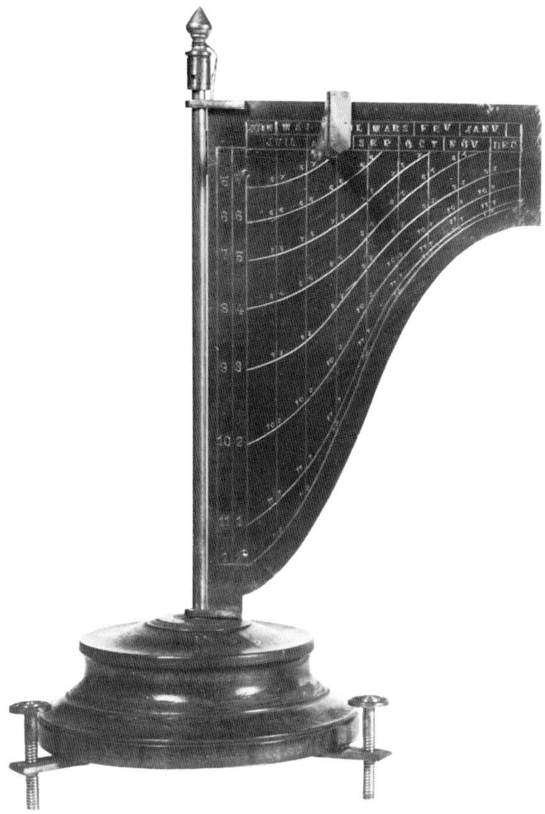

sind. Die gleiche Uhr wurde bisweilen in der Form von metallenen Scheiben ausgeführt, die dann mit dem üblichen Schmuck der Zeit versehen wahrscheinlich als Modeartikel entsprechend teuer verkauft wurden.

Die sonderbarste und wohl genialste Höhensonnenuhr war ursprünglich unter dem Namen *Quadratum horarium generale,* auch *Quadrans universalis,* bekannt. Drecker[18] nennt sie das *Allgemeine Uhrtäfelchen,* während sie in Frankreich und in den angelsächsischen Ländern wegen dem auffallenden kapuzenähnlichen Dreieck in ihrer Zeichnung einfach den Namen *Kapuziner* (capucin) trägt. Das Instrument hat seinen Ursprung in einem anderen, viel älteren und primitiveren, in der Form eines Schiffes ausgeführten (Abb. 226), dem sogenannten *navicula de Venetis,* aus dem Regiomontanus um 1457 die endgültige Form entwickelte. Sie besteht aus einer rechtwinkligen Platte (Abb. 227), die an ihrer kürzeren Oberseite mit den zwei Absehen U und U′ und einem beweglichen Arm versehen ist, dessen letztes Glied, die *Hand,* einen Lotfaden trägt, auf dem eine Perle gleiten kann (Abb. 228). Zwei parallel zu den Rändern gezogene Gerade AB und CP schneiden sich in E. Dieser Punkt ist das Zentrum zweier Zodiaktrigone, deren Teilungsintervalle je 10 Tage darstellen und die nach oben bzw. nach rechts von den Mittelachsen EC und EB getragen sind (Abb. 227). In Abständen von E, die den trigonometrischen Tangenten der Breiten 5°, 10°, 15° usw. bis 60° entsprechen, wird der Trigon EC durch Parallelen zu AB geschnitten. Es sei nun F der Schnittpunkt der Parallele von Breite 45° mit EC, und EF

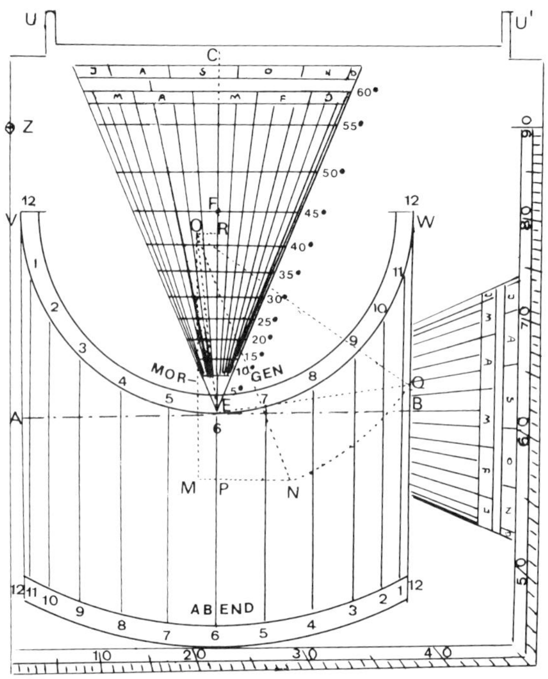

227 Das Allgemeine Uhrtäfelchen des Regiomontanus, eine der genialsten Sonnenuhren.

225 Ringsonnenuhr.

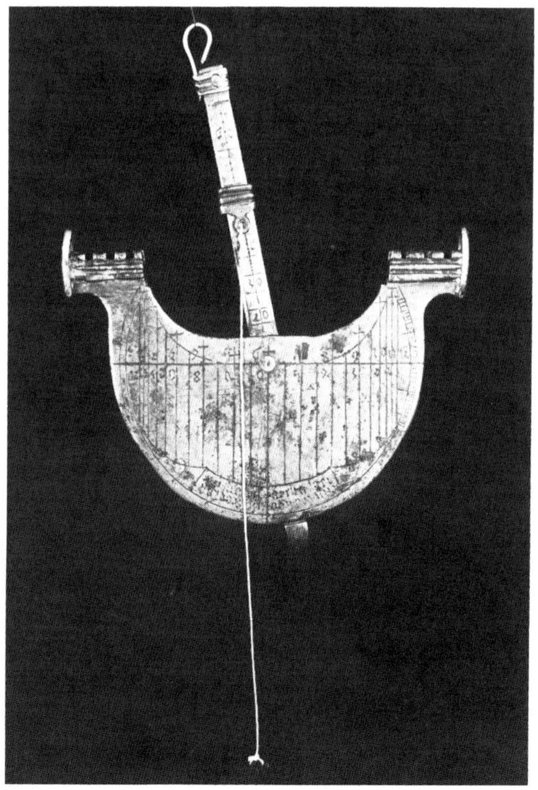

226 Das *Navicula de Venetis,* die Urform einer Sonnenuhr, aus der Regiomontanus das Allgemeine Uhrtäfelchen entwickelte.

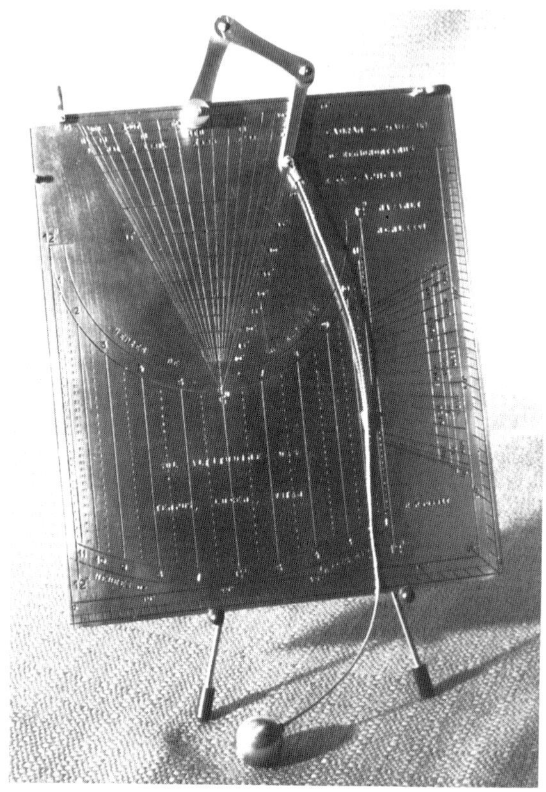

228 Modell des Allgemeinen Uhrtäfelchens.

229 Vereinfachtes, nur für eine bestimmte Breite brauchbares Uhrtäfelchen.

die Längeneinheit für unsere Uhr. Ein Halbkreis mit dieser Einheit als Radius geht um den Mittelpunkt F und hat diese 45°-Parallele als Begrenzungsdurchmesser. Ein anderer Kreisbogen mit beliebigem, aber längerem Radius um F bildet den unteren Rahmen des Uhrenbildes. Der Halbkreis um F ist in 12 gleiche Teile von je 15° markiert, die ebenso viele Stunden bedeuten. Von diesen Teilungspunkten aus sind Parallelen zu CP bis an den unteren Kreisbogen gezogen und dienen als Stundenlinien, die wie in Abbildung 227 oben für den Vormittag und unten für den Nachmittag beziffert sind.
Beim Gebrauch wird die Platte senkrecht gehalten und der Befestigungspunkt des Fadens am letzten Glied des beweglichen Arms im oberen Trigon auf den Punkt geführt, wo sich Ortsbreite und Datumslinie schneiden. Der Faden wird dann über das entsprechende Datum der seitlichen Tierkreisskala gespannt und die Perle auf den Datumspunkt gesetzt. Jetzt werden bei freihängendem Lotfaden die Absehen auf die Sonne gerichtet, und nun zeigt die Perle zwischen den Stundenlinien die Tageszeit an.
Die Betrachtung der Uhr zeigt übrigens, daß auf dem auch seitlich senkrecht gehaltenen Instrument die Zeiten des Sonnenauf- und Untergangs auch ohne Sonne zwischen den Stundenlinien unmittelbar durch den Faden angezeigt werden, da in dieser Lage des Uhrtäfelchens die Absehen auf den Horizont gerichtet sind.
Auf einigen dieser Uhren sind, wie in Abbildung 227, zwei der Plattenränder mit Gradteilungen versehen, für die der Faden dann in einem entsprechenden Punkt Z aufzuhängen ist, und die die Höhenmessung der Sonne gestatten.
Beweis: Der ursprüngliche Beweis des Regiomontanus für die Richtigkeit dieser Uhr ist nicht bekannt. Der erste bekannte Beweis wurde erst 200 Jahre später von Dechâles geliefert, der dafür 7 Folioseiten benötigte; nach ihm brachte es J. Schumann in einer Dissertation sogar auf 41 Seiten. Ein weiterer Beweis stammt von Delambre.
Der hier gebrachte, sehr einfache Beweis folgt den Ausführungen des Schweizers Guyot.[28]
Es sei φ die Breite, OR die entsprechende Parallele im oberen Trigon und O der Hängepunkt des Fadens. Letzterer wird zunächst über den Datumspunkt Q gespannt und die Perle auf diesen Punkt geschoben. Die beiden Winkel $\widehat{OER}$ und $\widehat{QEB}$ sind gleich der Sonnendeklination.
Es gilt dann
ER = $\tan\varphi$; RO = $\tan\varphi \tan D$ und, da EB die Einheit ist,
BQ = tan D, wo D die Sonnendeklination bedeutet.

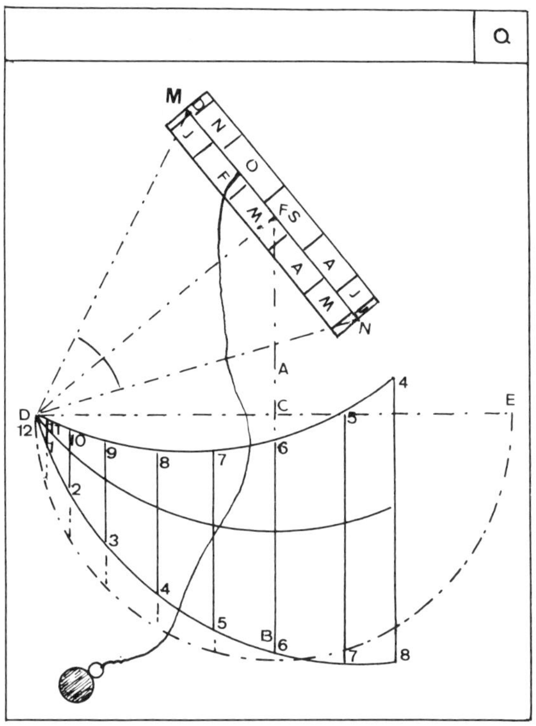

Im rechtwinkligen Dreieck OEQ ist ferner

$$\overline{OQ}^2 = \overline{OE}^2 + \overline{EQ}^2 \text{ oder}$$
$$\overline{OQ}^2 = \overline{OR}^2 + \overline{RE}^2 + \overline{EB}^2 + \overline{BQ}^2$$

d.i. $$\overline{OQ}^2 = \tan^2\varphi \tan^2 D + \tan^2\varphi + 1 + \tan^2 D$$

also $$= (1 + \tan^2\varphi)(1 + \tan^2 D)$$

schließlich $$\overline{OQ}^2 = \frac{1}{\cos^2\varphi \cos^2 D}$$

Wird die Uhr beim Anvisieren der Sonne geneigt und ist dann N die Stellung der Perle, so ist

$$\overline{ON} = \overline{OQ} = \frac{1}{\cos\varphi \cos D} \text{ und}$$

$$\overline{MN} = \frac{\sin h}{\cos\varphi \cdot \cos D};$$

$\overline{MP} = \tan\varphi \tan D$; $\overline{PN} = \cos AH$, wo h die Höhe der Sonne und AH ihren Stundenwinkel bezeichnen. Werden diese Werte in die Gleichung $\overline{MN} = \overline{MP} + \overline{PN}$ gesetzt, so wird

$$\frac{\sin h}{\cos\varphi \cos D} = \tan\varphi \tan D + \cos AH$$

und dies ergibt
$\sin h = \sin\varphi \sin D + \cos\varphi \cos D \cos AH$
Es ist dies die schon bekannte Formel (S. 140).
Von diesen Sonnenuhren tauchten in der Folge vereinfachte Varianten auf, von denen einige nur für eine bestimmte Breite berechnet waren. Das Fehlen der Breiteneinstellung führte zum Gleiten des Fadenaufhängepunktes auf einer geneigten Daten- oder Tierkreisskala (Abb. 229). Für die in diesem Fall grundlegende Theorie sei auf den Artikel *Dial* in der 11. Auflage der Encyclopedia Britannica verwiesen. Hier folgen jedoch Beschreibung und Anweisung für Gebrauch und Konstruktion. Es sei aber gesagt, daß

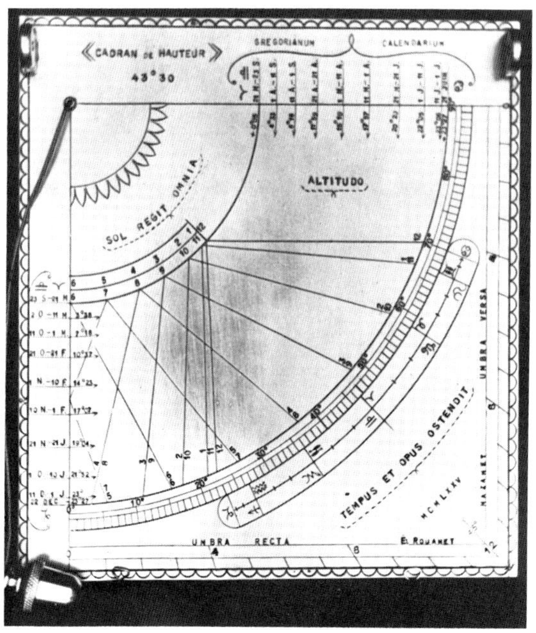

230 Höhenquadrant als Sonnenuhr.

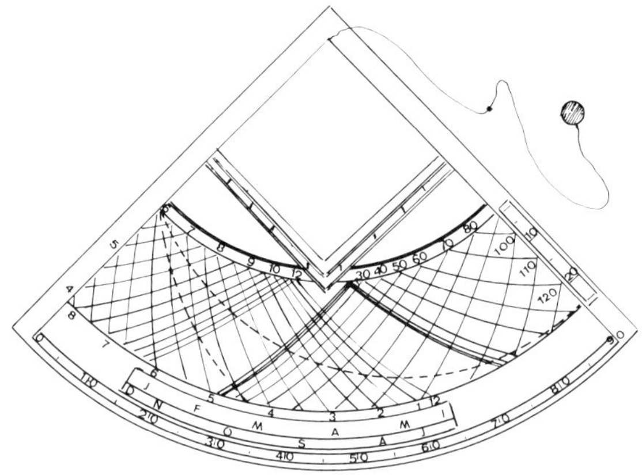

231 Der von dem Engländer Sutton (17. Jh.) entwickelte Höhenquadrant für die Messung von Zeit und Azimut.

der dazugehörige Beweis sich aus dem Obigen ableiten läßt und mit der gleichen Formel endet.
Wie im obigen Fall ist die Grundplatte ein Rechteck, besitzt aber statt der Absehen ein in der oberen rechten Ecke angeklebtes Quadrat Q, das für den Gebrauch aufstellbar ist und dessen Schatten dann einen zwischen dem oberen Plattenrand und einer darunter gezogenen Parallele enthaltenen Streifen decken muß. Der Lotfaden ist in einem schiefen Schlitz verschiebbar, der eine Daten-, manchmal auch eine Tierkreisteilung trägt. Später wurden dort den Daten die entsprechenden Größen der Zeitgleichung hinzugefügt. Die Stundenlinien verlaufen wie oben parallel zu den Uhrenseiten.
Beim Gebrauch wird der Faden auf sein Tierkreisdatum geschoben und über den Mittagspunkt gespannt, auf den die Perle gesetzt wird. Liegt dann, wie erklärt, der Schatten des Eckquadrats auf seinem Streifen, so gibt die Perle die Uhrzeit an.
Die Konstruktion wird wie oben auf einem hochgestellten Rechteck ausgeführt. Für die Anlage des Schattenwerfers und des dazugehörigen Schattenstreifens erübrigt sich die Erklärung. Es werden dann (Abb. 229) die sich rechtwinklig in C schneidenden Linien AB und DE gezogen. Von einem links auf DE gewählten Punkt D aus wird die Ortsbreite $\widehat{FDE}$ an DE gelegt. Der freie Schenkel des Winkels schneidet AB in F. Durch F wird rechtwinklig zu DF die Gerade MN geführt, die von D aus und mit DF als Achse die Tierkreistrigonteilung erhält. Von C als Mittelpunkt aus wird der Halbkreis DBE geschlagen, der in 12 gleiche Teile geteilt wird. Von den Teilungspunkten aus gehen die Stundenlinien parallel zu AB nach oben. Nun können um die Punkte M, F und N drei weitere, durch den Punkt D gehende Kreisbögen hinzugefügt werden, die die Wendekreise und den Äquator darstellen. Die Perle wird sich stets nur in der von den ersteren begrenzten Fläche bewegen . . .
Gleichzeitig mit den bisher beschriebenen Sonnenuhren kam ein erhöhtes Interesse für die schon erwähnten Quadranten auf (S. 140). Sie wurden für die verschiedensten Zwecke hergestellt, und erlebten, wie schon angedeutet, in den Ländern des Islam eine besonders hervorragende Entwicklung. Die wertvollsten und wissenschaftlich vollkommensten dieser Instrumente sind die Astrolabquadranten.[87]
Einer der einfachsten als Sonnenuhr gedachten Quadranten stammt aus dem 17. Jahrhundert. Er ist mit gradlinigen Stundenlinien versehen (Abb. 230), ist mit Absehen ausgestattet und trägt eine Winkel- und eine Tierkreisteilung. Der Tagundnachtgleichepunkt der letzteren steht an der Limbusteilung des Komplementwinkels der Breite. Die Sonnenhöhen für die Tagesstunden der Sonnwendtage sind längs der Gradteilung markiert. In der Mitte zwischen dieser und dem Kreismittelpunkt trägt ein zweiter Kreis die entsprechenden Sonnenhöhen für die Daten der Tagundnachtgleiche, die dann durch Geraden mit den entsprechenden Sonnwendpunkten der Gradteilung verbunden sind. Diese Geraden sind die Stundenlinien. Im Kreiszentrum des Quadranten ist ein mit einer Perle versehener Faden befestigt.
Beim Gebrauch wird der Faden über das Tierkreisdatum gespannt und die Perle auf die Zwölfuhrlinie gesetzt. Wird der Quadrant dann senkrecht gehalten und sind die Absehen auf die Sonne gerichtet, so gibt die Perle auf den Stundenlinien die Zeit an. Im Beispiel der Abbildung 230 sind die Daten zusätzlich auf den Endradien des Quadranten wiederholt.
Ein anderer – durch den Engländer Gunter (1581–1626) aus dem Astrolabium entwikkelter – Quadrant ermöglicht genauere Resultate (Abb. 231). Mathematisch gesehen wären seine Stundenlinien Kurven des 6. Grades[18], die sich aber streckenweise fast genau durch Kreisbögen darstellen lassen, und dies tat Gunter. Die Handhabung dieses Quadranten ist die gleiche wie im vorigen Fall.

Tafel XXXI Walzenförmige, um eine waagerechte Achse drehbare Höhensonnenuhr. Ihr Prinzip ist das der senkrechten Zylinderuhr. Italienisch.

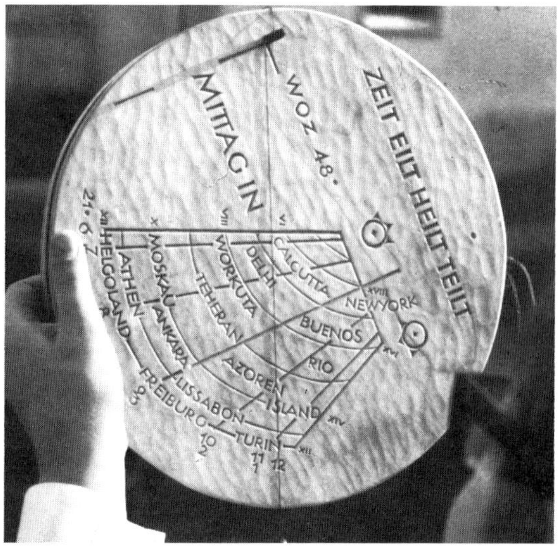

232 Höhensonnenuhr mit Zeitangaben für fremde Städte.

Ein von dem Engländer Sutton gefertigtes Exemplar eines solchen Quadranten befindet sich im Museum von Greenwich. Es weist eine zweite ähnliche Kurvenschar auf, die den jeweiligen Azimut der Sonne anzeigt. Theoretisch sollte diese zweite Kurvenschar auf der Schar der Stundenkurven liegen, was aber die Übersichtlichkeit des Ganzen erheblich beeinträchtigt hätte. Sutton umging die Schwierigkeit, indem er die Kurven nach rechts versetzte, wo dann um die Azimutgröße abzulesen der Faden auf der Limbusgradteilung nicht mehr auf die Höhe, sondern auf die Zenitdistanz der Sonne zu setzen war.

233 Höhensonnenuhr für anspruchsvollere Amateure.

Im übrigen sind zahlreiche Abarten dieser Quadranten in älteren Werken beschrieben worden und viele Exemplare werden in Museen und Privatsammlungen aufbewahrt. Alle beruhen auf der gleichen Grundlage und unterscheiden sich nur in der mehr oder minder genialen Anlage ihrer Ausführung. Sie gehören sämtlich zu den Höhensonnenuhren.

Um sie herzustellen, wird ein für alle Male für die Breite des Gebrauchsortes die Tabelle der jahreszeitlichen und stündlichen Sonnenhöhen erstellt (S. 140); die Ausführung bleibt hernach nur noch eine angenehme Bastlerei.

Zum Schluß seien hier noch zwei Höhensonnenuhren betrachtet, die aus der künstlerischen Tätigkeit von Studiendirektor Peitz in Freiburg stammen. In beiden Fällen handelt es sich um kreisrunde Holzscheiben.

Auf der ersten (Abb. 232) trägt ein kleiner Gnomon einen Lotfaden. Eine Gerade, die wir als Schattenlinie bezeichnen wollen, geht rechtwinklig zu den Schriftlinien von ihm aus. Auf dem Liniennetz stellen von 1 bis 12 bezifferte Geraden die Monate dar, während die kreisbogenförmigen Stundenlinien römische Zahlen tragen.

Die Scheibe wird senkrecht in die Sonnenvertikale gehalten und so gedreht, daß der Schatten des Gnomons auf die Schattenlinie fällt. Der Faden zeigt dann zwischen den einschlägigen Monatslinien auf den Stundenlinien die Zeit an.

Im zweiten Beispiel (Abb. 233) steht der Gnomon mit seinem Faden im Zentrum der

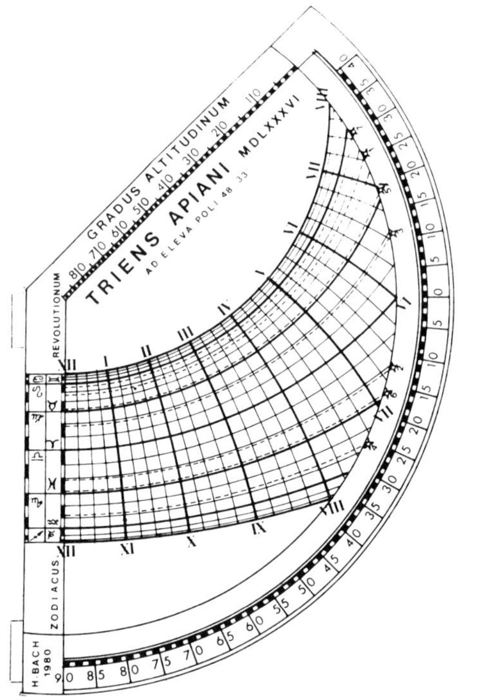

234 Von Peter Apian entworfener Triens, eine stereographische Höhensonnenuhr.[89]

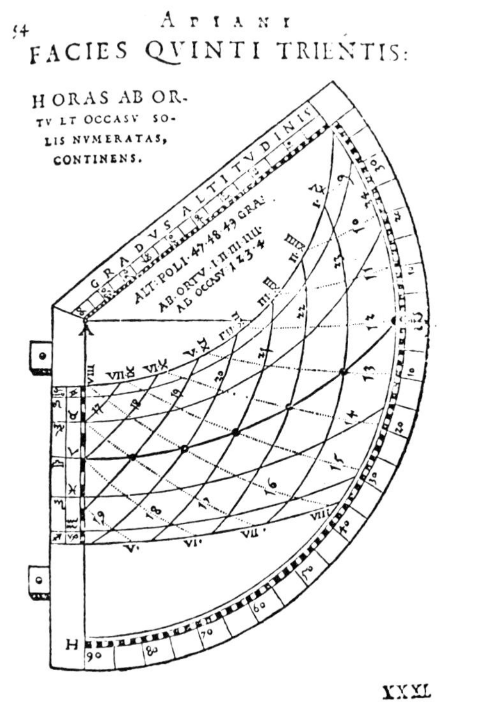

235 Von Peter Apian entworfener Triens mit italischen und babylonischen Stunden.[3]

Scheibe. Die Monatslinien sind Radien und dienen als jeweilige Schattenlinien. Wie vorher wird die Scheibe senkrecht in die Sonnenvertikale gehalten und jetzt um den Mittelpunkt gedreht, bis der Schatten auf der entsprechenden Monatslinie liegt. Er zeigt dann die Stunden auf Monatsbögen, die für je 10 Tage gelten und von den Stundenlinien durchschnitten sind. Die im Holz zusätzlich vorhandenen Einschnitte sind Verzierungen.

Die Anzahl der Beispiele ähnlicher Höhensonnenuhren geht in die Hunderte und ihre Erwähnung würde den Rahmen dieses Kapitels bei weitem überschreiten. Auf diesem Gebiet sieht sich bisweilen der Museumsbesucher Überraschungen gegenüber, wo Prinzip und Gebrauchsart einzelner Instrumente in gleichem Maße rätselhaft erscheinen. Immer wieder wird ihm dann gegenwärtig, daß in der Blütezeit der Gnomonik viele Tausende von Bastlern und Erfindern stets nach Neuem trachteten, aber auch, daß dies mit Lust und Liebe geschah (Abb. 234–236).

2 Azimutaluhren

Bei der anderen hier zu erwähnenden Sonnenuhrengattung wird die Zeit durch die Änderung des Sonnenazimuts, also jenes Winkels bestimmt, den die Sonnenvertikale mit der Meridianebene bildet.

Den zu dieser Gattung gehörenden analemmatischen Sonnenuhren mußte wegen ihrer besonderen Wichtigkeit hier ein ganzes Kapitel (VI) gewidmet werden. Sie wären auch die einzigen Vertreter der Gattung, gäbe es nicht die *stereographische Sonnenuhr Oughtreds* (Abb. 216) und die von *Macrez* beschriebene *orthographische Projektion* der Himmelskreise auf den Horizont. Es wurde schon ausgeführt, daß die Konstruktion der analemmatischen Sonnenuhren früher mit Schwierigkeiten verbunden war. Ihre Kuppelung mit normalen Horizontaluhren und der dadurch geschaffene Vorteil der Unabhängigkeit des Ganzen vom magnetischen Kompaß machte sie aber in den Augen der meisten Liebhaber unentbehrlich. Ein Beispiel ist in Abbildung 202 gezeigt. Um das Doppelinstrument in die Meridianrichtung zu bringen, genügte es, seine Grundplatte auf einer ebenen Fläche so lange zu drehen, bis der Poloszeiger und der Gnomon, jeder auf seiner Uhr, die gleiche Tageszeit erreichten. Das war ein Werk von Sekunden und diese Einfachheit war ausschlaggebend und machte die analemmatische Uhr beliebt. Jedoch konnte sie, wie in Kapitel VI gezeigt, nur in ihrer Ortsbreite dienen, was natürlich auch für die begleitende Horizontaluhr galt.

Es wurde schon ausführlich darauf hingewiesen, daß ihr Gnomon auf das entsprechende Datum der auf der kleinen Ellipsen-

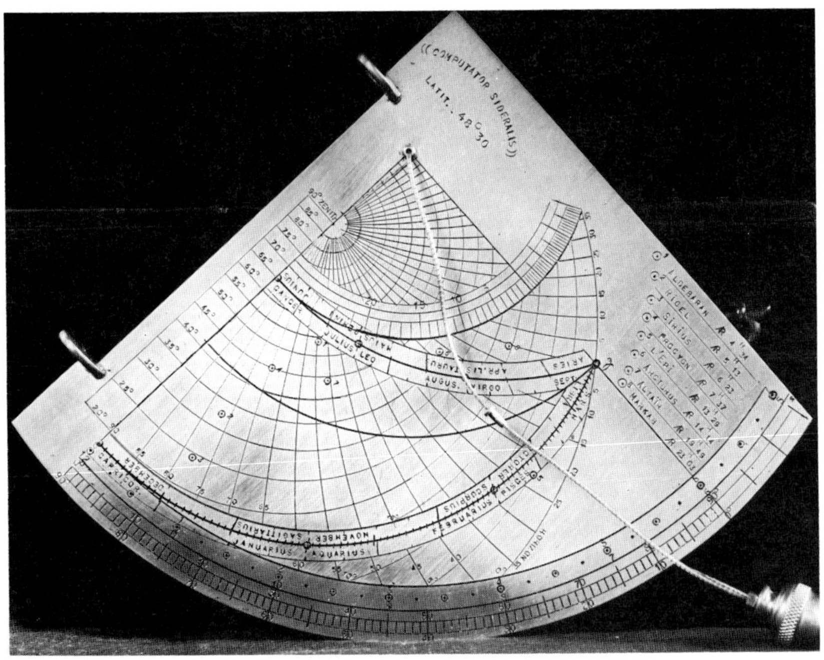

236 Der Astrolab-Quadrant ist das Viertel eines Astrolabs und zählt zu den Höhensonnenuhren. Er kann auch für Sternbeobachtungen verwendet werden.

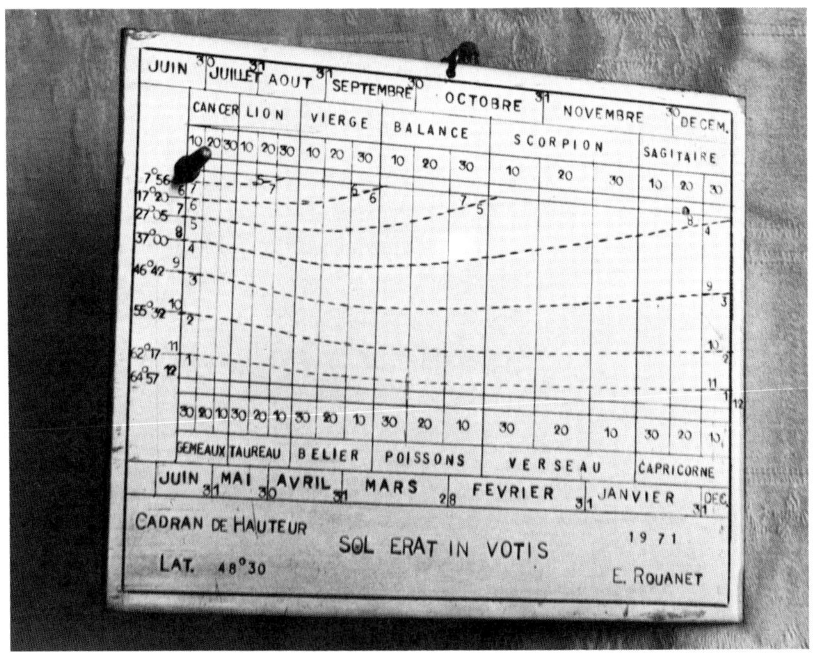

237 Höhensonnenuhr nach Christoph Schissler: nach einem im Straßburger Museum befindlichen Original. Das aufgehängte Blättchen wird so gedreht, daß die Schattenspitze des Gnomons in die entsprechende Datenkolonne fällt. Sie gibt dann zwischen den Stundenlinien die Zeit an.

238 Variante einer Höhensonnenuhr.

239 Horizontaluhr mit feststehendem Gnomon. Die Monatskreise sind konzentrisch. Die Zeit wird auf dem entsprechenden Datenkreis zwischen den Stundenlinien abgelesen.

achse liegenden Tierkreisskala zu stellen war. Nun darf nicht überraschen, daß der Gedanke aufkam, eine Uhr zu schaffen, deren Gnomon stehen blieb und seinen Schatten auf eine verschiebbare Ellipse warf. Diese wurde ähnlich wie bei der hier weiter unten erwähnten magnetischen Sonnenuhr Blouds verstellt.

Es kam jedoch noch zu weit eigenartigeren Kombinationen.

In der Zeit um 1660 geschah es nämlich, daß die sehr langsam von Osten nach Westen wechselnde magnetische Kompaßmißweisung in weiten Teilen Frankreichs für längere Zeit verschwand, d. h. auf Null stand, und die Kompaßnadel dann ganz genau den geographischen Norden, also die Richtung des Meridians, anzeigte. Damals kam in Dieppe der soeben genannte berühmte Kompaßmacher *Charles Bloud* auf den Gedanken, in die mit einer langen Kompaßnadel versehene Kompaßdose des Unterteils einer Klappsonnenuhr eine analemmatische Uhr mit beweglicher Ellipse und umgekehrter Bezifferung einzubauen.

Wurde nun die geöffnete Uhr auf ebener Fläche in die Sonne gestellt und gedreht, bis der Schatten des Oberteils genau den unteren deckte, dann zeigte die Magnetnadel auf der datenkorrekt eingestellten Ellipse die Zeit an.

Diese sogenannten *magnetischen Sonnenuhren* waren aber nur während einer verhältnismäßig kurzen Zeit beliebt, da nach einigen Jahren die nunmehr westlich gewordene Kompaßmißweisung fühlbar wurde und die Angaben der Uhren beeinträchtigte. Wegen ihrer besonderen Originalität gehören sie jedoch heute mit zu den gesuchtesten Sammlungsobjekten.

Alle Uhren mit beweglicher Ellipse besaßen eine Einrichtung, die es erlaubte, durch das

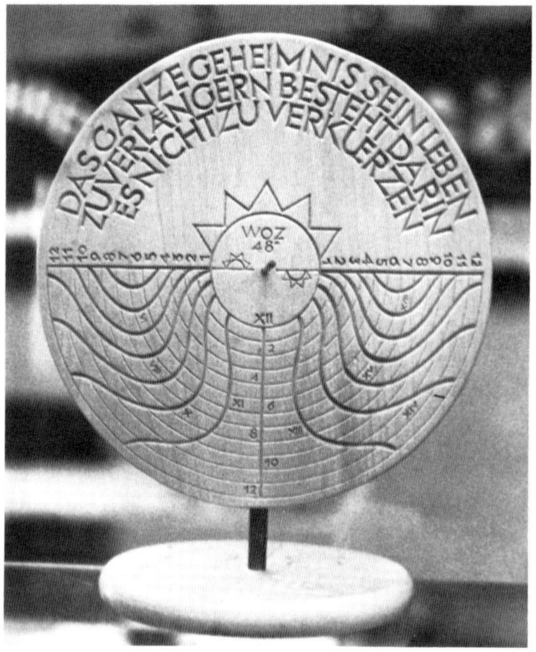

Drehen eines seitlich nur wenig aus der Unterlage hervorstehenden, mit Daten versehenen Rändelrädchens das aus Metall gearbeitete Ellipsenplättchen zu verschieben. Beim Drehen des Rädchens wurden die darauf gravierten Daten in einer kleinen Bodenöffnung sichtbar.

Damit waren jedoch die Möglichkeiten, immer wieder andere Azimutuhren mit feststehendem Gnomon zu entwerfen, bei weitem nicht erschöpft. In Museen oder Schrif-

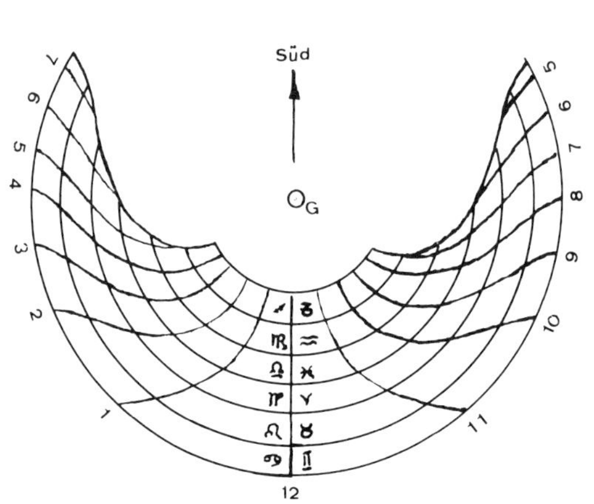

ten kann man auf weitere Modelle stoßen und mit mehr oder minder Geduld ihre Arbeitsweise studieren. Auch einige der Obelisken der Antike haben als Gnomon für solche Uhren gedient. Möglicherweise wird man sich ursprünglich für ihren Entwurf damit begnügt haben, im Laufe eines Jahres die von der Schattenspitze am Boden markierten Stundenpunkte festzulegen, um damit nach und nach die als Kurven in Erscheinung tretenden Stundenlinien und vielleicht auch die Datumskurven zu zeichnen. Solche Uhren sind auch rechnerisch entstanden (S. 23 u. Abb. 20). Der zu Beginn des Jahrhunderts gemachte Vorschlag, den Obelisken der Place de la Concorde in Paris mit einer solchen Sonnenuhr am Boden zu verbinden, kam über die Ausarbeitung der Pläne nicht hinaus.

3 Poloszeiger- und andere Uhren

Auch die handwerkliche Herstellung von tragbaren Sonnenuhren mit feststehendem und erdachsparallelem Zeiger bietet eine so endlose Auswahl verschiedenartiger Entwicklungen, daß hier nur die typischsten Stücke als Musterbeispiele betrachtet werden können. Diese Uhren waren für Goldschmiede und Graveure, Feinmechaniker und Kompaßmacher der Anlaß zu einem regelrechten Dauerwettbewerb, wo Kunst und Erfindergeist einer Kundschaft dienten, deren Geschmack sich mit der Mode änderte. Zweifellos gab es damals eine Zeit, in der sich Sonnenuhren in jedem Haus befanden. Die Unzahl neuer Ideen kam in der Vielfalt der Formen zum Ausdruck, die abwechselnd oder gleichzeitig als Büchsen, Würfel, Ringe, Stöcke, Bücher, Armillar- und an-

Tafel XXXII Hölzerne Klappsonnenuhr von David Beringer, Nürnberg. Papierbeklebt. Für geographische Breiten von 36° bis 56° verstellbarer Faden. Unberücksichtigt bleibt hierbei, daß die Angaben der Uhr ungenau werden, sobald der Schattenwerfer nicht mehr durch das Uhrenzentrum geht. ▷

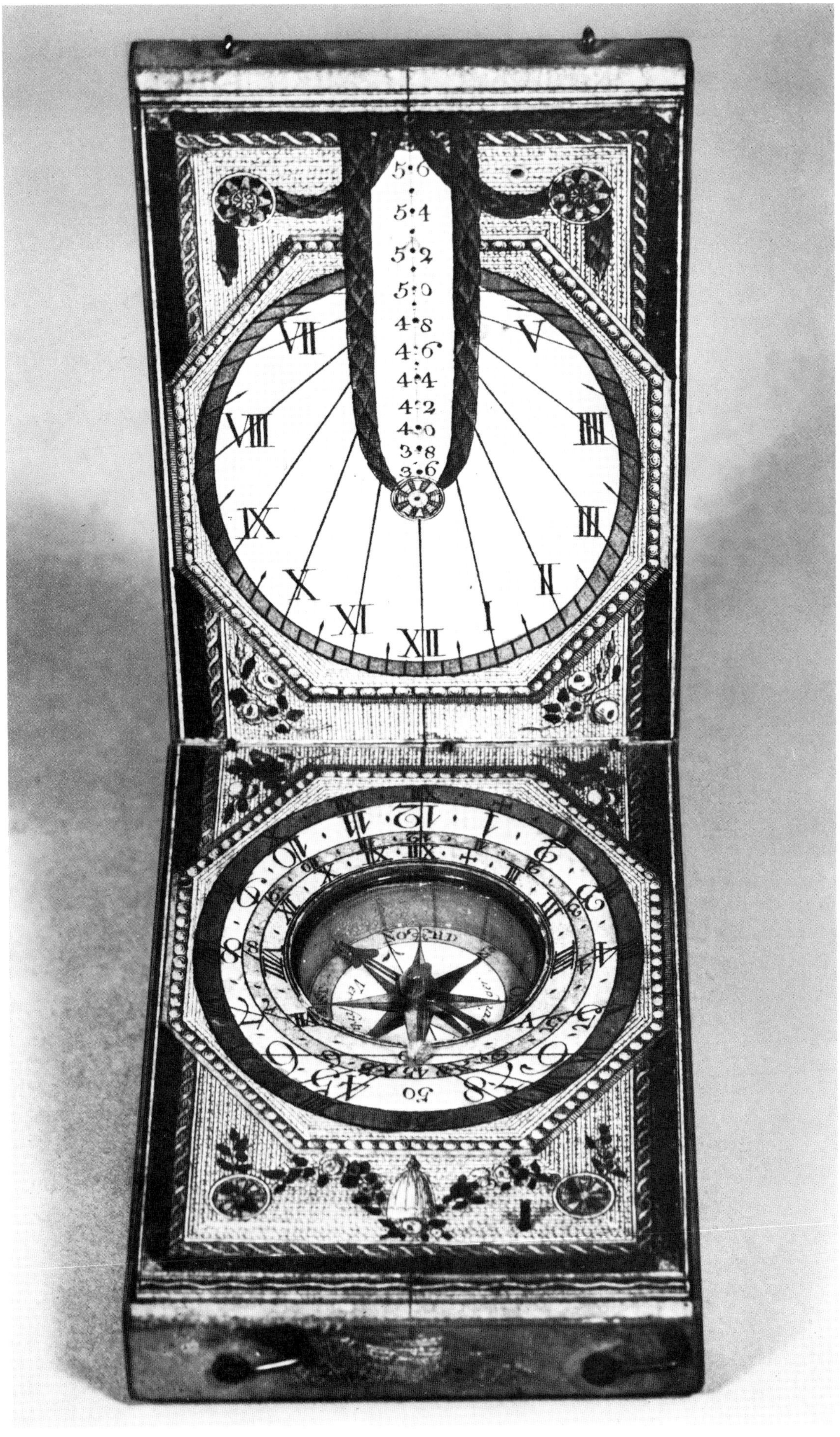

240 Elfenbeinerne Klappsonnenuhr von Paulus Reinmann aus Nürnberg (gestorben 1609).

dere Kugeln, ja sogar Schiffe u. a. m. sich finden.

Der vorliegende Band würde nicht ausreichen, davon eine auch nur annähernd vollständige Beschreibung zu bringen. Man findet aber unzählige Beispiele in einigen besonders reich ausgestatteten Museen, von denen vor allem das *Musée de la Vie Wallonne* in Lüttich hier erwähnt sei, dessen außergewöhnlich große Sonnenuhrensammlung von dem belgischen Dichter und Volkstumwahrer Max Elskamp stammt.[60+63] Durch das Vermächtnis des Dichters besitzt dieses Museum heute eine der bedeutendsten Sonnenuhrensammlungen der Welt.

Die zahlreichsten Stücke aller Sammlungen sind gewöhnlich die Horizontaluhren. Die Abbildung 240 zeigt eine elfenbeinerne Klappsonnenuhr des Lütticher Museums

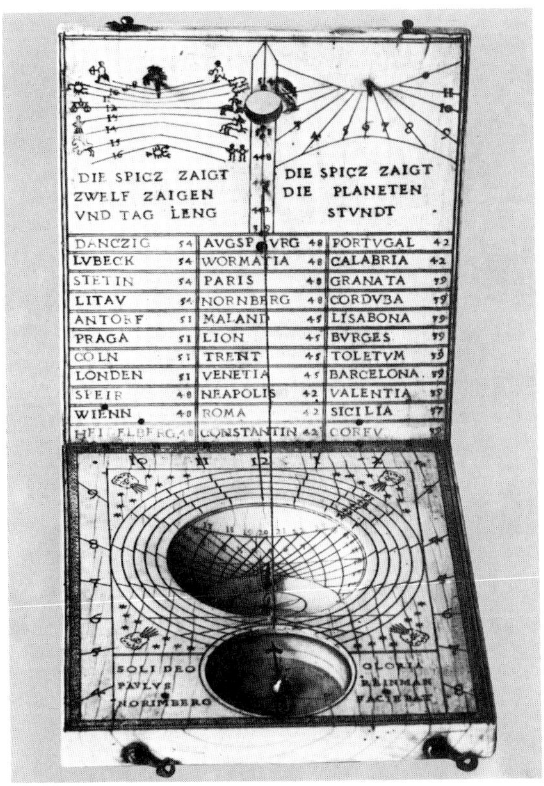

241 Würfelförmige Tischsonnenuhr von Beringer, um 1736. Sehr verbreitet.

242 Monumentale Sonnenuhr mit Vertikaluhren, Skaphen und Globen im Garten eines Spitals (ehem. Kloster) in Brumath (Elsaß) (siehe auch Abbildung 249).

aus der Werkstatt des Nürnberger Kompaßmachers Reinmann, der 1609 in dieser Stadt starb. Das Stück ist besonders wegen seiner Inschriften von Interesse.
An den Rändern des waagerechten Teils befinden sich die Stundenlinien der für die Breite von Nürnberg berechneten Sonnenuhr. Eine runde Vertiefung ist von konzentrischen Kreisen umgeben, deren Zwischenräume andere Stundenlinienscharen für die Breiten von 39° bis 51° aufweisen. Der Faden, der als Zeiger dient, ist auf einer senkrechten Skala der Innenseite des Deckels verschiebbar befestigt. Für den Gebrauch der Uhr auf Reisen ist eine Liste von 33 Städten mit der Angabe ihrer Breite beigefügt, so daß dem Instrument eine gewisse weiträumige Verwendungsmöglichkeit gesichert war.
Zur Linken der Skala folgt die Schattenspitze eines kleinen Gnomons den Datumslinien für diejenigen Tage des Jahres, deren Länge in Stunden eine ganze Zahl beträgt. Diese Tagesdauern gehen von 8 bis 16 Stunden. Darunter steht in altem Deutsch die dreizeilige Inschrift: Die Spicz Zaigt Zwelf Zaigen Vnd Tag Leng. Zur Rechten der Skala trägt der Deckel eine Sonnenuhr für temporale Stunden, auf der die Stundenlinien und auch die Spitze des Gnomonschattens die eingezeichneten Wendekreiskurven nicht überschreiten. Darunter sagt eine andere Inschrift: Die Spicz Zaigt Die Planeten Stvndt, wobei aber mit diesem fälschlich gebrauchten Ausdruck die Temporalstunden gemeint sind.
In der kugelkappenförmigen Vertiefung der waagerechten Grundplatte vermittelt ein Gnomon die italischen und babylonischen Stunden; des weiteren ist die Platte mit einem Kompaß ausgestattet. Darunter liest man in lateinischer Sprache die Worte: Soli Deo Gloria – Pavlvs Reinman Norimberg Faciebat.
Die hier gezeigte Art, eine tragbare Sonnenuhr durch einen verstellbaren Zeiger für den Gebrauch unter mehreren Breiten einzurichten, ist nicht selten. Manchmal sind bei einer Stundenlinienzeichnung mehrere Breitenstellungen des Zeigers vorgesehen, d. h. es wird für einige von diesen von vornherein mit falschen Stundenangaben gerechnet. Um den Fehler so gering wie möglich zu halten, wird dann auch die Beweglichkeit des Zeigers auf ein Minimum beschränkt.
Solche Modelle bestätigen übrigens, darauf wurde schon hingewiesen, daß für einen Großteil der Uhrenbesitzer eine fehlerhafte Zeitangabe nicht sehr aufregend gewesen sein muß. In sehr vielen Fällen waren die Horizontaluhren mit Kompassen oder mit analemmatischen Uhren gekoppelt. Und letzteres war, wie erwähnt, insbesondere seit der Entdeckung der magnetischen Mißweisung geschätzt. Es wurde übrigens behauptet und ist möglicherweise Tatsache, daß es die Kompaßmacher, d. h. die Sonnenuhrenbauer waren, denen man diese Entdeckung verdankt.
Mancherorts war es beliebt, die Flächen eines Würfels mit Sonnenuhren zu versehen, wobei eine Horizontaluhr und Uhren nach

243 Äquatorialuhr mit Kompaß. Musée de la Vie Wallonne, Lüttich.

244 Äquatorialuhr von Joh. Willebrand, Augsburg. Die Äquatorialkreise werden parallel zur Äquatorialebene und der geschlitzte Träger der Schattenwerfer senkrecht dazu gestellt. Die Schattenwerfer sind die Spitzen eines Bogens, der auf seinem Träger verschoben wird, bis die Schattenspitzen auf dem Äquatorkreis erscheinen. Die Bodenplatte zeigt Breiten größerer Städte.

245 Rechts und links verstellbare Äquatorialuhren, in der Mitte Horizontaluhr mit verstellbarem Zeiger. Uhrenzeichnung mit vier Stundenlinienscharen für die Breiten 43°, 46°, 49° und 52°.

den vier Himmelsrichtungen entstanden (Abb. 241). Sehr oft waren die Zeichnungen auf Papier gedruckt, das man auf den hölzernen Würfel klebte. Es gab aber auch weniger fein gearbeitete Modelle, die, etwas größer, mit Kompaß und Lotfaden ausgestattet waren.

Die Ausmaße der im Freien aufgestellten Sonnenuhren änderten sich sehr erheblich, sobald es darum ging, den Garten eines Schlosses oder einen Klosterhof zu verschönern. Hier wurden die herrlichsten Steinmetzarbeiten ausgeführt. Die Flächen aller geeigneten Polyederformen dienten als Zifferblätter für Sonnenuhren, die nur ausnahmsweise nicht deklinierend, inklinierend oder beides waren (Abb. 242). Die meisten dieser Arbeiten stammen aus dem 18. Jahrhundert. Sie finden sich noch zahlreich, aber oft ungepflegt und unverstanden, in allen Ländern Europas.

Die mehrfach erwähnten Vorteile der Äquatorialuhr mit ihrer gleichmäßigen Stundenteilung haben schon früh zur Herstellung von manchmal sogar vergoldeten Messinginstrumenten geführt, bei deren Ausführung die technische Präzision nur von der künstlerischen Feinheit der Gravierung übertroffen wurde. In Abbildung 243 ist ein solches Instrument gezeigt. Links ist das Scharnier des Äquatorkreises sichtbar, der wiederum den einklappbaren Zeiger trägt. Weiter nach rechts ist ein ebenfalls einklappbarer Breitenquadrant in aufgerichteter Stellung für die richtige Neigung des Äquators vorgesehen. Diese Sonnenuhren waren nicht nur nicht ortsgebunden, sondern auf der ganzen nördlichen, und bei Umkehrung des Äquatorkreises sogar auf der südlichen Halbkugel brauchbar. Für letztere genügte es auch, die für die nördlichen Breiten gedachte Bezifferung umgekehrt zu lesen. Die Abbildungen 244 u. 245 zeigen Varianten solcher Uhren, von denen einige mit einem Kompaß versehen sind. Bei genauer Betrachtung der Einzelheiten der Instrumente wird dem Beschauer bewußt, wieviel Arbeit in ihrem Entwurf und ihrer Ausführung, und wieviel Kunstsinn in ihrer Verzierung zusammenwirkten, um diese vollendete Harmonie zu erreichen.

Ähnliche, aber vereinfachte und für weltweiten Gebrauch konstruierte Instrumente, sind auch heute noch im Handel und finden unter anderem bei Forschungsreisenden oder abgelegenen Siedlern Verwendung.

246 Ringsonnenuhr.

247 Elfenbeinerne Klappsonnenuhr von Hans Tucher, Nürnberg. Der Schatten des für 3 Breiten verstellbaren Fadens vermittelt die Zeit auf den rund um den Kompaß gezeichneten Horizontaluhren. Rechts und links daneben Nürnberger Stunden (d. i. bei Tag babylonische, bei Nacht italische Stunden). Auf dem Deckel Vertikaluhr für 48° Nord. Oben links Datenkurven mit Taglängen in Stunden, rechts italische Stunden.

248 Kugelsonnenuhr. Der Schatten der drehbaren Meridianplatte wird zu einer Linie, wenn die Platte in den Sonnenmeridian gelangt. Er gibt dann am Äquator die Zeit an.

Tafel XXXIII Astronomisches und astrologisches Besteck des Londoner Instrumentenbauers Humphrey Cole, 1576. Das Besteck enthält eine Äquatorialuhr, ein Nokturlab, Planetenkalender, Breitenangaben, Mondkalender und anderes mehr. ▷

Abbildung 246 zeigt ein zusammenlegbares Instrument, das unter dem Namen Ringsonnenuhr Weltberühmtheit erlangt hat. Im Grunde ist es nur eine verbesserte Abwandlung der Äquatorialuhr, die dieser gegenüber aber einige besonders vorteilhafte Eigenschaften aufweist. Sie findet sich in vielerlei Ausführungen in Museen und Privatsammlungen und gehört zu den gesuchtesten Sammlungsobjekten.

Die Uhr besteht aus zwei Ringen, dem Meridianring und dem Stundenring (Äquator), die durch Stifte drehbar miteinander verbunden sind und in einem rechten Winkel zueinander gestellt oder zum Transport in einer Ebene zusammengelegt werden können. In der Innenseite des Stundenrings ist der eigentliche Äquator durch einen feingezogenen Kreisring eingezeichnet. Die Polachse ist durch ein geschlitztes Blättchen ersetzt, das eine Tierkreisskala trägt und auf dem ein mit einem kleinen Loch versehener Schieber auf das Datum eingestellt werden kann. Der Meridian ist von einem Aufhängering getragen, der je nach der Breite verschoben werden kann.

Beim Gebrauch werden Meridian und Äquator rechtwinklig zueinander gestellt, der erstere der geographischen Breite entsprechend aufgehängt und der Schieber auf das Datum gesetzt. Jetzt wird das Ganze langsam um den Aufhängepunkt gedreht, bis ein Sonnenstrahl durch das Loch des Tierkreisschiebers genau auf die in der Innenseite des Stundenrings befindliche Äquatorlinie fällt. Um dies zu erleichtern bzw. zu ermöglichen, ist die Polachsscheibe um die Weltachse drehbar. Die Zeit wird dann an dem Punkt abgelesen, wo der Lichtstrahl die Äquatorlinie erreicht. Auch hier ist wie bei Höhensonnenuhren zu beachten, ob es sich um Morgen- oder Nachmittagsstunden handelt. Ist der Lochschieber richtig eingestellt und die Uhr so gedreht, daß der Lichtstrahl den Äquatorkreis in der richtigen Tageshälfte erreicht, so steht in diesem Augenblick der Meridiankreis genau in der Meridianebene. Die Präzision des Sonnenrings nimmt zu mit dem Ziffernwert der Sonnendeklination. Als Sonnenuhr war dies eines der wenigen, auf dem ganzen Erdball verwendbaren Universalinstrumente. Es wurde in Hunderten von Varianten hergestellt.

Vielleicht waren es der Mangel an Stabilität des hängenden Sonnenrings und die damit verbundene Schwierigkeit, genau zu beobachten, die zum Anlaß des Gedankens wurden, Kugelsonnenuhren herzustellen. Diese Sonnenuhren erinnern an geographische Globen. Die Neigung der Kugelachse muß der geographischen Breite entsprechen, die Achse selbst also erdachsparallel gerichtet sein. Der Äquator weist eine 24-Stundenteilung auf. Als genaues Abbild des Erdballs wird die ganze Kugel vom Sonnenlicht in eine helle und eine dunkle Hälfte geteilt. Der Großkreis, der beide trennt, schneidet den Äquator in zwei entgegengesetzten Stundenpunkten, deren Mittelwert die Ortszeit ergibt, die auch ganz einfach durch die Erhöhung der abgelesenen Stundenpunkte um die Zahl 6 erreicht werden kann. Um die Ablesung zu vereinfachen, wurden biswei-

1579

249 Westliche Halbkugel mit drehbarem Meridianzeiger an der Monumentaluhr von Brumath (siehe Abbildung 242).

250 Kugelsonnenuhr von 1738 in einem Privatgarten in Straßburg (Schwilguéstraße).

251 Armillarsphäre als Sonnenuhr im Garten des Verfassers.

252 Das Innere des Äquatorreifens der Sonnenuhr in Abbildung 251. Die römischen Ziffern zeigen die wahre Ortszeit, die schwarzen arabischen die wahre Zonenzeit, die kleinen arabischen die Sommerzeit.

len Kugelsonnenuhren mit einem Meridianbogen aus Holz oder Metall versehen, der um die Polachse gedreht werden konnte. Dieser Bogen hatte innerhalb seiner Meridianebene eine gewisse Breite, so daß sein Schatten auf der Kugel sich nur dann zu einem schmalen Strich verengte, wenn seine Ebene in den Sonnenmeridian gedreht war, d. h. wenn dieser Schatten auf dem Äquator die wahre Zeit anzeigte.
Abbildung 250 zeigt eine Steinkugel aus dem Jahre 1732. Sie hat einen Durchmesser von 48 cm und trägt 24 um je 15° voneinander entfernte Stundenmeridiane. Die sehr

schwere Kugel steht in einem Garten und dient als Sonnenuhr. Da aber kein drehbarer Meridian vorhanden ist, müssen am Äquator die Tag- und Nachtgrenzen abgelesen und die Zeit wie oben ermittelt werden.
Die Zeitbestimmung durch eine Kugelsonnenuhr vereinfacht sich, wenn letztere durchsichtig ist und die Zeit durch den Schatten ihrer Polachse auf die Innenseite des Äquators abgelesen wird.
Die Armillarsphäre ist eine solche Kugel. Schon die alten Griechen machten für ihre astronomischen Beobachtungen und Berechnungen von ihr Gebrauch, und später entwickelte sich aus ihr durch stereographische Projektion das Astrolab.
Unter den Sonnenuhren erfreut sich die Armillarsphäre wegen ihrer Einfachheit, ihrer Genauigkeit und auch wegen ihrem dekorativen Wert besonderer Beliebtheit. Wo sie auf einer efeubewachsenen Steinsäule in einem Garten steht, erhöht sie dessen Reiz und verleiht ihm eine persönliche Note. Dabei ist ihre Herstellung aus einer Reihe von eisernen Reifen sehr einfach. Ein Meridiankreis, ein Horizont und ein Äquator werden sinngerecht zusammengefügt, genietet oder geschraubt. Die Pole werden durch einen Eisenstiel verbunden, der mit der Bodenebene einen Winkel von der Größe der Ortsbreite bildet. Die Innenseite des Äquators ist in Stunden zu je 15° geteilt, wobei die Mittagsstunde in der Meridianebene, also im tiefsten Punkt des Äquators liegt.

Tafel XXXIV Akustischer Mittagsweiser. Wenn die Sonne in die Meridianebene gelangt, entzünden die im Brennpunkt der Linse gesammelten Sonnenstrahlen das in der kleinen Kanone enthaltene Pulver. Die Linse ist täglich auf die Mittagssonnenhöhe einzustellen.

253 Die Armillarsphäre wirkt auch in der Großstadt dekorativ.

254 An der Kirche von Huldenberg bei Lüttich in Belgien stehen alle Stundenziffern der Sonnenuhr auf einer waagerechten Linie und machen die Uhr zu einer Art Stabuhr. Die darunter stehende Inschrift ist ein *Chronogramm:* die Buchstaben mit Zahlenwert sind rot geschrieben. Ihre Summe ist das Herstellungsjahr der Uhr, 1764.

255 Kupfervergoldete Becheruhr von Markus Purmann 1590. Dahinter Entwurf einer Becheruhr durch Georg Brentel 1615.

256 Armillarsphäre als Sonnenuhr und Meßinstrument. Wird die durch den Mittelpunkt des Instruments gehende Alidade auf die Sonne gerichtet, so gibt der am Nordpol drehende Kegel die Zeit an. Ein auf dem Horizontkreis dagegen gestellter Quadrant zeigt Sonnenhöhe und Azimut. Wird dann die Alidade in den Meridian gedreht, so zeigt sie dort die Sonnendeklination. Wird sie bis in den Horizontkreis gedreht, so zeigt sie dort die Auf- und Untergangspunkte der Sonne, während am Pol der Kegel die entsprechenden Zeiten angibt.

Diese Sonnenuhren sind besonders in Nordeuropa häufig, sie finden aber in jüngerer Zeit auch bei uns immer mehr Verbreitung. Bei Tagundnachtgleiche fällt der Schatten des oberen Äquatorbogens auf den der Sonne entgegengesetzten Teil und bedeckt ihn genau. Diese Beobachtung wurde früher in Italien zur Bestimmung des Osterdatums benützt, das bekanntlich auf den ersten Sonntag nach dem ersten Frühlingsvollmond fällt. An der Südwand einsam stehender Kirchen findet man dort noch heute hin und wieder einen schief befestigten Metallreifen, der genau in einer äquatorparallelen Ebene liegt. Wie oben gesehen, gab er durch sein Schattenspiel die Frühlingsnachtgleiche und damit die Grundlage für die Bestimmung des Osterdatums an. Solche Ringe tragen in Italien die Benennung *Armilla equinoziale*. In der Fachliteratur sind sie als *Hipparchsche Ringe* beschrieben.
Bisweilen, aber recht selten, wurden *stabförmige Sonnenuhren* hergestellt. Ein waagerechter Stab trug Kerben oder andere Zeichen in den Abständen der Stundenlinien einer nach Süden gerichteten Polaruhr. Wurden sie in die Ost-Westachse gelegt und mit entsprechend gestelltem Zeigerstab versehen, waren ihre Angaben die einer Polosuhr. Zum Schluß soll noch eine andere Sonnenuhr erwähnt werden, deren offenbarer Zweck es war, in einem Park oder einem Schloßgarten lustwandelnden Personen durch den Schußknall einer kleinen Kanone die Mittagszeit mitzuteilen (Tafel XXXIV). Diese Sonnenuhren waren nicht sehr selten. Ihre Verwendung erinnert an den noch vor wenigen Jahrzehnten in Seehäfen üblichen Brauch, den im Hafen liegenden Schiffen durch einen Kanonenschuß und das gleichzeitige Fallen einer Kugel an einem Signalmast die Greenwicher Zeit zu vermitteln.

Tafel XXXV Höhensonnenuhren in Reihen, aber für verschiedene Empfänger hergestellt, 1680–1690. Ihr Prinzip ist das der abgewickelten Zylinderuhr. Jede Uhr besteht aus vier Jahreszeitenuhren, von denen je zwei auf der Vorder- und Rückseite einer Platte eingraviert sind. Das Bild zeigt die Winterplatte (Hyems).

IX Von ungewöhnlichen Sonnen- und Sternuhren aus alter und neuerer Zeit

Tafel XXXVI Chinesische Pî-Scheibe. Jade. Möglicherweise eine geschickte Nachbildung. Privatsammlung. ▷

Im Laufe des zwei bis drei Jahrhunderte zurückliegenden goldenen Zeitalters der Gnomonik müssen sich regsame Geister zu Tausenden mit der Suche nach originellen Methoden der Zeitmessung durch die Sonne beschäftigt haben.
Aus fernster Vergangenheit wurde die Hohlkugelsonnenuhr als Gegenbild des Himmelsgewölbes aus der Vergessenheit gezogen – oder sollte sie vielleicht noch einmal erfunden worden sein (Abb. 242 und 257)? Die Spitze des Gnomons diente als Kugelzentrum und an die Stelle der ungleichen Temporalstunden waren gleichbleibende Stunden getreten.
Man baute zeigerlose zylindrische Sonnenuhren. Sie entstanden durch das Halbieren eines Hohlzylinders mittels einer durch seine Achse gehenden Ebene. Diese war erdachsparallel und die in der Schnittebene liegenden Zylindererzeugenden waren die Schattenwerfer. Vom Rande ab bildeten im Innern der Zylinderfläche je 30° voneinander entfernte Parallelen die Stundenlinien, die aber vom schattenwerfenden Rand gesehen nur 15°, d. i. einen Stundenweg der Sonne auseinanderlagen. Schattenwerfer war morgens die östliche und nachmittags die westliche Randlinie des Hohlzylinders. Der nach Süden offene Halbzylinder konnte begreiflicherweise nur die Stunden von 6 Uhr morgens bis 6 Uhr abends anzeigen, jedoch wurde gewöhnlich der gleiche Stein mit weiteren, nach Osten, Westen oder sogar nach Norden gerichteten Zylinderuhren ausgestattet, so daß die Zeit jeweils mindestens auf einer der Zylinderflächen abgelesen werden konnte (Abb. 258 u. 259).
Im Jahre 1646 ließ der damals in Rom lebende deutsche Jesuit *Athanasius Kircher* in dieser Stadt einen lateinisch geschriebenen schweren Foliowälzer von über 600 Seiten erscheinen, dessen Titel sich über mehrere Zeilen erstreckte und mit den Worten *Ars magna lucis et umbrae* begann. Eine zweite Auflage erfolgte 1671 in Amsterdam. In diesem Werk findet sich so ziemlich alles, was man damals über Gnomonik wissen konnte. Unter anderem wird eine Art feststehende, monumentale Zylinderuhr beschrieben, die wegen ihrer eigenartigen Gestaltung gleichzeitig zu den Höhen- und den Azimutuhren gezählt werden kann.

257 Monumentaluhr mit Skaphen im Hofe des Straßburger Museums (Rohanschloß). Abbildung 188 zeigt Einzelheiten der Tragsäule.

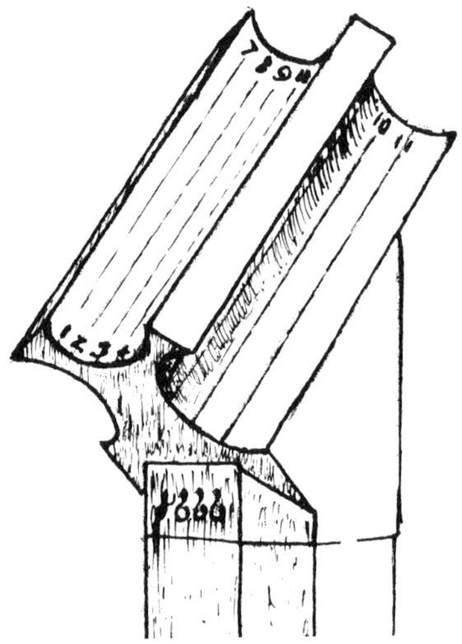

258 Hohlzylinderförmige Sonnenuhren.

259 Hohlzylinderförmige Sonnenuhren in Schloß Weickersheim (Schweiz).

260 Modell einer Filterhutsonnenuhr.

261 Die Verwitterung der Säule der Filterhutsonnenuhr von Lörchingen (Lothringen) läßt die Linien kaum noch erkennen. Die Abbildung zeigt eine Zeichnung.

Sie besteht aus einem ziemlich dicken, senkrecht gestellten Kreiszylinder, der an seinem oberen Ende von einer kreisrunden Platte von größerem Durchmesser konzentrisch gekrönt ist. Der Rand des Schattens dieser Platte auf der Zylinderfläche erinnert durch seine Form an eine Parabelkurve, deren Achse in der durch die Zylinderachse gestellten Sonnenvertikale liegt (Abb. 260). Der Scheitel dieser Kurve, also ihr höchster Punkt, sollte die Stunden anzeigen. Im Laufe des Tages behält die Kurve ihre allgemeine Form, jedoch wird sie um so flacher, je weiter sich die Sonne vom Meridian entfernt und tiefer sinkt.

In der Zeit zwischen Sonnenauf- und Untergang beschreibt nun dieser Scheitel eine Art Kettenlinie, also etwa das Bild eines in zwei Punkten unter der Deckplatte befestigten Kettchens, das wie eine Halskette um die Zylinderfläche hängt. Mit der Sonnendeklination ändert sich das Bild dieses Kettchens, es steigt und senkt sich, und kann, ähnlich wie die Tageskurven einer Wandsonnenuhr, ebenfalls für die Bestimmung des Datums verwendet werden.

Hinzu kommt, daß für eine gegebene Sonnendeklination der Kurvenscheitel in den verschiedenen Tagesstunden im Azimut der Sonne steht, so daß die Stundenlinien gezogen werden können.

Theoretisch gesehen wäre diese Sonnenuhr ganz einwandfrei, wenn der maßgebliche Kurvenscheitel mit Genauigkeit erkennbar wäre. Kircher gedachte dies dadurch zu ermöglichen, daß er rund um die Schattenplatte sehr nahe aneinander tiefe senkrechte Sägeeinschnitte anzubringen empfahl. Das Sonnenlicht würde nur durch diejenigen Einschnitte bis zur Uhrenfläche dringen, die genau in der Sonnenrichtung standen; der Scheitelpunkt der Schattenkurve würde

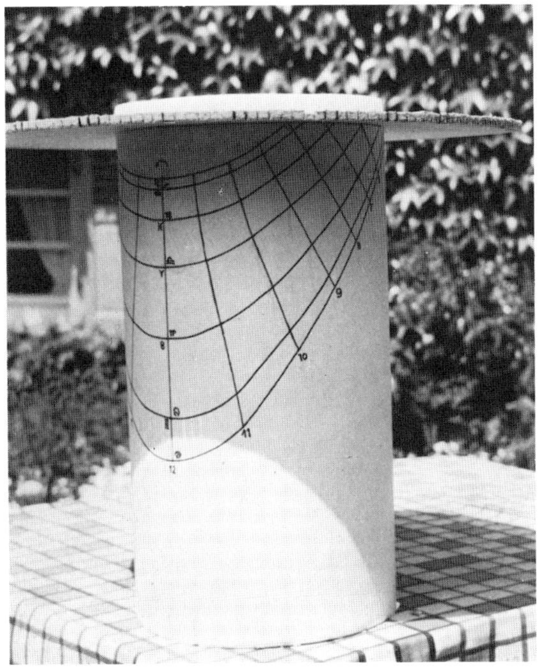

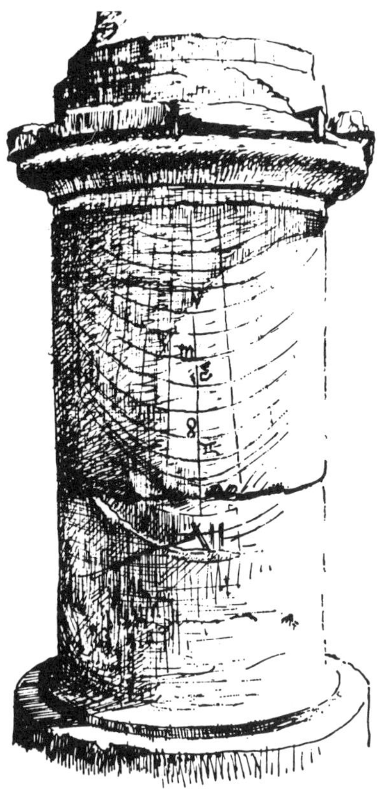

dann einen kleinen hellen Einschnitt zeigen (Abb. 260). Kircher, der den schattenwerfenden Plattenrand als Hutrand betrachtete, gab deshalb den Uhren einen lateinischen Namen, dessen deutsche Übersetzung etwa *Filterhutsonnenuhren* lautet. Seine Lösung war gewiß klug, jedoch nicht fehlerlos, denn die Einschnitte können sich nicht kontinuierlich in jedem Punkte rund um den Hutrand befinden, und zwischen je zwei Einschnitten verblieb stets eine wenn auch minimale Lücke; sie paßte also nicht in das Konzept einer Zeit, wo an sich fast niemand an der genauen Kenntnis der Tagesstunde ein besonderes Interesse hatte, wo aber, als eine Art von Paradoxon, gerade die genaue Ermittlung dieser Kenntnis einer Menge von Leuten als Vorwand diente, sich mit Leidenschaft dem Spiel mit der Geometrie hinzugeben.

Die Filterhutsonnenuhren gerieten bald in Vergessenheit, doch haben zwei besonders gut erhaltene Exemplare die Jahrhunderte überlebt. Die eine Uhr befindet sich im Hofe einer Mittelschule (Collège d'Enseignement supérieur in Lörchingen = *Lorquin)* in Lothringen, die andere in einem Gärtchen der rue du Griffon in Zabern im Elsaß.[86] Die erste stammt aus einem zerstörten Schloß, die andere aus einem gleichfalls zerstörten Zaberner Kloster. Beide wurden einst in dem früheren, während der Französischen Revolution ebenfalls zerstörten Kloster Neuburg bei Hagenau (Elsaß) hergestellt, aus dem noch eine gewisse Anzahl weiterer monumentaler Sonnenuhren erhalten sind (Abb. 261 u. 262).

Man darf annehmen, daß die Laufbahn der Filterhutsonnenuhren vielleicht etwas weniger klanglos ausgegangen wäre, hätte Kircher von einem Werk des Arabers *Abul Hassan al Marrakushi* aus dem Jahre 1272 Kennt-

262 Die Schattenwerfer der Filterhutsonnenuhr in Zabern (Saverne) wurden vor etwa 100 Jahren erneuert. Man beachte die hutrandförmige Schattenplatte rund um die Säule und vergleiche mit Abbildung 260.

263 Sternuhr oder Nokturlab.

Wenn nun der Beobachter den Ring mit dem Gnomon und dem Faden um die Zylindersäule drehte, bis der Schatten des Fadens genau auf dem der Gnomonspitze lag, dann mußte die Spitze in der Azimutrichtung der Sonne stehen und ihr Schatten, und zwar diesmal genau, auf der Zylinderfläche den Punkt anzeigen, der bei Kircher der Kurvenscheitel war und die Zeit bestimmte.
Eine noch einfachere Lösung hätte darin bestanden, den Gnomon Abul Hassans durch eine senkrecht und radial gestellte Metalllamelle zu ersetzen, die wie oben mit dem Ring um den Zylinder gedreht wurde, bis ihr Schatten zu einem senkrechten Strich zusammengeschrumpft war, wie dies mit dem drehbaren Meridian der Kugelsonnenuhren geschah (S. 154).

Die Seeleute gehören zu den wenigen Menschen, die auch früher schon auf genauere Zeitangaben angewiesen waren. Wegen des stetigen Ortswechsel kamen jedoch auf See für sie nur der Sonnenring (S. 152) und das allgemeine Uhrtäfelchen (S. 142) in Frage. Ersterer war überall, das Uhrtäfelchen fast überall brauchbar. Man brauchte auf See die Zeit aber auch des Nachts . . .
Doch stehen ja am Himmel neben der Sonne noch weitere Uhrwerke zur Verfügung. So ist es den Menschen schon früh aufgefallen, daß sich die Sterne um den Polarstern zu drehen scheinen, der ganz in der Nähe des eigentlichen Drehpols liegt. Dies wird besonders deutlich, wenn z. B. die gut erkennbaren Sternbilder des Großen Bären oder der Kassiopeia betrachtet werden. Vor allem bilden die Sterne α und β des Großen Bären eine Art Zeiger, der sich wie der Zeiger einer riesigen Uhr täglich einmal um den Polarstern dreht (Es sei daran erinnert, daß diese Umdrehung in Wirklichkeit aber nur

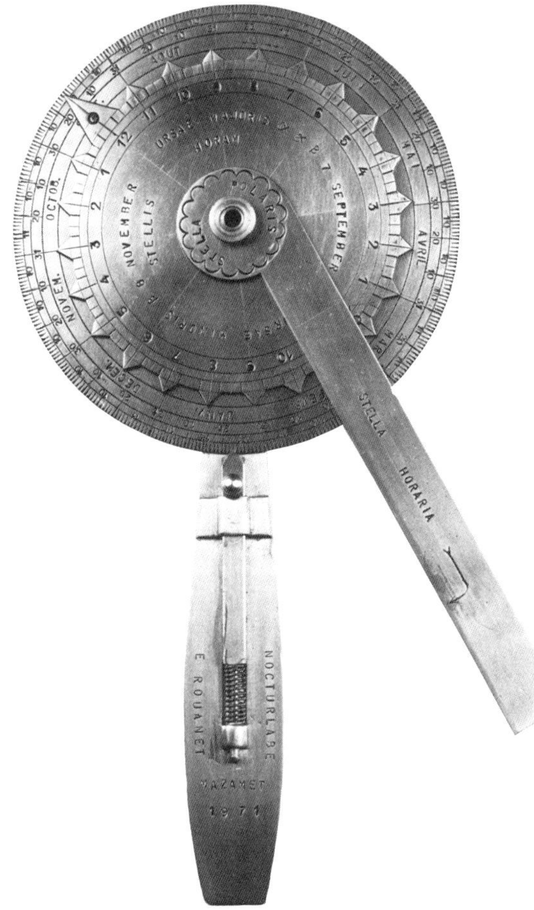

23 Stunden und 56 Minuten dauert.) (S. 38).
Auf dieser Erkenntnis beruhte seit dem 15. Jahrhundert der Gebrauch der sogenannten *Sternuhr,* auch *Nokturlabium* genannt, die sich ebensogut auf schwankenden Schiffen wie auf festem Boden verwenden ließ, in beiden Fällen allerdings mit ziemlich bescheidener Genauigkeit (Abb. 263).
Diese Sternuhr besteht aus mehreren Scheiben, deren erste am Rand im umgekehrten Uhrzeigersinn mit einem Jahreskalender versehen ist. Sie wird von einem Handgriff getragen, auf dem sie um eine hohle Achse gedreht, für ein bestimmtes Datum jedoch

nis gehabt, in dem u. a. von solchen Sonnenuhren die Rede ist. Aber an der Stelle des ringförmigen Schattenwerfers der Kircherschen Uhren spricht Abul Hassan von einem schmalen, um den Zylinder gelegten und drehbaren Ring, der einen waagerechten, leicht zugespitzten radialen Gnomon trägt, dessen Länge genau die Breite des Kircherschen Hutrandes besitzt. Dieser Gnomon trug auf seiner halben Länge einen Lotfaden.

264 Das *Hsüan-Chi,* ein Beobachtungsinstrument aus der chinesischen Antike.

265 Ein *Pi* genanntes Instrument aus der chinesischen Antike.

durch einen Federzahn festgehalten werden kann. Eine zweite Scheibe dreht sich um die gleiche Achse. Sie ist in 2mal 12 Stunden geteilt und entsprechend beziffert. Jede Stunde ist durch eine gut ertastbare Zacke gekennzeichnet, wobei die Zacke für Null Uhr etwas größer ist, so daß die Stunden auch in der Nacht erkennbar sind. Ein letzter, ebenfalls um die gleiche Achse drehbarer Bestandteil ist ein über die Scheiben hinausreichender Zeiger, dessen Ableserand durch den Mittelpunkt der Scheiben geht.

Mit dieser Nachtuhr können auf der nördlichen Halbkugel alle Zirkumpolarsterne für die Zeitbestimmung benützt werden. Für den in Frage kommenden Stern wird zunächst das Datum bestimmt, an dem er mit der Sonne die gleiche Rektaszension hat. Für die genannten Sterne des Großen Bären ist dieser Tag der 7. September. Die Datumscheibe wird dann auf dem Handgriff so gedreht, daß dieser Tag bei senkrecht gehaltenem Instrument, und dies ist beim Gebrauch der Fall, auf dessen Symmetrieachse, d. h. im Meridian, steht. An dem eingestellten Datum haben dann die Sonne und der gewählte Stern den gleichen Stundenwinkel. Die Sonne hat sich aber täglich um etwa 1° von diesem Stern entfernt; ihr Stundenwinkel hat sich vergrößert und sie steht jetzt im Meridian des auf der Scheibe ebenfalls vermerkten Beobachtungstags. Nunmehr wird die gezackte Stundenscheibe gedreht und die große Null-Uhr-Zacke auf diesen Tag gesetzt. Jetzt wird der Polarstern durch die hohle Achse anvisiert und gleichzeitig der Außenzeiger auf den oder die gewählten Sterne gestellt. Er zeigt dann auf der Zackenscheide die nächtliche Stunde an.

Es gibt vereinfachte Sternuhren, die nur für ein und denselben Stern eingerichtet sind

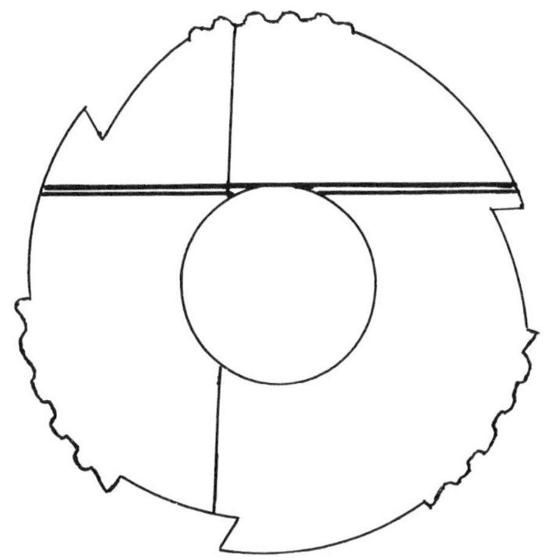

und solchermaßen eine Einstellung weniger benötigen.

Die Sternuhr findet erstmals im 16. Jahrhundert bei Peter Apian[2] Erwähnung. Ihr Prinzip muß aber schon in Urzeiten bekannt gewesen sein. Eingeborene Seeleute im pazifischen Raum wissen die Jahreszeiten hindurch aus bloßem Gedächtnis aus der Kreisbewegung der Zirkumpolarsterne die Nachtzeit zu erkennen.

Vor nur wenigen Jahrzehnten fand man mitunter in Altertumsläden chinesischer

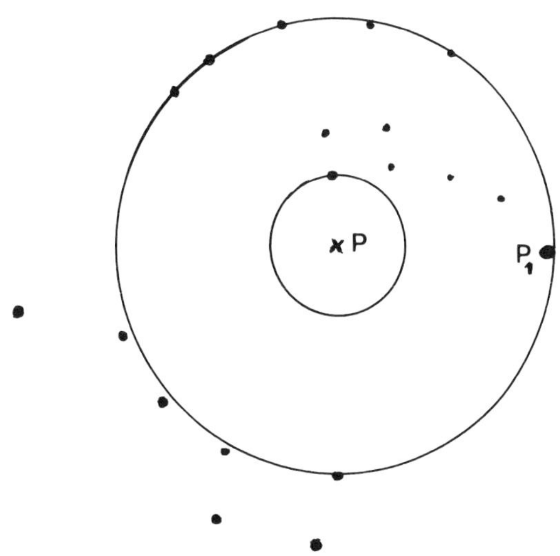

Städte zum Verkauf angebotene sonderbare Jadescheiben, deren Außenrand unregelmäßig geschnitten und deren Mitte von einem runden Loch durchbrochen war. Ihr Durchmesser betrug etwa 10 cm und sie waren kaum dicker als ein Bleistift. Seit Jahrhunderten betrachtete man sie selbst in ihrem Ursprungslande als anmutige Nippsachen, bis vor nicht sehr langer Zeit dem belgischen Gelehrten Henri Michel[59] der Nachweis gelang, daß es sich in Wirklichkeit um astronomische Instrumente handelte, die mit unserer Nachtuhr in entfernter Verwandtschaft stehen, geschichtlich aber um viele Jahrhunderte älter sind (Abb. 264 u. 265).

Einige tragen den Namen *Hsüan-Chi* und dienten zur Bestimmung gewisser Daten des Jahresablaufs und zwar durch die Beobachtung, wie bei unserer Sternuhr, der Stellung des Nachtgleichenkolurs im Bezug auf die Sonne, deren Ort sich als dem Vollmond gegenüberstehend ermitteln ließ. Andere wurden *Pi* genannt und für die Bestimmung des Himmelspols gebraucht, der sich vor einigen tausend Jahren nicht wie heute in der Nähe des Polarsterns befand.

Nachdem, wie mehrfach erwähnt, die Möglichkeiten der Gnomonik Jahrhunderte hindurch immer wieder durchforscht und ausgebaut worden waren, erschienen zu Anfang unseres Jahrhunderts die Aussichten auf weitere Neuerungen gering.

Nun veröffentlichte aber im Jahre 1923 der deutsche Mathematiker H. Michnik die Theorie einer ganz neuen Art von Sonnenuhren.[66] Der gleiche Michnik hat s. Z. im deutschen Raum auch die Kenntnis der Sternzeitsonnenuhren weiteren Kreisen zugänglich gemacht.[67]

Michnik schlägt vor, über dem Zifferblatt einer Horizontaluhr zwei waagerechte Fä-

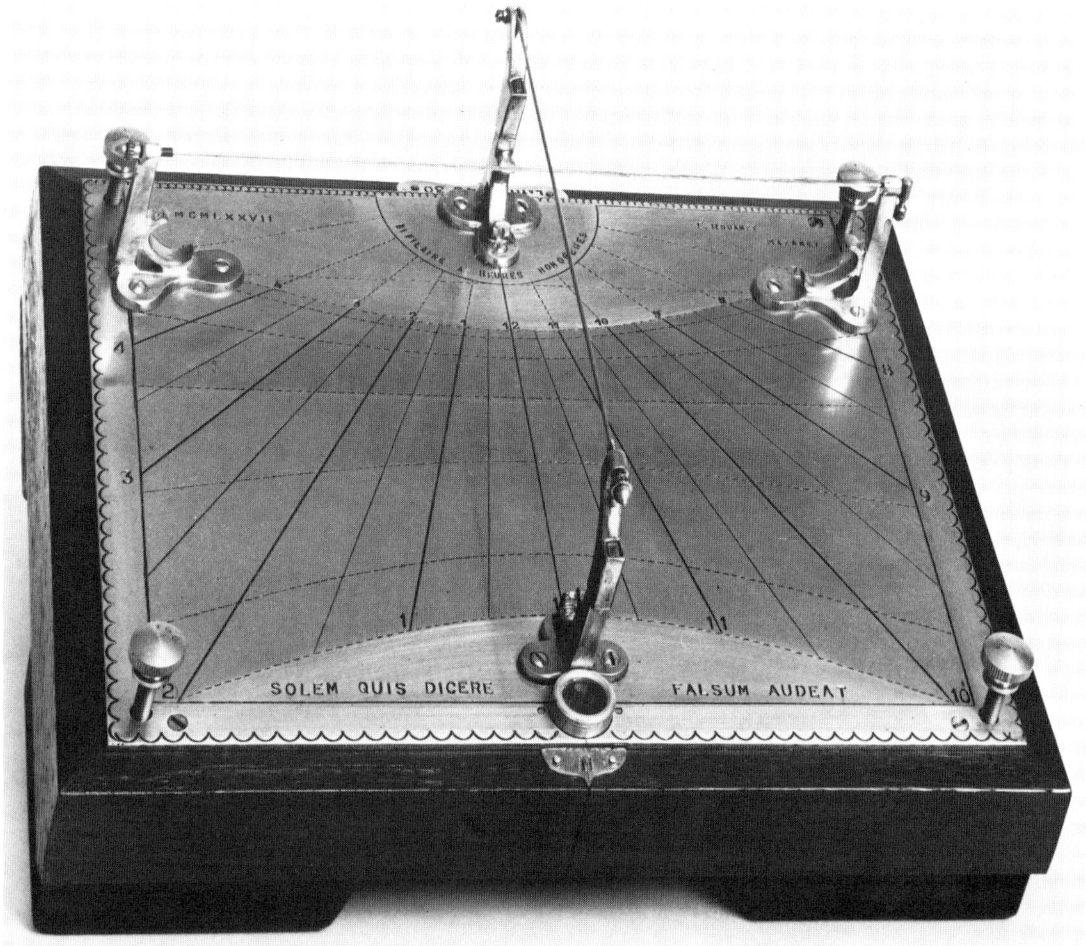

266 Michniks *Bifilarsonnenuhr* (Zweifadensonnenuhr). Die Indikationen geschehen durch den Schnittpunkt der Schattenlinien der beiden Fäden.

den zu spannen, von denen der eine in einer Höhe *h* über dem Zifferblatt genau von Osten nach Westen, der zweite in einer Höhe *h'* rechtwinklig zu diesem gerichtet sein soll (Abb. 266). Michnik nennt seine Uhr *Bifilaruhr* (= Zweifadenuhr) und beweist, daß der Schnittpunkt der Schattenlinien der beiden Fäden auf einer normalen, für den erdachsparallelen Polos konstruierten Horizontaluhr die richtigen Stunden anzeigt, wenn sie für eine Breite φ' berechnet ist und bei einer Standortbreite von φ die folgende Formel beachtet wird:

$$\sin\varphi' = \frac{h'}{h}\sin\varphi .$$

Die Mittagslinie des Zifferblatts ist unter den Nord-Südfaden zu legen und zwar so, daß ein dafür gedachter Poloszeiger durch den Ost-Westfaden geht. Michnik vervollständigte die Theorie der Uhr durch Beweise ihrer Verwendbarkeit für die Datenlinien, die italischen, babylonischen, temporalen und Sternzeitstundenlinien, schließlich sogar für die Bestimmung von Höhe und Azimut der Sonne.

Von besonderem Interesse ist die Möglichkeit, daß durch die Änderung des Verhältnisses $\frac{h'}{h}$ der Wert von φ' beliebig angenommen werden kann. Ist beispielsweise für $\varphi' = 90°$ angenommen, so wird dadurch die entstehende Uhr zu einer am Nordpol liegenden Horizontaluhr, mit anderen Worten zu einer Äquatorialuhr mit homogenen Stundenlinien. In diesem Falle wäre dann $h = h' \sin\varphi$.

Es sei daran erinnert, daß wir homogenen Stundenlinien schon auf der Foster-Lambert-Uhr (S. 124) begegnet sind. Im Gegensatz zur Bifilaruhr mußte dort aber der Schattenwerfer täglich versetzt werden. Eine Sonnenuhr, deren Winkel zwischen den Stundenlinien sich rund um das Zifferblatt gleich bleiben, eine Uhr also mit homogenen Stundenlinien, bietet den Vorteil, daß dieses Zifferblatt um das Uhrenzentrum gedreht werden kann und so die Zeitgleichung, die Korrektur der geographischen Länge des Standortes und, falls nötig, die Sommerzeitstunde beim Zeitablesen automatisch einbegriffen werden können. Diese Eigenschaft besteht also bei allen drei der genannten Uhrenarten: Äquatorial-, Foster-Lambert- und Bifilaruhr.

Wird schließlich letztere mit einem geeigneten Neigungssystem verbunden, so wird sie zur Universaluhr und kann durch zusätzliche Anbringung einer umgekehrten Stundenziffernreihe auch auf der südlichen Halbkugel dienen.

Nun hat im Jahr 1979 der holländische Mathematiker Th. J. de Vries[16] Berechnungen veröffentlicht, die abermals den Horizont der möglichen Forschungen um ein Bedeutendes erweitern. De Vries beweist unter anderem, daß man durch bestimmte hyperbolische Formgebungen des Ost-Westfa-

Tafel XXXVII Nokturlab (Sternuhr) mit Mondkalender. ▷

dens die Stundenlinien der Bifilaruhr parallel gestalten kann. Dem Liebhaber mathematischer Probleme eröffnet sich hier ein weites Feld . . .

Eine beispielhafte Anlage von acht großen Bifilaruhren mit italischen, babylonischen und Sternzeitstundenlinien wurde vor wenigen Jahren von Professor Lauri in den Außenanlagen des Technikums von Muttenz bei Basel eingerichtet. Dort befindet sich auch eine meisterhaft ausgeführte Foster-Lambertuhr und eine elektronisch gesteuerte, aus zwei großen Rundtrögen bestehende hydraulische Mondphasenuhr. In der letzteren ist das jeweilige Bild der Mondphasen in der Form des Konturs einer Wasseroberfläche angezeigt.

Eine weitere Neuerung der letzten Jahre besteht in der von dem Engländer J. G. Freeman erfundenen und beschriebenen, tragbaren, aber von der geographischen Breite gänzlich unabhängigen Sonnenuhr, deren Konstruktion besondere Kenntnisse voraussetzt, und die in der Hauptsache wohl nur als eine – allerdings hervorragende – mathematische Spielerei zu betrachten ist.[23] Hier sei auf die von Freeman veröffentlichte Studie verwiesen, gleichzeitig dennoch als Kuriosum die analytische Gleichung des schattenwerfenden Zeigerrandes der Uhr angegeben. Sie ist

$$x^{\frac{2}{3}} + y^{\frac{2}{3}} = h^{\frac{2}{3}}$$

wo h eine Konstante bedeutet. Es handelt sich trotz der Exponentenbrüche um eine bekannte Kurve (Astroide, Sternkurve).

Der stets wiederkehrende Wunsch einer automatischen Korrektur der Zeitgleichung hat in den letzten Jahrzehnten zu Konstruktionen geführt, die durchweg von einer materiellen Darstellung der Achterschleife (S. 100) ausgehen.

267 Schematisierte Armillarsphäre als Sonnenuhr. Der Meridiankreis kann für die Ortsbreite, der Äquatorkreis für die Längenkorrektion und die Sommerzeit eingestellt werden. Die Profile der beiden für zunehmende bzw. für abnehmende Deklination gefertigten Drehkörper zeigen je einen Zweig der Achterschleife (S. 100). Die auf dem Äquatorkreis von der Vorderseite des wandernden Schattens angezeigte Zeit ist schließlich die mit der Zeitgleichung verbesserte, d. h. die öffentliche Uhrzeit. Alle sechs Monate ist der andere Drehkörper einzusetzen.

Bei einem solchen Versuch[79] wurde die Erdachse einer Armillarsphäre (Abb. 267) durch einen gedrehten Körper geführt, der dem Durchmesser des Äquatorkreises angepaßt ist und dessen Außenprofil im richtigen Maßstab den auf- oder absteigenden Teil der Achterschleife darstellt. Es mußte also für jede der beiden Kurvenhälften ein solcher Drehkörper vorhanden sein und abwechselnd an den Sonnwendtagen auf die Polachse gesetzt werden. Die Innenfläche des Äquatorreifens trägt einen in Stunden und Minuten geteilten Kreis, der genau in der Äquatorebene liegt. Die Höhe der beiden Drehkörper über der Ebene dieses Kreises ist so berechnet, daß sie von einem seiner Punkte unter einem Winkel von 23° 27′ gesehen wird, wobei der Punkt der Tagundnachtgleiche in der Äquatorebene liegen muß.

Bei der Einstellung des Äquatorreifens in seinem Lager wird dem im Drehkörper enthaltenen Nullwert der Zeitgleichung Rechnung getragen, jedoch kann darüber hinaus der Reifen um die geographische Längenkorrektur, und, wo es nötig ist, um die Sommerzeitstunde verschoben werden. Natürlich ist auch der Meridiankreis als Träger der gesamten Einrichtung für andere Breiten verschiebbar. Die gesetzliche Landeszeit wird dann ohne jede Korrektur auf der Äquatorlinie an derjenigen Schattengrenze abgelesen, die die Vorderseite des wandernden Schattens bildet. Wird eine solche Uhr in einen kompletten Meridiankreis gebaut, so ist sie auf der ganzen Erde brauchbar.

Ein geringer Nachteil der Armillaruhr stellt sich in der Zeit der Tagundnachtgleiche ein, wenn der Schatten des oberen Teils des Äquatorkreises den unteren Teil ganz deckt und die Lektüre unmöglich scheint. Es genügt aber dann, die offene Hand hinter den Äquatorreifen zu halten und den darauf erscheinenden Schatten der Polachse zu betrachten.

Dieser Nachteil ist durch eine besondere, von dem Experten Martin Bernhardt aus

268 Die von Ingenieur Bernhardt in Bietigheim entwickelte Sonnenuhr arbeitet ähnlich, vermeidet aber die Nachteile der Äquatorialuhren in den Zeiten der Tagundnachtgleiche.

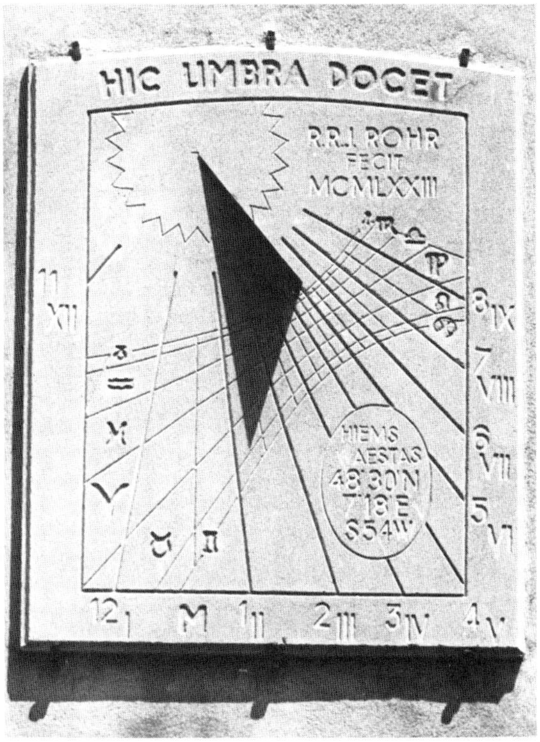

269 Die Worte *Hiems* und *Aestas* (Winter und Sommer) stehen auf dieser Sonnenuhr in der gleichen Stellung zueinander wie die arabischen und römischen Ziffern, die jeweils die normale und die Sommerzeit anzeigen.

270 Auf der kürzlich in London anläßlich des 25jährigen Jubiläums der Königin errichteten Äquatorialuhr ist die Zeitgleichungskorrektur in den Stundenlinien enthalten. Der Indikationspunkt ist der Lichtpunkt zwischen zwei Schattenspitzen, den Schwanzenden zweier Delphine. Ähnlich wie in Abbildung 267 ist jeweils nach sechs Monaten das Zifferblatt zu wechseln.

Bietigheim entwickelten Formgebung des Zifferblatts ausgeschaltet (Abb. 268). Der besonderen Stabilität dieser Uhren und ihrer Präzision verdanken sie eine gewisse Verbreitung in den öffentlichen Anlagen deutscher Städte.

X Die Sonnenuhren des Islam

Tafel XXXVIII Oben: Das Bild der Astrolabseite eines türkischen Gebetsquadranten in natürlicher Größe. Die roten Almukantarat- und Azimutlinien sind von größter Feinheit und auch auf dem Instrument kaum sichtbar. Die in ihrem Netz erkennbaren nicht astrolabischen Linien sind Gebetskurven. ▷

Unten: Die Rückseite des Instruments zeigt den sogenannten Sinusquadranten der Araber, einen genial einfachen Abakus, auf dem unter Zuhilfenahme von Kreisen und in Sechzigsteln ausgedrückten trigonometrischen Funktionen – auch der nicht mehr gebräuchliche *sinus versus* kann abgelesen werden – die geläufigsten trigonometrischen Berechnungen ausgeführt werden können.[87] ▷

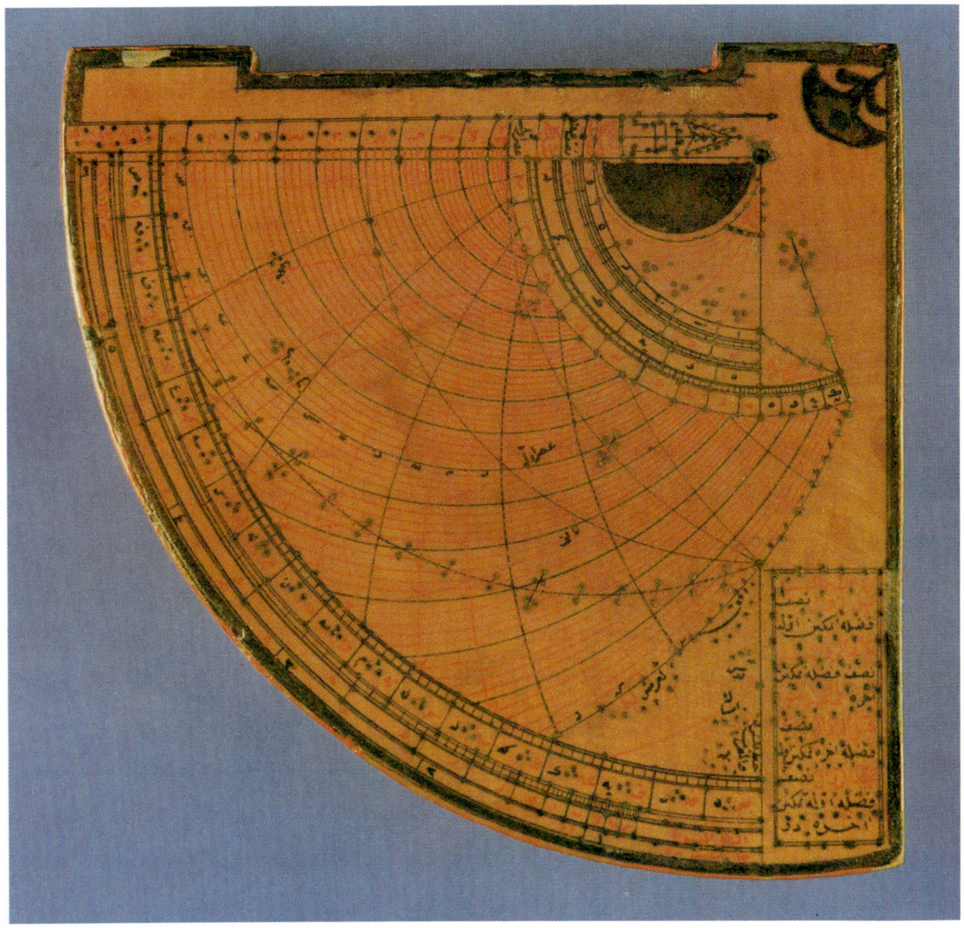

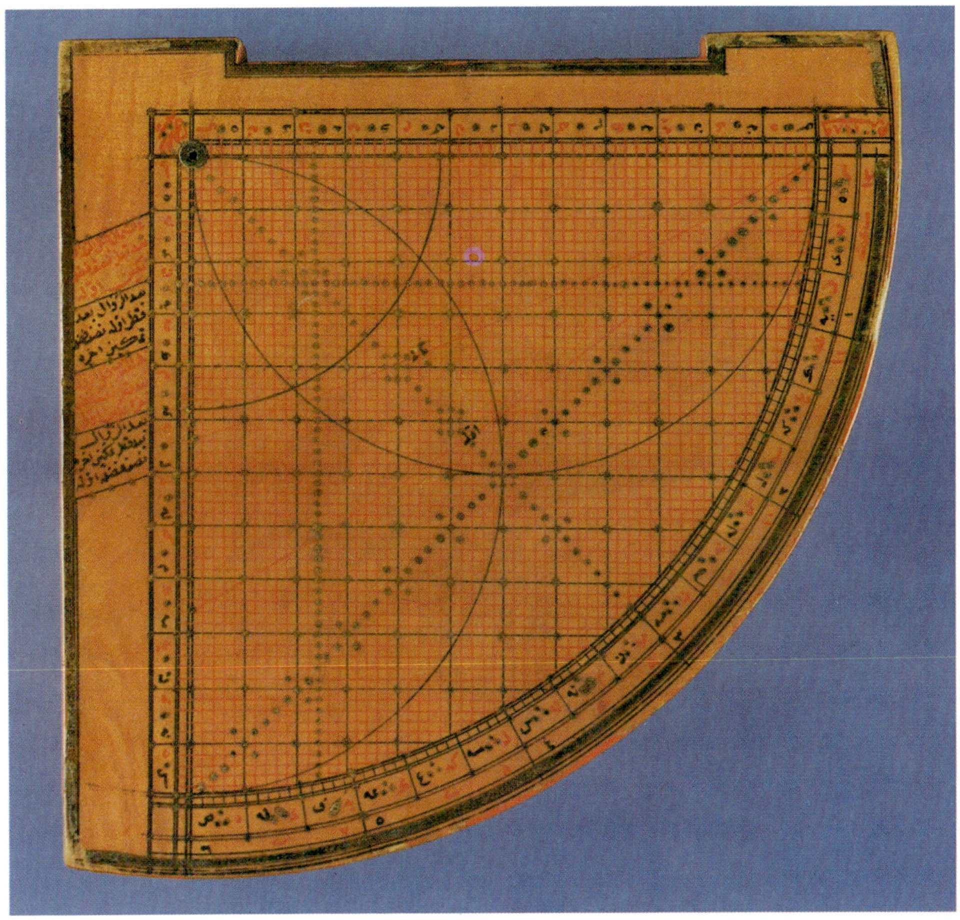

271 Die von dem französischen Wissenschaftler Marcel 1798 am Fuße der *Ibn-Tulun-Moschee* in Kairo gefundenen, dann verschwundenen und seither vermißten Bruchstücke einer arabischen Horizontaluhr.

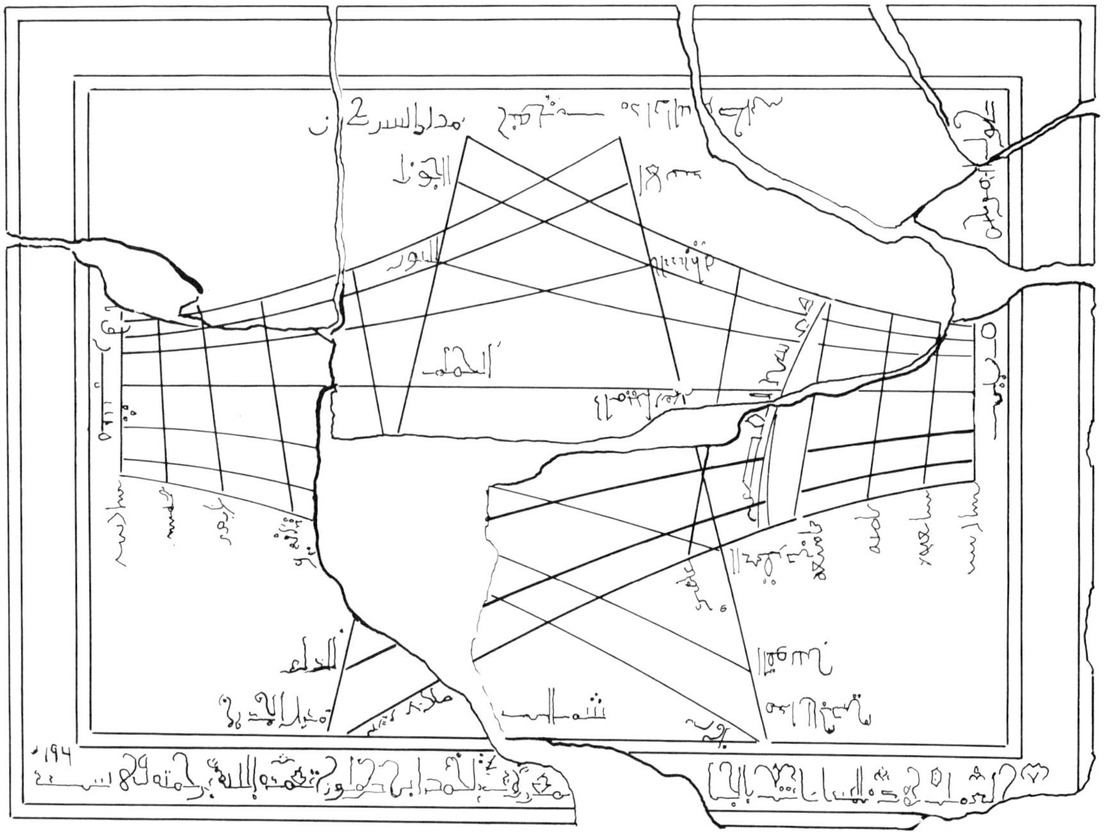

In weiten Kreisen des Abendlandes ist die arabische Wissenschaftsgeschichte nur wenig bekannt. Politische Umstände und sprachliche Schwierigkeiten sind nur einige der Ursachen, warum ihre gründliche Erforschung erst vor wenigen Jahrzehnten ernstlich in Angriff genommen wurde. Und doch ist es seit Jahrhunderten weithin kein Geheimnis mehr gewesen, daß schon in der Zeit der Kreuzzüge und das ganze spätere Mittelalter hindurch die arabische Wissenschaft insbesondere auf den Gebieten der Astronomie und der Mathematik die Kenntnisse des christlichen Abendlandes himmelhoch überragt hat.

Der französische Gelehrte Marcel, der 1798 als Mitglied eines wissenschaftlichen Stabs das Heer Napoleons nach Ägypten begleitete, fand am Fuß einer Mauer der großen Ibn-Tulun-Moschee in Kairo eine mit Zeichnungen und Schriftzeichen bedeckte, aber zerbrochene Steinplatte, in der er eine Sonnenuhr erkannte. Da er sie nicht mitnehmen konnte, fertigte er davon eine Zeichnung an (Abb. 271), wofür er sich wohl am nächsten Morgen beglückwünschte, als er mit einigen Soldaten an die gleiche Stelle kam und feststellen mußte, daß die Uhr verschwunden war. Sie ist seither vermißt geblieben . . .

Man könnte sagen, daß sich an jenem Tag den abendländischen Gelehrten ein erster Einblick in die arabische Gnomonik eröffnete, aber auch ein Hinweis auf die ihr zugrunde liegenden Kenntnisse der Araber in der Blütezeit ihrer Geschichte gegeben wurde. Die Anfänge dieser Wissenschaft gehen auf eine kaum seßhafte Kultur zurück. Sie muß sich sprunghaft in Kontakten mit einer Vielzahl von Völkerschaften bereichert haben, zu denen es im Laufe einer erstaunlich bewegten Geschichte kam. Dazu gesellte sich noch der in der Weltgeschichte vielleicht einmalige Umstand, daß alle mit Gnomonik in Zusammenhang stehenden Wissensgebiete in den Sog eines besonderen Anreizes gerieten, der sich als eine Macht geradezu apokalyptischen Ausmaßes entfaltete. Dieser Anreiz war der Koran.

Einige Stellen dieses heiligen Buches fordern die Gläubigen auf, dreimal täglich mit dem Antlitz nach Mekka gerichtet bestimmte Gebete zu verrichten. Beim Studium des *Hadith,* einer Sammlung von Aussprüchen aus dem Munde des Propheten, die im Islam zusammen mit dem Koran Grundlage aller religiösen Vorschriften ist, entdeckten die Theologen motivierte Gründe, um die Anzahl dieser Gebete auf fünf zu erhöhen. Die Gesamtheit dieser Gebete und das Gebot sie einzuhalten, aber auch der ganze dazugehörige, bis ins einzelne vorgeschriebene Komplex von Handlungen und Formeln, wird *Salāt* genannt. Und hier wurden nun die Zeiträume, in denen die Gebete zu verrichten sind, mit Genauigkeit festgelegt. Es gab aber in der Zeit dieser Entwicklung als einzige, jedem Gläubigen zugängliche Möglichkeit, die Gebetszeiten einzuhalten, nur die tägliche Sonnenbewegung. Zwar widersprach ihre Beobachtung den Absichten des Propheten, der es peinlich vermieden hatte, ihre Hauptzeitpunkte, also Sonnenaufgang, Mittagskulmination und Sonnenuntergang auch nur zu nennen, da er nicht die Möglichkeit heraufbeschwören wollte, die neue Religion in einen Sonnenkult abgleiten zu lassen. Es war aber unvermeidlich, gerade

Tafel XXXIX Sonnenuhr an der Süd-West-Seite der Yavuz-Selim-Moschee in Istanbul. Der Schattenwerfer für normale Stunden ist verbogen. Der Gnomon für die italischen Stundenlinien steht auf der zweiten waagerechten Geraden von oben, der Zwölfuhr-, d. i. der Sonnenuntergangslinie. Die beiden zwischen den Wendekreishyperbeln sichtbaren Kurven sind die Gebetslinien für die Zeiten des ersten und zweiten »asr«, d. h. des Nachmittagsgebets.

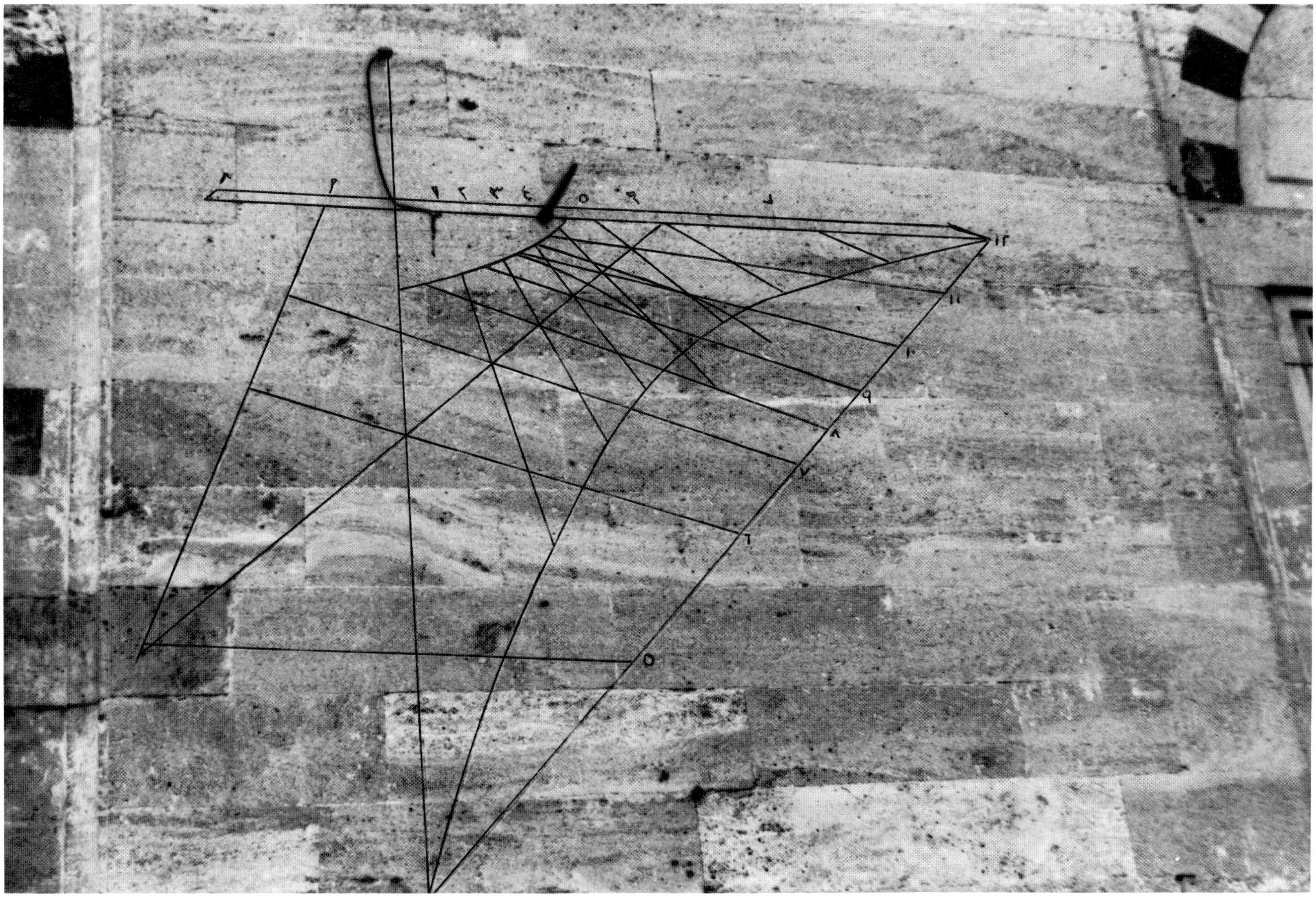

diese drei Zeitpunkte als einzige leicht und genau erkennbare für die Salātbestimmungen heranzuziehen. Ebenso unvermeidlich war, daß es dadurch alsbald zu einer sehr genauen Sonnenbeobachtung kam. Es ist mehr als nur wahrscheinlich, daß die überwältigenden Fortschritte der arabischen Mathematik und Astronomie und der Vorsprung, mit dem die Blüte ihrer Wissenschaft jahrhundertelang auf das Abendland herüberstrahlte, dieser rein religiös motivierten Beobachtung und wohl nur ihr allein zuzuschreiben sind. Man kann sich dem Eindruck nicht entziehen, daß die arabischen Gelehrten bei dieser Forschung das geheimnisvolle Empfinden verspürten, im Dienste Allahs tätig zu sein, und zweifellos müssen sie ihr mit Leidenschaft ergeben gewesen sein.

Je nach Ländern und Klima sind die Salātvorschriften leichten Varianten unterworfen, die von einigen wenigen großen koranischen Schulen, den *Medressen,* festgelegt wurden. Die hier folgenden Angaben stützen sich auf die am meisten verbreitete Version.

Im Islam beginnt der Kalendertag bei Sonnenuntergang. Es hat sich aber die Gewohnheit eingebürgert, die Reihe der täglichen Salātgebete mit dem *zuhr,* dem Mittagsgebet zu beginnen. Die Zeit dieses Gebets beginnt kurz nach dem Meridiandurchgang der Sonne und endet, wenn die Schattenlänge eines Gnomons die Summe seiner eigenen Länge und der Länge seines Mittagsschattens erreicht. Es beginnt dann die Zeit des *asr,* des Nachmittagsgebets, die mit dem Sonnenuntergang endet. Hier muß gesagt werden, daß entlegen lebende Gläubige wie Bauern oder wandernde Beduinen den Anfang der asr-Zeit auf den Zeitpunkt setzen, an dem die Länge ihres Schattens ihre Körpergröße erreicht, d. h. wenn die Sonnenhöhe auf etwa 45° gesunken ist. Es folgt das *maghrib*-Gebet bei Sonnenuntergang, das aber erst dann zu beten ist, wenn die ganze Sonnenscheibe unter dem Horizont verschwunden ist. Es endet, wenn die letzte Spur der Abenddämmerung in der Nacht verronnen ist. In diesem Augenblick beginnt die Zeit des Nachtgebets, *isa,* dessen Verrichtung spätestens mit dem Anfang der Morgendämmerung beendigt sein muß, und jetzt folgt das letzte, das *subh*- oder Morgengebet, dessen Zeit bis zum Sonnenaufgang dauert.

Der Sonnenuntergang aber, als Trennung zwischen zwei der wichtigsten Gebete, wurde zum Hauptanlaß dafür, daß in den Ländern des Islam fast alle religiös motivierten Sonnenuhren, das heißt bei weitem die große Mehrheit, die italische Stundenzählung, jedoch mit der zweimal Zwölfteilung des Tages mit Beginn bei Sonnenuntergang aufweisen. Ihr Schattenwerfer ist also ein rechtwinklig in der Mauer bzw. auf der Uhrenplatte stehender Gnomon. Nicht selten zeigen aber Sonnenuhren auch die astronomischen, im Abendland üblichen Stundenlinien, und tragen dann einen Poloszeiger, der aber ebenfalls ein Gnomon sein kann, dessen Spitze als Einzelpunkt eines fiktiven Poloszeigers durch seinen Schatten die Indikationen vermittelt. Wegen der Wichtigkeit des Sonnenuntergangs befinden sich diese Sonnenuhren fast stets auf der Südwestseite der Moscheen, so daß ihre Zeichnung sich von einer Uhr zur anderen nur in Einzelheiten unterscheidet.

Das Neuartige aber, das das abendländische Auge in ihrem Liniennetz entdeckt, besteht in den darin enthaltenen, ungewohnten und eigenartigen Gebetskurven, auf denen die Schattenspitze des Gnomons das ganze Jahr hindurch die wichtigsten kanonialen, d. i. die Gebetszeiten, vermittelt. Eine fast überall vorhandene Kurve betrifft das asr-Gebet. Sie durchläuft die Linienscharen von der einen Wendekreishyperbel zur anderen, und auf komplizierteren Sonnenuhren, wo ihr Vorhandensein der Klarheit des Uhrenbildes abträglich sein könnte, wird sie außerhalb der Uhr, aber unmittelbar daneben, mit einem zusätzlichen Gnomon dargestellt. Meistens besteht diese für das asr-Gebet bestimmte Nebenuhr aus mehreren, fast parallel zueinander laufenden Kurven, von denen die wichtigeren durch eine Verdoppelungslinie hervorgehoben sind.

Die Salāt-Gebete brauchen nämlich nicht schon in dem Augenblick verrichtet werden, wo ihre soeben geschilderten Zeiten beginnen. Es kann dies während des ganzen, ihnen zugeteilten Zeitraums geschehen, jedoch verliert ihr Verdienst an Bedeutung, je länger innerhalb dieser Zeitspanne mit der Verrichtung gewartet wird. Es wird deshalb auf diesen speziell für das asr-Gebet eingerichteten Nebenuhren, aber sehr oft auch auf den Hauptuhren, der Zeitraum dieses Gebets in gleiche Teile zerlegt, deren Zahl je nach der Moschee verschieden sein kann. An der Süleymaniye-Moschee in Istanbul besteht die etwas beschränkte Zeit des zuhr-Gebets aus 8 Teilen (Abb. 272), wobei die letzte Kurve als Endzeit des Gebets, aber auch weil sie zum Beginn des asr-Gebets ruft, verdoppelt, also unterstrichen ist. Und im Zeitraum des asr-Gebets wiederum dient eine sogenannte zweite asr-Kurve als Hinweis auf den unwiederbringlichen Ablauf der vorgeschriebenen Zeit auch dieses Gebets.

Häufig ist auf all diesen Sonnenuhren die Bezifferung der Stunden für den westlichen Beschauer zunächst unverständlich. In den

272 Die Sonnenuhr der *Süleymaniye-Moschee* in Istanbul. Der Poloszeiger für die obere Zeile fehlt. Der Schatten eines Gnomons gibt die italische, aber um 12 Stunden verringerte Zeit an. (Der Sonnenuntergang findet also um 12 Uhr und nicht um 24 Uhr statt.) Rechts eine zusätzliche Uhr mit eigenem Gnomon für die Zeiten der *zuhr*- und *asr*-Gebete. Wichtige Zeitpunkte haben verdoppelte Linien.

273 Die *Yeni-Cami-Moschee* an der Galatabrücke in Istanbul zeigt die *asr*-Kurve im Kurvennetz der gewöhnlichen und italischen Stundenlinien. Die Rundlinien am oberen Ende der Datumslinien enthielten die unleserlich gewordenen Tierkreisnamen. Die Inschrift des rechts unten sichtbaren Rahmens ist ebenfalls unleserlich – es handelte sich jedenfalls um die auf solchen Sonnenuhren übliche Widmung.

274 Die Sonnenuhr der *Ferruh-Kahya-Moschee* in Istanbul. Die durch die Mittagslinie und die Gnomonspitze gehende Vertikalebene zeigt die Richtung der *Kaaba*.

Vormittagsstunden kann sie umgekehrt sein, und das kommt auch bei den italischen Nachmittagsstunden vor (Abb. 273). Auf diesen Uhren werden also die noch restlichen Stunden bis Mittag bzw. bis Sonnenuntergang abgelesen. Für die Vormittagsstunden findet sich ein solches Beispiel an der kleinen Ferruh-Kahya-Moschee in Istanbul (Abb. 274), wo auf der für religiöse Zwecke angebrachten Sonnenuhr ein Poloszeiger astronomische Stunden angibt. Die dort vorhandene, wegen ihrer Wichtigkeit verdoppelte asr-Kurve, besitzt ihren eigenen Zeiger in der Form eines spitzen Gnomons, und dieser ist in der Weise angebracht, daß der Schatten seiner Spitze in dem Augenblick auf die senkrechte Mittagslinie fällt, wo die Sonne in der Richtung von Mekka steht. Diese Richtung, die sogenannte *Quiblah,* in die der Gläubige zur Gebetsverrichtung sein Antlitz wendet, ist auf vielen Horizontaluhren durch einen Strich kenntlich gemacht.

In einigen wenigen besonders wichtigen Moscheen sowie auch im früheren Serail von Konstantinopel und jetzigen Topkapi-Museum von Istanbul befinden sich hervorragend ausgeführte Horizontaluhren mit italischen, babylonischen und auch den uns geläufigen astronomischen Stundenlinien, die in einigen Fällen die herkömmliche Durchschnittsgröße überschreiten und auf einer einzigen Bildtafel gewissermaßen die ganze gnomonische Erfahrung der Völker des Islam ausbreiten. Hier mögen zwei besonders bemerkenswerte Sonnenuhren dieser Art erwähnt sein, die sich in Damaskus und in Kairuan befinden und zwar soll vor allem erstere ausgiebiger betrachtet sein.[85] Sie liegt in der genannten Stadt auf einen Steg gemauert zu Füßen des Minaretts der Omajjaden-Moschee und teilt in einer In-

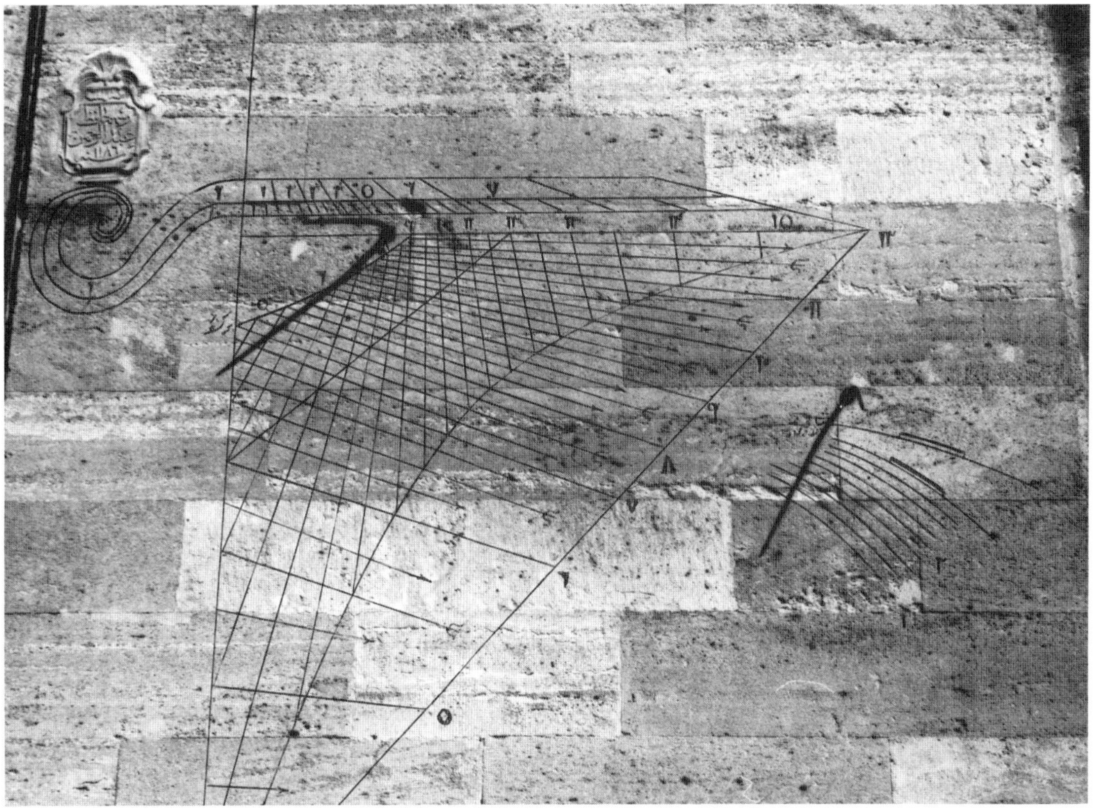

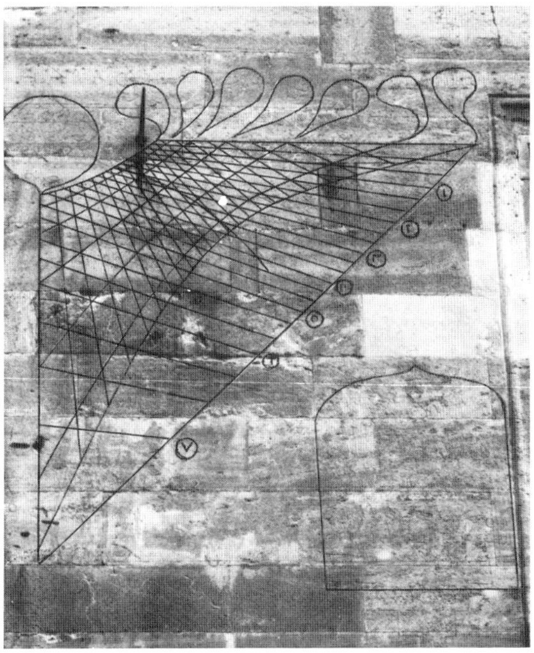

275 Die äußerst dekorative und künstlerisch ausgeglichene Sonnenuhr der *Mihrimah-Moschee* in Üsküdar/Istanbul. Man beachte die *asr*-Kurve.

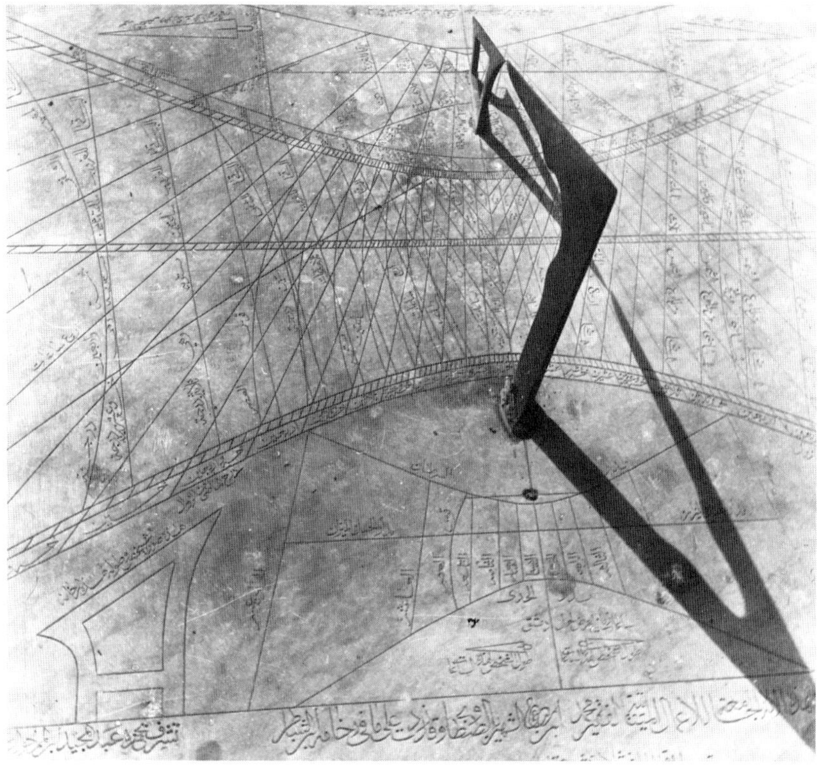

277 Teilaufnahme der Sonnenuhr in Abbildung 276. Man beachte die Schattenwerfer.

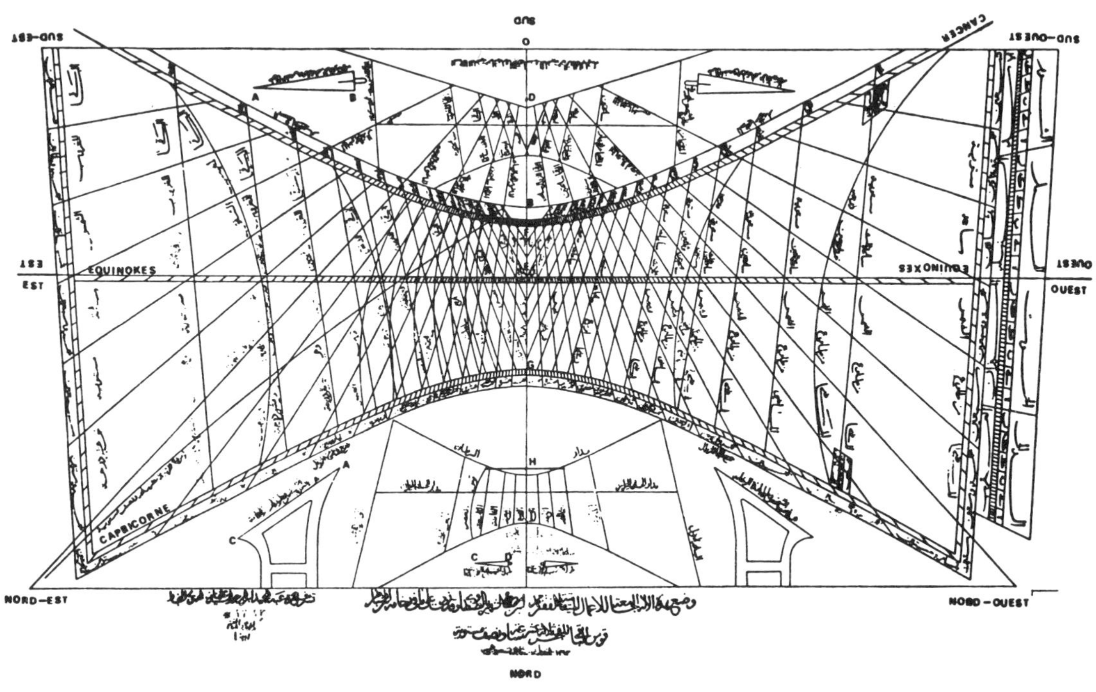

276 Die Horizontaluhr der *Omajjaden-Moschee* in Damaskus ist ein Meisterstück altarabischer Gnomonik. Die Abbildung zeigt die Photographie einer zwei Meter langen Zeichnung in natürlicher Größe.

schrift den Namen ihres Herstellers mit: *at-Tantawi, ägyptischer Astronom.* Dieser lebte von 1825 bis 1889, jedoch berichtet die Inschrift ferner: »Ich habe den auf der Sonnenuhr Ibn-ash-Shatir's schon vorhandenen Kurven eine weitere beigefügt« usw. Von einer oder zwei Kurven abgesehen ist diese Sonnenuhr nämlich die genaue Kopie einer anderen, heute zerbrochenen, deren drei große Bruchstücke im Nationalmuseum von Damaskus gezeigt werden, und auf denen der Name von Ibn-ash-Shatir und ein Datum zu lesen sind: 773 H (= 1372 n. Chr.). Der Zeiger der Sonnenuhr ist ein Polos, der aber aus zwei Teilen besteht (Abb. 276 u. 277). Die Enden dieser Teile bilden Schnabelspitzen, die als Schattenspitzen gedachter Gnomone für die Angaben der Linien und Kurven dienen, die keine

Tafel XL An der *Fatih Cami* (Cami = türk. Moschee) in Istanbul zeigt die Süd-West-Sonnenuhr viertelstündliche italische Stundenlinien von $4^h\ 30^m$ nachmittags bis zum Sonnenuntergang (12 Uhr). Die Gebetskurven haben eine separate Uhr, auf der der am Nachmittag an der Wand nach oben gleitende Schatten des Gnomons zuerst die acht Intervalle des zuhr-Gebets, dann die beiden verdoppelten Striche des ersten Intervalls für das asr-Gebet durchschneidet. Beide Gnomone sind verloren.

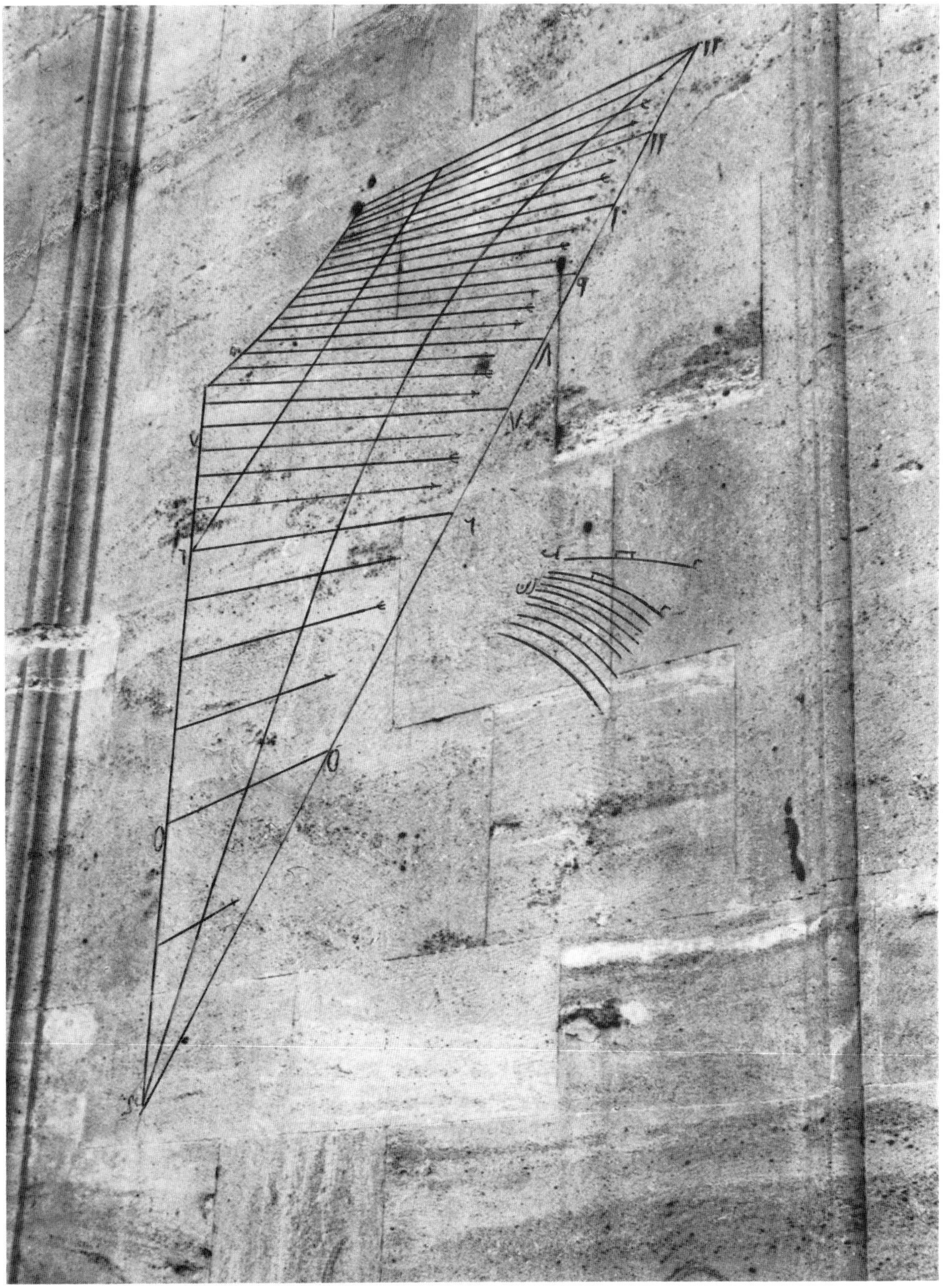

astronomischen Stundenlinien sind. Letztere bedecken das Zifferblatt in einem Umkreis von 180° mit je einer Stundenlinie für 20 Zeitminuten, und alle sind in Grad, also nicht in Stunden und Minuten beziffert.

Ibn-ash-Shatir hat auf der Tafel drei Sonnenuhren vereinigt und ihre Mittagslinien auf den gleichen Meridian gelegt. Die mittlere Uhr ist bei weitem die größte. Ihr Polos dient gleichzeitig für die südliche Uhr, während die nördliche früher mit einem Gnomon versehen war. Form und Größe dieses Gnomons sind beiderseits der südlichen Uhr abgebildet. Zeichnungen des Polos dieser letzteren befinden sich zweimal im Nordteil der Tafel. Der Brauch, ein für alle Male Form und Größe der Schattenwerfer durch Zeichnungen auf der Uhrenplatte festzuhalten, ist in den Ländern des Islam ziemlich allgemein.

Auf ihrer Westseite enthält die kleine südliche Uhr zwischen den normalen Stundenlinien auch die der seit dem Sonnenaufgang vergangenen Stunden, auf der Ostseite die noch restlichen Stunden bis zum Untergang. Die ersteren sind normal von 1 bis 5 beschriftet, während die letzteren rückwärts gezählt sind, also jeweils die Zahl der noch übrigen Tagesstunden anzeigen. Ganz unabhängig von den beiden Polosuhren gibt die kleine Norduhr die Temporalstunden für Damaskus an, zu denen im Ostteil zusätzlich noch die asr-Kurve kommt. Jede der drei Uhren trägt die Äquinoktiallinie und ist von den Wendekreishyperbeln begrenzt. Aus irgendeinem Grund sind auf der südlichen Uhr die beiden Hälften der Krebshyperbel durch Geraden dargestellt.

Ebenso wie die südliche Uhr trägt die große mittlere, die Hauptuhr, italische und babylonische Stunden, die ebenfalls in Grad beziffert und in Intervallen von 20 Zeitminuten gezeichnet sind. Genaue Gradteilungen gehen an den Wendekreisen und an der Äquinoktiallinie entlang und teilen jede dieser Kurven in Zeitspannen von je 4 Minuten. Die Gründe für dieses Streben nach erhöhter Genauigkeit werden noch erläutert.

Der Ostteil der Hauptuhr enthält eine Reihe von 7 nach außen konvexen Kurven, die sich von einem Wendekreis zum anderen erstrecken. Sie bestimmen die 6 Unterteilungen der Zeit für das zuhr-Gebet und die nach außen letzte meldet den Beginn der Zeit für das asr-Gebet an. An den Mauern der Moscheen sind wir oben ähnlichen Einrichtungen auf vertikalen Flächen begegnet (S. 172). Nun zieht aber eine andere Kurve quer über den ganzen Ostteil der Uhr, und hier stoßen wir nun auf ein prägnantes Beispiel der erstaunlichen Eleganz, mit der die Araber ihr wissenschaftliches Rüstzeug zu gebrauchen wußten.

Die Kurve beginnt beim Schnittpunkt der Sommersonnenwendhyperbel mit der normalen Stundenlinie für $1^h\ 30^m$ nachmittags und nähert sich in langgezogenem Bogen asymptotisch dem Ende der 4-Uhr-Stundenlinie, wo eine an ihr entlanglaufende Inschrift ihre Bedeutung erläutert: »Es bleiben 13 Stunden und 30 Minuten bis zum Beginn der Morgendämmerung« (Abb. 276).

Der Beginn der Morgendämmerung ist, wie oben gesagt, die Zeit, wo vom Minarett herab der Ruf zum subh-Gebet ergehen soll. Wie aber wird nun dieser Hinweis über die ganze Nacht hinweg eingehalten werden, da die Sonnenuhr mit Einbruch der Nacht keinerlei Angaben mehr machen wird, und dieser Beginn der Morgendämmerung einen Zeitpunkt bedeutet, wo die Nacht erst unmerklich enden soll, die Finsternis aber vorerst noch andauert? In Ibn ash-Shatirs Zeit gab es im Orient natürlich keine mechanischen Uhren. Es gab aber seit Jahrhunderten das Astrolab, das unbestrittene Juwel unter den Erzeugnissen des menschlichen Geistes im Mittelalter (Abb. 279). Die in der Dunkelheit verstummende Sonnenuhr wurde vom Astrolab abgelöst . . .

In dem Augenblick, in dem die Schattenspitze des Gnomons die besprochene Kurve erreichte, notierte der *Muwaqqit* – so hieß der mit der Bestimmung der Gebetszeiten beauftragte Angestellte der Moschee – die von der Sonnenuhr auf den Teilungen der Äquinoktiallinie und den Wendekreishyperbeln angegebene normale Zeit, und stellte dann die Rete des Astrolabs für den Tag und diese Stunde ein. Die Rete ist eine schematisierte Himmelskarte in stereographischer Projektion. Sie zeigte dem Muwaqqit nach ihrer Einstellung das in Wirklichkeit noch unsichtbare Bild des Sternenhimmels. Wenn er sie um 13 Stunden und 30 Minuten in der Richtung der Himmelsbewegung drehte, hatte er das Bild vor Augen, das ihm am nächsten Morgen beim Beginn der Zeit für das subh-Gebet das Firmament bieten mußte. Die Höhen der ihm bekannten Sterne konnte er dann auf der *Mater* des Astrolabs ablesen. Er wählte also einen im Westen oder Osten günstig gelegenen Stern, entnahm der Mater seine für den angegebenen Augenblick zu erwartende Höhe und stellte die auf der Rückseite des Astrolabs befindliche Alidade auf diese Höhe ein und – legte sich schlafen. Am frühen Morgen wartete er ab, bis sein Stern beim Auf- oder Absteigen in der Absehe der Alidade erschien, und rief dann die Gläubigen zum Gebet . . .

Der tägliche Übergang von der Sonnenuhr auf das Astrolabium erklärt die Zeitteilung der ersteren in Grad. Die soeben beschriebene Kurve spricht aber von Stunden und Minuten. Sie stammt nicht von Ibn-ash-Shatir, sondern ist das Werk des Ägypters at-Tantawi aus dem 19. Jahrhundert. Sie ist aber lediglich eine Vereinfachung des von Ibn-ash-Shatir fünf Jahrhunderte früher gebrauchten Verfahrens. Dieses bestand in zwei im Westteil der Uhr enthaltenen, nach innen gebauchten Kurven, deren Inschriften besagten, daß 45° bzw. 60°, d. h. 3 bzw. 4 Stunden seit dem Beginn der Morgendämmerung verstrichen waren. Der gesuchte Zeitpunkt war demnach hier *a posteriori* angegeben; der Muwaqqit mußte also im voraus die durch den Schnittpunkt der Kurve mit der Datumslinie bestimmte Tagesstunde feststellen und dann die datumsgerecht eingestellte Rete um 45° oder 60° zurückdrehen. Damit lieferte ihm das Astrolab genau wie im obigen Fall die Sternhöhen. Die Bestimmung der Datumslinie ist durch eine am Westrand der Uhr angebrachte Tierkreisskala erleichtert, deren äußere Teile wegen Platzmangel oben und unten auf die Enden der nächstgelegenen babylonischen Stundenlinie verschoben sind.

Im Ostteil der Uhr waren in symmetrischer Anordnung zwei andere Kurven mit dem Hinweis gezogen, daß noch 60° bzw. 45°, also 4 bzw. 3 Stunden bis zum isa-Gebet, d. h. dem am Ende der Abenddämmerung fälligen Nachtgebet vergehen würden. Wiederum wird es dann völlig schwarze Nacht sein. Und abermals wird hier beim Eintreffen der Schattenspitze auf der Kurve die Rete auf Tag und Stunde eingestellt und um 4 bzw. 3 Stunden – diesmal aber wieder nach vorn – gedreht und gibt dann die Sternhöhe beim Beginn der isa-Gebetszeit an.

Die große Horizontaluhr der Sidi-Okba-Moschee in Kairuan ist ähnlich eingerichtet, doch bestand der längst verschwundene Polos lediglich aus einer Schnur. Vier quadra-

278 Horizontaluhr im Hof des früheren Serails (jetzt Topkapi-Museum) in Istanbul.

279 Marokkanisches Astrolabium (s. Abb. unten Mitte).

280 Die horizontale Sonnenuhr der *Sidi-Okba-Moschee* in Kairuan (Tunesien) hat vier Gnomone, von denen zwei, ähnlich wie in Damaskus, die Zeit der Nachtgebete, einer die Zeit des *zuhr-* und einer die Zeit des *asr*-Gebets bestimmen. Obwohl um Jahrhunderte jünger als die Uhr der Omajjaden-Moschee (Abb. 276), besitzt sie nicht deren bemerkenswerte Präzision.

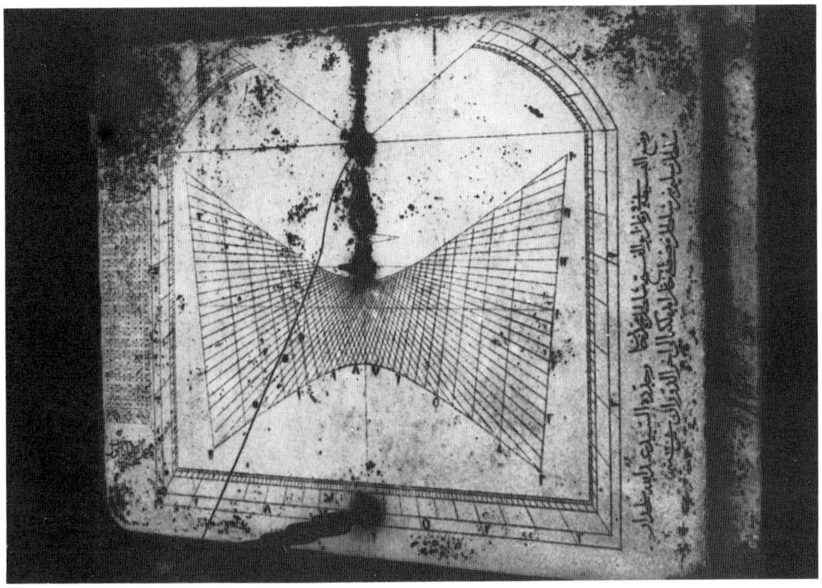

tisch aufgestellte Gnomone sind jeweils einer Kurve zugeteilt (Abb. 280), die die Zeiten des zuhr-, des asr- und der Nachtgebete betreffen. Auch hier war für letztere das Astrolabium unentbehrlich. Diese Sonnenuhr ist etwa 5 Jahrhunderte jünger als die Omajjadenuhr von Damaskus. Sie beruht auf den gleichen Grundlagen, steht ihr aber in einigem, insbesondere in der Ausführung, nach und enthält keinerlei Neuerung. Es scheint nicht, als ob auf diesem Gebiet in der Zeit nach Ibn-ash-Shatir solche in Erscheinung getreten wären.
Die Feststellung, daß in der Zeit Ibn-ash-Shatirs, also im 14. Jahrhundert, der Poloszeiger in Damaskus bekannt war und das christliche Abendland ihn erst gegen Ende des 15. Jahrhunderts kennenlernte, sollte ein für alle Male der stets wiederkehrenden Frage über den Ursprung dieses Zeigers bei uns ein Ende setzen. Allerdings erschien er in Mittel- und Westeuropa zu einer Zeit allgemeiner Erneuerung in Kunst und Wissenschaft, zu einer Zeit aber auch, in der die

Türken sich endgültig in Europa festgesetzt hatten. Es liegt jedoch auf der Hand, daß eine Sonnenuhr, wie die der Omajjaden-Moschee in Damaskus, niemals eine Improvisation sein konnte, sondern am Ende einer Entwicklung stand, und daß damit das Prinzip des Polos den arabischen Gelehrten lange vor 1372, dem Geburtsjahr dieser Uhr, bekannt gewesen sein muß. Es ist also wohl möglich und äußerst wahrscheinlich, daß uns der Polos aus dem Orient gebracht worden ist.

Wegen der besonderen Entwicklung des Astrolabs im Islam wären hier einige Ausführungen über dieses Instrument am Platz, da der damit verbundene Zweck ebenfalls in der Zeitbestimmung durch die Sonne, allerdings auch der Sterne, besteht. Wegen der Weitschweifigkeit des Themas sei hier jedoch auf das ausführliche Werk von Henri Michel[58] oder die einfachere Erklärung in einer Veröffentlichung des National Maritime Museums in Greenwich[68] verwiesen.

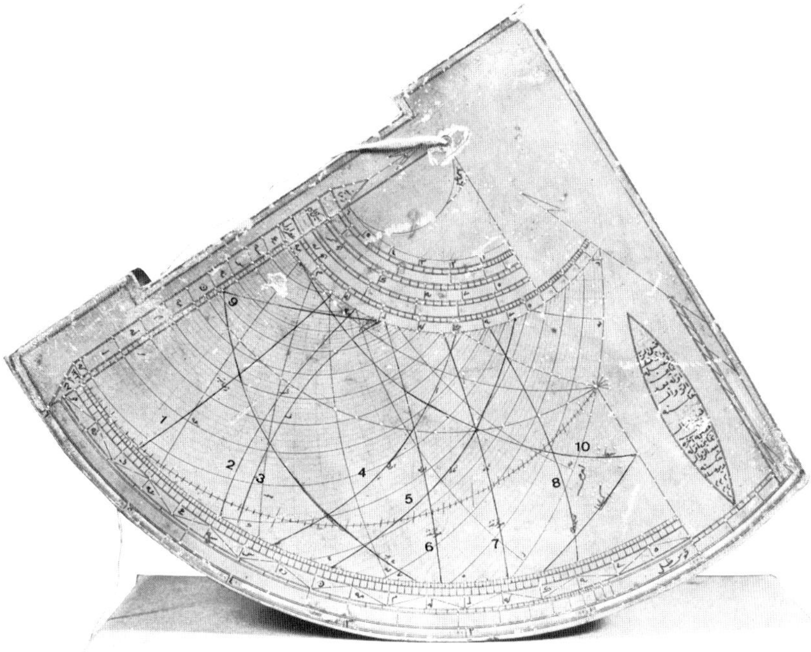

281 Vorderseite eines türkischen Gebetsquadranten. Größe 14x13x2 cm. Gelblackiertes Holz, schwarze und rote Zeichnung. Es handelt sich um einen Astrolabquadranten mit 10 Gebetslinien. Die selten gewordenen Instrumente waren noch vor wenigen Jahrzehnten in Gebrauch. Der Quadrant der Abbildung trägt die Jahreszahl 1330 H, d. i. 1912 n. Chr. Seine Linien sind für 41° nördlicher Breite (Konstantinopel) berechnet.

282 Die Rückseite des Quadranten von Abbildung 281. Sie zeigt den Sinusquadranten, der trigonometrische Tafeln ersetzt, jedoch auf der Basis des Sexagesimalsystems arbeitet. Die orientalischen Sinusquadranten sind stets mit besonderen Kreisbögen versehen, mit deren Hilfe einzelne trigonometrische Probleme mit verblüffender Einfachheit gelöst werden können. In der Abbildung sind zwei weitere Gebetslinien (*asr*-Gebet) sichtbar.

Ein Blick möge aber hier auf die im Islam hauptsächlich als Kultgegenstände gebrauchten stereographischen Quadranten geworfen sein. Diese Art Quadranten sind eigentlich doppelt zusammengefaltete Astrolabien, auf denen die Rete durch einen mit einer Perle versehenen Faden ersetzt ist. Sie waren auch im Abendland beliebt und verbreitet, doch sind sie in der Fachliteratur nur selten behandelt worden. Die auch im Islam in weitesten Kreisen unbekannten Gebetslinien der orientalischen Instrumente sind in einer Studie des Autors erklärt.[87] In den hier wiedergegebenen Abbildungen 281 und 282 der Vorder- und Rückseite eines türkischen Gebetsquadranten soll aber hier kurz ein Begriff von der Fertigkeit geboten werden, mit der im Islam die Möglichkeiten des Instrumentes ausgeschöpft worden sind. In beiden Abbildungen sind zur besseren Kenntnisnahme die Gebetskurven nachgezogen; auf der Vorderseite wurden sie aus dem gleichen Grund von 1 bis 10 numeriert. Es ergeben sich (Abb. 281) aus:

Kurve 1: Die Dauer der Temporalstunde für jeden Tag des Jahres.

Kurve 2 und 3: Die Dauer der Abend- und Morgendämmerung. Theoretisch sind beide von gleicher Dauer, jedoch wird im Kult des Islam die letztere etwas länger angesetzt.

Kurve 4 und 5: Die Sonnenhöhen beim Beginn der ersten und zweiten asr-Gebetszeit.

Kurve 6 und 7: Die gleichen Angaben in italischer Stundenzählung. Diese Kurven finden sich nur auf türkischen Instrumenten und sind auch dort recht selten.

Kurve 8: Die Zeit des Morgengebets.

Kurve 9: Die Zeiten für ein besonderes, an den beiden großen Festtagen des Islam vorgeschriebenes Gebet.

Kurve 10: Die Zeit des täglichen Fastengebets im Ramadan-Monat, da dieser, wegen des im Kult des Islam beibehaltenen Mondkalenders, sich langsam durch die Jahreszeiten verschiebt.

Der vorliegende Quadrant ist an kanonialen Kurven außergewöhnlich reich; es gibt aber seltene Quadranten, auf denen noch weitere Angaben, wie etwa die Zeit der Lichterlöschung auf dem Minarett usw. abgelesen werden.

Die Rückseite (Abb. 282) zeigt in erster Linie einen sogenannten *Sinus-Quadranten,* d. i. ein quadratisches Liniennetz, das zusammen mit dem Limbus mit bescheidener Genauigkeit komplette trigonometrische Tabellen ersetzt. Mit den darauf gezeichneten Kreisbögen und dem Perlenfaden können hier in erstaunlicher Einfachheit nicht allzu komplizierte trigonometrische Formeln berechnet werden. Die beiden Kurven dienen ebenfalls, aber auf andere Art, der Bestimmung der asr-Zeiten.

Im Bazar von Istanbul findet der Besucher hier und da wieder andere, manchmal recht kopfzerbrecherische Quadranten, von denen einige auch Nachahmungen sein mö-

283 Die *Da'ire-yi-Mu'addil,* ein türkisches Instrument zur Bestimmung der Gebetszeiten durch Sonne, Mond oder Sterne. Die Bögen im Innern des Limbus sind astronomische bzw. kanoniale Kurven. Das Studium des Instruments führt zu erstaunlichen Feststellungen.[91]

Tafel XLI Türkische Zylindersonnenuhr in der Kandilli-Sternwarte (Bosporus), Istanbul.

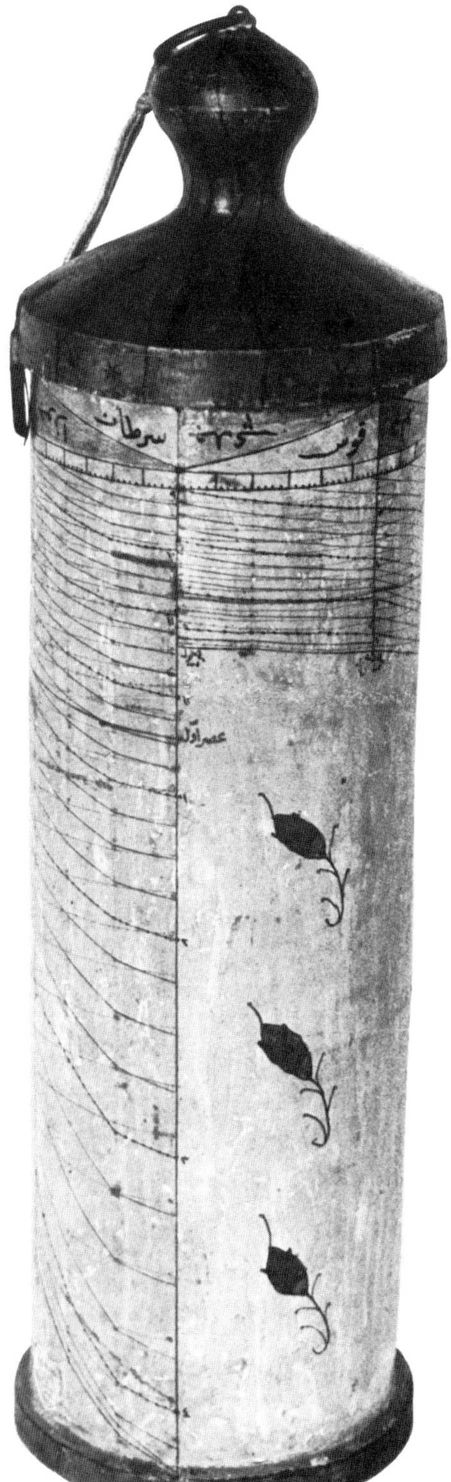

gen. Schöne und gut erhaltene Exemplare sind recht selten.

Die Kontakte der westlichen Welt mit den Ländern des Islam waren auch in den unruhigsten Zeiten nie abgebrochen und insbesondere für die Gelehrten beider Kulturen ein stets bereicherndes Element. Ihre Auswirkungen treten zuweilen auch heute noch an den unerwartetsten Stellen zutage. Als Beispiel möge eine Inschrift dienen, die die Jahrhunderte überlebt hat und alljährlich von vielen Tausenden gesehen, aber wohl kaum je gelesen wird.

Sie ist auf einer Steinplatte in drei Sprachen, Lateinisch, Griechisch und Arabisch, wiederholt, und befindet sich am Eingang des Normannenpalastes am oberen Ende des Corso Vittorio Emmanuele in Palermo. Sie spricht von einer ausgezeichneten Uhr, die der Normannenkönig Roger II. in seinem Palast habe aufstellen lassen . . .

Dieser König lebte von 1101 bis 1154. Sein Vater hatte Sizilien gegen die Fatimiden erobert, aber der Hof von Palermo blieb unter den Normannen auch weiterhin ein Sitz arabischer Wissenschaft, was sich auch später unter den Hohenstaufen nicht änderte. Und nun spiegelt sich in diesem Text eine erstaunliche Analogie von Schreibweise und Ausschmückung zu Widmungen, die sich in Ländern des Islam auf Sonnenuhren, Astrolabien und Gebetsquadranten finden . . .

Der Leser urteile selbst:

»Es ist ergangen der Befehl der königlichen Majestät, der Herrlichkeit Rogers, des Erhabenen, dessen Tage Gott ewig gestalten möge und dessen Wappen er schütze, daß diese Uhr gefertigt werde zur Beachtung der Stunden.«

»In der Metropole Siziliens, behütet« (von Gott) »im 536ten Jahre« (der Hedschra = 1134 n. Chr).

Viele Gründe sprechen dafür, daß diese seit vielen Jahrhunderten verschwundene Uhr eine herrliche arabische Sonnenuhr gewesen sein muß . . .

XI Beachtenswerte Sonnenuhren von einst und jetzt

Tafel XLII Die Glasfenstersonnenuhr im Rathaus von Ulm ist eine Ostuhr mit parallelen Stundenlinien. Sie ist eine der schönsten unter den heute noch erhaltenen Sonnenuhren dieser Art. ▷

Es stirbt der herr mit sampt dem knecht
Der frum vnnd Auch der vngerecht
Vnnd niemant wirt am morgen geben
Zuwissen dises abens leben
Vnnd ehe der mensch das recht befindt
Sind tag vnd Jar vergangen sind

284 Der Kalenderstein von *Machu-Picchu* in Peru.

285 Die in Bettweiler (Elsaß) gefundene römische Sonnenuhr aus dem 2. Jahrhundert im Museum von Straßburg.[77]

Zu Beginn dieses Kapitel sei an die erstaunlichen Steinsetzungen des Neolithikums in Stonehenge (S. 11) und Callanish in Großbritannien sowie auch in der Bretagne erinnert. Unter diesen letzteren ist das rechtwinklige Cromlech von Crucuno (Morbihan) wegen seiner charakteristischen Orientierung besonders bemerkenswert. Von den über das nördliche Mitteleuropa zerstreuten Bauten dieser Art seien die Steinkreise der schwedischen Inseln Oeland und Gotland genannt.
Auf ganz anderer Ebene und zeitlich der Gegenwart etwas näher findet sich als Nachlaß einer völlig anderen Kultur in Peru der Sonnenstein von Machu Picchu, der Jahrhunderte hindurch der Bestimmung der Jahreszeiten gedient hat.[45] Des weiteren wird im Museum von Mexico-City ein von den Azteken stammender sonderbarer Rundstein von 3,60 m Durchmesser aufbewahrt. Dieser *Piedra del Sol* diente als Kalenderstein. Er datiert aus dem Jahre 1479 und ist somit um etwas mehr als ein Jahrhundert älter als der Gregorianische Kalender.
Wollte man eine nach wissenschaftlichen Gesichtspunkten geordnete Rangliste der heute noch erhaltenen alten Sonnenuhren aufstellen, so müßte man zweifellos in erster Linie wohl die Uhr der Omajjaden-Moschee in Damaskus nennen (S. 173). Ein Teil ihrer lange vergessen gebliebenen Geheimnisse konnte erst vor wenigen Jahren wieder geklärt werden.[85] In ihrem Aufbau folgt ihr die Sonnenuhr der Sidi-Okba-Moschee in Kairuan (S. 176) ziemlich nahe, erreicht aber wegen der weniger sorgsamen Ausführung bei weitem nicht die Genauigkeit ihrer Angaben (Abb. 280).
Bei den geschichtlichen Betrachtungen im ersten Kapitel verweilten wir längere Zeit bei der berühmten Sonnenuhr des Königs Achaz, die in der Bibel mehrfach erwähnt ist, deren Gestaltung aber wohl für immer ein Rätsel bleiben wird. In den Jahrhunderten nach der Renaissance wurde ihr rückwärts schreitender Schatten zum Anlaß einer von keiner anderen Sonnenuhr erreichten Flut von Studien und Kommentaren.
Das nie erloschene Interesse für die Hohlkugelsonnenuhren der Antike wurde vor wenigen Jahren durch eine zusammenfassende Veröffentlichung von S. Gibbs[26] gefördert, in der die bisher bekannt gewordenen Exemplare dieser Uhren mit Beschreibung, Fundort, Ort der gegenwärtigen Aufbewahrung u.a.m. aufgeführt sind. In Mitteleuropa findet der Leser guterhaltene Exemplare in den Museen von Avenches (Schweiz), Berlin, Kassel, Luxemburg, Oudheden, Straßburg, Stuttgart und Wien. Das Straßburger Stück (Abb. 285) weicht mit seiner eigenartigen Verzierung durch Relieffiguren von der herkömmlichen Ausführung ab.[77] Zur Ergänzung von Gibbs' Inventar seien hier noch die beiden sehr schönen, der Verfasserin s.Z. nicht bekannt gewordenen, in den Ruinen von Timgad (Algerien) aufbewahrten Stücke erwähnt (Abb. 12).
Im Landesmuseum Trier befindet sich ein sehr gut erhaltenes, einer Wand der Römerstadt entnommenes großes Mosaikgemälde (Abb. 18), auf dem ein Greis eine antike Sonnenuhr in den Händen hält. Das Mosaik stammt aus dem ausgehenden 2. Jahrhundert. In Trier glaubt man, das Bildnis als eine Darstellung Anaximanders deuten zu können (S. 22).
Für die Freunde des Mittelalters werden die kanonialen Sonnenuhren an alten romanischen Gebäuden stets im Brennpunkt ihres Studiums bleiben (Abb. 26–37). Ihre Anzahl ist in Großbritannien ebenso bedeutend wie ihr allgemeiner Erhaltungszustand. Unter anderem steht dort auf einem alten Fried-

hof in Bewcastle eine Säule aus dem Jahre 670 mit der wohl ältesten kanonialen Sonnenuhr überhaupt, die aber historisch weniger aufschlußreich und von Interesse ist als die ebenfalls sehr alte und mit wertvollen Inschriften versehene einer Kirche in Kirkdale (Yorkshire) (Abb. 27). Eine ganze Reihe europäischer Domkirchen zeigen Standbilder, wo von Jünglingen, wohl auch Engeln, solche Uhren in den Händen gehalten werden. Beispiele befinden sich in Chartres, wo aber ursprünglich weder der tragende Engel noch die Uhrenplatte der Kathedrale angehört haben, dann in Straßburg, dessen Münster sogar zwei uhrentragende Figuren besitzt (Abb. 35 u. 38), in Kolmar, Freiburg im Breisgau, Genua, Rufach, wo durch Frostspaltung ein Teil des Standbildes fehlt, und in Amiens, wo der Engel auf dem Uhrenstein steht.[113] Bei weitem die meisten kanonialen Sonnenuhren sind ungefähr in Brusthöhe in die Mauersteine der Kirchen eingehauen, manchmal auch nur eingekratzt; sie sind bisweilen kaum noch zu erkennen. Sehr schöne Beispiele finden sich in Homberg, Neukirchen, Fulda, Hameln, Châlons-sur-Marne (Abb. 34). Im Elsaß wurden bei einer Bestandsaufnahme etwa 20 festgestellt, worunter Doppelbeispiele in Sigolsheim (Abb. 33), Hagenau und Maursmünster (Marmoutier), schließlich an der Kirche von Bergheim, wo sich drei Exemplare befinden, von denen aber nur zwei vollständig erhalten sind.

Die berühmten Sonnenuhren für temporale Stunden auf den acht Seiten des Turms der Winde (Abb. 25) in Athen gehören zu den ältesten erhaltenen Wandsonnenuhren.

Gegen Ende des 15. Jahrhunderts begannen die kanonialen Sonnenuhren langsam durch die neuen Polosuhren verdrängt zu werden. Im Jahre 1493 wurde am Straßburger Mün-

286 Die Sonnenuhr von 1493 *(Der Astrolog mit der Sonnenuhr)* am Straßburger Münster ist die älteste bekannte Polosuhr am Oberrhein.

ster dem Geländer einer Außengalerie des südlichen Querschiffs eine Skulptur eingefügt, die unter dem Namen *Der Mann,* oder auch *Der Astrolog mit der Sonnenuhr* bekannt ist. Man sieht dort einen bärtigen Mann mit einem Turban auf dem Kopf, der sich unter Rebzweigen hervor von hinten über eine Sonnenuhr neigt (Abb. 286). Man weiß, in welcher Werkstatt dieses Meisterwerk entstanden ist. Da die darauf eingemeißelte Jahreszahl auch die eines längeren Aufenthalts Albrecht Dürers in Straßburg war, ist die Möglichkeit einer Mitwirkung an der Herstellung der Uhr durch ihn in irgendeiner Form nicht ausgeschlossen, aber wohl kaum nachweisbar. Es ist bekannt, daß Dürer mit der Konstruktion der neuen Uhren vertraut war.[19] Die nach SW deklinierende Uhr weist in ihren Linien nur geringfügige Fehler auf. Geschichtlich gesehen ist vor allem von Belang, daß es sich um die in weitem Umkreis älteste Sonnenuhr mit erdachsparallelem Zeiger handelt. Die Zeit um das Jahr ihrer Entstehung darf als ein Wendepunkt in der Geschichte der Gnomonik des Abendlandes betrachtet werden.

Der gleiche Münsterdom, der übrigens im ganzen 12 gnomonische Einrichtungen besitzt, weist im Giebel des genannten Querschiffs, hoch über dem Außenzifferblatt der astronomischen Uhr, eine Gruppe von drei Sonnenuhren auf (Abb. 196). Alle drei wurden 1572 von Dasypodius dort angebracht, um damit den Gang der von ihm damals fertiggestellten astronomischen Uhr zu richten, die in der Geschichte des Doms die zweite war und 1842 von der jetzigen, der dritten, abgelöst wurde. Die drei Sonnenuhren waren zunächst nur gemalt (Abb. 176) und wurden erst etwa ein Jahrhundert später in die Mauersteine eingemeißelt. Die zuoberst stehende Uhr zeigt in gotisch-römischen Ziffern die lokale Ortszeit. Links darunter gibt die Schattenspitze eines Mauergnomons auf zwei Linienscharen für Sonne und Mond Höhe und Azimut an (S. 113, 114). Rechts werden, mit dem Schatten eines Gnomons, die italischen und babylonischen Stunden *(ab occasu* u. *ab ortu)* vermittelt.

287 Die Glasfenstersonnenuhr von Pfarrer Joh. Murer aus Oberwinterthur (17. Jh.) befindet sich in der Eidgenössischen Sternwarte Zürich. Auf den vom Zeigerschatten bedeckten Orten der Europakarte ist es Mittag.

288 Die Glasfenstersonnenuhr von 1731 des Historischen Museums Basel. An der Stundenlinie für Mittag steht 1 Uhr: Die Basler Uhren gingen jahrhundertelang eine Stunde vor.

289 Die Glasfenstersonnenuhr im Württembergischen Landesmuseum, Stuttgart, trägt die Jahreszahl 1762. Ihre Monatslinien sind ungenau.

290 Glasfenstersonnenuhr aus Schloß Ambras bei Innsbruck, jetzt im Museum für angewandte Kunst in Wien.

291 Die Glasfenstersonnenuhr aus dem Jahre 1553 von Rottweil (Baden) befindet sich im dortigen Rathaus. Ihre Monatslinien sind völlig fehlerhaft.

Einer der Zufälle der Geschichte ließ, wie schon angedeutet, den erdachsparallelen Schattenwerfer und die damit verbundene

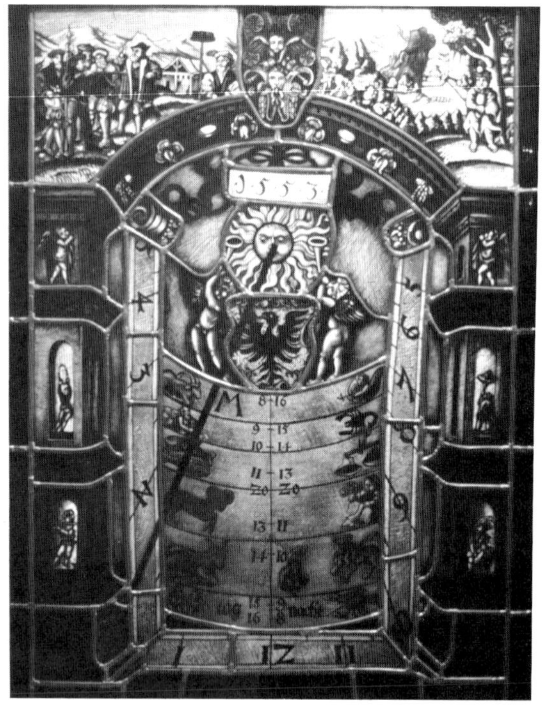

Möglichkeit, auf der Sonnenuhr gleichbleibende Stunden abzulesen, in Europa zu einer Zeit in Erscheinung treten, wo sich, aus Italien kommend, eine allgemeine Erneuerungswelle in Wissenschaft, Kunst und Literatur ausbreitete. Es muß damals für eine beträchtliche Anzahl gebildeter Menschen eine Art Unterhaltungsspiel gewesen sein, sich mit Gnomonik zu beschäftigen, wobei sich insbesondere den sogenannten Kompaßmachern, aber ebenso den Mathematikern ein Neuland eröffnete, wo sich mit dem Fortschritt die Grenzen der Forschung immer weiter hinausschoben.

Eine der Neuerungen, denen man sich damals widmete, bestand in der Herstellung von Glasfenstersonnenuhren, die man in den Prunksälen von Schloßresidenzen und Rathäusern einbaute. Ihr Zeiger war auf der Außenseite; die Stunden wurden im Innern abgelesen, wobei sich der Schatten wie auf

einer Horizontaluhr oder einer Vertikaluhr der südlichen Halbkugel im Uhrzeigersinn drehte. Auf diesem Gebiet führten die künstlerischen Möglichkeiten sehr schnell zu außergewöhnlichen Kunstwerken, wahren Juwelen der Gnomonik, die leider wegen ihrer Zerbrechlichkeit heute nur noch in kaum mehr als einem Dutzend Exemplaren und fast ausschließlich im deutschsprachigen Raum erhalten sind (Abb. 287 u. 291). Es folgt hier eine Liste besonders schöner und noch zugänglicher Exemplare mit Angabe von Entstehungszeit und Standort:[5]

Ulm (1540, Rathaus)
Wien (1550, Museum f. angewandte Kunst)
Rottweil (1553, Rathaus)
Bebenhausen (1576, Schloß)
Zürich (nach 1600, Sternwarte)
Basel (1731, Historisches Museum)
Stuttgart (1762, Württembergisches Landesmuseum)

Tafel XLIII Himmelskugel, getragen von vier Füßen auf Grundplatte. Auf letzterer Kompaß sowie vier Sonnenuhren für die Breiten 42°, 45°, 48° und 51°. Johannes Reinhold, Augsburg, 1588.

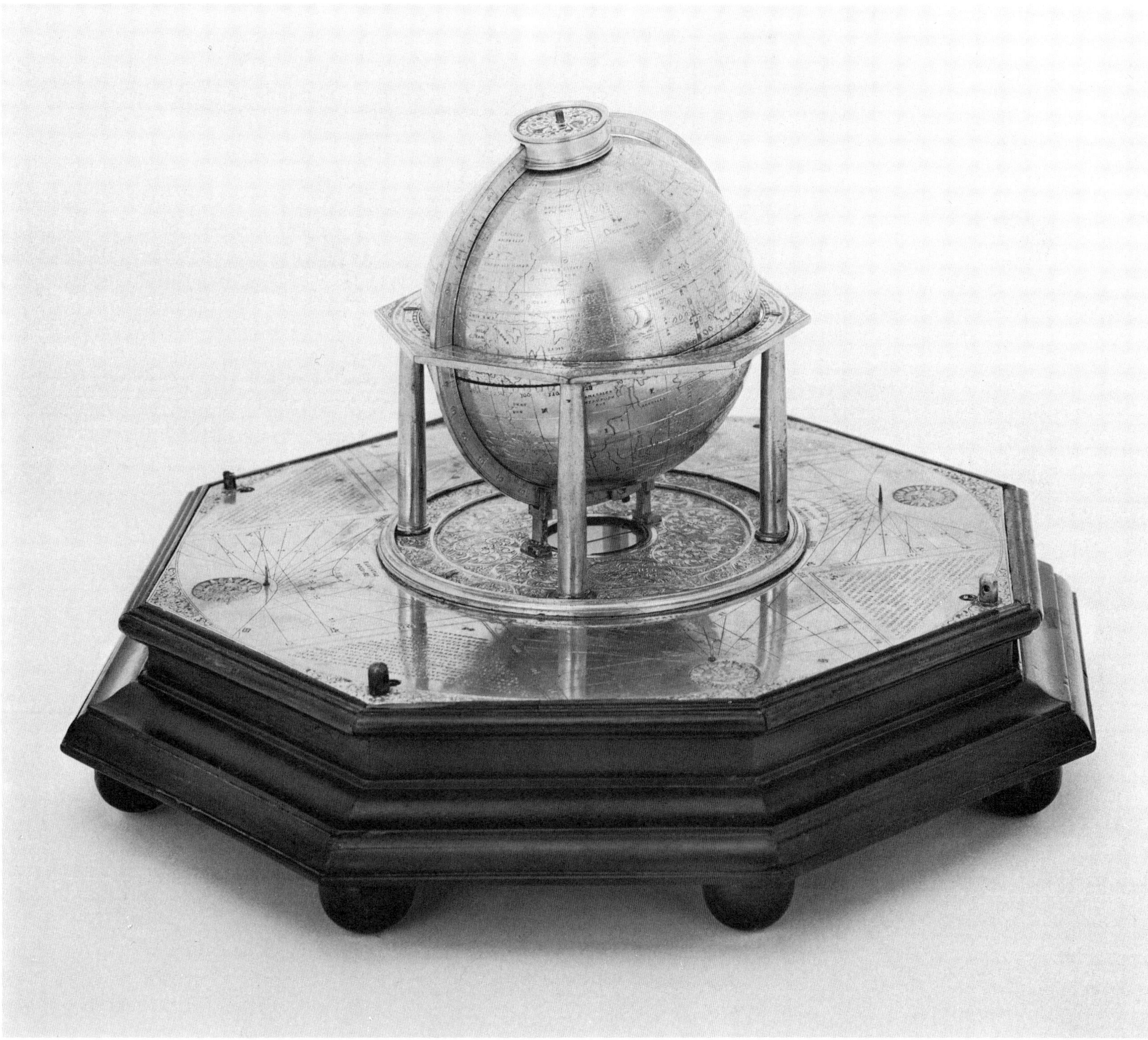

Gunter[27] berichtet von drei weiteren Fensteruhren in Oxford, von denen nur eine eine Jahreszahl, nämlich 1648, trägt. Auch hier soll es sich um ein hervorragendes Kunstwerk gehandelt haben.

Zuerst zögernd, dann aber in beträchtlicher Anzahl entstanden etwas später in Europa steingehauene Säulen, Blocksteine und monumentale Einrichtungen, die fast immer mehrere und vielfältige Sonnenuhren zeigten, von denen aber gewöhnlich alle für die gleiche Ortszeit berechnet waren, stets jedoch auf verschieden deklinierenden und inklinierenden Zifferblättern erschienen. Wieder andere hatten die Formen von Kugeln, Zylindern, Muscheln usw., ohne je alle Möglichkeiten für Stunden- oder andere Angaben zu erschöpfen. Einige dieser Monumentaluhren vereinigen auf ihren oft recht komplizierten Formgebungen die Gesamtheit der damals bekannten Uhrenarten. Viele dieser äußerst interessanten und künstlerisch wertvollen Werke fielen in der Folgezeit barbarischer Unkenntnis zum Opfer, und dem Autor sind Fälle bekannt, wo im Gemäuer landwirtschaftlicher, aber auch anderer Gebäude Überreste solcher Steine zu erkennen sind.

292 Steingehauene Wandsonnenuhr aus dem Jahre 1821 in Orschwihr (Orschweier) im Elsaß. Die im Wappen über dem Monogramm stehende, oben geschlossene Ziffer 4 findet sich auf unzähligen alten Titelblättern und Bildhauereien. Sie könnte eine symbolische Darstellung des Kreuzzeichens bedeuten.

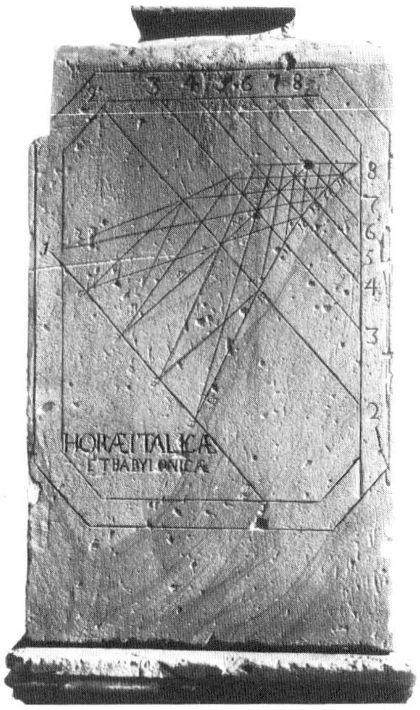

293 Die Westseite der Hagenauer Steinsonnenuhr mit gewöhnlichen Stunden, Wendekreiskurven, babylonischen und italischen Stundenlinien.

294 Südseite einer Steinsonnenuhr im Eingang des Friedhofs St. Georg in Hagenau (Elsaß). Oben biblische Stunden *(Horae judaicae)*, unten die wahre Ortszeit mit Datenkurven für Tage von ganzer Stundendauer. Diese Dauer und die Zeit des Sonnenuntergangs stehen in der rechten Randkolonne. Die linke Randkolonne zeigt die Nachtdauer und die Zeit des Sonnenaufgangs.

Die schon erwähnten Filterhutsonnenuhren (S. 161) von Zabern und Lörchingen sind möglicherweise in ihrer Art Einzelstücke und als solche von besonderem historischem Interesse.

Ein anderes Unikum ist die Sonnenuhr des Klostergartens auf dem Odilienberg im Elsaß (Abb. 134 u. 135). Dort sind auf 24 Seitenflächen eines Polyeders ebensoviele Sonnenuhren eingemeißelt, von denen aber jede für eine andere Zeitangabe berechnet ist. Im Gegensatz zu fast allen bekannten ähnlichen Monumentaluhren wird hier nur auf einer einzigen Uhr die lokale Ortszeit angegeben. Allerdings durften auch die temporalen, die italischen und babylonischen Stundenangaben nicht fehlen. Einige der Uhren bringen die Zeit wichtiger Hauptstädte, wie Paris, Wien und Madrid, oder historisch berühmter Orte, wie Antiochia, Ninive und Santiago de Compostela. Andere wieder betreffen ganze Gebiete: Frankreich (Atlantico-Gallicum), die Schweiz, Griechenland (mit Konstantinopel), Zypern, Chaldäa, Ägypten, Äthiopien, Mauretanien, Kongogebiet, Indien, Japan, Mexiko und Afrika, wobei mit diesem Namen wohl ein besonderer Teil des Kontinents gemeint ist.

Diese sonderbare Uhr trägt kein Datum, aber sie zeigt in ihrer ganzen Ausführung das charakteristische Gepräge der Arbeiten des ehemaligen Zisterzienserklosters Neuburg bei Hagenau, aus dem noch andere Monumentaluhren stammen, wie die erwähnten Filterhutsonnenuhren (S. 161) sowie die Uhrenstelen im St. Georgsfriedhof zu Hagenau (Abb. 293 u. 294) und im Spitalgarten von Brumath, einem ehemaligen Kloster (Abb. 242). Im Elsaß hat man ca. 20 solcher Uhrenwerke inventarisiert,[81] die in ihrer Mehrzahl dem 18. Jahrhundert entstammen und fast ausnahmslos immer wieder die glei-

295 Steinerne Sonnenuhr in einem privaten Park in Dorlisheim (Elsaß) mit Polaruhren sowie sphärischen und zylindrischen Hohluhren (17. Jahrhundert).

296 Die Sonnenuhr von Schloß Birlinghoven.

297 Das *Monument gnomonique* von Bagneux bei Paris.[35]

298 Die berühmte Sonnenuhrensäule im *Corpus Christi College* in Oxford.

che Ortszeit auf stets anders gerichteten oder geformten Zifferblättern wiederholen.
Dieselbe Art von Sonnenuhren findet sich in ebenso großer Anzahl in den Schloß- und Klosteranlagen Deutschlands, Österreichs oder der Schweiz. Hier möge nur die Uhr des Schlosses Birlinghoven bei Bonn mit ihren 70 Einzeluhren genannt sein (Abb. 296). Das gleiche gilt für Frankreich, wo sich westlich der Vogesen berühmte Beispiele in Montargis, im Musée d'Aquitaine (Bordeaux) (Abb. 141) und im Musée du Pays Vaurais in Lavaur (Tarn) befinden. Hier ist aber das unweit von Paris in Bagneux stehende *Monument solaire* besonders zu nennen, wo sich die steingehauenen Meridian- und Äquatorkreise gegenseitig tragen und die Uhr zu einem einmaligen Stück stempeln[35] (Abb. 297).
Aber sehr wahrscheinlich sind es England und Schottland, denen wegen der Anzahl und der Erhaltung dieser Art Sonnenuhren die Krone gebührt. Empfohlen sei ein Blick in das erst kürzlich neu aufgelegte Buch von Alice Morse Earle;[20] erwähnt seien hier als besonders hervorragende Beispiele die Sonnenuhr von Kelbourne House, Ayrshire, wegen der Mannigfaltigkeit ihrer 80 Einzeluhren und die Pelikansäule im Corpus Christi College in Oxford wegen ihrer Eleganz und ihrer eigenartigen Kalendertabellen (Abb. 298).
In einigen angelsächsischen Ländern, darunter auch die Vereinigten Staaten und Südafrika, werden vielfach Sonnenuhren auf Friedhöfen eingerichtet und solche auch als Monumente auf Einzelgräbern aufgestellt. Seit wenigen Jahrzehnten scheint dieser Brauch sich langsam in der Schweiz und in Deutschland einzuführen, wo das Bild der Sanduhr als Symbol der Vergänglichkeit alles Irdischen durch die ähnlich ansprechen-

299 Eine originelle Renaissance-Sonnenuhr entstand kurz vor der Jahrhundertwende am Alten Kaufhaus in Hagenau (Elsaß).

300 Der monumentale Mittagsweiser Toscanellis unter der Kuppel des Florenzer Doms (alter Stich).

de, aber lebendigere Sonnenuhr ersetzt zu werden beginnt.
Obwohl anders motiviert, erinnert auf dem Rochusfriedhof in Nürnberg ein ungewöhnliches Grabmal an den gleichen Gedanken. Es trägt den Namen des Kompaßmachers Hans Tucher und die Jahreszahl 1593. Ein herrlich erhaltenes Reliefbild zeigt einen von zwei Putten getragenen Wappenschild mit der Zeichnung einer geöffneten Klappsonnenuhr.
Durch die nie abreißende Notwendigkeit, den Gang der mechanischen Uhren zu richten, wurden allenthalben sogenannte *Mittagsweiser* (oder *Méridiennes*) eingerichtet. Es waren vereinfachte, nur aus dem Zeiger und der Mittagsstundenlinie bestehende Sonnenuhren (S. 98). Sie finden sich heute noch vereinzelt in allen Gegenden Europas. Im Elsaß gibt es noch weit über hundert, die alle im letzten Jahrhundert meistens an den Kirchen angebracht sind. Im Südteil des Landes sind sie zwecks Angabe der mittleren Ortszeit noch mit der Achterschleife für die Zeitgleichung versehen (Abb. 164).

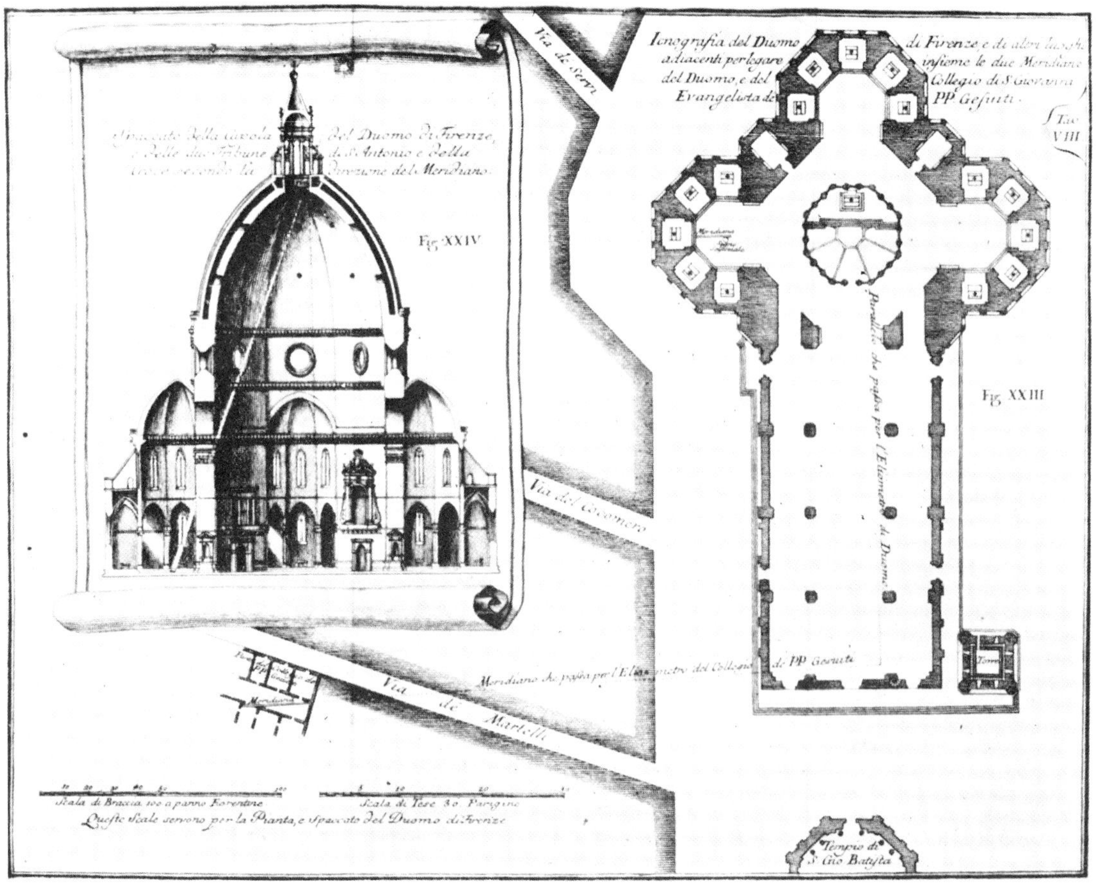

In Burgund begegnet uns zum zweiten Male der Name des Mathematikers Lalande, der dort zusammen mit einem Benediktiner am Boden des alten Spitals der Stadt Tonnerre einen solchen Mittagsweiser mit der dazugehörigen Achterschleife konstruierte, der noch erhalten ist. Die Linien sind in den Steinboden eingelassene Metalleisten, die die ganze Breite des ehemaligen, etwas düsteren und nachdenklich stimmenden Krankensaals durchqueren. Das Lichtauge, das sich in einem Südfenster befand, ist nicht mehr vorhanden, dagegen sind an der Kurve entlang die in die Bodenplatten eingehauenen Monatsnamen gut erhalten (Abb. 172). Ein ähnlicher, aber viel älterer Mittagsweiser befindet sich auf einer der inneren Galerien der Kathedrale von Notre-Dame in Paris. Da es wegen der Enge der Galerie dort aber an Raum fehlte, wurde der Winterteil der Weiserskala an einer Rundsäule aufwärts fortgesetzt, und das ist heute der einzige Überrest der Einrichtung. Die am Boden ehemals vorhandene Sommerskala ist irgendeiner Instandsetzungsarbeit zum Opfer gefallen (Abb. 166).
Da aber die Genauigkeit einer solchen Einrichtung sich mit ihrem Ausmaß steigert, entstanden an geeigneten Stellen Mittagsweiser von außerordentlicher Größe. Etliche z. T. vollständig erhaltene befinden sich noch z. B. im Dom von Florenz (Abb. 300),

301 Der *Große Samrāt Yantra* in der Sternwarte des *Jai Singh II.* in Jaipur (vollendet 1734) gilt mit seinem 30 Meter langen Zeiger als die größte Sonnenuhr der Welt. Sein Hauptzweck war jedoch die Messung von Sterndeklinationen.

Tafel XLIV Die im Jahre 1576 von Hieronymus Lauterbach aus bemaltem Blech hergestellte, 178 cm hohe Sonnenuhr zeigt auf ihrer Säule außer dem Kurvennetz noch Angaben über die Stellung der Sonne auf der Ekliptik, ferner Planetenindikationen und Tabellen zur Umwandlung der Stunden. Der Sockel ist mit vier Vertikaluhren versehen.

in der Kirche San Petronio in Bologna, im Palazzo della Regione in Bergamo und in den Kirchen St. Michel in Brüssel und St. Sulpice in Paris. Im Straßburger Münster befindet sich im Eingang des Südportals ein von Schwilgué, dem Erbauer der jetzigen astronomischen Uhr, für deren Kontrolle eingerichteter kleiner Mittagsweiser, der die geniale Arbeitsweise des Mannes kennzeichnet. Er legte nur wenige Meter zwischen Lichtauge und Zifferblatt, so daß der Lichtpunkt auf diesem noch klein und deutlich blieb; dann aber stellte er das Zifferblatt in einen so spitzen Winkel zum Meridian, daß der Lichtpunkt mit größerer Geschwindigkeit über die Blattfläche glitt und dadurch Sekundengenauigkeit erreicht wurde.

In den Ländern des Islam wurden im Laufe der Jahrhunderte vier bedeutende Sternwarten errichtet. Die erste entstand um 1259 in Maragha (Aserbeidschan) und hat wahrscheinlich später einer anderen in Samarkand als Vorbild gedient, die ihren Bau dem gebildeten Landesfürsten Ulug Beg verdankte und von der noch Überreste vorhanden sind. Eine dritte wurde 1575 unter großem Kostenaufwand in Konstantinopel ins Leben gerufen, aber wenige Jahre danach im

Zusammenhang mit religiösen, durch das Auftreten öffentlicher Unzuträglichkeiten entstandenen Unruhen wieder zerstört. Danach errichtete 1734 der Rajah Jai Singh II. neben seinem Palast in Jaipur eine Sternwarte von besonders monumentalen Ausmaßen, der er in seinen Staaten noch vier andere in Delhi, Benares, Mathura und Ujjain folgen ließ. Seine sämtlichen Bauten sind heute noch mehr oder minder gut erhalten. Die im Freien stehenden, zum Teil sehr großen Instrumente, bestehen aus Mauerwerk. Es ist augenscheinlich, daß bei diesen Bauten jeweils die Erfahrung aus früheren Arbeiten voll ausgewertet wurde. Schließlich gelangte man auf diese Weise zu Instrumenten, wie dem in Jaipur stehenden *Samrāt Yantra* mit dem Aussehen einer riesigen Äquatorialsonnenuhr (Abb. 301). Der Zweck dieser Großbauten war größtmögliche Genauigkeit bei der Messung der Deklination von Himmelskörpern zu erreichen, was aber nicht ausschließt, daß dieses *Yantra* alle Elemente einer Sonnenuhr besitzt. Der Schattenwerfer ist ein dreieckiges Bauwerk, breit genug, um zwischen den schattenwerfenden Kanten eine Treppe für die Beobachtungsarbeit, aber auch als Zugang zu einem Pavillon zu enthalten, der den Bau an seiner Spitze harmonisch abschließt. Die ca. 30 Meter (100 Fuß) langen Schattenkanten sind aus Marmor. Der in seiner Innenfläche ebenfalls aus Marmor gearbeitete Äquatorkreis ist in zwei Sektoren geteilt, deren Bogenzentren auf den entsprechenden Schattenkanten liegen. Wie immer sind letztere ebenso wie die zylindererzeugenden Linien des Äquators erdachsparallel. Gegen Ende des letzten Jahrhunderts befand sich diese wohl größte Sonnenuhr der Welt mit allen übrigen Instrumenten des Observatoriums in einem bedrohlich fortgeschrittenen Zu-

stand des Verfalls. Die gesamte Anlage wurde 1901 auf Veranlassung der englischen Verwaltung überholt und ist gegenwärtig in gutem Erhaltungszustand.
Dieser Jai Singh II. muß für seine Zeit und für die damaligen Verhältnisse in seinem Lande ein außergewöhnlicher Mensch gewesen sein. Als ihm portugiesische Missionare über die Fortschritte der Astronomie in Europa berichteten, setzte er sich mit König Johann V. in Verbindung, worauf es zwischen den beiden Fürsten zu einem Briefwechsel über die Arbeiten ihrer Gelehrten kam. Dabei stellte sich heraus, daß die unter dem Rajah entstandenen Tabellen an Genauigkeit die des französischen Astronomen La Hire übertrafen, ein Ergebnis, das den Dimensionen der indischen Instrumente zugeschrieben wurde.
Zu wiederholten Malen haben wir die zerstörte Abtei Neuburg im Elsaß und die von ihr hergestellten Monumentaluhren erwähnt. Es genügt manchmal, und in Neuburg war es der Fall, daß ein tatkräftiger Sonnenuhrenfreund in einer bestimmten Gegend wirkt, um dieser auf Generationen hinaus eine besondere Note aufzudrücken. Es gibt ganze Landstriche ohne Sonnenuhren und wieder andere, wo es in einzelnen Dörfern mehrere oder sogar viele gibt. Hierfür gilt als bemerkenswertes Beispiel aus jüngster Zeit das große Dorf Birkenau im Norden von Heidelberg, das der Tätigkeit des dort zurückgezogen lebenden, inzwischen verstorbenen Architekten Seile über 40 Sonnenuhren an seinen Häusern verdankt (Abb. 96 u. 127). Liebhaberunternehmen dieser Art können durch günstige Umstände noch besonders gefördert werden – und auch hierfür ist ein Beispiel bekannt.
In Nordtirol lebte von 1723 bis 1763 der aus bäuerlichen Verhältnissen stammende Peter Anich, der sich als junger Mensch durch Zufall mit den Anfangsgründen der Mathematik vertraut machen konnte und es später fertigbrachte, Geometer, Feldmesser und Kartograph zu werden. Einen Teil seiner Freizeit widmete er dem Bau von Sonnenuhren. Er hatte das Glück, in einem Land zu leben, dessen arbeitsgewohnte Einwohner sich gerne bei Gesang und Musik erholen und es lieben, ihre Häuser mit farbigen Fresken und Inschriften zu verschönern. Es ist möglich, daß es Peter Anich diesem Umstand verdankte, in seiner Heimat mehr Sonnenuhren zu hinterlassen, als es ihm anderswo hätte gelingen können. Die meisten seiner sehr schönen Sonnenuhren sind heute noch in gutem Erhaltungszustand und es ist keineswegs übertrieben, sie als Ausdruck gesunden Volksempfindens zum Schönsten zu zählen, dem man in Europa begegnen kann. Übrigens blieb Peter Anich auf diesem Gebiet nicht allein. Der Innsbrucker Universitätsprofessor Dr. Kühnelt, dessen Interesse in hohem Maße der Erhaltung der künstlerischen Werte seiner Heimat gilt, konnte allein in Nordtirol 176 beachtenswerte alte Sonnenuhren inventarisieren.[47]
Die Abbildungen 124, 157, 159 und 160 zeigen originelle Beispiele von Tiroler Sonnenuhren, deren leuchtende Farben jeden Betrachter faszinieren werden.
Auf der Sonnenuhr der Kirche von Telfes (Abb. 157) durchqueren Zahlenbänder mit der Tagesdauer und der Mittagssonnenhöhe die Datumslinien. Rechts und links sind zwischen den Linien die Tierkreiszeichen neben ihren Symbolen dargestellt. Ein Uhrenspruch lautet: »Ihr wisset weder den Tag noch die Stund.« Die Uhr trägt keinerlei Unterschrift, wird aber Anich zugeschrieben. Das Barock ihres Rahmens findet sich auf der Uhr der Kirche von Natters wieder (Abb. 159), die ebenfalls von ihm stammt und deren Farbenfrische sich genau wie in Telfes in zwei Jahrhunderten kaum verändert hat. Und wie in Telfes gibt ein über die Mitte der Datumslinien laufendes Band die Tageslängen, jedoch keine Höhenangabe der Sonne an. Ein früherer Sinnspruch unter der Uhr soll dem religiösen Inhalt des Bildes entsprochen haben, das den über den Wassern schwebenden Schöpfer zeigt. Er ist später durch den jetzigen ersetzt worden: »Nicht wie Unweise, sondern wie Weise benützet die Zeit, denn die Tage sind böse« (Epheser V, 16). Abbildung 124 zeigt die sehr schöne Sonnenuhr des Schlosses Ambras bei Innsbruck, die leicht nach Nordwesten dekliniert, also fast parallele Stundenlinien trägt, deren Verlängerungen sich rechts unter dem Bild schneiden würden. Mit ihrer reichen Wappenfreske bietet sie einen eigenartigen Anblick.
In ihren Darstellungen zeigen jedoch die Tiroler Sonnenuhren nicht unbedingt nur religiöse oder heraldische Symbole; sie können sich ebensogut auf Dinge des täglichen Lebens beziehen, wie dies beispielsweise sehr eindrucksvoll an einer Uhr an der alten Inntalstraße westlich von Innsbruck in Unter-

302 Die lebendige und wirklichkeitsnahe Freske einer Sonnenuhr in Unterpettnau an der alten Inntalstraße, dem Geburtsort Peter Anichs.

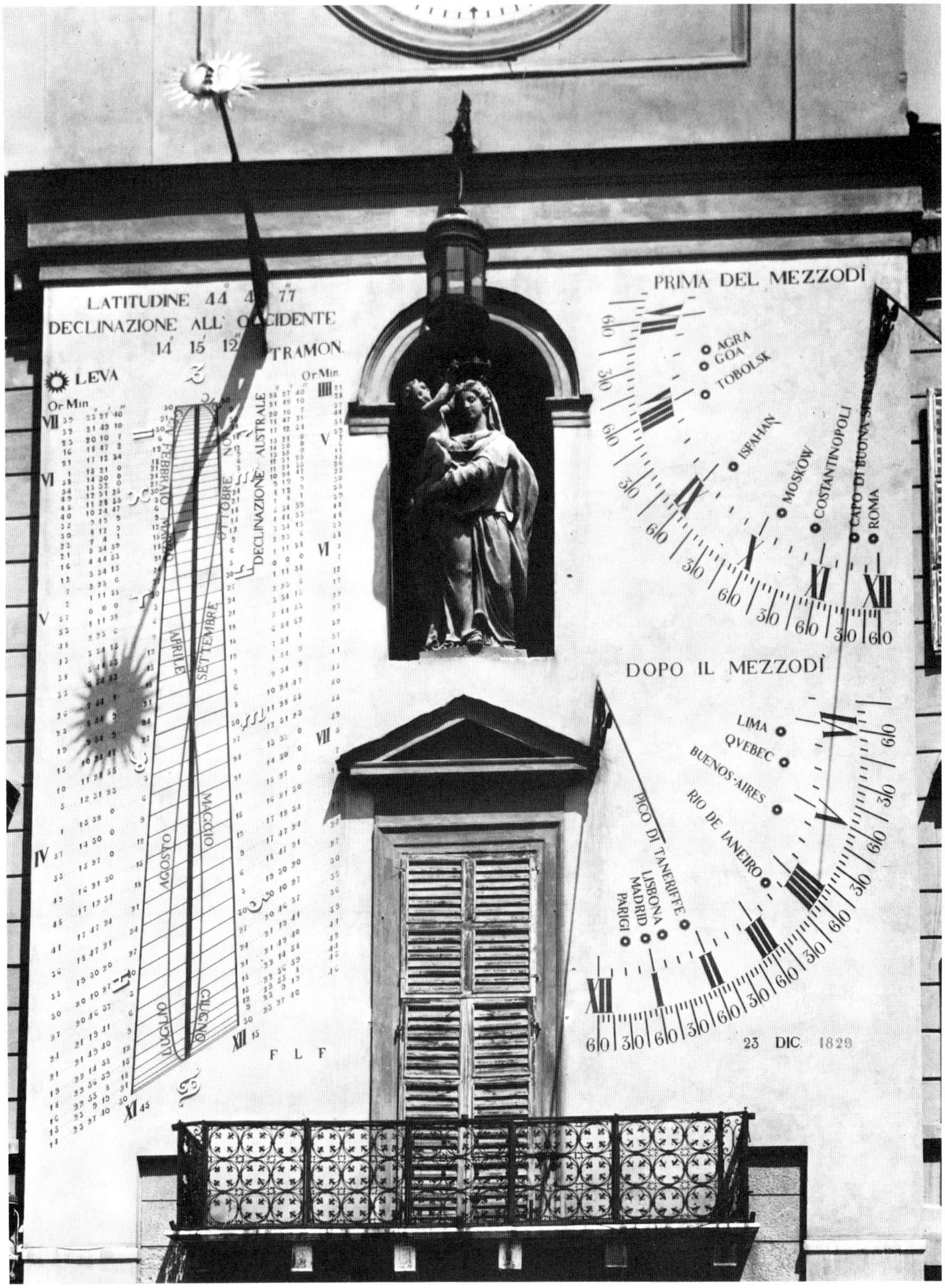

303 Die Sonnenuhr des Lorenzo Ferrari aus dem Jahre 1829 in Parma wurde wegen Platzmangels in zwei Teilen angelegt. *Vormittags* steht oben rechts, *Nachmittags* darunter. Die Uhr gibt dazu noch die Mittagszeiten für 16 Städte zwischen Indien und Peru, und links von der künstlerisch wertvollen Madonna einen besonders ausführlichen Mittagsweiser mit Achterschleife, Kalender und Tierkreiszeichen sowie den Auf- und Untergangszeiten der Sonne.

pettnau, dem Geburtsort Peter Anichs, geschieht (Abb. 302).
Es soll in diesem Kapitel auch noch einmal an die schon erwähnten herrlichen Uhren von Görlitz und Oppenheim (S. 112) erinnert werden und auch daran, daß in beiden Fällen ihre Anlage aus zwei ähnlich dargestellten, aber verschiedenen Zifferblättern besteht, von denen das eine sich ausschließlich auf astrologische Angaben bezieht (Abb. 194 u. 195).
Im Laufe der vorliegenden Erörterungen war mehrmals die Rede von der berühmten Sonnenuhr des Queens College in Cambridge (S. 132 und 140), die in ihrer jetzigen Ausführung auf die Zeit um 1733 zurückgeht. Diese Uhr ist in mehr als einer Hinsicht eines der schönsten Beispiele abendländischer Sonnenuhrenkunst (Abbildung vor dem Titelblatt). Sie wurde von Dr. G. C. Shephard[104] eingehend beschrieben und ihm verdanken wir die Genehmigung, die hier folgenden Einzelheiten wiederzugeben. Im Laufe der klimatisch bedingten, stets wieder notwendig gewordenen Überholungen ist immer auf genaueste Wiedergabe von Zeichnungen und Farben geachtet worden. Zwar macht die Uhr, so wie sie in der Abbildung erscheint, zunächst einen überladenen Eindruck. Eine glückliche Auswahl der Farben gestaltet jedoch in Wirklichkeit den Überblick ebenso klar wie harmonisch.

Im äußeren Rand erscheinen in Gold auf blauem Grund die römischen Stundenziffern der wahren Ortszeit. Die Zeitgleichung ist nicht erwähnt, da um 1733 der Begriff der mittleren Zeit nur den Astronomen vertraut war und erst viele Jahre später allgemein in Anwendung kam. Für die in Kapitel VII schon besprochene Verwendung der Uhr bei Mondschein bringt Shephard ein Zah-

304 Die Sonnenuhr von 1585 an der Katharinenkirche in Oppenheim am Rhein ist das Gegenstück der in Abbildung 194 gezeigten astrologischen Sonnenuhr an der gleichen Stelle. Längs der Mittagslinie stehen die Zahlen für Tag- und Nachtlänge. Die Datenkurven sind mit den Namen der Heiligen bezeichnet, auf deren Festtage sie fallen. Die links und rechts stehenden Worte *Aufgang* und *Niedergang* betreffen die Richtung der zu- oder abnehmenden Sonnendeklination. Diese geht also links von Lucia (13. Dezember und Wintersonnenwende im Julianischen Kalender) nach Gregor (12. März und Tagundnachtgleiche). Diese Daten bestätigen, daß in jener Zeit der Julianische Kalender noch in Kraft war.

305 An der großen Straßenkreuzung bei Dorlisheim im Elsaß steht auf einer ionischen Säule eine vierseitige Sonnenuhr, die mit ziemlicher Wahrscheinlichkeit aus der in der Nähe (bei Molsheim) gelegenen früheren Komturei des Deutschritterordens stammt.

lenbeispiel, das hier in Übersetzung wiedergegeben sein soll:
»Am 26. Februar 1948 gegen 11 Uhr abends lag der Mondschatten im Außenrand der Uhr bei $9^h\,35^m$. Genau Vollmond war es am 24. Februar um $5^h\,16^m$ nachmittags gewesen, so daß im Augenblick der Beobachtung das Mondalter $15 + 2^1/_4$ betrug. Für 17 Tage gibt die Tafel $1^h\,36^m$ an, und wenn für den vierten Teil eines Tages 12^m berechnet werden, ergibt dies für den Mondwinkel im ganzen $1^h\,48^m$. Am 26. Februar war die Zeitgleichung $+ 13^m$; somit war die mittlere Zeit (bezogen auf Greenwich) $9^h\,35^m + 1^h\,48^m + 0^h\,13^m = 11^h\,36^m$ abends. In Wirklichkeit war es $11^h\,50^m$, und das scheint nicht besonders präzis. Aber wenn es jemand gelingt, auf solche Weise die Zeit mit einem Fehler von weniger als 30^m zu bestimmen, so darf er darauf recht stolz sein. Die Unregelmäßigkeit der Mondbewegung ist so groß, daß eine Monduhr nie genaue Angaben machen kann, und daß man sie eher als ein Mittel zur Übung im Kopfrechnen als ein Instrument von praktischem Wert betrachten muß.«

Im Kapitel über die Monduhren waren wir zu einem ähnlichen Schluß gekommen.

Der Erbauer der Uhr scheint beabsichtigt zu haben, ein möglichst vielseitiges Instrument zu schaffen, denn er versah sie mit den senkrechten Linien der Sonnenazimute, die er aber nicht in Grad, sondern in Kompaßstrichen bezeichnete, wobei diese in englischen Abkürzungen erscheinen. Die Farbe dieser Linien ist schwarz. Eine weitere Linienschar besteht aus den rot gezeichneten und in Grad gemessenen Höhenhyperbeln. Zum Ablesen sämtlicher Messungen mit Ausnahme der Stunden dient der Schatten einer auf den Zeiger geschobenen kleinen Kugel aus Holz. Die Uhr trägt wie viele andere die Datenhyperbeln des Tierkreises, dessen Zeichen rechts für die zunehmenden und links für die abnehmenden Tage dargestellt und in einer schmäleren Kolonne von den Namen der entsprechenden Monate begleitet sind.

Eine andere Eigenart der Uhr ist die Kolonne ORTUS SOLIS, der Sonnenaufgang, wo für die einzelnen Datumskurven die Zeit des Sonnenaufgangs angegeben ist. Es ist klar, daß die Zeit des Sonnenuntergangs sich mit den gleichen Angaben leicht bestimmen läßt. Ferner ist die Kolonne LONGITUDO gegeben, die an den gleichen Linien die in Stunden gemessene Rektaszension der Sonne zeigt. Shephard weist hier auf einen Fehler hin, da die angeführten Größen nicht vom Frühlingspunkt, sondern fälschlicherweise von der Herbsttagundnachtgleiche ab gezählt sind. Bei einer ganz kürzlich erfolgten und aufs Genaueste ausgeführten Renovierung der Uhr ließ der traditionelle britische Respekt für die Vergangenheit eine Richtigstellung der Kolonne nicht zu. Schließlich ist eine letzte Linienschar für die Temporalstunden vorhanden. Es wurde schon gesagt, daß Sonnenuhren mit diesen Linien sehr selten sind. Die Planetentafel für die Angabe der Tagesregenten ist durch die Beifügung der Planetensymbole in den

Tierkreiskolonnen nur angedeutet. Für die Bestimmung der Stundenregenten reicht diese Angabe nicht. Der angestrebten Allseitigkeit der Uhr fehlen auch die weit mehr gebrauchten Linienscharen der italischen und babylonischen Stunden und der damit verbundenen Indikationen über Auf- und Untergang der Sonne sowie der Längen von Tag und Nacht.

An alten, jetzt dem heutigen Verkehr angepaßten Landstraßen stehen bisweilen als Erinnerung an ruhigere Zeiten an irgendeiner Kreuzung Sonnenuhren, die auf hoher Säule, ungeachtet des Zeitenwandels in alter Treue dem Reisenden auf vier Seiten den Ablauf der Stunden mitteilen.

Ein solcher Zeuge der guten alten Zeit steht bei Dorlisheim im Unter-Elsaß hoch über einer belebten Straßenkreuzung (Abb. 305),

306 Die Sonnenuhr für mittlere Zeit des Paters Ildephonse im Kloster Cimiez bei Nizza. Nach Boursier.[12]

Tafel XLV Zylinderuhr mit Drachenschwanz als Schattenwerfer. England, 17. Jahrhundert.
Crown Copyright. Science Museum, London

wo sie 1813 auf die Kosaken und seither auf ein gutes Dutzend der verschiedensten Heeresformationen herabzuschauen vermochte.
In den Höhen über Nizza und der Riviera erhebt sich unter einem weit milderen Himmel das Kloster von Cimiez. Dort trägt eine 2,45 m breite Marmorplatte eine besondere Sonnenuhr mit der Jahreszahl 1876 und dem Namen ihres Herstellers, des Franziskanerpaters *Ildephonse* (Abb. 306). Das Kloster besitzt noch weitere Sonnenuhren, jedoch ist diese die einzige, auf der der uhrenfreudige Mönch jede Stundenlinie mit der Achterschleife der Zeitgleichung versehen hat. Um ein genaues Ablesen zu ermöglichen, hat er in den Seitenrändern der Tafel eine Datenteilung von 5 zu 5 Tagen vorgesehen, so daß bei der besonderen Größe der Uhr eine ziemlich genaue Datenbestimmung möglich ist. Dem Beschauer werden die sonderbaren Verzerrungen der Kurvenschleifen auffallen, und ebenso die Anordnung der Stundenlinien, die für die wahre Ortzeit nur den Teil der Uhr zwischen Zentrum und Wintersonnenwende, und für die mittlere Zeit die Fläche zwischen den Sonnwendkurven bedecken.
Die früher äußerst seltenen Sonnenuhren dieser Art werden in den letzten Jahrzehnten in zunehmender Anzahl von Liebhabern eingerichtet und auch der Autor hat in dem malerischen Städtchen Egisheim (Ober-Elsaß) ein Exemplar in Großformat angebracht (Abb. 307). Interessant ist die in Malta von Mr. *Fenech,* einem einheimischen Priester, gebrauchte Zeichnung der Achterschleife, wo die Kurvenhälfte der steigenden Deklination (22. Dezember–21. Juni) gestrichelt, und die der abnehmenden (22. Juni–21. Dezember) voll ausgezogen ist. Die in der Sprache der Insel geschriebene Inschrift gibt darüber einen kurzen Hinweis (Abb. 169). Die Unterscheidung der beiden Kurvenhälften erleichtert auch ohne Tierkreiszeichen an der Kurve das Ablesen der mittleren Zeit.
Im *Lycée des Jeunes Filles* von Grenoble, einem ehemaligen Jesuitenkolleg, wird eine im Jahre 1673 von einem Jesuiten namens *Bonfa* eingerichtete Sonnenuhrenanlage ge-

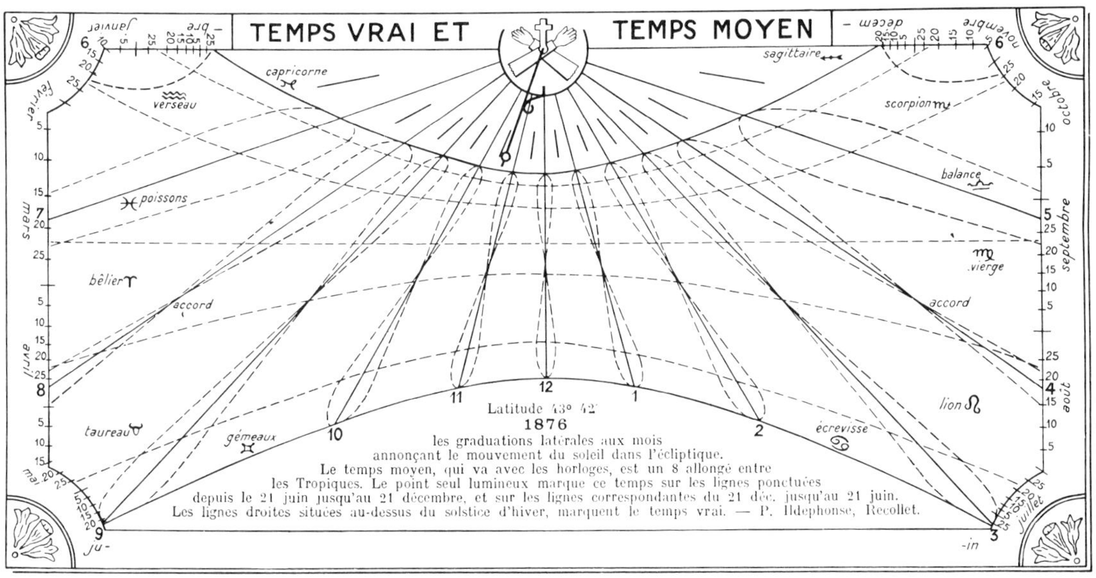

307 Eine vom Verfasser in Egisheim im Elsaß eingerichtete Sonnenuhr für mittlere Zeit. Der in der lokalen Mundart geschriebene Uhrenspruch sagt: *Die Zeit und das Licht führen in die Ewigkeit.*

zeigt, die wegen ihrer vielseitigen Eigenartigkeit besonderes Interesse verdient.
Der Pater Bonfa hatte 1638 in Nîmes das Licht der Welt erblickt. Sehr wahrscheinlich konnte er später in das damals neue und schnell berühmt gewordene Werk Athanasius Kirchers (S. 160) Einblick nehmen, wo auf 68 großen Folioseiten von *Reflex-Uhren* die Rede ist. Auf diesen erfolgen die Angaben durch einen Sonnenstrahl, der durch einen auf einem Fenstergesimse in der Sonne liegenden Spiegel ins Innere eines Raumes geworfen wird. Bonfa verwirklichte die Idee hinter den nach Süden gerichteten Fenstern des Treppenhauses des Kollegs und

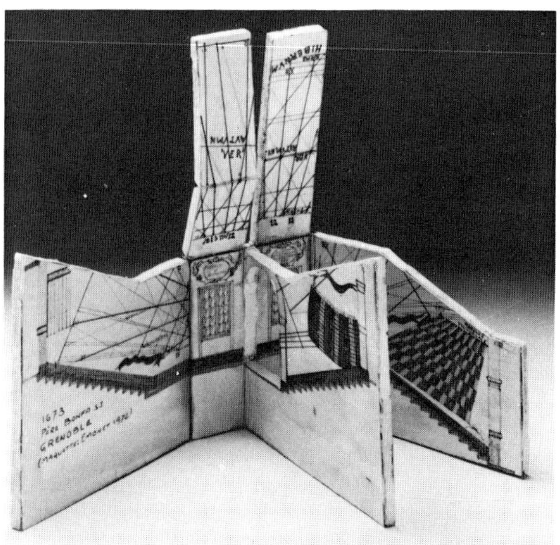

308 Nachbildung der im ehemaligen Jesuitenkolleg (heute Mädchenschule) von Grenoble 1673 von dem Jesuiten Bonfa eingerichteten Reflexsonnenuhrenanlage. Zeichnung und Modell von Ing. Emonet, St. Martin-le-Vinoux.

zeichnete auf Seiten- und Hinterwänden und sogar an den Decken der auf- und absteigenden Treppenteile eine ganze Reihe komplizierter Liniennetze und Abaken, deren Beschreibung viele Seiten füllen würde. Bei der Besprechung der Mittagsweiser wurde schon erwähnt, und Bonfa wußte das auch, daß die Genauigkeit der Indikationen sich mit der Größe einer Anlage erhöht, und hier liegt möglicherweise einer der Beweggründe für die von ihm unternommene beträchtliche Arbeit (Abb. 308).
Wir beschränken uns hier auf die Aufzählung der auf der über 100 qm verteilten Anlage befindlichen Einzelflächen:
die wahre Ortszeit
die babylonischen Stunden
die italischen Stunden
die Auf- und Untergangszeiten der Sonne
Beginn der Morgen- und Ende der Abenddämmerung
der jeweilige Monat und Stand der Sonne im Tierkreis
das ungefähre Datum
die Stellung der astrologischen Häuser
ein Mondkalender mit Epaktentafel
stündliche Angabe der Stellung des Mondes für eine Anzahl von Weltgegenden
Es folgen Angaben, die wohl nur leere Stellen der Wandflächen bedecken sollten, wie:
ein Kalender der siegreichen Schlachten Ludwigs XIV.
ein anderer mit den Festtagen der Hl. Jungfrau
eine Liste der heiliggesprochenen Jesuiten – und eine graphische Darstellung der derzeitigen Tagesstunde in verschiedenen über die ganze Erde zerstreuten Jesuitenkollegien.
Diese Aufstellung beweist jedenfalls, daß Bonfa Zeit und Lust für seine Arbeit aufbrachte. Der heutige Betrachter aber findet sich in der vielseitigen Anlage nicht immer schnell zurecht. Im Jahre 1921 erschien die einzige ausführliche bisher veröffentlichte Beschreibung, auf die hier verwiesen sei.[73] Die Anlage beginnt schadhafte Stellen aufzuweisen; vorbereitende Studien für eine eventuelle Restaurierung sind im Gange.
Eine andere bemerkenswerte, in weißen Stein gehauene Sonnenuhr steht am Seeufer in Annecy. Sie ist das Werk von *Jean-Marie Dumurger,* einem Kapuziner mit dem Klosternamen *Bruder Arsène,* geboren in Annecy und dort 1876 verstorben, nachdem er auch

309 Die Blocksonnenuhr des Kapuziners Dumurger am Seeufer in Annecy (Frankreich).

Tafel XLVI Sternförmige Äquatorialuhr mit Kompaß. Die rund um den Stern sichtbaren Sonnenuhren sind Polaruhren mit parallelen Stundenlinien. Rechts oben im Bild eine Ringsonnenuhr, in dieser Form auch als Bauernsonnenuhr bekannt.

310 Die Horizontalsonnenuhr im Bremer Botanischen Garten (siehe auch Abbildung 57).

als Ordensmann weiterhin das gelernte Steinbildhauerhandwerk ausgeübt hatte.

Die Anzahl der besonderen, von Angehörigen geistlicher Orden früher hergestellten Sonnenuhren drängt die Frage auf, ob nicht im Wechselspiel zwischen dem Hang zur Besinnlichkeit und der Beschäftigung mit Gnomonik eine gegenseitige Verknüpfung von Ursache und Wirkung zu erkennen ist . . .

Bruder Arsène hat in seiner Steinsäule eine ganze Reihe von Sonnenuhren untergebracht. Ganz oben liegt auf einer Stütze ein siebeneckiger Stern, dessen beide Außenseiten äquatorparallel geneigt sind, so daß die obere Fläche mit einer im Sommer belichteten Äquatorialuhr versehen werden konnte. Für den Winter und die negativen Sonnendeklinationen sind zwei kleinere Äquatorialuhren auf der unteren Fläche des Sterns vorgesehen (Abb. 309). Die zwischen den Spitzen des Sterns liegenden Flächen sind Zifferblätter für Polaruhren mit den Außenkanten des Sternkörpers als Schattenwerfer. Sowohl Schattenkanten als Zifferblätter sind also erdachsparallel. Die Sternstütze trägt auf der Südseite eine Süd- und auf der Nordseite eine Norduhr, während sich auf den beiden anderen Seiten Ost- und Westuhren befinden.

Die Südseite des Sockels trägt Spezialangaben mit einem Mittagsweiser in der Mitte, der mit Datumslinien und Tierkreiszeichen versehen ist. Am unteren Rand sind zwischen den Uhrzeiten die Stundenlinien für die Mittagszeit einiger europäischer Hauptstädte angebracht.

Mit der Jahreszahl 1874 und trotz der übrigen eingemeißelten, nicht sehr epikurischen Inschriften kann der *Gnomon des Bruders Arsène* – dies ist in Annecy der Name des Steins – nicht als altehrwürdiges Denkmal betrachtet werden. Vielmehr erinnern seine Kurven und Abrundungen an erste Anzeichen des gegen Ende des Jahrhunderts aufkommenden Jugendstils . . .

Dieser Stil ist jedoch in der herrlichen Horizontaluhr des Botanischen Gartens in Bremen weit überholt (Abb. 310). Sie ist in Sandstein gearbeitet und trägt die Tierkreiszeichen lediglich als Verzierung. Hervorzuheben ist die einfache und klare Darstellung der Zeitgleichungskorrektur mit der dazugehörigen Anweisung (Abb. 57). In der Kurvenzeichnung sind die Monate als Abszissen und die Minuten der Zeitgleichung als Ordinaten eingetragen. Die Erklärung besagt, daß positive Werte der Ablesung hinzugefügt und negative davon abgezogen werden.

Ebenfalls in Bremen konnte der Autor im Garten des Focke-Museums eine sehr klassische und alte Sonnenuhr aus Sandstein untersuchen, die später von seinem leider inzwischen verstorbenen Freund Joh. Berg beschrieben wurde.[6] Sie trägt die Jahreszahl 1617. Auf ihrer Tragsäule (Abb. 180) stehen als Julianische Eintrittsdaten der Sonne in die Tierkreiszeichen: 10. Januar; 10. Februar; 11. März; 10. April; 11. Mai; 12. Juni; 13. Juli; 13. August; 13. September; 13. Oktober; 12. November; 12. Dezember. Unter der Aufstellung dieser Daten finden sich die Symbole der 7 Planeten in der Reihenfolge der Wochentage, und zwar jedes in Begleitung der abnehmenden Rangziffer der Umlaufszeiten: Saturn 1; Mond 7; Merkur 6; Venus 5; Sonne 4; Mars 3; Jupiter 2.

Der aus dem gleichen Steinmaterial bestehende Uhrenblock zeigt auf 7 verschieden orientierten Zifferblättern eine Horizontaluhr mit normalen und temporalen Stunden und den dazugehörigen Datumslinien, eine Ost- und eine Westuhr, jede mit diesen gleichen Liniennetzen, wobei auf der ersteren die Temporalstunden von 0 bis 5 und auf der zweiten von 7 bis 12 beziffert sind (Abb. 180). In den lateinischen Inschriften dieser beiden Seitenuhren werden diese Stunden fälschlich Planetenstunden genannt – es sind, wie wir wissen, nach Apian (S. 111) Temporalstunden, die schon immer gern mit jenen verwechselt worden sind. Es folgt eine Polaruhr mit normalen, italischen und babylonischen Stundenlinien, abermals auch mit Datumslinien, aber nur für solche Tage, deren Dauer eine volle Anzahl Stunden beträgt, ferner zwei Äquatorialuhren und zwar je eine für positive und negative Sonnendeklinationen. Hier passierte dem Steinmetz ein Mißgeschick: auf der letzteren Uhr sind die Stundenziffern nicht umgekehrt, d. h. sie drehen sich nicht, wie es hätte sein müssen, im umgekehrten Uhrzeigersinn.

Zum Schluß besitzt der Stein noch eine Norduhr mit normalen, italischen und babylonischen Stundenlinien.

In schwerfälligem Latein geben auf den Uhrenflächen eingehauene Inschriften Auskunft über die Natur der Linien sowie die Breite des Standorts, der mit 53° 40′ der Lage Bremens entspricht. Die Ecke des Steins aber mit der geographischen Länge ist

311 Die Armillarsphäre der Phillips Academy in Andover (USA).

beschädigt, so daß dort nur noch die Worte ELVATIO . . .RIS GRAD 36 MIN 20 gelesen werden können. Jedoch kann die Endsilbe RIS nicht mit Paris zusammenhängen, denn mit Paris als Nullmeridian müßte der geplante Standort der Uhr in der Gegend von Moskau zu suchen sein, was zwar möglich, aber nicht wahrscheinlich wäre. Viel wahrscheinlicher ist RIS als Rest des verstümmelten Wortes FERRIS zu betrachten, dem früher gebräuchlichen Namen der Kanarischen Insel Hierro, in deren Nähe jahrhundertelang der Nullmeridian vorbeizog.[76] Dann wäre der Standort der Uhr nicht Bremen, sondern Marienwerder in Ostpreußen, jetzt in Polen gelegen, dessen großartiger Schloß- und Kirchenkomplex früher als Sitz des Deutschritterordens gedient hat und später Residenz der pommerschen Bischöfe war. Warum diese Uhr in Bremen blieb und nicht nach Marienwerder gelangte, ist nicht bekannt. Als mögliche Erklärung käme vielleicht eine Annahmeverweigerung durch den Auftraggeber wegen des erwähnten Steinmetzfehlers in Frage.

Heute wird vielfach auf die dekorativen Äquatorialuhren zurückgegriffen, auch weil sie sich besonders gut für die Längengrad- und Zeitgleichungskorrekturen eignen und dabei mit einfachsten Mitteln erhöhte Präzision ermöglichen. Im skandinavischen Norden sind Armillarsphären schon immer volkstümlich geblieben, wobei sie aber zuletzt oft nicht mehr als Sonnenuhren, sondern nur noch als Gartenzierde betrachtet wurden, denn an einzelnen Beispielen ist die als Schattenwerfer dienende Weltachse weder vorhanden noch vorgesehen. In den vergangenen Jahrzehnten kam aber diese Sonnenuhrenform mehr und mehr auch in Mittel- und Westeuropa in Mode.

312 Die Sonnenuhr von 1617 an der ehemaligen Franziskanerkirche in Rufach im Elsaß vor der Restaurierung im Jahre 1979. Ihre astronomische Freske ist eine Erinnerung an die am 17. August 1617 stattgefundene totale Mondfinsternis, die in Rufach zu einer allgemeinen Panik geführt hatte.[88] Die Uhr war seit zwei Jahrhunderten nicht mehr renoviert worden.

313 Die astronomische Sonnenuhr von Rufach nach ihrer Renovierung durch den Verfasser.

Als Beispiel sei eine moderne Konstruktion betrachtet, die an den früheren Heliochronometer der französischen Eisenbahnen (S. 30) erinnert und u. a. am Schwanenplatz in Luzern, wenige Schritte vom Seeufer entfernt Aufstellung gefunden hat (Abb. 84), wo sie jedermann Tag und Nacht zugänglich ist.

Es handelt sich um eine sehr präzis gebaute Uhr, deren zylindrisches Zifferblatt für je 20 Minuten eine Stundenlinie zeigt. Die oberen und unteren Ränder sind die Wendekreise. Die Gesamtfläche des Blattes enthält die graphische Darstellung der Ekliptik mit den Tierkreiszeichen, dazu die Zeitgleichungskurve. Die Ordinaten der Ekliptik sind in Grad, die der Zeitgleichung in Minuten abzulesen. Die Linien der vollen Stunden begrenzen als Abszissen die Monate, während die dazwischenliegenden 20 Minutenlinien Zeiträume von je 10 Tagen bestimmen. Das Instrument ist für die wahre Normalzeit, d. h. die um die geographische Länge Luzerns korrigierte wahre Ortszeit eingestellt, so daß der Beobachter die abgelesene Zeit nur um den Wert der Zeitgleichung zu ändern braucht, um die gesetzliche Zeit zu bestimmen. Datum und damit Größe der Zeitgleichung werden von der Uhr selbst angegeben. Der Zeiger, ein auf den Himmelspol weisender Pfeil, ist als Achse der Armillarsphäre gedacht. Er trägt im Kugelzentrum eine kleine durchlochte Scheibe, die bei Sonnenlicht auf dem Zifferblatt einen Lichtpunkt erzeugt und eine genauere Ablesung ermöglicht. Durch Drehung der Lochscheibe nach der Sonne kann dieser Lichtpunkt stets kreisrund gehalten werden.

Diese Art Uhren erweisen sich durch die auf ihnen gezeigte Darstellung des Sonnenlaufs als besonders lehrreich. Für die Zeitangabe bleiben sie selbständige Minuteninstrumen-

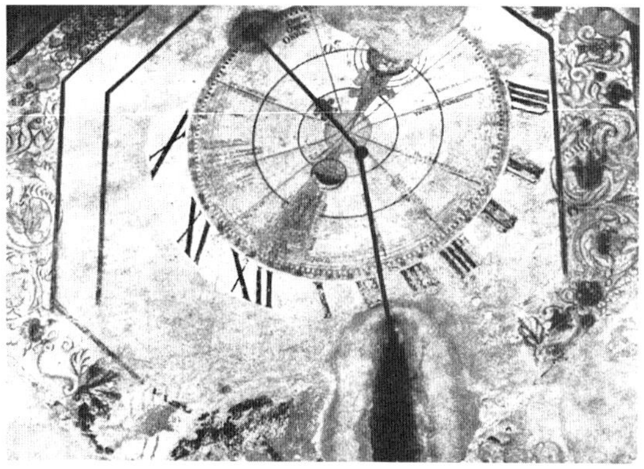

te, die auf die Dauer zuverlässiger sind als die Mehrzahl der öffentlichen Räderuhren. Sie finden sich heute in sauber gearbeiteten Exemplaren auf Plätzen und Parkanlagen großer Städte. Die chemischen Eigenschaften der Legierungen, aus denen sie hergestellt sind, erhalten ihnen auf viele Jahrzehnte hinaus den Glanz der Neuheit und machen sie zu einer Zierde ihrer Umgebung. Dabei

kommt es manchmal vor, daß bei all den symbolischen und künstlerischen Möglichkeiten der Ausführung einer Armillarsphäre ihr eigentlicher Zweck, die Gnomonik, in den Hintergrund gerät. Ein Schulbeispiel dafür ist die großartige Sonnenuhr in den Anlagen der Phillips Academy in Andover (Massachusetts/USA) (Abb. 311).

Der Versuch, einen auch nur bescheidenen Überblick auf die bemerkenswertesten Sonnenuhren des alten Europa zu bringen, würde den Rahmen dieses Werkes bei weitem überschreiten. Zinner[123] hat ein Buch damit gefüllt; aber die Unmöglichkeit eines solchen Unternehmens erhellt aus dem Beispiel des Elsaß', wo er kein halbes Dutzend Sonnenuhren erwähnt, wo später dort aber, bei einer – immer noch unvollständigen – Bestandsaufnahme[81] die Zahl von 200 überschritten wurde.

Zum Abschluß des Kapitels sei hier aber noch auf eine besonders eigenartige und wahrscheinlich einmalige Sonnenuhr hingewiesen, die nach einem 200jährigen ununterbrochenen Dornröschenschlaf dem völligen Untergang anheimzufallen drohte und im Jahre 1979 *in extremis* von Staats wegen restauriert wurde (Abb. 312 u. 313).

Sie befindet sich in Rufach, einem elsässischen Winzerstädtchen am Fuße der Vogesen, wo sie an der Südmauer der Kirche des in der Großen Revolution zerstörten Franziskanerklosters langsam zerfiel, und jeden, der sie betrachtete, vor das Rätsel über Sinn und Herkunft ihrer sonderbaren Freske stellte.

Die Annahme ist nicht abwegig, daß die eigentliche nicht sehr anspruchsvolle Uhr nur ein Vorwand für die Anbringung der Freske gewesen sein könnte. Sie zeigt das ptolemäische Weltsystem, wie es aus dem Almagest hervorgeht, mit der Erde in der Mitte, die von Sonne und Mond auf ihren Bahnen umkreist wird. Alle drei Himmelskörper sind als Kreise dargestellt, und zwar befinden sie sich im Zustand totaler Mondfinsternis. Die Tatsache aber, daß Merkur und Venus um die Sonne kreisen, gibt einen Hinweis auf die frühest mögliche Entstehung der Freske, nämlich den Zeitpunkt der Entdeckung dieser Bewegung durch Tycho Brahe, der 1601 starb. Kopernikus war schon 1543 gestorben. Daß in der Freske dennoch die Erde noch als Mittelpunkt des Weltalls galt, ist für jene Zeit in einem Kloster verständlich. Vor der Restaurierung war ein Teil der Freske mit dem Planeten Venus und einem großen Teil der Bahnen der inneren Planeten völlig zerstört, aber Merkur war erkennbar und stand in unterer Konjunktion. Ganz nahe am Rande des durch diese Darstellung gebildeten Kreises laufen drei weitere konzentrische Kreise als Bahnen der Planeten Mars, Jupiter und Saturn, von denen aber nur Jupiter noch mit einiger Mühe zu erkennen war, und zwar stand er in Opposition. Die Stellungen dieser beiden einzigen noch sichtbaren Planeten erlaubten später, zusammen mit der Mondfinsternis, die genaue Datierung der Uhr. Nach außen folgte eine sehr genau ausgeführte Kreisteilung in Grad, der dann noch ein Kreis unregelmäßig verteilter Fixsterne folgte, von denen 14 namentlich bezeichnet waren. Nur wenige der Inschriften waren noch leserlich.

Die Geschichte der Uhr war vergessen und verloren. Weder in Kolmar noch in Rufach fand sich davon in Archiven oder Bibliotheken eine Spur. Alles, was sich einst auf das Kloster bezogen hatte, war der Revolution zum Opfer gefallen.

Der Autor hatte sich seit Jahren mit der Überzeugung getragen, daß diese Freske das Denkmal eines astronomischen Ereignisses sein mußte, das aus irgendeinem Grund die Gemüter der Einwohnerschaft Rufachs besonders tief beeindruckt hatte. Er ließ keine Gelegenheit vorübergehen, um in Wort und Schrift für die Rettung dieses Zeugen aus längst verronnener Zeit zu werben, und schließlich, im Jahre 1976 kam der Erfolg – das Pariser Staatssekretariat für Kultur beauftragte ihn, sich im Blick auf einen Renovierungsplan der Uhr mit der Wiederherstellung ihrer Freske zu befassen.

Die Arbeit artete in eine endlose Reihe astronomischer Berechnungen aus und dauerte einen ganzen Sommer.[88] Es gelang zuletzt, Datum und Stunde des dargestellten Ereignisses zu ergründen, die Stellungen aller verschwundenen Planeten zu berechnen, und dann auf Grund der Berechnung *a posteriori* auf der Freske Spuren der Planeten Mars und Saturn wiederzuentdecken. Die Rekonstruktion der Freske wurde damit möglich und 1979 von Künstlerhand ausgeführt.

Und was erzählte sie?

Man schrieb den 16. August 1617 . . .

Kurz nach dem abendlichen Verschwinden der Sonne hinter dem Kamm des Hohneckmassivs sahen die Bewohner Rufachs den Vollmond sich langsam hinter dem gegenüberliegenden Schwarzwälder Belchen erheben. Wie immer, wenn man ihn in unmittelbarer Horizontnähe erblickt, schien er größer, aber jetzt hatte er dazu noch seinen gewohnten silbernen Glanz verloren und sein Schein den rötlichen Ton alten Kupfers angenommen. Die Leute von Rufach sind deutschsprachig. Zweifellos kam ihnen bei diesem Anblick das Wort *blutrot* auf die Lippen. Man versetze sich in jene Zeit zurück und höre den durch die Straßen gellenden Schrei: *Der Mond ist blutrot!*

Ohne seine Farbe zu verändern stieg er höher und höher. Das konnte nur Unheil bedeuten, vielleicht war das gar das Ende der Welt! Es wird zu einer allgemeinen Panik gekommen sein; man könnte sich vorstellen, daß die Leute in namenlosem Schrecken zur Kirche und ins Kloster rannten.

Niemand dachte daran oder ahnte auch nur, daß man einer der schönsten Mondfinsternisse des Jahrhunderts beiwohnte. Sie hatte um $17^h\ 05^m$ begonnen und war um $18^h\ 54^m$ total geworden; zehn Minuten später wurde sie im Rheintal sichtbar. Es ist bekannt, daß bei total verfinstertem Mond seine Farbe infolge der zerlegenden Strahlenbrechung der Erdatmosphäre ins Rötliche wechselt. Die Totalität dauerte 88 Minuten, eine zu lange Zeit, um in einem Zeitalter der Unwissenheit und allgemeinen Aberglaubens von einfachen Bauern und Winzern in Ruhe hingenommen zu werden. Erst um $20^h\ 22^m$ wurde die Finsternis wieder partiell, und um $22^h\ 11^m$ war alles vorüber.

In den Augen der Franziskaner des Klosters aber muß die moralische Wirkung dieser einmaligen Generalprobe eines Weltuntergangs ihre beste, von der an der Kirche heute noch sichtbaren Freikanzel gehaltene Predigt weit übertroffen haben, und zwar so gewaltig, daß sie das Ereignis durch eine, wenn auch als Sonnenuhr getarnte Freske verewigten.

XII Sonnenuhrensprüche

Tafel XLVII Die bukolische Sonnenuhr am Hause eines Künstlers an der Mündung der Gironde (Meschers, Frankreich). ▷

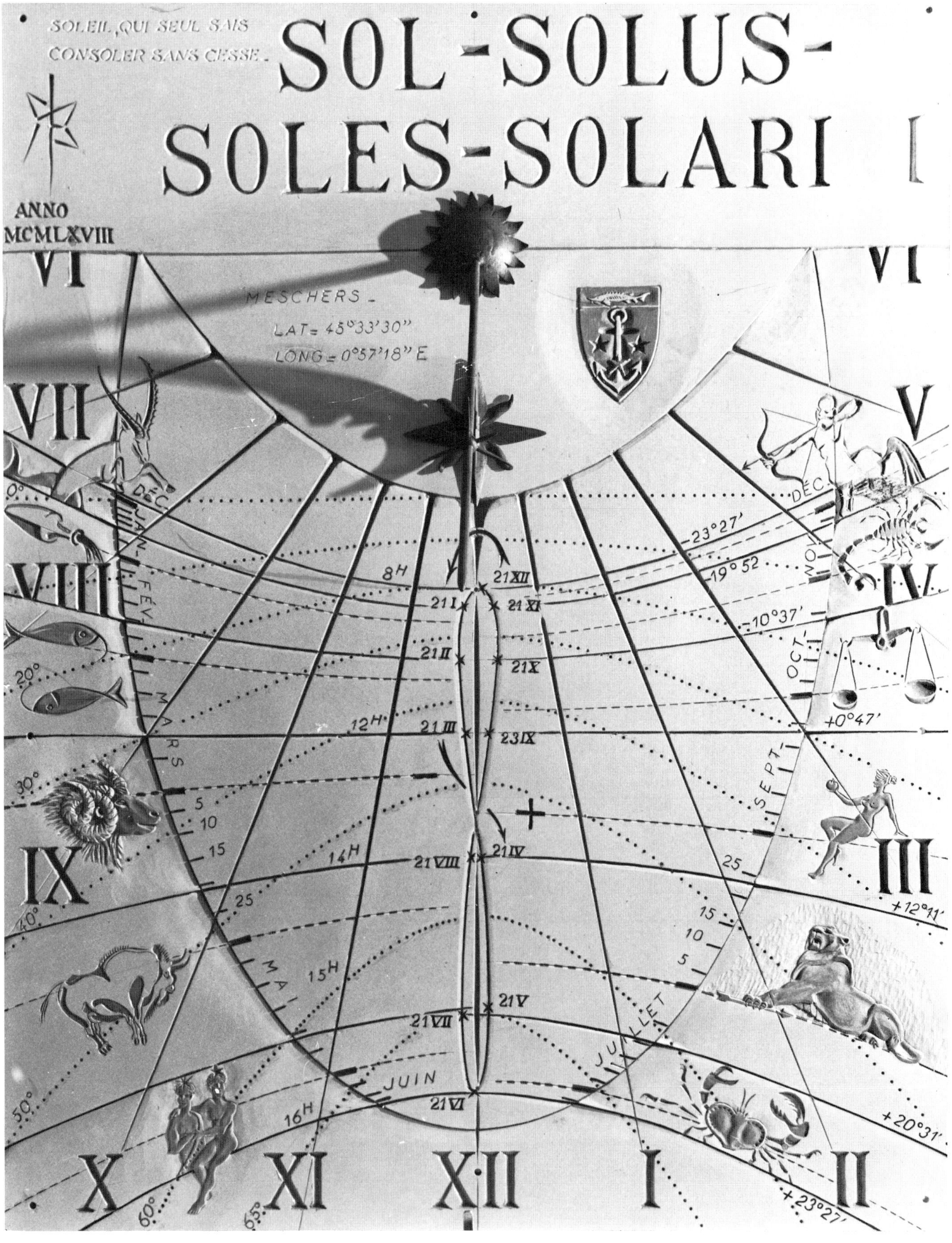
SOLEIL, QUI SEUL SAIS
CONSOLER SANS CESSE.
SOL-SOLUS-
SOLES-SOLARI
ANNO
MCMLXVIII
MESCHERS.
LAT = 45°33'30"
LONG = 0°57'18" E
VI
VII
VIII
IX
X
XI
XII
I
II
III
IV
V
VI
DÉC.
JAN.
FÉV.
MARS
MAI
JUIN
JUILLET
SEPT.
OCT.
NOV.
DÉC.
8H
12H
14H
15H
16H
21 XII
21 I
21 XI
21 II
21 X
21 III
23 IX
21 VIII
21 IV
21 VII
21 V
21 VI
23°27'
19°52
10°37'
+0°47'
+12°11'
+20°31'
+23°27'

Das langsame Werden der Sonnenuhr hat 40 Jahrhunderte gewährt. Und seit 40 Jahrhunderten begegnet ihr der fragende Blick des Menschen. An ihrer Seite kamen und vergingen Wasser- und Sanduhren, Öl- und Feueruhren. Sie allein hat die stets wechselnden Zeiten bis in unsere Tage überlebt. Es ist Tatsache, daß trotz Pendel- und Quarzuhren von höchster Präzision der heutige Mensch immer noch mit Interesse nach ihrem Schatten blickt. Und dieses Interesse hat einen tieferen Sinn als nur die Frage nach der Zeit: Es wurzelt, dem einzelnen unbewußt, in einem Gefühl von Ehrfurcht, und dem Empfinden, daß ihn hier der geistige Nachlaß unzähliger Generationen zu besinnlichem Denken über Zeit und Ewigkeit anregt.

Die Sonnenuhr ist ein lebendes Wesen, das von niemand aufgezogen und von keinem Gewicht getrieben wird, das lautlos bleibt und dennoch zu uns spricht. Sie spricht von der Zeit, von ihrer Vergänglichkeit, ihrer Flucht und ihrer tragischen und einmaligen Bedeutung für jeden Menschen. Sie spricht vom Tod, vom Ende aller Dinge, von der Ewigkeit und vom Jenseits.

Im Wechsel der Zeiten haben diese Gedanken in Tausenden von Inschriften auf den Sonnenuhren selbst ihren Niederschlag gefunden. Sie sind verschieden je nach der Geistesrichtung des Erbauers oder dessen Auftraggebers, und ihre Motive sind philosophischer oder religiöser Natur. Es ist die Rede von der Erde und der Sonne, von Tag und Nacht, und nur selten verraten sie epikurischen Hang. Es ist charakteristisch, daß sie fast stets in lateinischer Sprache, der Sprache der Gelehrten und der Kirche, geschrieben sind.

Man nennt sie Uhrensprüche.

Es bedeutet einen Verlust an kulturhistorischen Werten, wenn sie durch langsames Verschwinden alter Gebäude und ihrer Sonnenuhren seltener werden, denn sie gewähren Einblick in das Seelenleben früherer Generationen und fördern volkstümliches Gedankengut zutage. Ihre Gesamtheit bildet ein Volksvermögen an primitiver Literatur aus den Tiefen der Menschenseele. Daß dies des öfteren erkannt worden ist, beweisen die zahlreichen Versuche einzelner Liebhaber, solche Sprüche zu sammeln und zu veröffentlichen. Eine der bedeutendsten dieser Sammlungen stammt aus der Feder des Franzosen *Charles Boursier*. Sein im Jahre 1936 erschienenes Buch *800 Devises de Cadrans solaires* (800 Sonnenuhrsprüche) enthält alles, was er mit Liebe und Geduld in Frankreich und dem ihm s. Z. zugänglichen Europa an Gedankenschätzen finden konnte[12]. Das köstliche Buch ist längst vergriffen und wird heute von Kennern mit Gold aufgewogen. Glücklicherweise gehört es zum Bestand der großen Bibliotheken.

Man wird verstehen, daß in diesem Kapitel nur eine bescheidene Auswahl an Beispielen gebracht werden kann. Ein Buch über Sonnenuhren wäre aber ganz ohne solche in den Augen vieler nicht vollständig.

Nach alter Tradition sind die Texte lateinisch geschrieben. Es sei aber darauf hingewiesen, daß in den Ländern Mitteleuropas der in moderne Sprachen übertragene Text laufend gebraucht wird und keinesfalls stört. Es handelt sich hier um eine Geschmacksache. Zu bemerken ist, daß lateinische Texte meist kürzer sind als Übersetzungen. Gelegentlich wird der Leser auf alten Sonnenuhren feststellen, daß in einem Sonnenuhrspruch eine Reihe von Buchstaben, die auch mitten im Worte stehen können, etwas höher und größer, oder auch in anderer Farbe erscheinen, und daß es sich dabei stets

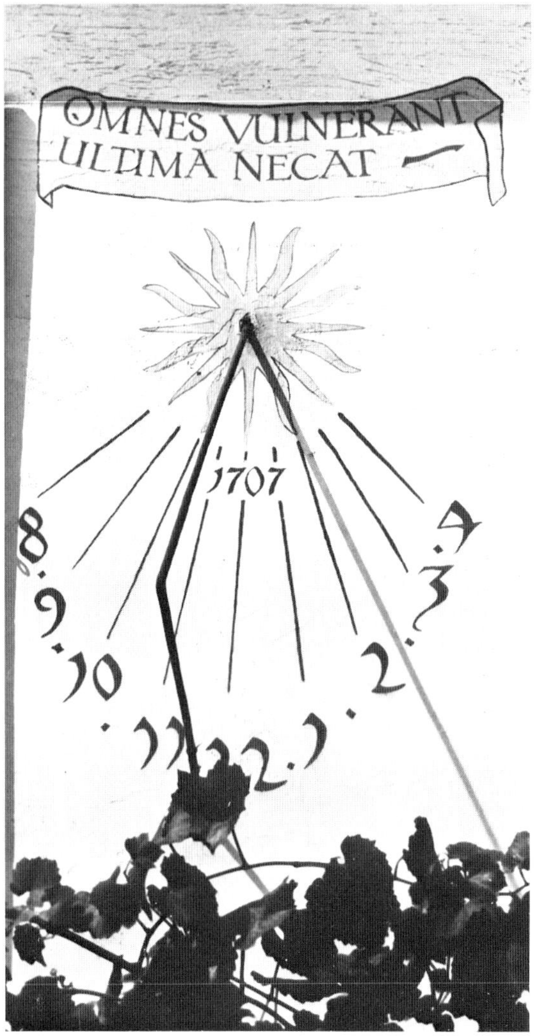

314 Sonnenuhr am Hause eines Künstlers in St. Leonhardt im Elsaß: *Alle verletzen, die letzte tötet.*

315 Sonnenuhr an einer Schmiede in Kolmar (Elsaß). Der Mundartspruch sagt: *Genieße jede schöne Stunde da sie nur einmal kommt.*

316 Sonnenuhr mit italischen Stunden in Ciona (Tessin): *Du siehst zu welcher Stunde du lebst, aber die Todesstunde bleibt dir verborgen.*

317 Morgen und Abend des Tages – auch Morgen und Abend des Lebens. Sonnenuhr am Hause eines Künstlers in Straßburg-Königshofen, 1958. *Die Zeit vergeht wie der Schatten.*

318 *Zähle die Sonnenstunden,* sagt die provenzalische Sonnenuhr an der französischen Riviera.

319 *Hier, o Mensch, siehst du dein ganzes Schicksal; es vergeht wie der Schatten der Sonne.* Alte Sonnenuhr in Obersteinbrunn (Steinbrunn-le-Haut), Elsaß.

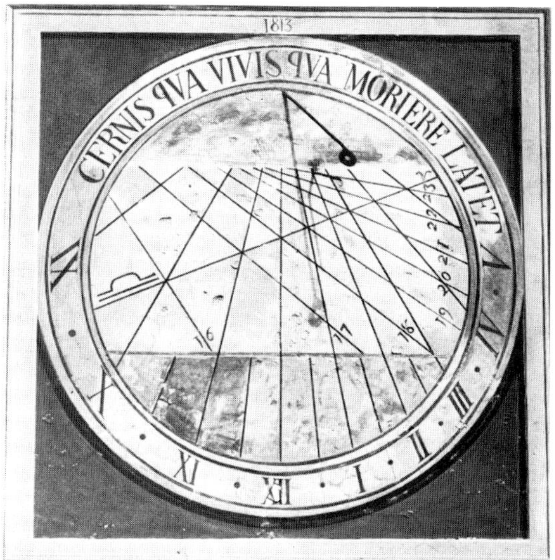

um solche Buchstaben handelt, die als römische Zahlen gelesen werden können. Ein solcher Text bildet ein sogenanntes *Chronogramm.* Werden nämlich diese besonderen Buchstaben herausgelesen und als römische Zahlen betrachtet, so ergibt ihre Summe eine Jahreszahl, die gewöhnlich das Entstehungsjahr der Sonnenuhr angibt. Chronogrammtexte sind deshalb nicht leicht zusammenzustellen, weil nach altem Brauch alle darin enthaltenen Zahlenbuchstaben in der Addition enthalten sein sollen.

Sole Oriente Fugiunt Tenebrae
Die Schatten fliehen bei Sonnenaufgang

Si Sol Deficit, Respicit Me Nemo
Ohne Sonne beachtet mich niemand.

Festina Lente
Eile mit Weile

Vidi Nihil Permanere Sub Sole
Nichts ist ewig unter der Sonne

Hora Fugit Ne Tardes
Die Stunde flieht, verspäte dich nicht

Utere Non Reditura
Nütze die Stunde, sie kommt nicht mehr

Serius Est Quam Cogitas
Es ist später als du denkst

Tempus Edax Rerum
Die Zeit verzehrt alles

Tempus Breve Est
Die Zeit ist kurz

Sit Fausta Quae Labitur
Diese Stunde sei dir günstig

Vivere Memento
Vergiß nicht zu leben

Utere, Non Numera
Zähle sie nicht, nütze sie

Post Tenebras Spero Lucem
Ich erhoffe Licht nach der Finsternis

Ver Non Semper Viret
Der Frühling bleibt nicht ewig grün

Omnes Vulnerant, Ultima Necat
Alle verletzen, die letzte tötet

Sol Omnibus Lucet
Die Sonne scheint für alle

Lucem Demonstrat Umbra
Ohne Licht kein Schatten

Tempus Omnia Dabit
Die Zeit gewährt alles

Una Ex His Erit Tibi Ultima
Eine davon wird deine letzte sein

Tempus Vincit Omnia
Die Zeit besiegt (heilt) alles

Lente Hora, Celeriter Anni
Die Stunde vergeht langsam, die Jahre fliehen schnell

320 Alte Sonnenuhr mit Achterschleife in Sierentz (Elsaß). *Andere mögen dem Schatten folgen, ich diene euch durch das Licht.*

Tempus Fugit
Zeit flieht

Una Dabit Quod Negat Altera
Die eine gibt was die andere versagt

Horas Non Numero Nisi Serenas
Ich zeige nur die heiteren Stunden

Vita Similis Umbrae
Das Leben ist wie ein Schatten

Sol Rex Regum
Die Sonne herrscht über Könige

Unter anderem bringt Boursier auch einen englischen Spruch mit lebendigen Versen und optimistischem Ausblick:

Let Others Tell Of Storms And Showers
I Only Mark The Sunny Hours

Laß andre von Stürmen und Schauern sagen,
Ich zeige nur Stunden an sonnigen Tagen

Und auch den in Deutschland verbreiteten folgenden:

Mach' Es Wie Die Sonnenuhr
Zaehl' Die Heiteren Stunden Nur

Eine andere Probe vermittelt Einblick in die eigenwillige Volkstümlichkeit provenzalischer Lebensweisheit:

Arresto Ti, Passant, Regardo
Quanto Es
d'Ouro Et . . .
Fouto Me Lou Camp
Bleib' stehen, Wanderer, schau nach der Stunde . . .
dann aber sieh zu, daß du verschwindest . . .

Zum Schluß eine letzte, sehr häufige Inschrift, die auch der Autor auf einigen Sonnenuhren angebracht hat:

Carpe Diem
Nütze den Tag

Sie wurde absichtlich für den Schluß aufgespart, weil sie als Schulbeispiel dafür dienen kann, wie großzügig, wenigstens in der Heimat des Autors, das Volk lateinische Sonnenuhrsprüche auszulegen versteht.

321 Sonnenuhr in Richterswill (Schweiz).

322 Reichdekorierte Sonnenuhr in Darmstadt. Die begleitenden Verse sind von Binding.

Der Spruch zierte zu Anfang des letzten Jahrhunderts eine Sonnenuhr am Hause eines alten Sonderlings, das sich in einer recht langen und ebenso krummen wie schwach bevölkerten Straße eines Straßburger Vororts befand, der auch heute noch in der Stadt wegen seines beachtenswerten Gemüseanbaus in hohem Ansehen steht. Jahrzehntelang fuhren hier die Gärtner mit vollbeladenen Gemüsewagen vorbei zur Stadt, und immer wieder fragte sich jeder, was die lateinischen Worte wohl bedeuteten. Anscheinend blieb die Frage ohne Antwort.
Ein Jahrhundert und viele Jahrzehnte sind seither vergangen. Das Haus und die Sonnenuhr mit ihrem geheimnisvollen Spruch sind längst verschwunden. Aber die Straße ist immer noch da. Sie heißt jetzt »Karpfenweg«.

Tafel XLVIII Die große Sonnenuhr über dem Eingang des Prinzenhofs in Groningen (Niederlande) ist eine der schönsten ihrer Art in Europa.

Anhang

TABELLE I

Umwandlung der Grade und Winkelminuten in Stunden und Zeitminuten

Bogenminuten	Zeitmaße
1'	4 Sek.
2'	8 Sek.
3'	12 Sek.
4'	16 Sek.
5'	20 Sek.
6'	24 Sek.
7'	28 Sek.
8'	32 Sek.
9'	36 Sek.
10'	40 Sek.
20'	1 Min. 20 Sek.
30'	2 Min. 00 Sek.
40'	2 Min. 40 Sek.
50'	3 Min. 20 Sek.
60'	4 Min. 00 Sek.

Grad	Zeitmaße
1°	4 Min.
2°	8 Min.
3°	12 Min.
4°	16 Min.
5°	20 Min.
6°	24 Min.
7°	28 Min.
8°	32 Min.
9°	36 Min.
10°	40 Min.
15°	1 St. 00 Min.
20°	1 St. 20 Min.
25°	1 St. 40 Min.
30°	2 St. 00 Min.
35°	2 St. 20 Min.
40°	2 St. 40 Min.
45°	3 St. 00 Min.
50°	3 St. 20 Min.
55°	3 St. 40 Min.
60°	4 St. 00 Min.
65°	4 St. 20 Min.
70°	4 St. 40 Min.
75°	5 St. 00 Min.
80°	5 St. 20 Min.
85°	5 St. 40 Min.
90°	6 St. 00 Min.

TABELLE II

Atmosphärische Strahlenbrechung

Sternhöhe	Abzuziehende Brechung
5°	10',2
10°	5',5
15°	3',7
20°	2',7
25°	2',1
30°	1',7
35°	1',4
40°	1',2
45°	1',0
50°	0',8
55°	0',7
60°	0',6
65°	0',5
70°	0',4
75°	0',3
80°	0',2
85°	0',1
90°	0',0

Tabelle III

Durchschnittlicher Wert der Zeitgleichung in Minuten und Sekunden um 0 Uhr GMT

Tage	Januar	Februar	März	April	Mai	Juni	Juli	August	September	Oktober	November	Dezember
	M S	M S	M S	M S	M S	M S	M S	M S	M S	M S	M S	M S
1	+ 3 16	+ 13 33	+ 12 34	+ 4 09	− 2 51	− 2 25	+ 3 34	+ 6 18	+ 0 15	− 10 03	− 16 21	− 11 15
2	3 44	13 41	12 22	3 51	2 59	2 16	3 46	6 15	− 0 04	10 23	16 23	10 53
3	4 12	13 48	12 10	3 33	3 06	2 07	3 57	6 10	0 24	10 42	16 24	10 30
4	4 40	13 55	11 58	3 15	3 12	1 57	4 08	6 06	0 43	11 00	16 24	10 06
5	5 07	14 00	11 44	2 57	3 18	1 47	4 19	6 00	1 03	11 19	16 24	9 42
6	+ 5 34	+ 14 05	+ 11 31	+ 2 40	− 3 23	− 1 36	+ 4 30	+ 5 54	− 1 23	− 11 37	− 16 22	− 9 17
7	6 00	14 09	11 17	2 22	3 28	1 26	4 40	5 48	1 43	11 55	16 20	8 52
8	6 26	14 12	11 02	2 05	3 33	1 15	4 49	5 41	2 03	12 12	16 17	8 26
9	6 51	14 15	10 48	1 49	3 36	1 03	4 59	5 33	2 24	12 29	16 13	8 00
10	7 16	14 17	10 32	1 32	3 39	0 52	5 08	5 25	2 45	12 45	16 08	7 33
11	+ 7 40	+ 14 17	+ 10 17	+ 1 16	− 3 41	0 40	+ 5 16	+ 5 16	− 3 05	− 13 01	− 16 02	− 7 06
12	8 04	14 18	10 01	1 00	3 43	0 28	5 25	5 07	3 26	13 17	15 55	6 38
13	8 27	14 17	9 45	0 44	3 45	0 15	5 32	4 57	3 47	13 32	15 48	6 10
14	8 50	14 16	9 29	0 29	3 45	− 0 03	5 40	4 46	4 08	13 46	15 39	5 42
15	9 12	14 14	9 12	+ 0 13	3 45	+ 0 10	5 46	4 35	4 30	14 00	15 30	5 13
16	+ 9 33	+ 14 11	+ 8 55	− 0 01	− 3 45	+ 0 23	+ 5 53	+ 4 24	− 4 51	− 14 13	− 15 20	− 4 44
17	9 54	14 07	8 38	0 16	3 44	0 36	5 59	4 12	5 12	14 26	15 09	4 15
18	10 14	14 03	8 21	0 29	3 42	0 49	6 04	3 59	5 33	14 38	14 58	3 46
19	10 33	13 58	8 03	0 43	3 40	1 02	6 09	3 46	5 55	14 50	14 45	3 16
20	10 51	13 53	7 46	0 56	3 37	1 15	6 13	3 33	6 16	15 01	14 32	2 47
21	+ 11 09	+ 13 46	+ 7 28	− 1 09	− 3 34	+ 1 28	+ 6 17	+ 3 19	− 6 37	− 15 12	− 14 18	− 2 17
22	11 26	13 39	7 10	1 21	3 30	1 41	6 20	3 04	6 58	15 21	14 03	1 47
23	11 43	13 32	6 52	1 33	3 26	1 54	6 23	2 49	7 19	15 31	13 47	1 17
24	11 58	13 24	6 34	1 44	3 21	2 07	6 24	2 34	7 40	15 39	13 31	0 47
25	12 13	13 15	6 16	1 55	3 15	2 20	6 26	2 18	8 01	15 47	13 14	− 0 18
26	+ 12 27	+ 13 06	+ 5 58	− 2 06	− 3 10	+ 2 33	+ 6 27	+ 2 01	− 8 22	− 15 54	− 12 56	+ 0 12
27	12 40	12 56	5 40	2 16	3 03	2 46	6 27	1 46	8 43	16 00	12 37	0 42
28	12 52	12 45	5 21	2 25	2 56	2 58	6 26	1 27	9 03	16 06	12 17	1 11
29	13 04		5 03	2 34	2 49	3 11	6 25	1 09	9 23	16 11	11 57	1 40
30	13 14		4 45	2 43	2 41	3 23	6 23	0 51	9 43	16 15	11 36	2 10
31	+ 13 24		+ 4 27		− 2 33		+ 6 21	+ 0 33		− 16 19		+ 2 39

Tabelle IV

Durchschnittlicher Wert der Sonnendeklination um 0 Uhr GMT

Tage	Januar	Februar	März	April	Mai	Juni	Juli	August	September	Oktober	November	Dezember
1	−23°05′	−17°22′	−7°57′	+ 4°10′	+14°47′	+21°55′	+23°11′	+18°17′	+8°39′	− 2°48′	−14°07′	−21°39′
2	23°00′	17°05′	7°34′	4°33′	15°05′	22°04′	23°07′	18°02′	8°17′	3°11′	14°26′	21°49′
3	22°55′	16°48′	7°12′	4°56′	15°23′	22°11′	23°03′	17°46′	7°55′	3°35′	14°46′	21°58′
4	22°49′	16°31′	6°49′	5°19′	15°41′	22°19′	22°58′	17°31′	7°33′	3°58′	15°04′	22°07′
5	22°43′	16°13′	6°26′	5°42′	15°58′	22°26′	22°53′	17°15′	7°11′	4°21′	15°23′	22°15′
6	−22°37′	−15°55′	−6°02′	+ 6°05′	+16°15′	+22°33′	+22°48′	+16°59′	+6°49′	− 4°44′	−15°42′	−22°23′
7	22°30′	15°36′	5°39′	6°28′	16°32′	22°39′	22°42′	16°43′	6°27′	5°07′	16°00′	22°30′
8	22°22′	15°18′	5°16′	6°50′	16°49′	22°45′	22°36′	16°26′	6°04′	5°30′	16°17′	22°37′
9	22°14′	14°59′	4°53′	7°13′	17°06′	22°51′	22°29′	16°09′	5°42′	5°53′	16°35′	22°44′
10	22°06′	14°40′	4°29′	7°35′	17°22′	22°56′	22°22′	15°52′	5°19′	6°16′	16°52′	22°50′
11	−21°57′	−14°20′	−4°06′	+ 7°57′	+17°38′	+23°01′	+22°15′	+15°34′	+4°56′	− 6°39′	−17°09′	−22°55′
12	21°48′	14°01′	3°42′	8°19′	17°53′	23°05′	22°07′	15°17′	4°34′	7°02′	17°26′	23°01′
13	21°38′	13°41′	3°18′	8°41′	18°08′	23°09′	21°59′	14°59′	4°11′	7°24′	17°43′	23°05′
14	21°28′	13°21′	2°55′	9°03′	18°23′	23°13′	21°50′	14°41′	3°48′	7°47′	17°59′	23°10′
15	21°18′	13°00′	2°31′	9°25′	18°38′	23°16′	21°41′	14°22′	3°25′	8°09′	18°14′	23°13′
16	−21°07′	−12°40′	−2°07′	+ 9°46′	+18°52′	+23°19′	+21°32′	+14°04′	+3°02′	− 8°31′	−18°30′	−23°17′
17	20°56′	12°19′	1°44′	10°08′	19°06′	23°21′	21°22′	13°45′	2°39′	8°54′	18°45′	23°20′
18	20°44′	11°58′	1°20′	10°29′	19°20′	23°23′	21°12′	13°26′	2°15′	9°16′	19°00′	23°22′
19	20°32′	11°37′	0°56′	10°50′	19°33′	23°25′	21°02′	13°06′	1°52′	9°38′	19°14′	23°24′
20	20°20′	11°16′	0°33′	11°11′	19°46′	23°26′	20°51′	12°47′	1°29′	9°59′	19°28′	23°25′
21	−20°07′	−10°54′	−0°09′	+11°31′	+19°59′	+23°27′	+20°40′	+12°27′	+1°06′	−10°21′	−19°42′	−23°26′
22	19°54′	10°33′	+0°15′	11°52′	20°11′	23°27′	20°29′	12°07′	0°42′	10°42′	19°56′	23°27′
23	19°40′	10°11′	0°38′	12°12′	20°23′	23°27′	20°17′	11°47′	+0°19′	11°04′	20°09′	23°27′
24	19°26′	9°49′	1°02′	12°32′	20°35′	23°26′	20°05′	11°27′	−0°04′	11°25′	20°21′	23°26′
25	19°12′	9°27′	1°26′	12°52′	20°46′	23°25′	19°53′	11°07′	0°28′	11°46′	20°34′	23°26′
26	−18°57′	− 9°05′	+1°49′	+13°12′	+20°57′	+23°24′	+19°40′	+10°46′	−0°51′	−12°07′	−20°46′	−23°24′
27	18°42′	8°42′	2°13′	13°31′	21°08′	23°22′	19°27′	10°25′	1°15′	12°27′	20°57′	23°22′
28	18°27′	8°20′	2°36′	13°50′	21°18′	23°20′	19°13′	10°04′	1°38′	12°48′	21°08′	23°20′
29	18°11′		3°00′	14°09′	21°28′	23°17′	19°00′	9°43′	2°01′	13°08′	21°19′	23°17′
30	17°55′		3°23′	14°28′	21°37′	23°14′	18°46′	9°22′	2°25′	13°28′	21°29′	23°14′
31	−17°39′		+3°47′		+21°46′		+18°31′	9°00′		−13°48′		−23°10′

Tabelle V

Stundenwinkel der Sonne bei ihrem Auf- oder Untergang an Sommersonnwendtagen

Breite	Stundenwinkel	Breite	Stundenwinkel	Breite	Stundenwinkel
0	6 St. 00 Min.	32	7 St. 03 Min.	48	7 St. 56 Min.
2	6 St. 04 Min.	33	7 St. 06 Min.	49	8 St. 00 Min.
4	6 St. 07 Min.	34	7 St. 09 Min.	50	8 St. 05 Min.
6	6 St. 11 Min.	35	7 St. 11 Min.	51	8 St. 10 Min.
8	6 St. 14 Min.	36	7 St. 14 Min.	52	8 St. 16 Min.
10	6 St. 18 Min.	37	7 St. 17 Min.	53	8 St. 21 Min.
12	6 St. 22 Min.	38	7 St. 19 Min.	54	8 St. 27 Min.
14	6 St. 25 Min.	39	7 St. 23 Min.	55	8 St. 34 Min.
16	6 St. 29 Min.	40	7 St. 26 Min.	56	8 St. 41 Min.
18	6 St. 33 Min.	41	7 St. 29 Min.	57	8 St. 48 Min.
20	6 St. 37 Min.	42	7 St. 33 Min.	58	8 St. 57 Min.
22	6 St. 40 Min.	43	7 St. 36 Min.	59	9 St. 06 Min.
24	6 St. 45 Min.	44	7 St. 40 Min.	60	9 St. 16 Min.
26	6 St. 49 Min.	45	7 St. 43 Min.	61	9 St. 27 Min.
28	6 St. 54 Min.	46	7 St. 47 Min.	62	9 St. 40 Min.
30	6 St. 59 Min.	47	7 St. 51 Min.	63	9 St. 55 Min.
31	7 St. 01 Min.				

Die Tabelle gibt die Untergangszeiten der Sonne am Tage der Sommersonnenwende. Ihre Aufgangszeit ist die Differenz dieser Zeit mit 12 Uhr. Es sind dies die extremen Stunden einer Sonnenuhr unter der angegebenen Breite.
Für die südliche Halbkugel gelten die gleichen Zahlen für die Wintersonnenwende.
Die entsprechende Zeit für den kürzesten Tag ergibt sich aus der Differenz der obigen Werte mit 12 Uhr.

Literaturverzeichnis

Abkürzungen

AAHA = Archives alsaciennes de l'Histoire de l'Art, Straßburg
AIHS = Archives internationales d'Histoire des Sciences, Paris
CAAH = Cahiers alsaciens d'Archéologie, d'Art et d'Histoire, Straßburg
GZU = Die Geschichte der Zeitmessung und der Uhren, Berlin und Leipzig
JRASC = Journal of the Royal Astronomical Society of Canada, Toronto
SFAU = Schriften der Freunde alter Uhren, Ulm
SHAM = Société d'Histoire et d'Archéologie de Molsheim, Molsheim

1 Anthiaume et Sottas, *L'Astrolabe-Qudrant du Musée des Antiquités de Rouen,* Paris 1910
2 Apianus, Peter, *Instrument Buch,* Ingolstadt 1533
3 Apianus, Philipp, *De Utilitate Trientis Instrumenti Astronomici novi Libellus,* Tübingen 1586
4 Bedos de Celles, *La Gnomonique pratique,* Paris 1780
5 Behrendt, H., *Alte Fenstersonnenuhren,* in: »Alte Uhren« 2, 1980, München
6 Berg, Joh., *Die Sonnenuhr im Focke-Museum zu Bremen,* in: SFAU, Heft XVI, Ulm 1977
7 Bigourdan, C., *Gnomonique,* Paris 1956
8 Bilfinger, G., *Die Zeitmesser der antiken Völker,* Stuttgart 1886
9 Bobinger, M., *Altaugsburger Kompaßmacher,* Augsburg 1966
10 Bonelli, M. L., *Ancient Time-Keepers in Florence,* in: »Florence and Tuscany«, Florenz 1951
11 Borchardt, L., *Altägyptische Zeitmessung,* in: GZU, Berlin und Leipzig 1920
12 Boursier, Ch., *800 Devises de Cadrans horaires,* Paris 1936
13 *Catalogo degli Strumenti del Museo di Storia della Scienza,* Florenz 1954
14 Cittert-Eymers, J. G., *Zonnewijzers aan en bij Gebouwen in Nederland,* Zutphen 1972
15 Cousins, F. W., *Sundials,* London 1969
16 de Vries, Th. J., *De Twee-Draads-Zonnewijzer met rechte en gekromde Draaden,* in: »De Zonnewijzerkring«, Bull. 3, Beekbergen 1979
17 Drecker, J., *Gnomone und Sonnenuhren,* Aachen 1909
18 – *Die Theorie der Sonnenuhren,* in: GZU, Berlin und Leipzig 1925
19 Dürer, Albrecht, *Unterweisung der Messung,* 1525
20 Earle, Alice Morse, *Sundials and Roses of yesterday,* Rutland (Vermont) 1979 (Neuauflage)
21 *Encyclopedia Britannica,* 11. Auflage, Stichwort »Dial«
22 *Nautisches Jahrbuch,* Hamburg 1950
23 Freeman, J. G., *A Latitude-Independant Sundial,* in: JRASC, Bd. 72, Nr. 2, 1978
24 Friocourt, G., *Tables de Logarithmes et de Navigation,* Paris 1925
25 Gatty, A., *The Book of Sundials,* London 1889
26 Gibbs, Sh., *Greek and Roman Sundials,* New Haven u. London 1976
27 Gunther, R. T., *Early Science in Oxford,* Bd. II, Oxford 1923–29
28 Guyot, E., *Histoire de la Détermination de l'Heure,* La Chaux-de-Fonds 1968
29 Hawkins, G. S., *Stonehenge decoded,* New York 1965
30 Janin, L., *L'Histoire du Cadran solaire,* in: »La Suisse horlogère et Revue Internationale d'Horlogerie«, La Chaux-de-Fonds 1969
31 – *Le Cadran polyédrique du Musée du Pays Vaurais,* in »Bulletin de la Soc. des Sciences, Arts et Belles Lettres du Tarn«, Albi 1970
32 – *Un Cadran astronomique,* in: L'Astronomie«, Paris 1971
33 – *Le Cadran polyédrique du Cloître de Brou,* in: »Bulletin de la Société des Naturalistes et Archéologues de l'Ain«, Bourg 1972
34 – *Les Méridiennes du Château de Versailles,* in: »Revue de l'Histoire de Versailles«, Versailles 1972
35 – *Le Monument solaire de Bagneux,* in: »L'Astronomie«, Paris 1972
36 – *Le Cadran solaire de la Mosque Umayyade à Damas,* in: »Centaurus«, Kopenhagen, Bd. 16, 1972
37 – *Le Cadran lunaire,* in: »Orion«, Schaffhausen, Februar 1974
38 – *Le Cadran solaire multiface de l'Abbaye Ste Croix à Bordeaux,* in: »Revue historique de Bordeaux et de la Gironde«, Bordeaux 1974
39 – *Geschichte und Entwicklung der analemmatischen Sonnenuhr,* in: »Uhrentechnik«, 1–2, Stuttgart 74
40 – *Un Cadran solaire oublié* (Die Sonnenuhr von Parent), in: »Orion«, Schaffhausen, Februar 1974
41 – *Un Cadran solaire juif,* in: »Centaurus«, Kopenhagen, Bd. 19, 1976
42 – *Un Cadran solaire grec à Aï-Khanoum,* in: »L'Astronomie«, Bd. 92, Paris, September 1978
43 Jünger, E., *Das Sanduhrbuch,* Berlin 1957
44 Kaye, G. R., *The Astronomical Observatories of Jai Singh,* Kalkutta 1918
45 Kern, H., *Kalenderbauten,* München 1976
46 Kühnelt, H. H., *Die Glasmalerei-Sonnenuhr des Museums für angewandte Kunst in Wien,* in: »Tiroler Heimat«, Innsbruck 1967 u. 1968
47 – *Die Sonnenuhren in Nordtirol,* in: »Tiroler Heimat«, Innsbruck 1952 u. 1954
48 – *Peter Anich 1723–1766,* in: »Tiroler Wirtschaftsstudien«, Band 32, Innsbruck 1976
49 Lalande, de, *Problème de Gnomonique* (betr. die analemmatische Sonnenuhr), in: »Mémoires de l'Academie des Sciences«, Paris 1757
50 Livet, C. S. F., *Gnomonique,* Metz 1839
51 Löschner, H., *Über Sonnenuhren,* Graz 1905
52 Loske, L. M., *Die Sonnenuhren,* Berlin 1959
53 Macrez, C., *Cadrans solaires d'Azimut* (Projections orthographique et stéréographique), in: »L'Astronomie«, Paris, Oktober 1976
54 Marchand, F., *Le Cadran de Brou,* in: »Annales de la Société d'Emulation et d'Agriculture de l'Ain«, Bourg
55 Massenet et Hardant, *Eléments d'Astronomie nautique,* Paris 1921
56 – *Traité de Navigation,* Paris 1923
57 Mayall, R. N. und W., *Sundials,* Boston 1962
58 Michel, Henri, *Traité de l'Astrolabe,* Paris 1947
59 – *Les Méthodes astronomiques des hautes Epoques chinoises,* Palais de la Découverte, Paris 1959
60 *Catalogue des Cadrans solaire du Musée de la Vie wallonne,* Lüttich 1953
61 – *Un Service de l'Heure millénaire,* in: »Ciel et Terre«, Uccle-Brüssel 1962
62 – *Un Cadran solaire remarquable,* (betr. Sonnenuhr einer Moschee in Akkra), in: »Ciel et Terre«, Uccle-Brüssel 1965
63 – *Les Cadrans solaires de Max Elskamp,* Lüttich 1966
64 – *Les Instruments des Sciences,* Paris 1966
65 – *La Notion de l'Heure dans l'Antiquité,* in: »Ciel et Terre«, Uccle-Brüssel 1970
66 Michnik, H., *Theorie einer Bifilarsonnenuhr,* in: »Astronomische Nachrichten«, Bd. 217, Berlin-Ost 1923
67 – *Konstruktion einer siderischen Sonnenuhr,* in: »Astronomische Nachrichten«, Bd. 216, Berlin-Ost 1922
68 National Maritime Museum, Greenwich, *The Planispheric Astrolabe,* Greenwich 1976
69 Palau, Miquel, *Rellotges de Sol,* Barcelona 1970
70 Penther, J. F., *Gnomonica,* Augsburg 1760
71 Perrin, *Nouvelles Tables de Calculs nautiques,* Paris 1923
72 Price, Derek J. de Solla, *The Tower of the Winds,* in: »National Geographic«, Washington, April 1967
73 Rey-Peilarde, A., Rome, Aug. Favot, *Le Cadran solaire à Réflexion du Lycée de Jeunes Filles à Gre-*

noble, in: »Bull. de la Soc. scientifique de l'Isère«, Bd. 42, Grenoble
74 Richer, *La Gnomonique universelle,* Paris 1701
75 Rivard, *La Gnomonique,* Paris 1767
76 Rohr, R. R. J., *Les Cadrans solaires, Paris 1965,* englisch: *Sundials,* Toronto 1970
77 – *Le Cadran solaire romain de Bettwiller,* in: CAAH, Straßburg 1966
78 – *Le Cadran solaire des Récollets de Rouffach,* in: »Les Vosges«, Straßburg 1968
79 – *Le Chronomètre solaire,* in: »Science-Progrès«, Paris 1969
80 – *Le Cadran solaire de Poche de 1572 signé Christophe Schissler du Musée de Strasbourg,* in: CAAH, Straßburg 1969
81 – *Les Cadrans solaires anciens d'Alsace,* Colmar 1970
82 – *Sonnenuhr und Astrolabium im Dienste der Moschee,* in: »Centaurus«, Kopenhagen, Bd. 16, 1972
83 – *Les Cadrans solaires à Chapeau filtrant de Saverne et de Lorquin,* »Pays d'Alsace«, Zabern, Heft 81, 1973
84 – *La Stèle gnomonique de Molsheim,* in: SHAM Jahrbuch, Molsheim 1973
85 – *Über die Gnomonik des Islam,* in: SFAU, Ulm 1974
86 – *Die Kircherschen Filterhutsonnenuhren in Zabern und Lörchingen,* in: SFAU, Ulm 1975
87 – *Türkisch-arabische Gebetsquadranten,* in: SFAU, Ulm 1976
88 – *Das Rätsel der Franziskanersonnenuhr in Rufach,* in: SFAU, Ulm 1977
89 – *Astrolabische Sonnenuhren,* in: SFAU, Ulm 1979
90 – *L'Enigme de la Fresque du Cadran solaire de l'ancienne Eglise des Récollets à Rouffach,* in: CAAH, Straßburg 1977
91 – Die *Da'ire-yi Mu'addil,* in: »Alte Uhren«, 1978/3, München
92 – *Eine Sonnen-, Mond- und Gezeitenuhr,* in: »Alte Uhren«, 1979/2, München
93 – *Le Menhir d'Altorf, une Pierre de Calendrier néolithique,* in: SHAM, Jahrbuch, Molsheim 1979
94 – *A unique Greek Sundial recently discovered in Central Asia,* in: JRASC, Bd. 74/5 Okt. 1980, Toronto
95 – *Greek Dials in Ancient Central Asia,* in: »Hamdard«, Bd. XXIII, 3/4, Karachi 1980
96 – *Altgriechische Gnomonik in Zentralasien,* in: SFAU, Jahrbuch, Ulm 1981
97 – *Un Cadran solaire équatorial et un Graphomètre au Musée National Maritime de Haïffa,* in: »Sefunim«, Haïffa 1981
98 – *Un Hémisphère nautique à Marées au Musée de Florence,* in: »Annali dell'Istituto e Museo di Storia della Scienza di Firenze« (in Vorbereitung)
99 Sagot, R., *Le nouveau Cadran solaire de l'Observatoire de Juvisy,* »L'Astronomie«, Paris 1975
100 Schoy, C., *Arabische Gnomonik,* Hamburg 1913
101 Sainte-Marie-Madeleine (Dom P. de), *Traité d'Horologiographie,* Paris 1681
102 Schumacher, Heinz, *Sonnenuhren,* München 1973
103 Sedillot, *Traité des Instruments astronomiques des Arabes,* Paris 1834
104 Shephard, *Queens College Dial,* Cambridge 1972
105 Seyyed, Hossein Nasr, *Islamic Science,* London 1976
106 Stebbins, F. A., *A medieval portable Sundial,* JRASC, Bd. 55/2, Toronto
107 – *A Roman Sundial,* JRASC, Band 55/6, Toronto
108 Stengel, J. P., *Gnomonica universalis,* Ulm 1706
109 Terpstra, P., *Een eenvoudig meerkindig Bewijs voor de Gnomonzonnewijzer van Brou,* Groningen 1951
110 – *Zonnewijzers,* Groningen 1953
111 Thom, A., *Megalithic Sites in Britain,* Oxford 1976
112 – *Megalithic Lunar Observatories,* Oxford 1971
113 Ungerer, Th. & Glory, *L'Adolescent au Cadran solaire de la Cathédrale de Strasbourg,* in: AAHA, Straßburg 1932
114 – *L'Astrologue au Cadran solaire de la Cathédrale de Strasbourg,* in: AAHA, Straßburg 1933
115 Unver, Süheyl, *Sur les Cadrans horizontaux et verticaux de Turquie,* in: AIHS, Paris 1954
116 Vitruvius, *De l'Architecture,* Buch IX, Kommentar von J. Soubiran, Paris 1969
117 Waugh, A. E., *Sundials,* New York 1973
118 Werkmeister, P., *Über die Zeitmesser des Straßburger Münsters,* in: »Straßburger Münsterblatt«, Straßburg 1912
119 Wiedemann & Frank, *Die Gebetszeiten des Islam,* in: »Aufsätze zur arabischen Wissenschaftsgeschichte«, Hildesheim 1970
120 Wood, J. E., *Sun, Moon and standing Stones,* Oxford 1978
121 Wynther & Turner, *Scientific Instruments,* London 1975
122 Zinner, E., *Astronomische Instrumente des 11.–18. Jahrhunderts,* München 1964
123 – *Alte Sonnenuhren an europäischen Gebäuden,* Wiesbaden 1964

Personen- und Sachregister

Die geraden Ziffern verweisen auf die Textseiten, die kursiven Ziffern auf die Abbildungen.

Bildnachweis

Die nicht im Bildnachweis aufgeführten Abbildungen und Zeichnungen stammen vom Verfasser

Abbé Givry, Lucien, Lemé 54
Bach, Henri, Straßburg-Kronenburg 216
Baumann, Joseph, Thann 28, 32, 292, 319, 320
Bayerische Versicherungskammer, München Tafeln IV, X, XIII oben u. unten, XV unten, XVIII, XXIII und XXXIV
Bayerisches Nationalmuseum, München 139, 244, 247 und Tafeln XV oben, XXXV
Behrendt, Hans, Badenweiler 75, 101, 147, 192, 194, 287, 289, 290, 304 und Tafel XLII
Berg, Johannes †, Bremen 180
Bernhardt, Martin, Bietigheim 268
Braunmüller, Robert, München-Baldham 255 und Tafel XLVI
Brieux, Alain, Paris 283
Chaumeton, Pierre, Marseille 73, 100
Cookson, F., Andover (USA) 311
Daniel, Christopher, National Maritime Museum, London 58, 270
Délégation archéologique française en Afghanistan 24
Deutsches Museum, München Tafeln VII, XXII, XXXII
Photo Dietrich, Straßburg 263
Photo Drillaud, Luisant Tafel III
Ente Turismo, Florenz 36
Ente Turismo, Parma 303
Février, Charles, Neuchâtel 29, 47, 94, 167, 174, 189, 259, 316 und Tafel XXXVI
Fischer, Damien, Lützelhausen 191
Photo Fleischer, Brumath 242, 249
Galerie Koller AG, Zürich Tafel XLIII
Photo Gobeli, Annecy 309
Hagen, M. J., Beekbergen (Niederlande) 190
Photo Hamann, W., Bremen 57, 310
Heinemann, Ostfildern 168
Photo Hirschel, Meschers Tafel XLVII
Historisches Museum, Basel 288
Hourrière, Joseph, Saint-Malo Tafel XXIX
Photo Huck, Straßburg 35
Janin, Louis, Sèvres 297
Kerambrun, Jean, Paris 175
Klammt, Görlitz 179, 196
Photo Koehler, Zabern 171, 262
Kühnelt, Innsbruck 157, 225
Kunsthistorisches Museum, Wien Tafeln XIV, XVII, XXVI
Landesmuseum Joanneum, Graz Tafel XLIV
Lissner, Marthe, Straßburg 284
Meyer, Wolfgang, Istanbul 11, 13, 278
Michel, Henri †, Brüssel 279
Musée de la Vie Wallonne, Lüttich 224, 240, 241, 243 und Tafeln XXXIII, XXXVII
Musée municipal, Metz 16
Musées municipaux (Château de Rohan), Straßburg 245
Musée Notre-Dame, Straßburg 38
Museo di Storia della Scienza, Florenz Tafeln VI, XVI, XXI, XXVII, XXX, XXXI
Museum of the History of Science, Oxford 202, 226
National Gallery, London 37
Nationalmuseum, Damaskus 277
Pater Fenech, Qormi (Malta) 169
Peitz, Adolf, Freiburg i. Br. 206, 214, 223, 232, 233, 238
Photo Peter, Kolmar 148
Pettini, Franco, Brüssel 12
Photo Pfeiffer, Molsheim 43, 296, 305, 314
Pfleger, Jean, Straßburg 42
Rijksdienst v/d Monumentenzorg, Zeist Tafel XLVIII
Rouanet, Emile, Mazamet 230, 246
Photo Schieb, Straßburg 215, 250, 256, 257, 266, 267, 308 und Tafel XXV
Schumacher, Heinz, Freiburg i. Br. 78, 120, 121, 141, 165, 178, 313
Science Museum, London. Crown Copyright Tafel XLV
Staatl. Mathematisch-physikalischer Salon, Dresden 14 und Tafeln VIII, IX, XI, XX, XXIV, XXVIII
Städtische Kurverwaltung, Sankt Blasien 170
Stebbins, F. A., Longmeadow (USA) 77, 99
Steinfeld, Bischheim 280
Tombazi, V. & N., Athen 25
Walter, G., Hamburg 80, 322